KOSMOS

Erschienen unter dem Originaltitel: „Havfisk og fiskeri i Nordvesteuropa“
ISBN: 87-12-02996-3

Aus dem Dänischen übersetzt und bearbeitet von Dr. Matthias Stehmann, Hamburg

Umschlaggestaltung von Friedhelm Steinen-Broo, Estudio Calamar, Pau/Girona, Spanien

Umschlagzeichnungen: Steinbutt *(Psetta maxima)*, Seehase *(Cyclopterus lumpus)* und Langschnauziges Seepferdchen *(Hippocampus ramulosus)* von Preben Dahlstrøm, Glattrochen *(Raja batis)* von Bente Olesen Nyström

Über 1150 Farbabbildungen und
78 Schwarzweiß-Illustrationen

Zeichnungen: Preben Dahlstrøm und Bente Olesen Nyström

Abbildungen im Bestimmungsschlüssel von Morgens Andersen und Preben Dahlstrøm

Verbreitungskarten von Morgens Andersen

Die Deutsche Bibliothek – CIP-Einheitsaufnahme

Die **Meeresfische Europas in Nordsee, Ostsee und Atlantik** / Text: Bent J. Muus/Jørgen G. Nielsen. Ill.: Preben Dahlstrøm/Bente Olesen Nyström. [Übers. und Bearb.: Matthias Stehmann]. - Stuttgart :
(Kosmos-Naturführer)
Einheitssacht.: Havfisk og fiskeri i Nordvesteuropa <dt.>
ISBN 3-440-07804-3

Für die deutschsprachige Ausgabe:

ISBN 3-440-07804-3
Lektorat: Ekkehard Ophoven, Astrid Hälbich
Herstellung: Markus Schärtlein
Printed in Italy / Imprimé en Italie
Satz: Typomedia Satztechnik GmbH, Ostfildern
Druck und Bindung: G. Canale & C. S. p. a., Italien

KOSMOS *naturführer*

Bent J. Muus
Jørgen G. Nielsen

Die Meeresfische Europas

in Nordsee, Ostsee und Atlantik

Mit Zeichnungen von
Preben Dahlstrøm und
Bente Olesen Nyström

KOSMOS

Inhalt

Vorwort

Dieses Buch ist eine überarbeitete und stark erweiterte Ausgabe des klassischen ‚Collins Guide to the Sea Fishes of Britain and North-Western Europe' von Muus und Dahlstrøm. Die meisten Zeichnungen des verstorbenen Preben Dahlstrøm wurden wieder übernommen, 101 zusätzliche Arten zeichnete Bente Olesen Nyström für diese Ausgabe neu. Die vollständig überarbeiteten Bestimmungsschlüssel machen es hoffentlich auch Laien möglich, selbst selten vorkommende Arten zu identifizieren.

Der Schwerpunkt dieses Feldführers liegt auf dem Lebensraum Nordsee; mit den insgesamt 273 vorgestellten Arten sind aber alle häufigen Fischarten Nordwesteuropas erfaßt. Das Buch wird hoffentlich nicht nur dem interessierten Laien nützen, sondern als ergänzende Lektüre auch an Fischereischulen, Universitäten und, nicht zuletzt, auf den Brücken der Fischereifahrzeuge Freunde finden.

Wir danken unseren Kollegen am dänischen Institut für Fischereiforschung, den Fischereibiologen Ole Bagge, Inge und Jan Boëtius, Ole Christensen und Kristian Popp-Madsen, für ihre kritische Durchsicht der Kapitel über Fischerei und Fischereibiologie. Die Information zur Fischereistatistik basiert auf den jährlichen Berichten der FAO.

Die Reihenfolge der behandelten Familien folgt der systematischen Ordnung der Fische in ‚Fishes of the World' von Nelson (1994). Die wissenschaftlichen Gattungs- und Artnamen entsprechen denen in ‚Fishes of the North-eastern Atlantic and Mediterranean' von Whitehead et al. (1984).

Bent J. Muus   Jørgen G. Nielsen

Portrait eines Fisches

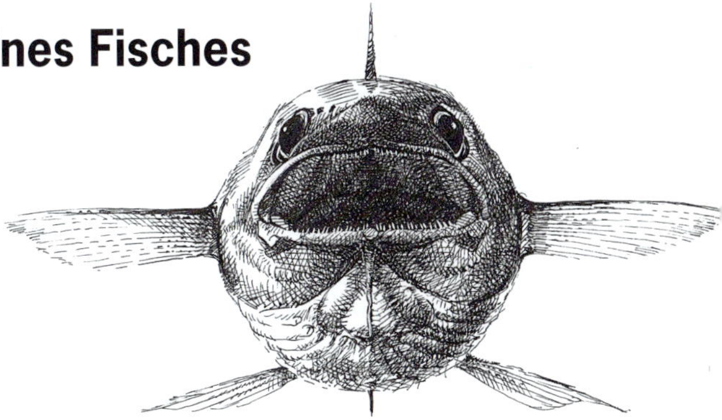

Der Begriff „Fisch“ ist heute wesentlich genauer definiert als in der Vergangenheit. Während es früher üblich war, diese Bezeichnung auf alle Formen von Meereslebewesen anzuwenden – also auch auf Würmer, Seesterne, Robben oder Wale –, verwenden wir sie heute nur noch für wasserbewohnende, kiemenatmende Wirbeltiere mit Flossen. Dies bedeutet auch, daß Fische mit Amphibien, Reptilien, Vögeln und Säugetieren verwandt sind.

Ungefähr 25.000 verschiedene lebende Fischarten gibt es auf der Welt, und jedes Jahr werden neue entdeckt. Zoologen unterteilen sie in die drei Gruppen Rundmäuler, Knorpelfische und Knochenfische. Diese Gruppen entstanden alle während des Silur-Erdzeitalters vor etwa 400 Millionen Jahren.

Obwohl das äußere Erscheinungsbild der verschiedenen Arten extrem unterschiedlich ist – und viele sehen tatsächlich sehr eigenartig aus –, wird schnell deutlich, daß sie nur Variationen eines ziemlich einfachen Grundbauplans sind. Um das Aussehen eines Fisches beschreiben zu können, muß man sich mit einigen elementaren Begriffen vertraut machen.

Flossen: Zu den charakteristischsten Bestandteilen des Fischkörpers zählen seine Flossen. Bei Haien und Rochen sind diese starr und fleischig und lassen sich nicht falten, bei Knochenfischen dagegen sind sie segelähnlich ausgespannte Hautfalten über einem Skelett von Flossenstrahlen. 0–3 *Rückenflossen* sitzen auf der Mittellinie des Rückens, 1–2 *Afterflossen* hinter der Afteröffnung. Rücken-, After- und *Schwanzflossen* sind unpaarig. Die Rundmäuler besitzen als einzige Gruppe nur unpaarige Flossen.

Die *Brustflossen* liegen direkt hinter den Kiemen und entsprechen den Vordergliedmaßen, die *Bauchflossen* den hinteren Gliedmaßen höherer Wirbeltiere. Letztere sind oft sehr klein oder fehlen bei bodenlebenden Fischen ganz. Sie können auch zu Saugscheiben abgewandelt sein, wie z. B. bei Seehasen und Meergrundeln, oder zu Begattungsorganen wie bei den Knorpelfischen. Bei einigen Arten, wie z. B. unter den Herings- und Lachsfischen, liegen die Bauchflossen im hinteren Körperabschnitt, bei den meisten aber auf Höhe der Brustflossen oder noch weiter vorn.

Brust- und Bauchflossen sind paarig. Einige Familien, z. B. die Lachse und Goldlachse, besitzen eine *Fettflosse* ohne

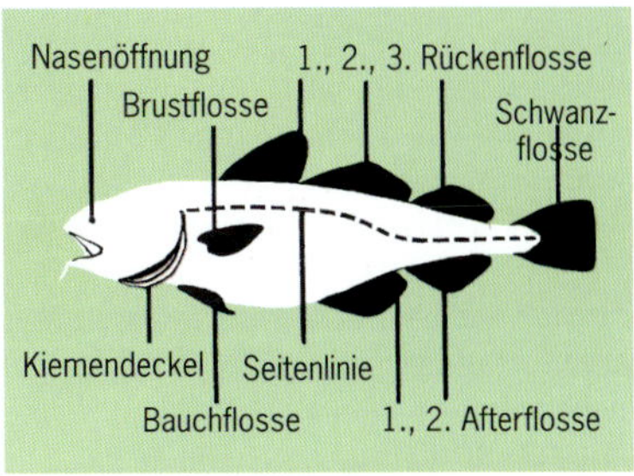

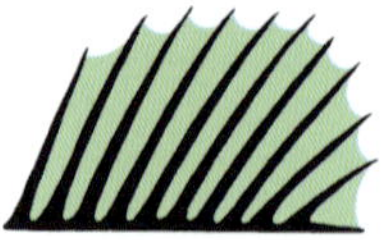
Stachelstrahlen

Weichstrahlen

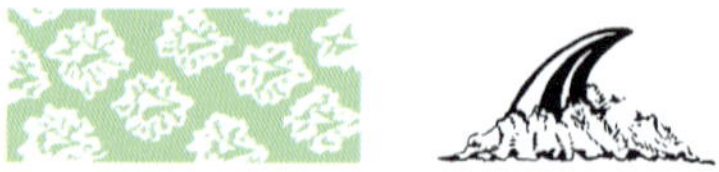
Ausschnitte Haihaut und Hautzahn

Flossenstrahlen zwischen Rücken- und Schwanzflosse.

Flossenstrahlen können entweder starr wie Stacheln sein (Stachel- oder Hartstrahlen) oder weich und gegliedert, einfach oder verzweigt (Gliederstrahlen). In der Regel besitzt jeder Strahl an der Basis ein Gelenk, so daß mit Hilfe kleiner Muskeln die Flosse gespreizt oder eingefaltet werden kann.

Seitenlinie: Viele, aber nicht alle Knochenfische weisen eine deutliche, vom Kopf bis zum Schwanz verlaufende Linie auf, die sogenannte Seitenlinie. Sie besteht aus einer Reihe kleiner Sinnesorgane (s. Seite 12). Ihr genauer Verlauf spielt eine wichtige Rolle für die Bestimmung einer Fischart.

Kiemendeckel: Bei Rundmäulern (Neunaugen und Inger), Haien und Rochen steht jede Kieme durch eine eigene Öffnung mit dem Außenwasser in Verbindung. Bei Knochenfischen und Chimären sind dagegen Kiemen und Kiemenöffnungen gemeinsam durch einen Kiemendeckel geschützt.

Jeder Kiemendeckel (Operculum) der Knochenfische besteht aus dünnen Knochenplättchen, die oft mit Stacheln oder Dornen bewehrt sind. Chimären besitzen häutige Kiemendeckel. Die unteren und hinteren Ränder der Kiemendeckel sind frei beweglich. Durch das Maul eingesaugtes Wasser kann so nach hinten herausgedrückt werden, nachdem es die Kiemen beim Atmungsvorgang passiert hat. Bei einigen Fischgruppen, wie z. B. den Aalen und Seenadeln, sind die Kiemendeckel fast gänzlich mit dem Körper verwachsen. Bei ihnen ist nur eine winzige, porenartige Kiemenöffnung für den Austritt des Atmungswassers vorhanden.

Haut und Schuppen: Die äußere Haut oder Epidermis der Knochenfische sondert viel Schleim ab, der sowohl der Herabsetzung des Wasserwiderstandes als auch dem Schutz vor Bakterien, Pilzen, Algen und Parasiten dient. Die dünne und durchsichtige Epidermis überzieht die Schuppen, die als knöcherne Abscheidungen der Unterhaut, des Coriums, entstehen. Bei Fischarten mit rauhen Schuppen ist die empfindliche Epidermis häufig beschädigt.

Oft sind die Schuppen überlappend wie Dachziegel angeordnet, so daß jeweils nur ihr hinteres Fünftel sichtbar ist. Die hintere Schuppenkante mancher Fische ist rund und glattrandig (z. B. bei Aal, Hering, Lachs und Kabeljau), bei anderen hingegen ist sie rauh und mit gezähnten Graten bewehrt (z. B. bei Lippfischen, Groppen und anderen stachelstrahligen Fischen). Bei gleichbleibender Zahl nimmt die Größe der Schuppen mit dem Wachstum des Fisches zu. Hierdurch enstehen bei vielen Arten Zu-

Schuppe eines Knochenfisches mit Jahresringen und Schuppenhaut

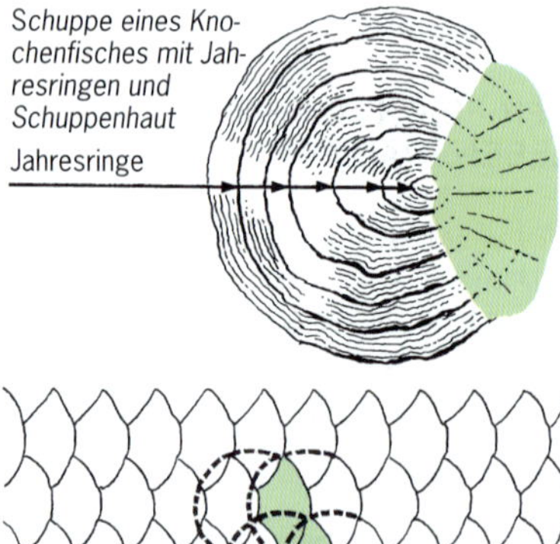

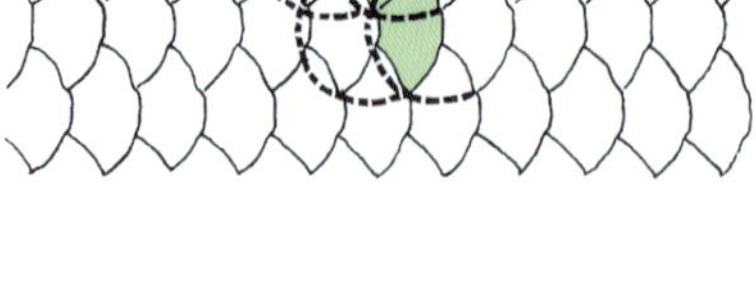

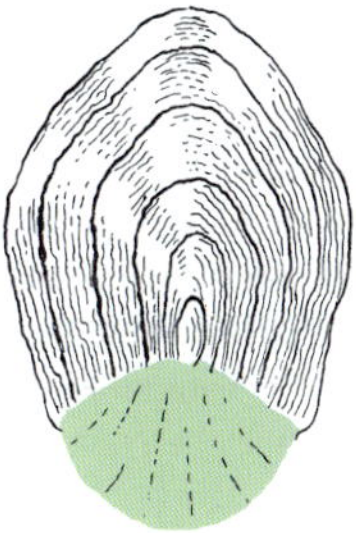

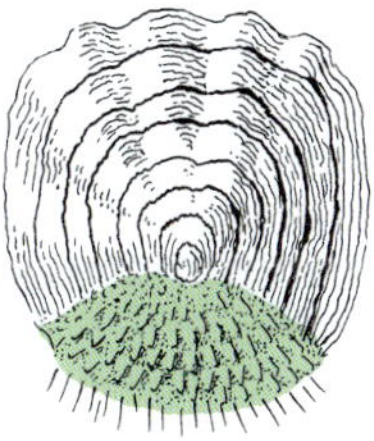

Glatte Schuppe oder Cycloidschuppe

Rauhe Schuppe oder Ctenoidschuppe

wachsringe, den Jahresringen eines Baumstammes vergleichbar. Sie können für die Altersbestimmung des Tieres benutzt werden. Die meisten Fischarten sind in der Lage, verlorene Schuppen zu ersetzen. Bei manchen Arten aber fehlen Schuppen ganz oder sind nur in rückgebildeter Form vorhanden. Auch sehr junge Fische haben noch keine Schuppen. Diese werden erst gebildet, wenn der Fisch eine bestimmte Größe erreicht hat.

Haie und Rochen besitzen derartige Schuppen nicht. Ihre Haut ist mit zahlreichen, meist scharfen, sogenannten Hautzähnchen bedeckt. Deshalb fühlt sich die Haut des Haies wie rauhes Sandpapier an.

Kiemen und Schwimmblase: Hierauf wird im folgenden Kapitel eingegangen.

DER FISCH IN SEINEM LEBENSRAUM

Färbung: Fast alle Fischarten haben einen dunklen Rücken und eine helle Bauchseite. So sind sie im Wasser aus nahezu allen

Farbzellen und Farbwechsel

Getarnter Steinbutt

Blickwinkeln praktisch unsichtbar. Fische, die in den oberen Wasserschichten leben, haben oft silberfarbene Seiten. Die Silberfärbung entsteht durch Reflexion des Lichts an farblosen, mikroskopisch kleinen Kristallen, die in den Farbzellen (Chromatophoren) der Haut und auf der Rückseite der Schuppen liegen. Diese Kristalle bestehen aus Guanin – einem Abfallprodukt des Stoffwechsels.

Viele bodenlebende Fischarten, wie z. B. Vertreter der Plattfische, nehmen zur Tarnung die Farben und Muster des Untergrunds an. Die gelben, roten und schwarzbraunen Farbanteile der Fischhaut sind auf Tausende von Farbzellen verteilt. Sind z. B. die dunklen Farbkörperchen in einer Chromatophore ausgedehnt, erscheint diese Zelle schwarz; sind umgekehrt alle Pigmente zu einem winzigen Punkt zusammengezogen, sieht die Zelle nahezu farblos aus. Dieser Steuerungsmechanismus erzeugt oder unterdrückt die verschiedenen Farben. Kontrolliert wird deren Wechsel durch Hormone und das Nervensystem, ausgelöst durch visuelle Eindrücke. Die Männchen einiger Fischarten (z. B. Stichlinge, Groppen und Lachs) entwickeln zur Laichzeit eine besondere „Hochzeitsfärbung".

Körperform und Fortbewegung: Die Körperform eines Fisches ist stark an seine Lebensweise angepaßt. So haben die schnellsten Schwimmer, wie Thunfische und Haie, eine torpedoförmige Gestalt.

Viele Fischarten besitzen dagegen völlig andere Körperformen. Sie weisen Ge-

staltsmerkmale auf, die für sie in anderer Hinsicht von Vorteil sind, obwohl sie gewöhnlich zu Lasten ihres Schwimmvermögens gehen. Bodenlebende, teilweise im Sand vergrabene Fische wie Rochen und Plattfische besitzen oft einen vollkommen abgeflachten Körper. Lauernde Räuber wie der Seeteufel oder Groppen haben einen kurzen, keulenförmigen Körper mit sehr großem Kopf und Maul. Fische, die meist dicht über dem Boden leben (z. B. Aale,

Wolfsfische und Aalmutter), besitzen demgegenüber langgestreckte, schlangenähnliche Körper. Andere Fische wiederum sind am Körper mit knöchernen Platten und Stacheln bewehrt (z. B. Seenadeln). Dies macht sie zwar zu schlechten Schwimmern, senkt aber auch deutlich ihren Reiz als Beute für Raubfische. Die Seehasen schließlich sind so dickleibig gebaut, daß es den meisten Räubern schwerfiele, sie herunterzuschlingen. Hochrückigen Fischen wie dem Heringskönig bietet ihre Gestalt ebenfalls Schutz vor Räubern: Sie sind nur in der Seitenansicht leicht, aus

anderen Blickwinkeln jedoch schwer zu erkennen.

Die Mehrzahl der Fischarten schwimmt durch seitliche Schlängelbewegungen des ganzen Körpers. Fische mit langen Rücken- und Afterflossen können sich durch deren Wellenbewegungen allein vorwärts oder rückwärts bewegen, während die paarigen Flossen als Steuerruder wirken. Bei langsamer Fortbewegung dienen die Brustflossen der Steuerung, können aber ebenso zum Paddeln und Bremsen eingesetzt werden. Die Bauchflossen wirken vor allem als passiv stabilisierende Organe. Bei bestimmten Arten sind sie für besondere Zwecke umgewandelt, z. B. als Saugscheibe bei Meergrundeln und Seehasen.

Zwischen der normalen Schwimmweise eines Fischs und dem gelegentlichen plötzlichen Vorwärtsschießen liegt ein erheblicher Unterschied. Der Fischkörper verfügt über zwei Arten von Muskeln: Helle Muskeln mit geringer Blutversorgung ermöglichen ein schnelles Zustoßen etwa beim Angriff eines Hechts. Rote, stark blutversorgte Muskeln befähigen beispielsweise Thunfische und Makrelen zu dauerhaftem Schwimmen über große Entfernungen. Bei kurzen, plötzlichen Bewegungen wie Angriffs- oder Fluchtmanövern wird der kräftige Schwanzschlag oft von einem Wasserausstoß durch die Kiemendeckel begleitet. Nach dem Rückstoßprinzip erhält der Fischkörper so einen zusätzlichen Vorwärtsschub. Schnellschwimmer können in einer Sekunde die zehnfache Strecke ihrer eigenen Körperlänge zurücklegen.

Makrelen und viele Haiarten sind ununterbrochen in Bewegung. Bei den meisten Fischarten aber wechseln aktive Schwimmphasen und Ruhephasen innerhalb von 24 Stunden ab. Manche Arten, z. B. einige der

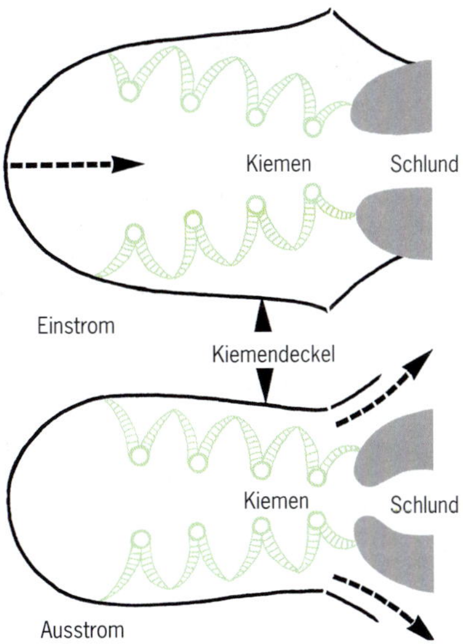

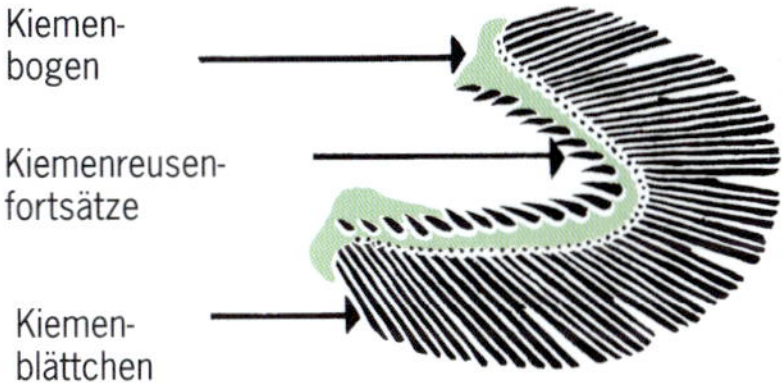

Einzelner, vollständiger Kiemenbogen

Lippfische, legen sich zum Ausruhen sogar auf die Seite.

Sauerstoff und Atmung: Der Sauerstoff im Meer entstammt sowohl der Luft als auch der Photosynthese von Seetangen und Planktonalgen. Der Sauerstoffbedarf eines Fisches hängt von der Wassertemperatur und der jeweiligen Fischart ab, aber auch von Alter, Befinden und Aktivitätszustand des einzelnen Tieres.

Fische nehmen den Sauerstoff durch ihre dünnwandigen, reich durchbluteten Kiemenblättchen auf. Diese sitzen auf den kräftigen, knöchernen Kiemenbögen. Das Atemwasser wird durch das Maul eingesaugt. Anschließend spreizt der Fisch die Kiemendeckel ab, schließt das Maul und hebt den Maulboden an, so daß das Wasser durch die Kiemen strömt und schließlich unter den Kiemendeckeln ausgestoßen wird. Dabei arbeitet der weiche Hinterrand der Kiemendeckel wie ein Ventil.

Auf der Innenseite der Kiemenbögen liegen die Kiemenreusenfortsätze. Bei planktonfressenden Arten sind sie zahlreich und lang und üben die Funktion eines Filtersiebs aus. Bei vielen Raubfischarten sind sie dagegen klein und knopfartig.

Die Schwimmblase: Viele Fischarten besitzen eine gasgefüllte Schwimmblase, die als Auftriebsorgan dient. Sie entsteht im Embryonalstadium aus einer Ausstülpung des vorderen Darmabschnitts. Bei einigen Arten (z. B. Hering und Lachs) bleibt auch beim erwachsenen Fisch die Verbindung zum Darm erhalten. Bei den meisten Fischarten jedoch (z. B. Dorsche und Arten

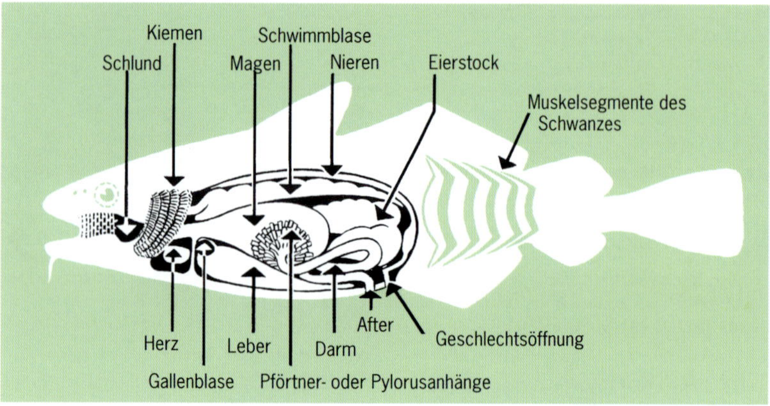

mit stachelstrahligen Flossen) bildet sich dieser Luftgang zurück, und die Schwimmblase wird ein isoliertes Organ. In diesem Falle erfolgt der Druckausgleich durch Blutaufnahme oder Gasabgabe spezieller Bereiche der Blasenwand. In größerer Wassertiefe wird die Gasfüllung der Schwimmblase durch den erhöhten Druck komprimiert. Der Fisch sondert dann entsprechend mehr Gas in das Organ ab, um seinen Auftrieb zu wahren.

Bodenlebende Fischarten benötigen keine Schwimmblase. Sie wird nach dem Larvenstadium vielfach zurückgebildet (z. B. Plattfische, Meergrundeln, Groppen und Sandaale).

Säugetierauge, Fokussierung über die Linsenform

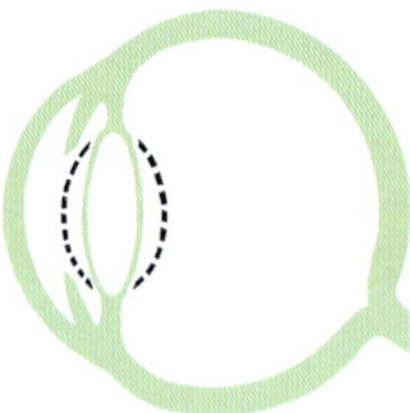

Fischauge, Fokussierung über die Linsenposition

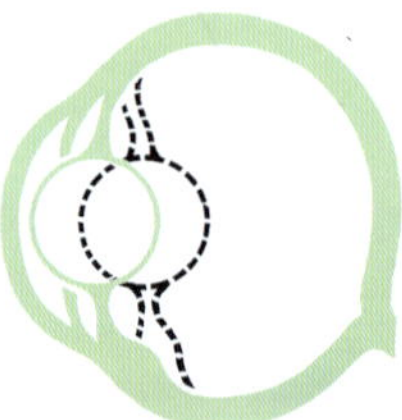

Knorpelfische besitzen auch keine Schwimmblase. Als Auftriebshilfe dient ihnen ersatzweise ihre große, sehr ölhaltige Leber.

SINNESORGANE

Licht und Sehvermögen: Je nach Trübungsgrad des Wassers dringt nur noch ein Prozent des Oberflächenlichts in Tiefen von 30–80 m. Fischaugen sind daher allgemein an geringe Lichtstärke angepaßt. Sie besitzen eine harte, kugelförmige Linse und sind häufig sehr groß. Die Hornhaut bricht das Licht nicht, wie dies bei luftlebenden Tieren geschieht, weil die Lichtbrechung der des umgebenden Wassers entspricht. Da die Linse über die Pupillenebene hinausragt, beträgt das Gesichtsfeld vertikal und horizontal ungefähr 150–170°.

Fische sind meist recht kurzsichtig und am besten auf den Blick voraus bei einem Sehfeld beider Augen von 20–30° angepaßt. Die Form der Linse ist nicht variabel, ihre Position aber kann durch besondere Muskeln verändert und auf Weitsicht eingestellt werden. Über die größte Sehschärfe verfügen meist nahe an der Wasseroberfläche lebende Fischarten.

Die Seitenlinie: Die Mehrzahl der Fischarten weist eine mehr oder weniger deutliche

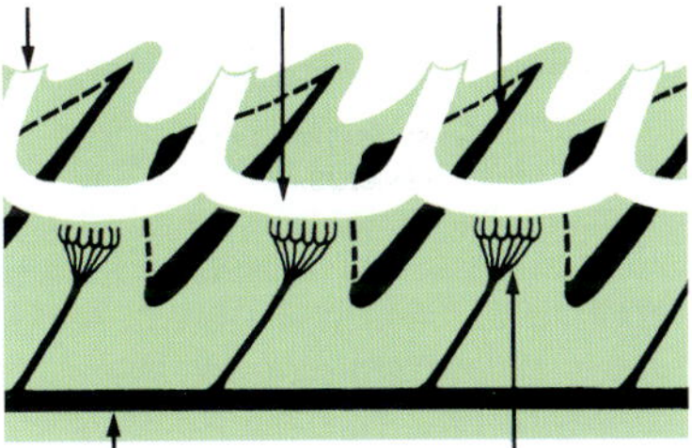

Längsschnitt durch das Seitenliniensystem

Auftreffen von Druckwellen auf die Seitenlinie

Linie entlang jeder Körperseite auf. Bei einigen Arten fehlt die Seitenlinie oder ist unvollständig, andere wiederum besitzen 2–3 Linien. Gewöhnlich besteht das Organ aus einem horizontalen, schleimgefüllten Kanal, dessen zahlreiche Seitenverzweigungen die oberhalb liegenden Schuppen durchbrechen und auf dem Kopf zusätzlich viele Seitenäste bilden.

Mit Hilfe der Seitenlinie kann der Fisch Druckwellen empfangen, die z. B. durch Bewegungen anderer Fische und auch Feinde im Wasser verursacht werden, und ihre Ausgangsrichtung orten. Gleichzeitig nimmt das Organ Echos der Eigenbewegung auf und befähigt damit den Fisch, seine Position zu unbeweglichen Objekten zu bestimmen. Kleinste Druckwellenunterschiede werden von den offenen, schleimgefüllten Poren der Seitenlinie registriert, als Signal an die Sinneszellen und von diesen zum Zentralnervensystem weitergeleitet. Die Wahrnehmungen der Seitenlinie unterstützen und verstärken damit den Gesichtssinn des Fisches.

Riechorgan

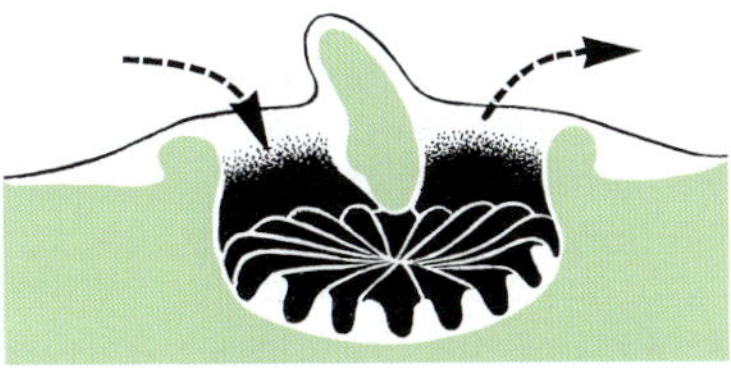

Geruchs- und Tastsinne: Fische verfügen über einen guten Geruchssinn. Vor den Augen liegt jeweils die Öffnung zu einer Riechgrube. Diese Nasenöffnungen sind durch eine Scheidewand in zwei Abteilungen geteilt. Das Wasser strömt sowohl beim Schwimmen als auch aktiv eingepumpt durch die vordere Öffnung in die Riechgrube und aus der hinteren wieder hinaus.

Haie besitzen ein hervorragendes Geruchsvermögen. Aale können wenige Moleküle stark verdünnter Substanzen wahrnehmen, und Lachse finden mit ihrem Geruchssinn den Fluß wieder, in dem sie einmal aufgewachsen sind. Verletzte Fische können einen „Schreckstoff“ absondern, der auf andere Fische alarmierend wirkt.

Empfindliche Geschmacks- und Tastknospen befinden sich auf Barteln, wie z. B. bei den Dorschfischen, auf kleinen Warzen (Papillen) an der Kopfunterseite und den Brustflossen, wie z. B. bei den Knurrhähnen, oder auch verstreut über den ganzen Körper. Geschmacks- und Tastsinn sind besonders wichtig für Fischarten, die sich von bodenlebenden Wirbellosen ernähren.

Geräusche und Hörvermögen: Die Hörleistung der Fische ist sehr unterschiedlich ausgeprägt. Wie andere Wirbeltiere besitzen Fische ein Innenohr, das den Gehör-, den Lage- und den Drehsinn beherbergt. Sein oberer Teil besteht aus drei halbkreis-

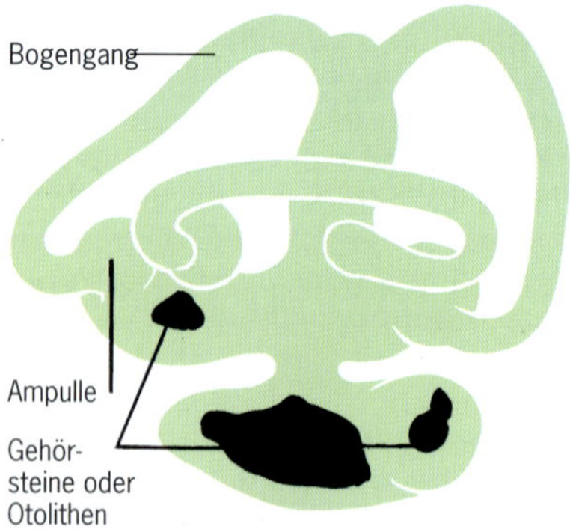

Innenohr oder Labyrinthorgan

förmigen Bogenkanälen, die mit einer Innenohrflüssigkeit (Endolymphe) gefüllt sind und dem Bewegungssinn dienen. Drei darunter sitzende Verdickungen, die Ampullen, enthalten jeweils einen Gehörstein oder Otolith. Er ist auf Sinneshärchen gebettet und besteht hauptsächlich aus Kalzium. Wie die Schuppen bilden auch die Otolithen mit dem Wachstum des Fisches Zuwachsringe aus. Tatsächlich wird täglich ein winziger Wachstumsring angelegt. Die Ringe des größten Gehörsteines (Sagitta) können auch zur Altersbestimmung eines Fisches benutzt werden. Beide unten liegenden Otolithen reagieren auf Schallwellen, der obere dient der Gleichgewichtsorientierung. Die jeweilige Form der Otolithen – beim Kabeljau können sie über 1 cm lang werden – ist für die Fischarten charakteristisch.

Knorpelfische besitzen allerdings keine festen Otolithen.

Herings-, Karpfen- und Dorschfische verfügen über das beste Hörvermögen, weil ihr Innenohr mechanisch mit der Schwimmblase verbunden ist. Die durch Schallwellen ausgelösten Vibrationen ihrer Schwimmblase werden über eine Kette kleiner Knochen zum Ohr weitergeleitet.

Grundsätzlich ist die Schallwahrnehmung bei Fischen auf größere Wellenlängen begrenzt als beim menschlichen Ohr. Sehr niedrige Schwingungsfrequenzen (5–25 Hertz) werden durch das Seitenlinienorgan wahrgenommen.

Fische haben keine Stimmbänder. Einige Arten können dennoch Geräusche erzeugen, ähnlich einem „Zähneknirschen". Diese werden durch den Resonanzkörper der Schwimmblase verstärkt. Andere Arten wieder produzieren Laute durch einen Mechanismus, der die Wände ihrer Schwimmblase vibrieren läßt.

Vermutlich dient die „Sprache" der Fische als eine Art Verständigungsmittel bei der Vertreibung von Reviereindringlingen und während der Brutzeit.

Leuchtorgane: Viele Tiefwasserfische, die im freien Wasser leben, besitzen Leuchtorgane. Diese erzeugen mittels chemischer Reaktionen oder durch Leuchtbakterien Licht. Leuchtorgane dienen der Orientierung beim Zusammenhalt von Schwarmfischen, dem Erkennen der Geschlechter und der Arten untereinander, dem Anlocken von Beute, usw.

Elektrische Organe: Bei einigen Fischarten sind bestimmte Muskelpartien zu elektrischen Organen umgewandelt. Hierfür sind vor allem der südamerikanische Zitteraal und afrikanische Zitterwelse bekannt, die sehr starke Stromstöße erzeugen können. Zitterrochen (s. Seite 62) können gleichfalls unangenehme Stromstöße austeilen. Die Elektroschocks werden zum Betäuben von Beutetieren und zur Verteidigung eingesetzt.

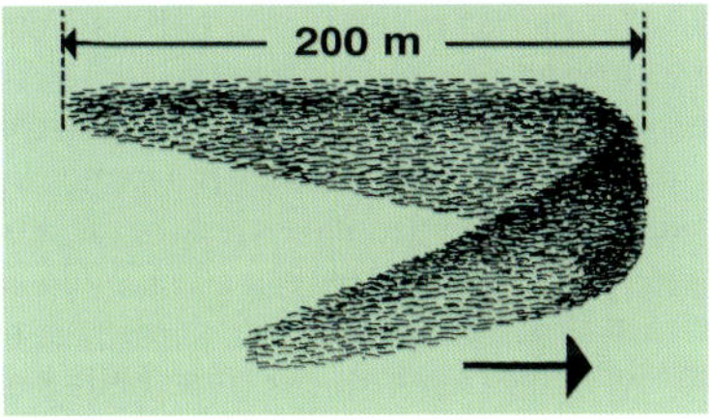

Sardinenschwarm

LEBENSZYKLEN

Pelagische Fische: Der Begriff „pelagisch“ bedeutet „frei schwimmend“ und wird auf Lebewesen angewendet, die das freie Wasser bewohnen – im Gegensatz zu Organismen, die nahe am oder auf dem Boden leben. Heringe und Makrelen sind pelagische Fische. Die Eier und Jungtiere der meisten Fischarten sind ebenfalls pelagisch.

Schwarmbildung: Viele der pelagischen Fischarten sammeln sich in großen Gruppen, die man gewöhnlich Schwärme nennt. Die sehr unterschiedlichen Schwarmgrößen reichen vom kurzfristigen Zusammenschluß von nur 5–6 Exemplaren bis zu den gewaltigen, dauerhaften Schwärmen der Heringe und Makrelen, zu denen ein Einzelfisch zeitlebens gehört. Fische innerhalb eines Schwarms haben im allgemeinen die gleiche Größe und das gleiche Alter. Die Schwärme bestehen in der Regel nur aus Fischen derselben Art, können manchmal aber auch eine geringe Zahl anderer Arten umfassen. Beispielsweise schwimmen in einem Sprottenschwarm oft auch einige junge Heringe mit.

Die Jungtiere vieler Fischarten schließen sich in Schwärmen zusammen. Mit dem Wachstum entwickeln sie sich zunehmend zu Einzelgängern, und allmählich bricht der Jungfischschwarm auseinander. Die Schwärme des dreistacheligen Stichlings lösen sich zum Fressen und zur Paarung auf. Der Gesichtssinn ist von größter Bedeutung für die Organisation eines Schwarms. Nachts ist der Zusammenhalt deshalb meist deutlich lockerer.

Die Schwarmbildung hängt von verschiedenen Instinkten ab. Da viele Augenpaare mehr sehen als nur eines, bietet der Schwarm ein gewisses Maß an Schutz vor Feinden. Der Vorteil des Schwarmlebens während der Laichzeit ist offenkundig. Raubfische, wie z. B. Thunfische, arbeiten beim Angriff auf Herings- und Makrelenschwärme im Schwarm zusammen.

Ortstreue und wandernde Fischarten: Groppen, Meergrundeln, Wolfsfische und viele weitere bodenlebende Fischarten bleiben in der Nähe des Gebietes, in dem sie aufgewachsen sind. Sie wandern allenfalls während der kalten Jahreszeit in tieferes Wasser. Das gilt auch für viele Plattfischarten und für örtliche Herings- und Kabeljaubestände, die bestimmte Buchten und Fjorde bewohnen.

Eine große Zahl der wirtschaftlich wichtigsten Fischarten wandert saisonal und legt dabei innerhalb des Verbreitungsgebiets oft Tausende von Kilometern zurück (z. B. Makrele, Thunfisch und viele Herings- und Kabeljaubestände). Diese Wanderungen dienen hauptsächlich der Nahrungssuche und der Fortpflanzung.

Wanderweg des Atlantischen Roten Thuns

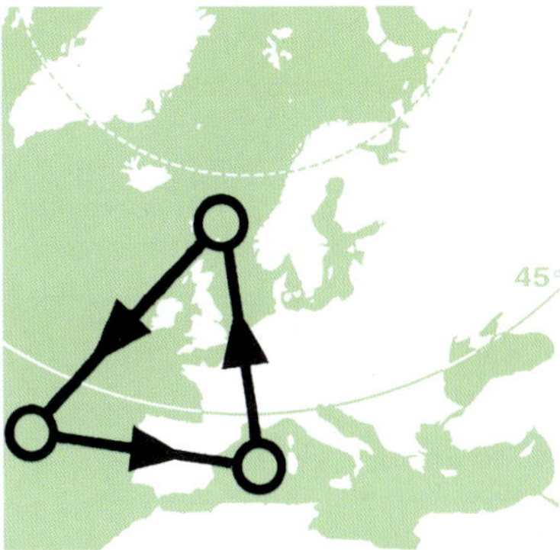

Der Atlantische Rote Thunfisch ist nach seinem Laichen im Mittelmeer ausgezehrt und hungrig. In den Sommermonaten zieht er nordwärts in fischreiche Gewässer. Etwa im Juni hat er die nördliche Nordsee und die Küsten Norwegens erreicht und wandert erst mit Einsetzen kälteren Wetters wieder in Richtung Süden. Im folgenden Frühjahr kehrt er zu seinen Laichgründen im Mittelmeer zurück. Der Thunfisch wandert somit mehr oder weniger im Kreis. Diese gleichbleibende, jahreszeitlich beeinflußte Wanderung zwischen Laich- und Freßgründen und der Überwinterung irgendwo dazwischen ist typisch für viele Wanderfischarten.

Auch die räumliche Trennung zwischen Laichgebiet und Aufwuchsregion der Jungtiere ist recht häufig und für viele Fischarten charakteristisch. Die Scholle beispielsweise laicht in der Nordsee in 20–40 m Tiefe. Ihre Eier treiben passiv nahezu drei

Bevorzugte Laichtemperaturen in °C

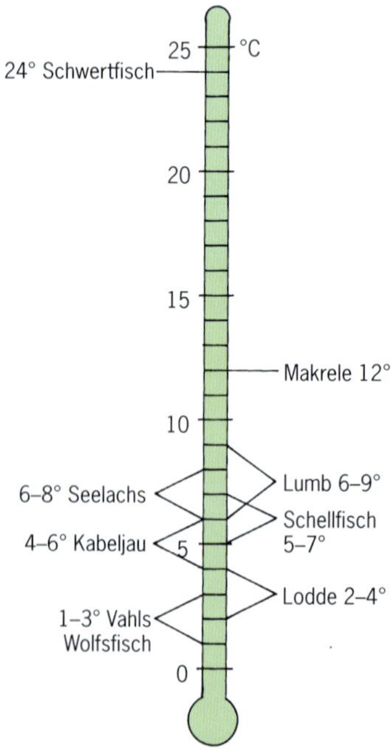

Wochen im Wasser. Die frisch geschlüpften, bereits schwimmfähigen Larven begeben sich nach 1–2 Monaten jedoch ins Flachwasser des Wattenmeers. Im Laufe des weiteren Wachstums verteilen sie sich dann in tieferes Wasser.

Die Brut der Sprotten verdriftet von den Laichgründen im Skagerrak entlang der Südwestküste Norwegens, während junge Kabeljaus aus dem Lofotengebiet vor die Küsten der Finnmark wandern.

Fortpflanzung: Die Gonaden oder Fortpflanzungsorgane der Knochenfische sind gleichsam leere Säckchen, an deren Innenwänden Eier oder Samen produziert werden. Bei noch nicht geschlechtsreifen Fischen sind diese Organe sehr klein. Mit eintretender Laichreife schwellen sie durch die Geschlechtsprodukte an. Eier und Samen werden beim Laichvorgang durch einen kurzen Gang direkt hinter der Afteröffnung ausgestoßen. Während der Gonadenreife wandern die Fische zu geeigneten Laichgründen, in denen die jeweiligen Anforderungen der Arten an Tiefe, Salzgehalt, Wassertemperatur und Beschaffenheit des Meeresbodens erfüllt sind. Die Laichtemperatur einiger Fischarten bewegt sich in einem sehr engen Bereich von nur wenigen Grad. Kabeljaus laichen bei 4–6 °C, Makrelen bei etwa 12 °C. Entsprechend wurde festgestellt, daß einige geographisch weit verbreitete Fischarten in unterschiedlichen Monaten jeweils im nördlichen und südlichen Teil ihres Verbreitungsgebiets laichen.

In der Regel werden Eier und Samen ins offene Wasser abgegeben, während die Elternfische Seite an Seite, manchmal auch, wie z. B. die Leierfische, Bauch an Bauch schwimmen. Einige Fischarten besitzen allerdings Kopulationsorgane. Die Eier werden dann im Körper des Weibchens befruchtet (Groppen, lebendgebärende Wolfsfische, Rotbarsche und alle Haie, Rochen und Chimären).

Bei einigen Fischarten werden alle Eier zugleich reif und abgelaicht, bei anderen dagegen in kleinen Teilmengen über einen längeren Zeitraum abgelegt. Die Eier der Knochenfische sind durchsichtig, grünlich oder rötlich gefärbt, und haben meist einen Durchmesser von 0,4–0,6 mm. Haieier können dagegen sogar größer als Hühnereier sein.

Die Eier vieler Fischarten sind etwas leichter als Wasser und steigen langsam zur Wasseroberfläche auf (z. B. die der Sprotten, Dorschfische und Plattfische), die Eier anderer Arten sinken zu Boden (z. B. Heringseier) oder werden mittels winziger Klebfäden an Seegras oder Steine angeheftet (Hornhechteier). Eine große Zahl der abgelegten Eier wird durch rauhes Wetter zerstört oder von anderen Tieren aufgefressen. Außerdem verhungern viele frisch geschlüpfte Fischlarven, wenn das Nahrungsangebot im Wasser nicht ausreicht. Wegen dieser Verluste müssen Fischeier in großer Menge abgelaicht werden. Soweit bekannt ist, hält der ozeanische Mondfisch mit 300 Millionen Eiern den Rekord. Eine Scholle legt je nach ihrer Größe 50.000–500.000 Eier ab.

Viele Fischarten, die in Küstennähe laichen, betreiben Brutpflege: Seehasen und Butterfische bewachen ihre Eiklumpen gegen Feinde. Die Meergrundeln „verstecken" ihre Eier an der Unterseite von Muschelschalen, und Stichlinge bauen sogar Nester. Die Männchen der Seenadeln und Seepferdchen tragen die Eier in einer Bruttasche am Bauch. In diesen genannten Fällen sind die Eier gut behütet, so daß eine geringere Zahl zur Arterhaltung ausreicht. Viele Haiarten gebären pro Jahr weniger als 20 Junge. Deren Größe beträgt bei der Geburt allerdings bis zu einem Viertel der Länge des Muttertiers.

Die meisten Fischarten pflanzen sich jedes Jahr fort, einige aber sterben bereits nach dem ersten Ablaichen. In jedem Falle verursacht die Fortpflanzung einen sehr hohen Energieverbrauch, so daß die Fische danach abgemagert, erschöpft und hungrig sind. Während der Laichzeit nehmen viele Fischarten außerdem nur wenig oder gar keine Nahrung auf.

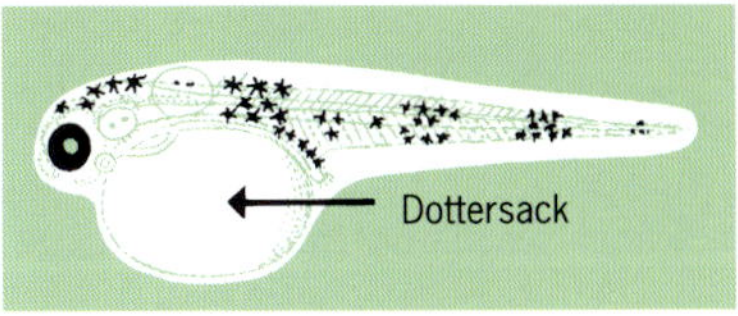

Frisch geschlüpfte Kabeljaularve

Frühentwicklung: Nach der Befruchtung entwickelt sich im Ei ein Embryo. Er ernährt sich zunächst von seinem Dottersack, überwächst diesen allmählich und nimmt ihn schließlich in seinen Magen auf. Die Embryonalentwicklung ist temperaturabhängig und dauert je nach Fischart nur wenige Tage bis zu mehrere Monate. Eine frisch geschlüpfte Fischlarve ist einem erwachsenen Fisch oft noch sehr unähnlich. Bevor sie äußerlich dem ausgewachsenen Fisch ähnelt, durchläuft sie eine Gestaltsverwandlung oder Metamorphose. Die Artbestimmung und Entwicklung von Fischlarven sind eine komplexe Angelegenheit.

Zu den wohl ausgefallensten Larvenformen zählen die des Mondfischs (S. 277) und des Seeteufels (S. 145). Vollständige Serien der Jungfischentwicklung werden in diesem Buch für den Aal (S. 81), den Hering (S. 88), den Kabeljau (S. 121) und die Scholle (S. 267) dargestellt.

Fischlarven leben gewöhnlich pelagisch in den oberen und nahrungsreichsten Wasserschichten. Nach dem Schlüpfen ernähren sie sich in den ersten Tagen vom Rest ihres Dottersacks und anschließend von winzigen Planktonorganismen. Ihre Schwimmfähigkeit ist noch sehr schwach entwickelt, so daß die Larven mit den Strömungen driften.

Nach einigen Wochen dieser Entwicklungsphase wandern die Larven bodenlebender Fische oft in sehr flachem Wasser zum Meeresgrund. Junge Plattfische müssen dabei ihre merkwürdige Umwandlung zum Erwachsenenstadium durchmachen, wie sie für die Scholle (S. 267) beschrieben wird. Die Jungtiere pelagischer Fisch-

Krebstiere, ca. 19.000 Arten im Meer

Borstenwürmer, ca. 4.000 Arten im Meer

arten formieren sich zu Schwärmen in Küstennähe (z. B. Hering) oder wandern in tieferes Wasser ab. Zu diesem Zeitpunkt haben die Jungen ihre Metamorphose bereits durchgemacht und sehen wie Miniaturausgaben der Erwachsenen aus.

Ernährung: Die überwiegende Zahl der Fischarten lebt von tierischer Nahrung, und fast jedes Tier im Meer wird von irgendeiner Fischart gefressen. Wenige Arten leben wie z. B. Meeräschen nur von Pflanzen. Reine Vegetarier sind nämlich vor allem in tropischen Süßgewässern vertreten. Darüber hinaus ernähren sich einige Fischarten von Bodenablagerungen des Mulms (Detritus). Sie verdauen mit anderen Worten also Pflanzenfasern, Bakterien, Algen, Pilze und die Mikrofauna, die der Bodenschlamm enthält.

Die meisten Fische besitzen Zähne. Besonders stark bewehrt sind die Kiefer von Haien und Rochen. Knochenfische können auch auf anderen Knochen des Mauls Zähne tragen. Reine Raubfische kennzeichnet ein großes Maul mit scharfen oder spitzen, rückwärts gerichteten Zähnen, die zum Ergreifen und Festhalten großer Beute geeignet sind. Planktonfressende Fische besitzen nur kleine oder gar keine Zähne. Ihre Kiemenreusen filtern das Atemwasser gleichzeitig nach kleinen Nahrungsbestandteilen aus. Zur Suche nach Bodentieren können manche Fische das Maul auch vorstrecken, wie z. B. Störe oder Grenadierfische. Das Maul der Neunaugen ist eine Saugscheibe. Hiermit heften sie sich an andere Fische an, um anschließend mit ihrer zahnbesetzten Zunge ein Loch durch die Haut des Opfers zu raspeln.

Zu den typischen Räubern zählen Thunfisch, Schwertfisch und viele Haiarten. Andere Fischarten werden erst mit zunehmendem Alter räuberisch, wie z. B. Kabeljau, Rotbarsch und Heilbutt.

Raubfische ernähren sich hauptsächlich von kleinen, in großer Zahl auftretenden Arten wie z. B. Sardinen, Heringen, Sprotten, Sandaalen, Stintdorschen, Lodden, Meergrundeln, und auch von den Jungen der eigenen oder anderer Arten.

Die Beute wird in einem Stück heruntergeschlungen. Nur wenige Fischarten sind wie die Haie in der Lage, ihre Beute zu zerteilen. Raubfische besitzen große Mägen, und ihr Darm ist gewöhnlich kürzer als ihr Körper. Die Allesfresser haben dagegen einen vergleichsweise kleineren Magen und längeren Darm.

An der Verbindungsstelle zwischen Magen und Darm sitzen bei den meisten Fischarten die Pförtner- (Pylorus-) anhänge. Sie produzieren Verdauungsenzyme und vergrößern die Verdauungsfläche des Darms. Bei den Knorpelfischen (Haie, Rochen und Chimären) sorgt ein Spiralfaltenabschnitt im Darmkanal für eine Vergrößerung seiner Aufnahmefläche.

Neunaugen scheiden Verdauungsenzyme aus, die das Gewebe der Opfer zersetzen und die Blutgerinnung in den Raspelwunden verhindern. Das aufgeweichte Gewebe wird dann aufgesaugt.

Fische, die mit den Augen jagen, fres-

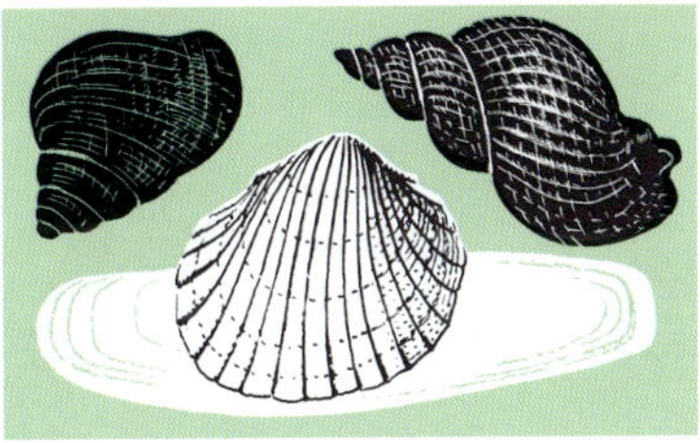

Weichtiere, ca. 100.000 Arten im Meer

Stachelhäuter, ca. 6.000 Arten im Meer

sen hauptsächlich tagsüber. Aale und viele Plattfischarten sind dagegen nachtaktive Tiere, die mittels ihrer Geschmacks- und Tastsinne Beute machen.

Die Mehrzahl der Fischarten frißt vorwiegend wirbellose Tiere und hierbei vor allem die Vertreter dreier Hauptgruppen: Die erste stellen Krebstiere (Crustaceen) dar, deren Rolle im Meer derjenigen von Insekten an Land vergleichbar ist. Eingegrabene, krabbelnde und freischwimmende Ruderfußkrebse (Copepoden), Flohkrebse (Amphipoden), Garnelen, Krillkrebse (Euphausiaceen) und andere Krebse dienen nahezu allen Fischarten als Nahrung.

Eine andere wichtige Gruppe sind die Borstenwürmer (Polychäten). Sie leben in großer Dichte von bis zu mehreren Hundert pro Quadratmeter in Vertiefungen oder Röhren am Meeresboden. Der Wattwurm ist ein bekannter Vertreter dieser Gruppe. Einige Borstenwurmarten leben allerdings auch pelagisch. Polychäten werden von praktisch allen bodenlebenden Fischarten gefressen.

Fische wachsen lebenslang

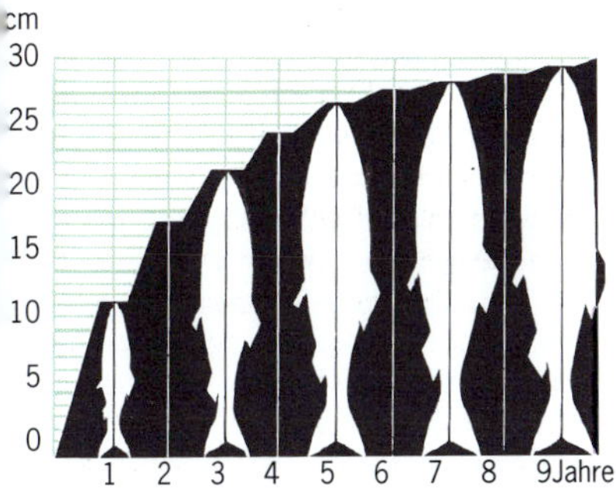

In der dritten Gruppe der Weichtiere (Mollusken) sind dünnschalige Schnecken und Muscheln für viele Fischarten besonders wichtig. Der Seewolf und viele Rochen besitzen allerdings derart kräftige Zähne (s. Seiten 64 und 211), daß sie sogar dickschalige Weichtiere aufbrechen können. Einen Hauptanteil der Nahrung vieler planktonfressender Fische wie z. B. des Herings bilden oft Pteropoden (Flügelschnecken). Sie zählen zu den Nacktschnecken und schwimmen mit Hilfe paariger „Flügel" frei im Wasser. Kopffüßer oder Cephalopoden stellen mit ihren pelagischen zehnarmigen Arten (Kalmare) und den am Boden lebenden achtarmigen Arten (Kraken) eine weitere wichtige Nahrungsquelle für viele Fische dar.

Andere bodenlebende Tiere mit bestimmter Nahrungsfunktion sind die Stachelhäuter (Echinodermen) wie Seesterne, Haarsterne, Seeigel und Seegurken. Stachelhäuter besitzen allerdings nur geringen Nahrungswert und werden deswegen hauptsächlich in Gebieten gefressen, in denen ein Mangel an höherwertiger Nahrung herrscht.

Wachstum und Lebensdauer: Das Wachstum der Fische wird in erster Linie vom Nahrungsangebot und von der Temperatur bestimmt, unterscheidet sich aber auch von Art zu Art erheblich. Eine Makrele hat mit drei Jahren Alter eine Länge von

Pflanzliches Plankton (Phytoplankton): 1 Kieselalge, 2 Geißelalge. *Tierisches Plankton (Zooplankton):* 3 Fischeier, 4 Krebslarven, 5 Seepockenlarven, 6 Flügelschnecken, 7 Hüpferlinge, 8 Quallen, 9 pelagische Flohkrebse, 10 Borstenwürmer, 11 Kopffüßerlarven, 12 Pfeilwürmer, 13 Fischlarven, 14 Leuchtgarnelen

30 cm erreicht; ihr naher Verwandter, der Atlantische Rote Thunfisch, würde im gleichen Alter schon 100 cm messen. Fische wachsen während der gesamten Lebensdauer, am schnellsten jedoch als Jungfische. Wie groß eine bestimmte Fischart werden kann, ist daher schwer zu sagen. Die Angaben dieses Buches über maximale Größe und Höchstgewicht vieler Fischarten besagen also nur, daß zumindest ein Exemplar der genannten Länge und des angegebenen Gewichts einmal gefangen wurde. Es kann jedoch grundsätzlich angenommen werden, daß Fische der entsprechenden Größenordnung oder gar darüber eine Ausnahme darstellen. Durch die intensive Befischung sind voll ausgewachsene, wirklich große Fische außerdem selten geworden.

Grundsätzlich verläuft das Wachstum im Winter langsamer als im Sommer. Auch unmittelbar vor der Laichzeit ist das Wachstum der Fische gebremst, da die Nahrung zu großen Teilen für den Aufbau der Geschlechtsprodukte verbraucht wird. Bei einigen Fischarten (z. B. den Aalen und Plattfischen) werden die Weibchen größer als die Männchen.

Während manche Seenadel- und Meergrundelarten nur ein Jahr leben, werden viele andere Fischarten mehr als 20 Jahre, einzelne sogar über 50 Jahre alt (z. B. Aale und Störe).

Die Altersbestimmung und die Ermittlung der Wachstumsrate spielen bei fischereibiologischen Untersuchungen eine wichtige Rolle und werden ausführlicher auf Seite 323 dargestellt.

Plankton und Nahrungsketten: Der Begriff „Plankton" wird auf pflanzliche und tierische, meist winzige Organismen angewendet, die mehr oder weniger passiv mit den Meeresströmungen treiben.

Pflanzliches Plankton (Phytoplankton) lebt auf oder nahe der Wasseroberfläche, weil es wie die meisten anderen Pflanzen von der Energie des Sonnenlichts abhängig ist. Aus gelösten Nahrungssalzen und Kohlendioxid produziert das Phytoplankton organische Stoffe durch Photosynthese. Hauptsächlich besteht es aus mikroskopisch kleinen, einzelligen Algen, die meist nur 0,1–0,001 mm messen. Trotz ihrer geringen Größe stellen diese Organismen die Ernährungsgrundlage aller Meerestiere dar, weil sie in gewaltigen Mengen auftreten und sich ungeheuer schnell vermehren. Die wichtigsten Vertreter des Phytoplanktons sind Kieselalgen (Diatomeen) und Geißelalgen (Dinoflagellaten und Coccolithophoren). Direkte Konsumenten des Phytoplanktons sind pelagische, filtrierend fressende Krebstierchen wie Ruderfußkrebse (Copepoden, 1–4 mm lang) und Leuchtgarnelen oder Krill (Euphausiaceen). Auch die Larven vieler bodenlebender wirbelloser Tiere fressen pflanzliches Plankton. Diese primären Planktonfresser werden wiederum von anderen planktonfressenden Tieren einschließlich Fischlarven verzehrt.

Viele ausgewachsene Fische ernähren sich ebenfalls mehr oder weniger aus-

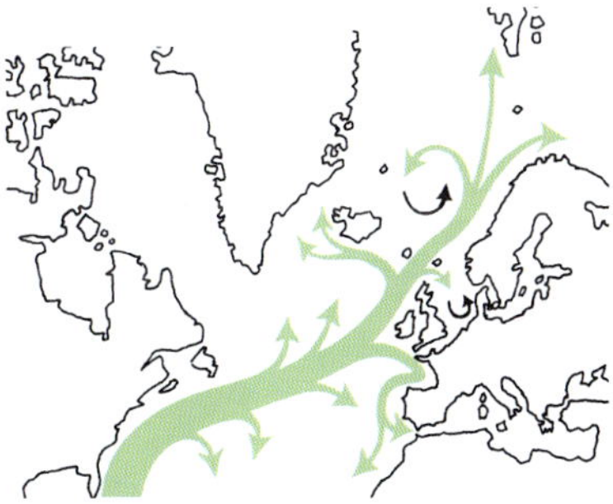

Golfstrom und Nordatlantischer Strom

schließlich von Planktonorganismen. Dies gilt z. B. für Hering, Lodde, Makrele und auch viele große Fische wie den Riesenhai und den Mondfisch. Nicht zu vergessen sind natürlich die gewaltigen Bartenwale, die ebenfalls Plankton fressen.

Bodenlebende Meerestiere ernähren sich ebenfalls direkt oder indirekt von Plankton. Ein ständiger „Regen" von Nahrungsresten, Kotausscheidungen und toten Organismen, in der Fachsprache pauschal auch „Detritus" genannt, sinkt aus der produktiven Planktonschicht auf den Meeresboden nieder. Am Boden wird dieser Detritus durch Bakterien abgebaut und von verschiedenen Muscheln, Würmern und Krebsen als Nahrung genutzt, die ihrerseits wieder von Fischen gefressen werden.

Die aufgenommene Nahrung wird im Fischkörper zum Teil in Energie umgewandelt und zum Teil für das Wachstum verbraucht. Vergleicht man die konsumierte Nahrungsmenge mit der Gewichtszunahme eines Fischs, erhält man eine Vorstellung von der Leistungsfähigkeit seines Stoffwechsels. Verzehrt ein Fisch z. B. 4 kg Nahrung und nimmt hierdurch um 1 kg zu,

Nahrungskette

beträgt der Umwandlungs- oder Verwertungsfaktor 4,0. Bei Jungfischen ist der Wert meist niedriger als bei älteren Tieren. In Abhängigkeit vom Nährstoffgehalt (Kaloriengehalt) der Nahrung liegt er bei durchschnittlich 4,8–8,0.

Alle lebenden Meeresorganismen bilden Glieder einer Nahrungskette oder besser eines Nahrungsgefüges, das vom pflanzlichen Plankton bis zu den größten Raubfischen bzw. bis zum Menschen reicht.

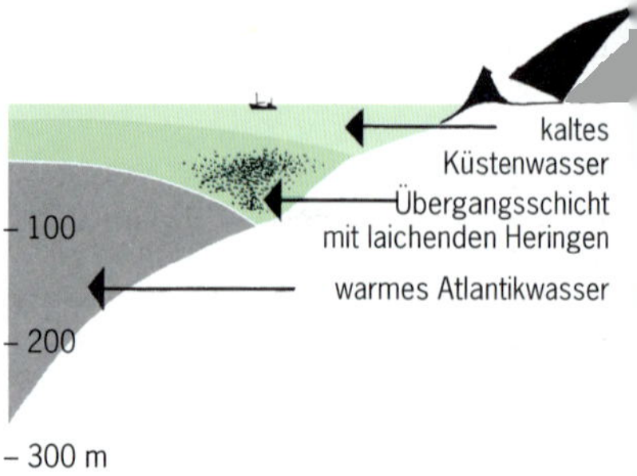

Winterliche Wasserschichtung vor Norwegens Westküste

VERBREITUNG

Dieses Buch stellt zu jeder Fischart deren Hauptverbreitungsgebiet in einer Karte dar. Viele Fischarten treten allerdings, den Vögeln vergleichbar, manchmal auch außerhalb ihres regelmäßigen Aufenthaltsgebietes auf. Einige Arten sind ozeanische, mehr oder weniger weltweit vorkommende Fische, z. B. der Schwertfisch. Die meisten Arten leben aber auf den Kontinentalsockeln in Tiefen von 0–200 m. Diese Sockel, auch „Schelfe" genannt, enden an den Kanten der Kontinentalabhänge, die bis zu Tiefen von 3–6 km in die 200 Millionen km^2 umfassende Tiefsee abfallen.

Große Bedeutung für die Verbreitung der Fischarten haben die jeweils herrschenden Strömungsverhältnisse der Meere. Der warme Golfstrom dreht am Kap Hatteras von der Küste Nordamerikas ab und durchquert in nordöstlicher Richtung als Nordatlantikstrom den Nordatlantik (siehe Abb. S. 21 oben). Nahe der amerikanischen Küste verfrachtet der gewaltige Strom 50 Millionen Tonnen Wasser pro Sekunde. Auf dem Weg durch den Nordatlantik zweigen Seitenströme ab, so daß er bei Erreichen des Seegebiets westlich Irlands „nur noch" 10 Millionen Tonnen pro Sekunde führt. Hier teilt sich der Strom weiter in Seitenäste auf. Diese bewegen sich nordwärts zum Südwesten Islands, dem Westen Norwegens und in die südliche Barentssee, und nach Südosten an die Westküste Frankreichs und ins Mittelmeer.

Auch in die westliche Nordsee fließt ein Teil dieses warmen nordatlantischen Stromsystems.

Die milden Winter an den nordeuropäischen Küsten sind tatsächlich weitgehend der Sonnenenergie zu verdanken, die das System im Jahr zuvor in der Karibik und in der Sargasso-See aufgenommen hat.

Die meisten unserer wirtschaftlich wichtigen Fischarten haben sich den Meeresgebieten angepaßt, die unter dem klimatischen Einfluß des Nordatlantikstromes stehen. Dieser Bereich wird in der Tiergeographie auch „boreale Zone" genannt und erstreckt sich von der Biskaya nordwärts bis in die südliche Barentssee. Kabeljau, Hering und Scholle sind typische Vertreter dieser Zone.

Zusätzlich zu den rein borealen Fischarten in den Meeren Nordwesteuropas treten im Ärmelkanal und vor Südirland auch viele Arten des Südens auf, die eigentlich zur Warmwasserfauna des Mittelmeers und des Ostatlantiks zählen. Einige von ihnen sind regelmäßige Sommergäste in der Nordsee, im Skagerrak und in den Gewässern westlich Norwegens, wie z. B. der Atlantische Rote Thunfisch, Meeräschen, Sardelle und Heringskönig. Zusätzlich enthält die boreale Fischfauna aber auch arktisch-boreale Arten mit Vorliebe für niedrige Temperaturen, wie die Lodde, den gefleckten Seewolf und den Schwarzen Heilbutt.

Die Nordsee zählt in Bezug auf Fischreichtum zu den produktivsten Meeresgebieten der Welt. Im folgenden werden einige Gründe hierfür genannt.

Hydrographie: Um die Biologie der Fische zu verstehen, sind gewisse Kenntnisse der Meeresphysik und -chemie hilfreich.

Meerwasser enthält im Schnitt etwa 35 Gramm gelöstes Salz pro Liter (Salzgehalt also = 35 Tausendstel oder Promille). Meerwasser ist deshalb schwerer als Süßwasser. Wasser geringeren Salzgehalts, sogenanntes „Brackwasser", lagert also über den schwereren Salzwasserschichten. Die Oberfläche der Ostsee bildet eine 30–50 m dicke Brackwasserschicht, die auf die zahlreichen Süßwasserzuflüsse in die Ostsee zurückzuführen ist. Vor Finnland beträgt der Salzgehalt nur 4–6, in der südlichen Ostsee etwa 8 Promille.

Im Öresund strömt eine 10–20 m dicke, brackige Oberflächenschicht entlang der schwedischen Küste nordwärts und überlagert den südwärts gerichteten Salzwassereinstrom aus Nordsee und Skagerrak in die Ostsee. Für die Meeresfische der Ostsee ist dieser Salzwasserzustrom sehr wichtig. Dessen Menge ist wegen der geringen Tiefe der dänischen Beltsee jedoch sehr unterschiedlich. In Zeiten geringer Salzwasserzufuhr kann in den tieferen Becken der Ostsee ein Sauerstoffdefizit eintreten.

Auch die Temperatur beeinflußt das spezifische Gewicht des Wassers. Da nämlich warmes Wasser leichter ist als kaltes, schichten sich Wasserkörper unterschiedlichen Salzgehalts und verschiedener Temperatur oft übereinander. Je größer die Dichteunterschiede sind, desto schwerer lösen sich solche Schichtfolgen auf. Deswegen kann das wärmere und somit leichtere Wasser des Nordatlantikstromes ähnlich einem Fluß die Kaltwasserschichten des Nordatlantiks durchströmen.

Ein starker Seitenarm des atlantischen Stromes durchfließt die Passage zwischen Schottland und den Färöerinseln und mildert das Winterklima in Norwegen bis hinauf ins Barentsmeer. Das kalte Brackwasser vor Norwegen, das dem Küstenausstrom der Ostsee entstammt, überlagert im Winter als 30–70 m mächtige Schicht das wärmere, aber salzreiche und deshalb schwerere Atlantikwasser. In der Übergangszone zwischen diesen beiden Schichten liegt eine instabile Zone von etwa 5 °C Wassertemperatur, in der man den norwegischen Hering beim Laichen im Frühjahr fängt.

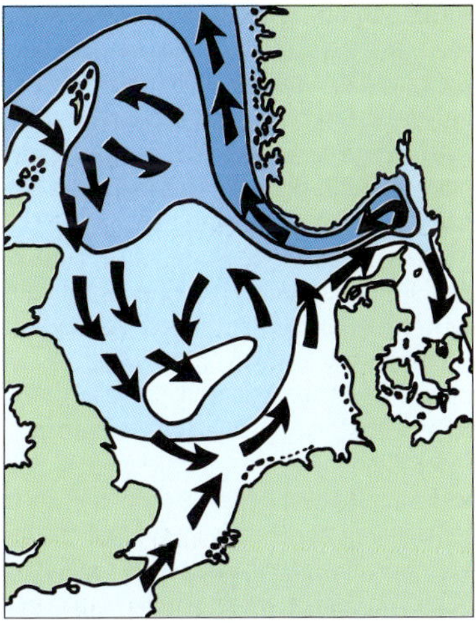

0–40 m
40–100 m
100–200 m
tiefer als 200 m

Strömungen und Tiefenzonen der Nordsee

Das Strömungssystem der Nordsee wird vom Zustrom atlantischen Wassers aus Nordwesten bestimmt. Dieses Wasser bewegt sich erst südwärts und dann ostwärts, um sich schließlich mit dem Wasser aus dem Ärmelkanal und dem Süßwasser der großen holländischen und deutschen Flüsse zu vermischen. Die Bodenwassertemperatur der südlichen Nordsee fällt im Winter auf 2–4 °C, die der nördlichen wegen des einströmenden Atlantikwassers dagegen nur auf 6–7 °C. Im Sommer wird dann die südliche Nordsee mit 15–17 °C wärmer als der Nordteil, in dem sich eine Schichtung aus einer etwa 14 °C warmen Oberflächenlage über einer Bodenschicht von 7–8 °C einstellt.

Planktonblüte: Die Wasserschichtung spielt eine wesentliche Rolle für die Planktonproduktion. Während des Winters kühlt im Nordatlantik die Oberflächenschicht, im überwiegenden Teil der Nordsee der ganze Wasserkörper bis zum Meeresgrund auf eine einheitliche Temperatur ab.

Die Vertikalstruktur des Wassers ist also nicht das ganze Jahr über stabil, sondern wird durch Wind und Gezeitenkräfte während der Wintermonate völlig durchmischt. In dieser Zeit sind die mikroskopischen Planktonalgen durch die Verwirbelung dauernd von ihrer Energiequelle, dem Sonnenlicht, abgeschnitten und können nicht gedeihen. Erst im Frühjahr baut sich infolge der Sonneneinstrahlung eine 15–30 m dicke, warme Oberflächenschicht auf, die den kalten, tieferen Wasserkörper wegen ihres geringeren spezifischen Gewichts fest überdeckt. Die Algen verbleiben nahe der Oberfläche im Sonnenlicht. Sie nutzen die Nährsalze, die während der Winterstürme aus dem Boden gelöst und in die Oberflächenschicht verfrachtet wurden. Die hohe Produktivität der Nordsee ist aber auch auf die zuflußbedingte Nährstoffanreicherung aus den umgebenden Landgebieten zurückzuführen.

So entsteht eine gewaltige „Frühjahrsblüte" pflanzlichen Planktons und eine entsprechende Zunahme der Flohkrebse und anderer Phytoplanktonfresser. Folgerichtig schlüpfen zu dieser Zeit die Larven vieler der wirtschaftlich wichtigsten Fischarten. Manchmal allerdings fallen Planktonblüte und Schlüpfen der Larven zeitlich nicht zusammen. In diesem Fall verhungert ein großer Teil der Fischlarven und die Nachwuchsrate fällt entsprechend schwach aus.

Die Artbestimmung

Zur Bestimmung eines Fisches könnte der Leser dieses Buch seitenweise durchblättern, bis er eine dem Fisch ähnliche Abbildung findet. Diese Methode ist allerdings nicht sehr empfehlenswert. Sinnvoller ist die Benutzung des nachfolgenden Bestimmungsschlüssels zu den Fischfamilien. Er ist vorwiegend auf äußeren, leicht erkennbaren Merkmalen der Fische aufgebaut.

Man beginne mit der Nummer 1. Jede Nummer links im Schlüssel bietet zu einem Merkmal zwei Möglichkeiten. Man wähle diejenige, die am besten auf den fraglichen Fisch zutrifft, und fahre mit der zugehörigen Zahl oder dem Namen auf der rechten Seite des Schlüssels fort.

Bei der Bestimmung kleiner Fische, wie Meergrundeln, ist ein Vergrößerungsglas zum Zählen von Flossenstrahlen und Schuppenreihen hilfreich.

Deutsche und lateinische (= wissenschaftliche) Namen: Dieses Buch gibt für jede Fischart den deutschen und den wissenschaftlichen, international einheitlichen Namen in lateinischer Sprache an. Zusätzlich werden der Name des Autors und das Jahr der Erstbeschreibung der Fischart genannt – z. B. Kabeljau, *Gadus morhua* Linnaeus, 1758. Der zuerst aufgeführte lateinische Name bezeichnet die Gattung, der zweite die Art, welcher der Fisch angehört. Gattungsnamen beginnen stets mit einem Großbuchstaben, Artnamen werden klein geschrieben. Manchmal ist der Autorenname in Klammern gesetzt – z. B. Schellfisch, *Melanogrammus aeglefinus* (Linnaeus, 1758). Dies bedeutet, daß die Art „Schellfisch" – *aeglefinus* – ursprünglich vom Autor Linnaeus unter einem anderen Gattungsnamen beschrieben wurde.

Bestimmungsschlüssel Fischfamilien

1 Ohne Brust- und Bauchflossen;
Gestalt aalähnlich (Rundmäuler) **2**
Brust- und Bauchflossen vorhanden;
Gestalt unterschiedlich **3**

2 Barteln an der Schnauze vorhanden;
augenlos . . . .

Inger, S. 36

Ohne Barteln; Augen
vorhanden . . . .

Neunaugen, S. 34

3 5–7 Paare äußerer Kiemenspalten
(Haie und Rochen) **4**
Nur 1 Paar Kiemenöffnungen **18**

4 5–7 Paare Kiemenspalten an den Kopfseiten vor den Brustflossen (Haie) . . . **5**
5 Paare Kiemenspalten bauchseitig;
Körper scheibenförmig (Rochen) . . . **15**

5 1 Rückenflosse; 6 Paare
Kiemenspalten **6**
2 Rückenflossen; 5 Paare
Kiemenspalten **7**

6 Gestalt gestreckt und schlank;
Zähne beider Kiefer gleichartig . . . .

Kragen- oder **Krausenhaie**, S. 52

Gestalt gedrungener; Zähne in Ober- und
Unterkiefer unterschiedlich . . . .

Grauhaie, S. 52

7 Afterflosse vorhanden **8**
Afterflosse fehlend **14**

8 Kopf hammerförmig und Augen weit außen

Hammerhai, S. 46

Kopf normal, ohne seitliche Auswüchse,
Augen an Kopfseiten **9**

9 Schwanzflosse mit sehr großem,
fast körperlangem Oberlappen . . . .

Fuchshaie, S. 47

Schwanzflosse nicht auffallend
verlängert, kürzer als Körper **10**

10 Schwanzstiel mit Seitenkielen **11**
Schwanzstiel ohne Seitenkiele **12**

11 Große Zähne; kurze Kiemenspalten . . . . . .

Herings- oder **Makrelenhaie**, S. 50

Zähne winzig; lange Kiemenspalten . . . . . .

Riesenhaie, S. 48

12 Ansatz der 1. Rückenflosse über
oder hinter den Bauchflossen . . . .

Katzenhaie, S. 40

Ansatz der 1. Rückenflosse weit
vor den Bauchflossen **13**

13 Deutliche Quergruben ober- und unterhalb
des Schwanzflossenansatzes . . . .

Blau- oder **Grundhaie**, S. 44

Keine Gruben vor Schwanzflosse . . . .

Glatthaie, S. 42

14 Körper flach; große Brustflossen; Maul an Kopfvorderkante

Meerengel, S. 61

Körper nicht flach; Brustflossen normal; Maul auf Kopfunterseite . . . .

Dornhaie, S. 53

15 Schwanzwurzel oberseits mit 1–2 langen, gesägten Stacheln **16**
Schwanz ohne Sägestacheln **17**

16 Körperscheibe viel breiter als lang; Kopfspitze abgesetzt; Schwanz lang und schnurartig . . . . . .

Adlerrochen, S. 76

Scheibe schmaler; Kopfspitze nicht abgesetzt; Schwanz kürzer, oben und unten mit Längsfalten

Stechrochen, S. 74

17 Scheibe etwa kreisförmig; Haut nackt; große, zweilappige Schwanzflosse . . . .

Zitterrochen, S. 62

Scheibe rhombisch, rauh durch Hautzähne; winzige Schwanzflosse

Echte Rochen, S. 64

18 Haut nackt; große Sinneskanäle auf Kopf und Körper . . . .

Chimären oder **Seedrachen**, S. 38

Keine offenen Sinneskanäle **19**

19 Körper mit 5 Längsreihen knöcherner Platten; Schwanzflosse haiähnlich . . . . .

Störe, S. 78

Körper ohne Platten; Schwanzflosse anders (Knochenfische) **20**

20 Körper asymmetrisch; beide Augen auf einer Körperseite

Plattfische, S. 250

Körper symmetrisch; ein Auge auf jeder Körperseite **21**

21 Bauchflossen zu mehr oder weniger deutlicher Saugscheibe verwachsen **22**
Bauchflossen normal **25**

22 Saugscheibe der Bauchflossen trichterförmig . . . .

Meergrundeln, S. 224

Saugscheibe flach mit wulstigem, dickem Rand **23**

23 Saugscheibe zweiteilig . . . .

Schildfische, S. 220

Saugscheibe einteilig **24**

24 Körper mit Reihen von Knochenhöckern und -dornen . . . .

Seehasen, S. 180

Körper ohne Höcker und Dornen . . . .

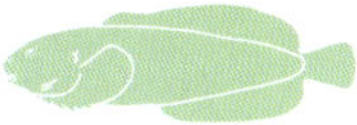

Scheibenbäuche, S. 182

25 Körper röhrenförmig (außer Seepferde), völlig mit knöchernen Platten gepanzert . . . .

Seenadeln, S. 159

Körper nicht röhrenförmig und ohne Knochenplatten (außer Steinpickern, S. 178) **26**

26 1. Rückenflosse zu Saugscheibe auf Kopf umgewandelt . . . .

Schiffshalter, S. 185

Rückenflosse nicht zu Saugscheibe umgewandelt **27**

27 Körper bandförmig (lang, hochrückig und dünn) **28**

Körpergestalt nicht bandförmig **30**

28 Afterflosse und große Zähne vorhanden . . .

Haarschwänze oder **Degenfische**, S. 234

Afterflosse und Zähne fehlen **29**

29 Bauchflossen lang; Schwanzflosse unauffällig . . . .

Riemenfische, S. 112

Bauchflossen winzig; Schwanzflosse fächerförmig . . . .

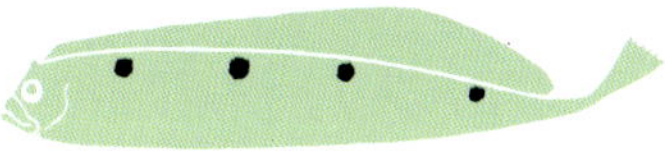

Bandfische, S. 113

30 Bauchflossen fehlen **31**

Bauchflossen vorhanden **38**

31 Schwanzflosse fehlend oder unauffällig **32**

Schwanzflosse auffällig **35**

32 Kiefer schnabelartig verlängert . . . .

Schnepfenaale, S. 86

Kiefer nicht verlängert **33**

33 Schwanzende spitz; Afterflossenansatz vor Rückenflosse . . . .

Eingeweidefische, S. 114

Schwanzende rund, Afterflossenansatz hinter Rückenflosse **34**

34 Rückenflossenansatz hinter den Brustflossen . . . .

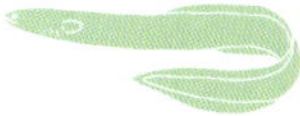

Flußaale, S. 80

Rückenflossenansatz oberhalb der Brustflossen . . . .

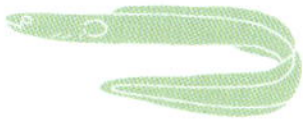

Meeraale, S. 85

35 Kiemenöffnung eng und kurz; Körper sehr hochrückig . . . .

Mondfische, S. 277

Kiemenöffnung größer; Körper viel länger als hoch **36**

36 Schnauze spießartig verlängert ....

Schwertfische, S. 246
Schnauze nicht verlängert **37**

37 Körper klein und schlank; Unterkiefer vorstehend; Zähne klein ....

Sandaale, S. 213
Körper robust; Kiefer gleich lang; Zähne sehr kräftig ....

Seewölfe oder **Katfische**, S. 211

38 Schwanzflosse mit Rücken- und Afterflossen verwachsen **39**
Schwanzflosse abgesetzt **40**

39 2 Rückenflossen; Bartel am Kinn ....

Grenadierfische, S. 114
1 Rückenflosse; ohne Kinnbartel ....

Wolfsfische oder **Aalmuttern**, S. 206

40 Kiemenöffnung porenförmig **41**
Kiemenöffnung schlitzförmig **44**

41 Kiemenöffnung unter oder hinter den Brustflossen ....

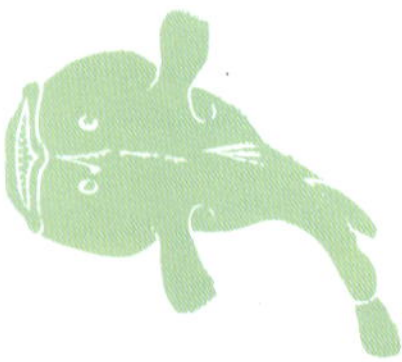

Seeteufel, S. 144

Kiemenöffnung vor den Brustflossen **42**

42 Schnauze röhrenförmig verlängert ......

Schnepfenfische, S. 164
Schnauze nicht verlängert **43**

43 Körper hochrückig, seitlich abgeflacht ....

Drückerfische, S. 276
Körper länglich, nicht abgeflacht ....

Leierfische, S. 220

44 Leuchtorgane am Körper als silbrige Platten oder helle Flecken **45**
Körper ohne Leuchtorgane **46**

45 Einige Leuchtorgane in Gruppen angeordnet ....

Silberbeilfische, S. 107
Alle Leuchtorgane einzeln ....

Laternenfische, S. 110

46 Separate, bewegliche Stacheln vor der Rückenflosse ....

Stichlinge, S. 156
Ohne solche Stacheln vor der Rückenflosse **47**

47 Brustflossen flügelartig verlängert . . . .

Fliegende Fische, S. 152

Brustflossen nicht auffallend verlängert **48**

48 Strahlenlose „Fettflosse“ auf dem Schwanzrücken **49**

Ohne „Fettflosse“ **52**

49 Kurze, spitze Kiemenreusenfortsätze . . . .

Lachsspierlinge oder **Barrakudinas**, S. 108

Lange Kiemenreusenfortsätze **50**

50 Schnauze kürzer als Augendurchmesser . .

Glasaugen oder **Goldlachse**, S. 96

Schnauzenlänge gleich lang oder länger als Augendurchmesser **51**

51 Fleischiger, spitzer Lappen über den Bauchflossen . . . .

Lachse, S. 99

Ohne derartigen Lappen . . . .

Stinte, S. 96

52 Strahlen aller Flossen weich und gegliedert **53**

Ungegliederte Stachelstrahlen in der 1. Rückenflosse oder ihrem Vorderabschnitt **59**

53 Bauchflossen unter oder vor den Brustflossen **54**

Bauchflossen hinter Brustflossen **55**

54 Körper langgestreckt; große Zähne; 2 Rückenflossen; ohne Kinnbartel . . . . .

Seehechte, S. 142

Körper kürzer oder, falls lang, immer mit kleinen Zähnen und Kinnbartel . . . . .

Dorschfische, S. 117

55 Seitenlinie fehlend oder nur undeutlich **56**

Deutliche Seitenlinie **57**

56 Lange Maulspalte mit vorspringendem Oberkiefer . . . .

Sardelle, S. 94

Maulspalte selten bis hinter Auge reichend; Oberkiefer nicht vorspringend . . . .

Heringsfische, S. 87

57 Kiefer nicht verlängert; Körper scheibenförmig . . . .

Gotteslachse, S. 112

Einer oder beide Kiefer verlängert; Körper schlank **58**

58 Kleine Flossen (Flössel) hinter Rücken- und Afterflosse . . . .

Makrelenhechte, S. 152

Ohne Flössel auf dem Schwanzstiel . . . . . .

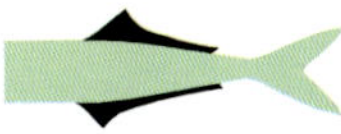

Hornhechte, S. 149

59 Kopfporen stark vergrößert **60**
Ohne große Kopfporen **61**

60 Schnauze länger als Auge; 3 harte Stachelstrahlen am Beginn der Afterflosse . . . .

Schleimköpfe, S. 154

Schnauze kürzer als Auge; 4 Stachelstrahlen am Beginn der Afterflosse . . . .

Kaiserbarsche oder **Alfonsinos**, S. 154

61 Körper hochrückig und seitlich abgeflacht; Rückenflosse mit stachel- und weichstrahligem Abschnitt **62**
Körper meist langgestreckt; falls hochrückig, Rückenflosse ungeteilt **63**

62 Schuppen glatt; schwarzer Fleck auf jeder Körperseite . . . .

Heringskönig oder **Petersfisch**, S. 155

Schuppen rauh; ohne schwarze Flecken am Körper . . . .

Eberfische, S. 156

63 Kopf mit knöchernen Graten und Stacheln bewehrt **64**
Kopf ohne knöcherne Grate und Stacheln **68**

64 Stachel- und weichstrahlige Partien der Rückenflosse verwachsen **65**
Stachel- und weichstrahlige Partien der Rückenflosse getrennt **66**

65 Kopf massig und breit; Afterflosse ohne Stachelstrahlen . . . .

Quappengroppen, S. 179

Kopf anders geformt; 3 kräftige Stachelstrahlen vor Afterflosse . . . .

Rotbarsche oder **Panzerwangen**, S. 165

66 Untere Brustflossenstrahlen frei beweglich

Knurrhähne, S. 169

Brustflossen ohne frei bewegliche Einzelstrahlen **67**

67 Körper mit knöchernen Platten gepanzert; Barteln am Kopf . . . .

Panzergroppen, S. 178

Körper ohne Knochenplatten; keine Barteln am Kopf . . . .

Groppen, S. 173

68 Bauchflossenansatz vor den Brustflossen **69**
Bauchflossenansatz unter oder hinter den Brustflossen **72**

69 Zwei Rückenflossen, erste mit harten Stachelstrahlen . . . .

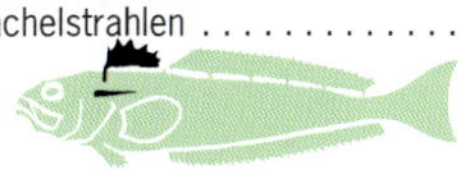

Petermännchen, S. 217

1–2 Rückenflossen, Stachelstrahlen weich und biegsam **70**

70 Schuppenlos; weniger als 40 Rückenflossenstrahlen . . . .

Schleimfische, S. 218

Mit oft undeutlichen Schuppen; mehr als 45 Rückenflossenstrahlen **71**

71 Fransige Hautauswüchse über den Augen

Stachelrücken, S. 208

Ohne Auswüchse über den Augen . . . .

Schlangenstachelrücken, S. 209

72 Bauchflossen weit hinter dem Brustflossenansatz **73**

Bauchflossen unter dem Brustflossenansatz **74**

73 Kleines, horizontales Maul; 1. Rückenflosse mit scharfen Flossenstacheln; Körperseiten ohne Spiegelstreifen . . . .

Meeräschen, S. 146

Großes, schräges Maul; 1. Rückenflosse mit dünnen Stachelstrahlen; schwarz-silberner Spiegelstreifen auf jeder Seite . . . .

Ährenfische, S. 148

74 Beide Rückenflossen getrennt **75**

Stachel- und weichstrahlige Partien der Rückenflosse verbunden **79**

75 Flössel hinter Rücken- und Afterflossen **76**

Ohne Flössel **77**

76 Basis der 1. Rückenflosse kürzer als Basis der 2. (einschl. Flössel); Unterkiefer nicht vorspringend . . . .

Makrelen- und **Thunfische**, S. 236

Basis der 1. Rückenflosse länger als Basis der 2. (einschl. Flössel); Unterkiefer vorspringend . . . .

Schlangenmakrelen, S. 233

77 Zwei lange Kinnbarteln . . . .

Meerbarben, S. 198

Keine Kinnbarteln **78**

78 Schuppen entlang der Seitenlinie stark vergrößert . . . .

Stachel- oder **Schildmakrelen**, S. 186

Seitenlinie mit normalen Schuppen . . . . . .

Wolfsbarsche, S. 184

79 Stachelstrahlen der Rückenflosse weich und biegsam **80**

Stachelstrahlen der Rückenflosse starr und stechend **82**

80 Körper bandförmig; Rücken- und Afterflossen bis zur Schwanzflosse reichend . . . .

Butterfische, S. 210

Gedrungener; Rücken- und Afterflossen nicht bis Schwanzflosse . . . **81**

81 Große Schuppen mit Kielen; Rückenflosse vorne höher als hinten . . . .

Brachsenmakrelen, S. 188

Schuppen klein und glatt; Rückenflosse gleichmäßig hoch . . . .

Medusenfische, S. 248

82 Seitenlinie bis auf die Schwanzflosse durchlaufend . . . .

Adlerfische, S. 197

Seitenlinie nicht bis auf die Schwanzflosse durchlaufend **83**

83 Kiemendeckel mit 2–3 kräftigen Stacheln vor dem Hinterrand . . . .

Zackenbarsche, S. 184

Kiemendeckel ohne Stacheln vor dem Hinterrand **84**

84 Augendurchmesser größer als Schnauzenlänge . . . .

Lippfische, S. 200

Augendurchmesser gleich Schnauzenlänge . . . .

Meerbrassen, S. 190

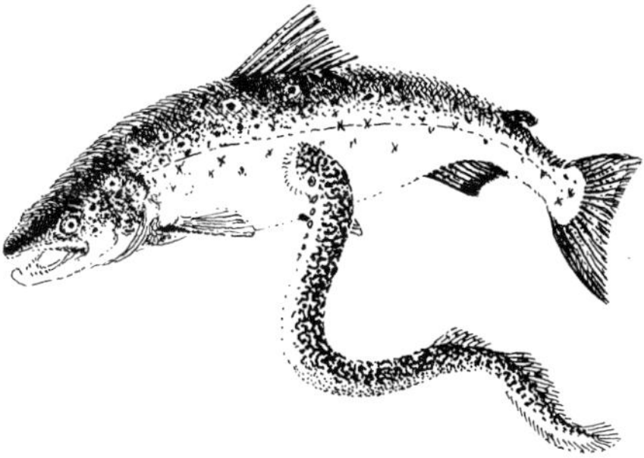

Rundmäuler

Cyclostomata

Die Rundmäuler mit den Familien Neunaugen und Inger zählen zu den ursprünglichsten aller lebenden Wirbeltiere. Ihr Name leitet sich von dem kreisrunden, trichterartigen Saugmaul ab, das mit hornigen Zähnen bewehrt ist. Sie besitzen im Gegensatz zu allen anderen Wirbeltieren weder Kiefer noch paarige Flossen. Ihr aalähnlicher Körper ist von einer schuppenlosen und glänzenden Haut bedeckt, das schwach entwickelte Skelett ist rein knorpelig.

Neunaugen atmen durch ihre 7 Paare Kiemensäcke oder durchs Maul. Inger nehmen dagegen das Atemwasser durch ihre unpaarige Nasenöffnung auf und stoßen es durch die Kiemenöffnungen wieder aus. Weder Neunaugen noch Inger besitzen eine Schwimmblase.

Die Entwicklungsgeschichte der Rundmäuler reicht etwa 500 Millionen Jahre in die Vergangenheit zurück. Sehr früh spalteten sie sich von der Stammlinie der echten Fische ab. Ihre Vorfahren, die eigenartigen kieferlosen Panzerfische, oder Ostracodermen, sind durch Fossilienfunde seit der Devonzeit belegt. Sie besaßen eine starke knöcherne Hautpanzerung und lebten offenbar bevorzugt im Süßwasser. Die etwa 85 noch existierenden Arten der Rundmäuler besitzen keine Körperpanzerung mehr und leben als spezialisierte Aasfresser und parasitisch an anderen Fischen. Wegen ihrer typischen Ernährungsweise sind sie bei den meisten Fischern unbeliebt.

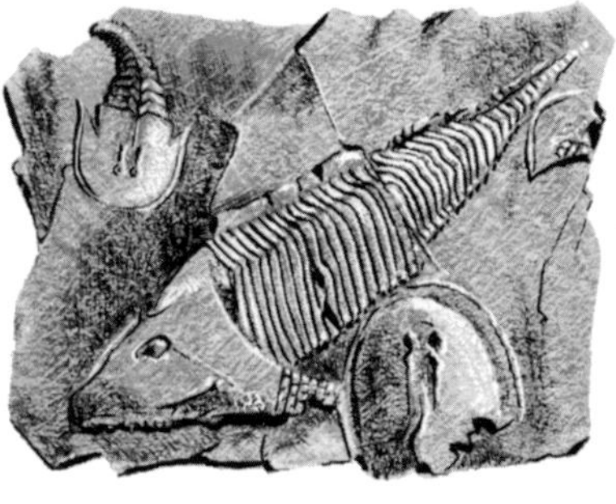

Fossiles Panzerrundmaul

NEUNAUGEN ODER **LAMPRETEN**

Petromyzontidae

Auf den ersten Blick scheinen Lampreten auf jeder Seite neun Augen zu besitzen: Das wirkliche Auge, die Nasenöffnung und sieben porenartige, runde Kiemenlöcher. Typisch sind für Neunaugen das kreisförmige Maul, das mit Ringreihen horniger Zähne besetzt ist, und ihre zwei Rückenflossen. Die „Querder" genannten Larven leben verborgen im Bodenmulm. Alle etwa 40 bekannten Arten laichen im Süßwasser. Viele sind jedoch Wanderformen, ähnlich dem Lachs, und leben bis zur Geschlechtsreife im Meer. Lampreten werden in einigen Ländern gegessen, sind aber von geringer wirtschaftlicher Bedeutung.

Meerneunauge

Petromyzon marinus (Linnaeus, 1758)

Zahnbesatz des Meerneunauges

Hauptmerkmale: Maulscheibe mit vielen Kreisreihen horniger Zähne besetzt. Haut oft marmoriert.

Maximale Länge 100 cm, meist nur 60–75 cm lang. Ernährt sich durch Blutsaugen an lebenden Fischen und als Aasfresser. Man findet sie oft festgesaugt an Kabeljau, Lachs, Makrele und Haiarten. Durch deren Haut raspeln sie ein Loch und sondern dabei ein Sekret ab, welches das Gewebe des Opfers auflöst und die Blutgerinnung verhindert.

Im Winterhalbjahr steigen Meerneunaugen in die Flüsse auf; dabei stellen sie das Fressen ein und ihr Verdauungssystem bildet sich zurück. Von Februar bis Mai laicht das Weibchen auf steinigen Flußböden in Schüben 200.000–240.000 Eier von 1 mm Durchmesser ab, die das Männchen befruchtet. Hierbei saugt sich das Weibchen an einen Stein fest; das Männchen heftet sich oft direkt an das Weibchen. Die Elterntiere decken den Laich ab und sterben kurz darauf.

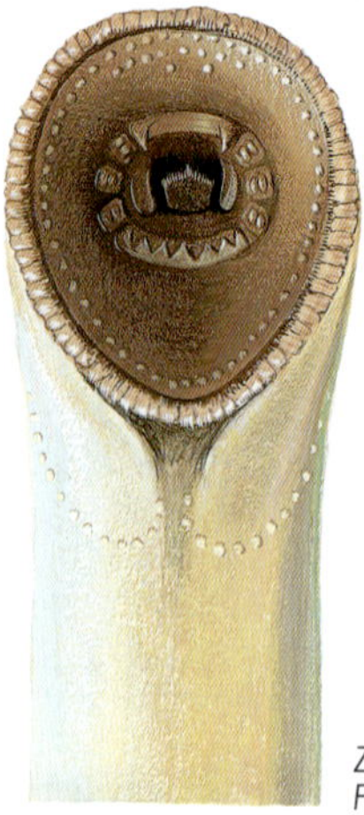

Zahnbesatz des Flußneunauges

Meerneunauge, 35 cm

Nach 1–2 Wochen schlüpfen die „Ammocoetes" genannten Larven. Ihr Aussehen unterscheidet sich noch sehr von dem ausgewachsener Tiere. Sie leben für 2–5 Jahre im Bodenmulm und ernähren sich dort von Pflanzenresten, Kieselalgen und kleinen wirbellosen Tieren. Bei einer Körperlänge von 15–20 cm erlangen sie das Aussehen erwachsener Tiere; sie wandern ins Meer ab und werden dort nach 3–4 Jahren geschlechtsreif.

Das fetthaltige Fleisch der Meerneunaugen ist, auch in geräucherter Form, sehr schmackhaft.

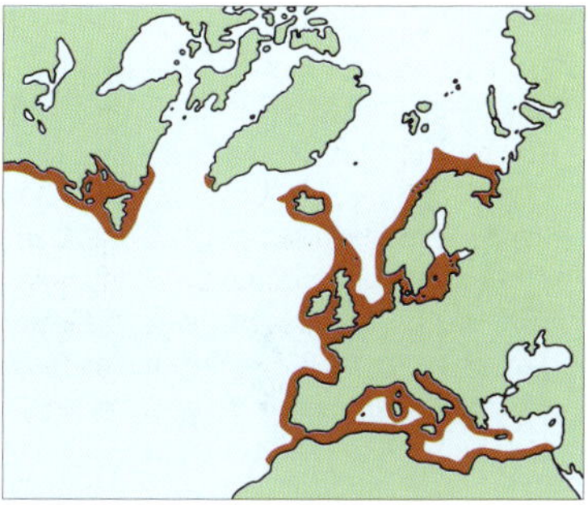

Meerneunauge

Flußneunauge, 28 cm

Flußneunauge

Lampetra fluviatilis (Linnaeus, 1758)

Hauptmerkmale: Maulscheibe mit nur wenigen großen Zähnen besetzt. Körperfärbung am Rücken dunkel und am Bauch hell.

Maximale Länge 50 cm, meist nur 30–35 cm lang. Verhalten und Fortpflanzung ähneln denen der Meerneunaugen. Beim Laichaufstieg in die Flüsse bilden sich die Eingeweide zurück, und die Rückenflosse wird größer. Das Weibchen laicht 4.000–40.000 Eier ab. Wenig später sterben beide Elterntiere. Nach einem 3–5jährigen Larvenstadium setzt bei einer Körperlänge von 9–15 cm die Metamorphose ein, und die jungen Flußneunaugen wandern ins Meer ab. Dort bleiben sie 1–2 Jahre.

Flußneunauge

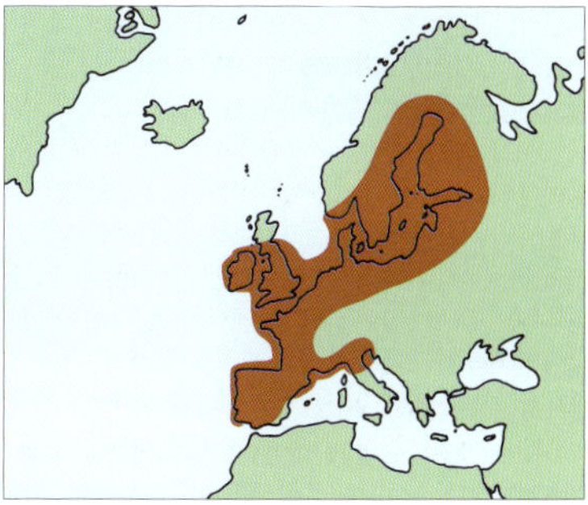

Inger, 35 cm

Eipaket

Unreifes Ei, 22 mm

Kopfunterseite

INGER ODER **SCHLEIMAALE**

Myxinidae

Die Inger haben eine aalähnliche Gestalt. Nur um ihr Schwanzende zieht sich ein niedriger Flossensaum. Vier Barteln sitzen nahe dem Maul und vier weitere um die Nasenöffnung. Inger sind augenlos. Sie besitzen wie die Neunaugen ein Raspelmaul mit hornigen Zähnen. Die Körperseiten weisen als auffällige weiße Poren die Öffnungen großer Schleimdrüsen auf. Von ihnen leitet sich auch die Bezeichnung „Schleimaale" für die Inger ab. Alle etwa 40 existierenden Arten leben bei niedrigen Temperaturen im Meer.

Inger oder **Schleimaal**

Myxine glutinosa (Linnaeus, 1758)

Hauptmerkmale: siehe Familienkennzeichen.

Maximale Länge etwa 80 cm, meist nur 25–40 cm. Inger sind nachtaktiv und leben auf weichen Böden in 200–600 m Tiefe. Ab etwa 25 cm Länge werden sie geschlechtsreif und pflanzen sich vermutlich das ganze Jahr über in tiefem Wasser fort. Die Weibchen legen 20–30 ovale Eier von 17–25 mm Länge ab. Jedes Ei ist von einer hornigen Schale mit hakenartigen Fortsätzen an beiden Enden umschlossen. Die Schleimdrüsen der Inger dienen der Festigung ihrer Wohnröhren im Bodenmulm und der Verteidigung. Ausgewachsene Inger ernähren sich von Bodentieren; sie bohren sich aber auch in andere Fische ein und fressen sie aus. In einigen Gegenden verursachen sie damit bedeutende Schäden an Fischen, die mit Langleinen gefangen wurden. Die blinden Inger finden mit Hilfe ihres hoch entwickelten Geruchssinns ihre Nahrung.

Inger

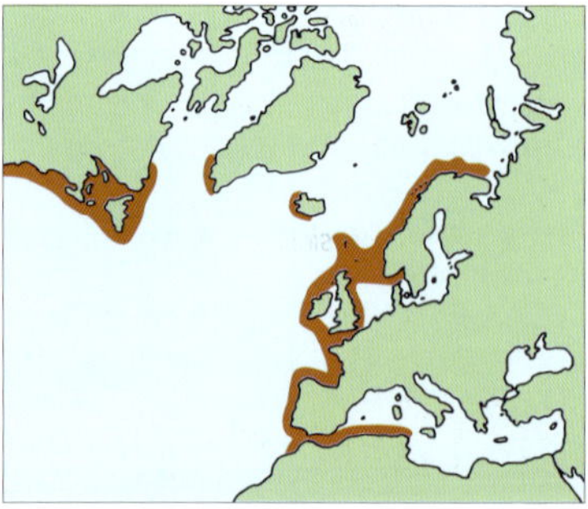

Fossiler Hai

Knorpelfische

Chondrichthyes

Die Knorpelfische umfassen alle Haie und Rochen und die eigentümlichen Chimären oder Seedrachen. Ihr Skelett besteht aus Knorpel, nur Schädel und Wirbelsäule sind oft durch Einlagerung von Kalziumsalzen verstärkt. Knochengewebe ist allenfalls an den Kieferzahnwurzeln vorhanden. Das querstehende Maul liegt bei fast allen Arten auf der Kopfunterseite. Die Zähne sind nicht fest in den Kiefern verankert. Sie sitzen in Reihen relativ locker im Zahnfleisch und werden bei den meisten Arten häufig ersetzt. Knorpelfische besitzen anstelle von Schuppen Hautzähnchen, die mit hartem Zahnschmelz beschichtet sind. Die Flossenstrahlen sind immer ungegliedert; die starren, dickfleischigen Flossen lassen sich nicht einfalten wie die der Knochenfische. Alle Männchen tragen paarige Begattungsorgane an den Bauchflossen zur inneren Befruchtung der Weibchen. Der Verdauungskanal ist kurz, weist aber einen Spiralfaltenabschnitt auf. Dieser verlangsamt den Nahrungsdurchfluß und vergrößert die Aufnahmefläche. Knorpelfische besitzen keine Schwimmblasen; ihre großen, ölhaltigen Lebern fördern aber ihren Auftrieb. Ein Teil des Seitenliniensystems auf dem Kopf ist zu den sogenannten „Lorenzinischen Ampullen" umgewandelt. Diese im Tierreich einmaligen Sinnesorgane nehmen selbst schwächste elektrische Felder wahr, die letztlich jedes Lebewesen erzeugt. So spüren Knorpelfische selbst eingegrabene Beute auf.

Einige Hai- und Rochenarten leben in tropischen Süßwasserflüssen, die meisten Knorpelfischarten aber im Meer. Viele Arten sind von wirtschaftlicher Bedeutung.

Hautzahn in Seitenansicht und Aufsicht

Männliche Kopulationsorgane

CHIMÄREN ODER **SEEDRACHEN**
Chimaeridae

Chimären unterscheiden sich durch ihre häutigen Kiemendeckel, die jeweils vier Kiemenspalten bedecken und nur eine Außenöffnung aufweisen, von Haien und Rochen (5–7 Kiemenöffnungen). Reife Männchen tragen einen beweglichen, keulenförmigen Fortsatz auf der Stirn (Stirnklasper). Ein massiver, langer Stachel steht vor der hohen, dreieckigen ersten Rückenflosse; die zweite ist lang und niedrig. Die Haut ist nackt. Offene Kanäle der Seitenlinie verzweigen sich auf dem Kopf. 20 Arten der Familie leben in Tiefen bis zum Teil über 2.500 m in allen Ozeanen.

Seekatze oder **Seeratte**
Chimaera monstrosa (Linnaeus, 1758)

Hauptmerkmale: siehe Familienkennzeichen.

Maximale Länge 150 cm einschließlich des Schwanzfadens, der oft unvollständig ist. Seekatzen halten sich in kleineren Gruppen bodennah in 200–500 m Tiefe auf, schwimmen im Winter aber auch in flacheres Wasser. Ihre spindelförmigen Eikapseln messen etwa 17 x 3 cm. Die geschlüpften, ca. 10 cm langen Jungen gleichen den ausgewachsenen Tieren. Der Stirnfortsatz reifer Männchen dient vermutlich dem Festhalten am Weibchen bei der Paarung.

Krebs- und Weichtiere, Stachelhäuter und kleine Bodenfische bilden die Nahrung der Seeratten. Hartschalige Beute wird mit den massiven, nagetierähnlichen Zahnleisten leicht aufgeknackt.

Häufiger Beifang der Garnelenfischerei in der Nordsee und im Skagerrak, wirtschaftlich bedeutungslos.

Seekatzenweibchen, 46 cm

Kopf mit Stirnklasper, Männchen

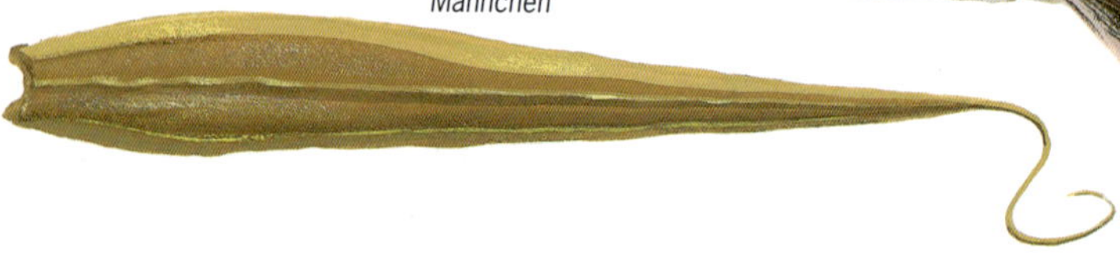

Eikapsel, 17 cm

HAIE
Pleurotremata

Haie besitzen eine asymmetrische Schwanzflosse mit längerem Oberlappen. Der Körper der meisten Haiarten ist torpedoförmig; nur bei Meerengeln ist er rochenähnlich breit und abgeflacht. Die meisten Haiarten besitzen fünf Kiemenspalten an jeder Kopfseite vor den Brustflossen, wenige Arten sechs oder sieben Spalten. Die Kieferzähne sind unterschiedlich groß und überwiegend scharf und spitz. Sie werden bei einigen Arten jeweils einzeln ausgetauscht, bei anderen in kompletten Serien. Viele Haiarten legen Eier in großen, halb durchsichtigen Hornkapseln ab, die mit Faseranhängen am Boden befestigt werden. Die Mehrzahl der Haie ist jedoch lebendgebärend. Beide Gruppen bringen nur wenige große Jungtiere hervor. Die geringe Nachwuchsrate ist bei einigen Arten Folge von Kannibalismus der Embryonen im Mutterleib, siehe Heringshai (S. 50).

Die meisten Haiarten kommen in tropischen und subtropischen Küstengewässern vor. Manche leben im offenen Ozean, einzelne im Süßwasser. Die kleinste Art wird weniger als 20 cm lang, der Walhai als größte erreicht bis zu 18 m.

Fast alle Haie fressen Fische, Krebse, Kopffüßer, Vögel und Meeressäugetiere. Ausnahmen stellen gerade die Giganten unter ihnen dar. Walhai, Riesenhai und der nur wenig kleinere, rund 5 m lange Großmaulhai verzehren alle ausschließlich Plankton. Etwa 360 Haiarten sind der Wissenschaft bekannt.

Haifischen werden oft blutrünstige Angriffe auf Menschen zugeschrieben. Tatsächlich kommen pro Jahr etwa 30 Menschen durch Haie ums Leben. Zum Vergleich: Durch Schlangenbisse sterben jährlich Tausende. Die meisten Haiarten sind für den Menschen ungefährlich. Nur gut 10 Arten sind für tödliche Angriffe bekannt wie z. B. der Weiße Hai, Hammerhaie, der Stierhai und der Tigerhai.

Viele Haiarten werden für Nahrungsmittel und andere Produkte verarbeitet.

Im Nordostatlantik spielt nur der Fang des Gemeinen Dornhais und des Heringshais eine Rolle. In den Tropenregionen, vor allem Asiens, hat der Haifang jedoch einen Umfang angenommen, der die Vernichtung ganzer Bestände befürchten läßt. Oft werden dabei nur die Flossen der gefangenen Tiere zur Suppenherstellung verwertet, der restliche Körper aber ungenutzt weggeworfen.

Seekatze

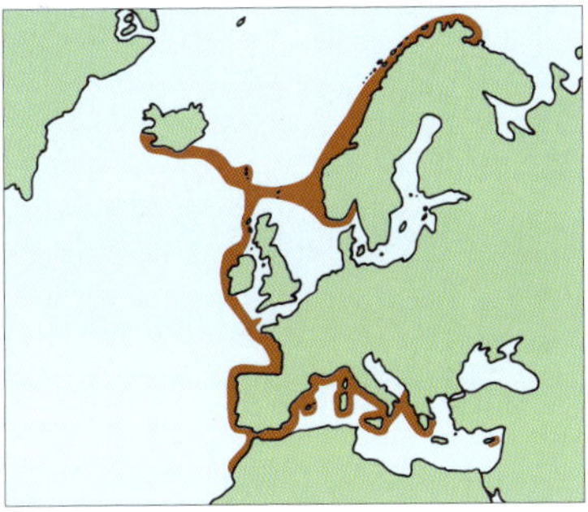

Haikiefer im Querschnitt

Walhai

KATZENHAIE
Scyliorhinidae

Erste Rückenflosse steht oberhalb oder hinter der Bauchflossenbasis. Spritzlöcher und Afterflosse vorhanden. Ohne große Dornen vor den Rückenflossen, keine Seitenkiele oder Quergruben auf dem Schwanzstiel. Die Familie ist mit etwa 100 Arten in allen Ozeanen von der Küstenregion bis in die Tiefsee vertreten. Die meisten der kleinen, bodenlebenden Katzenhaie legen hartschalige Eikapseln am Grund ab, nur wenige Arten sind lebendgebärend.

Bestimmungsschlüssel Katzenhaie

1 Schnauze vor dem Maul länger als ihre Breite auf Maulhöhe; Körperseiten und -rücken mit Netzmuster aus hellen Streifen und dunklen Flecken .... **Fleckhai**, S. 41

Schnauze vor dem Maul kürzer als ihre Breite auf Maulhöhe; Körperseiten und -rücken mit schwarzen Flecken **2**

2 Viele kleine, dunkle Flecken; Nasenklappen dicht zusammen .... **Kleingefleckter Katzenhai**, S. 40

Wenige große, dunkle Flecken; Nasenklappen weit auseinander .... **Großgefleckter Katzenhai**, S. 41

Kleingefleckter Katzenhai, Weibchen, 61 cm

Kleingefleckter Katzenhai
Scyliorhinus canicula (Linnaeus, 1758)

Hauptmerkmale: Schnauze kurz und breit. Viele kleine, dunkle Flecken auf Körperrücken und Flankenseiten. Nasenklappen vor Maulmitte dicht zusammen.

Maximale Länge 100 cm. Lebt auf sandigen und weichen Böden in 10–100 m Tiefe, im Mittelmeer bis in 400 m Tiefe. Der nachtaktive Räuber frißt kleine Fische, Krebse und Weichtiere. Die Weibchen legen im Frühjahr 18–20 Eikapseln von ca. 6 cm Länge, die sie mit Spiralfäden an Steinen und Aufwuchs befestigen. Die Junghaie schlüpfen nach 8–10 Monaten Entwicklungszeit mit einer Länge von ca. 10 cm.

In Frankreich und Großbritannien wird die Art als Beifang angelandet.

Eikapseln, 6 cm

Kleingefleckter Katzenhai

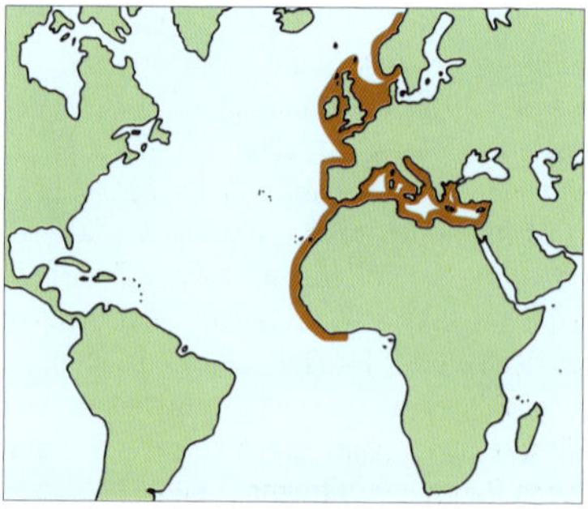

Großgefleckter Katzenhai, Weibchen, ca. 100 cm

Großgefleckter Katzenhai

Scyliorhinus stellaris (Linnaeus, 1758)

Hauptmerkmale: Schnauze kurz und breit. Körperrücken und -seiten mit wenigen großen, dunklen Flecken. Nasenklappen weit auseinander.

Maximale Länge 160 cm. Lebt auf felsigem oder steinigem Grund bis in 65 m Tiefe. Dieser nachtaktive Hai frißt kleine Fische, Krebse und Weichtiere. Aus den 10–13 cm langen Eikapseln schlüpfen nach 9 Monaten die ca. 16 cm langen Jungtiere.

Ohne wirtschaftliche Bedeutung, aber beliebter Sportangelfisch.

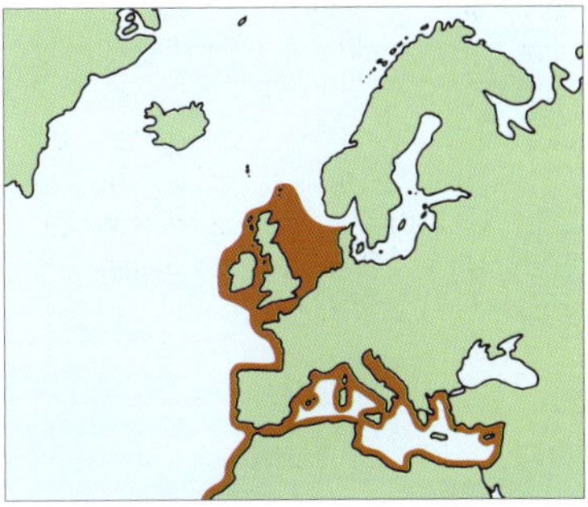

Großgefleckter Katzenhai

Fleckhai, Weibchen, 58 cm

Eikapsel des Fleckhais, 6 cm

Fleckhai

Galeus melastomus Rafinesque, 1810

Hauptmerkmale: Schnauze länger als breit. Körperrücken und -seiten mit Netzmuster aus hellen Streifen und dunklen Flecken. Maulhöhle schwarz. Schwanzoberkante mit Sägeleiste aus vergrößerten Hautzähnen.

Maximale Länge Weibchen 90 cm, Männchen 60 cm. Recht häufiger Bodenhai in 150–1.200 m Tiefe, selten auch flacher bis 50 m. Frißt Fische, Krebse und Weichtiere. Eikapseln ca. 6 cm lang mit kurzen Hörnern und ohne Spiralfäden. Im iberischen Raum und Mittelmeer genutzt.

Fleckhai

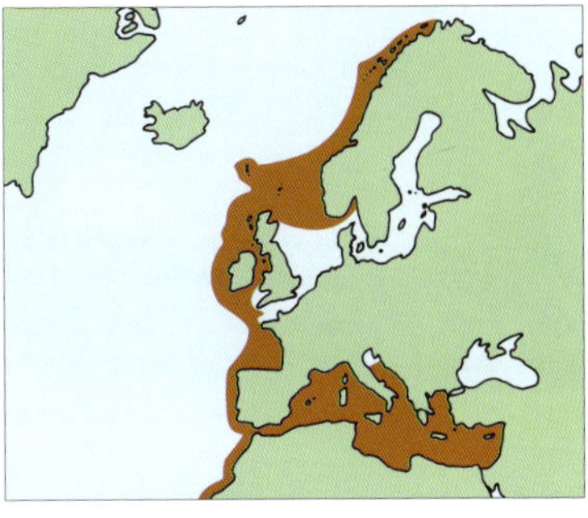

GLATTHAIE
Triakidae

Erste Rückenflosse steht vor der Bauchflossenbasis. Spritzlöcher und Afterflosse vorhanden. Ohne große Dornen vor den Rückenflossen, keine Seitenkiele oder Quergruben auf dem Schwanzstiel. Etwa 40 Arten der Familie leben in allen Schelfmeeren. Ohne fischereiwirtschaftliche Bedeutung.

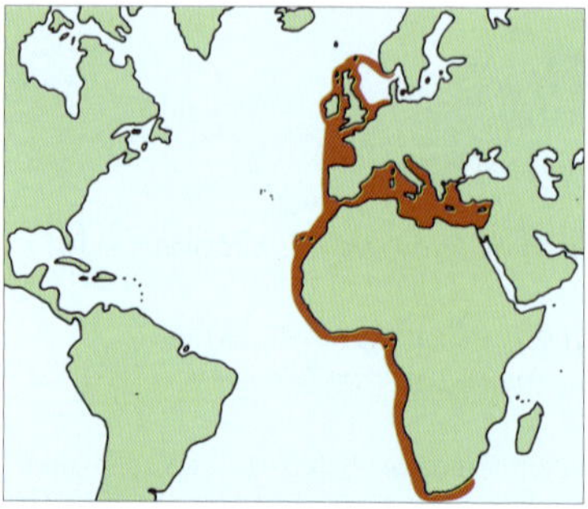

Grauer Glatthai

Bestimmungsschlüssel Glatthaie

1 Zweite Rückenflosse viel kleiner als erste; große, gesägte Zähne …… **Hundshai**, S. 43
Zweite Rückenflosse kaum kleiner als erste; winzige, platte Zähne ….. **2**

2 Rücken mit vielen hellen Flecken …….. **Weißgefleckter Glatthai**, S. 42
Rücken einfarbig grau oder braun ……. **Grauer Glatthai**, S. 43

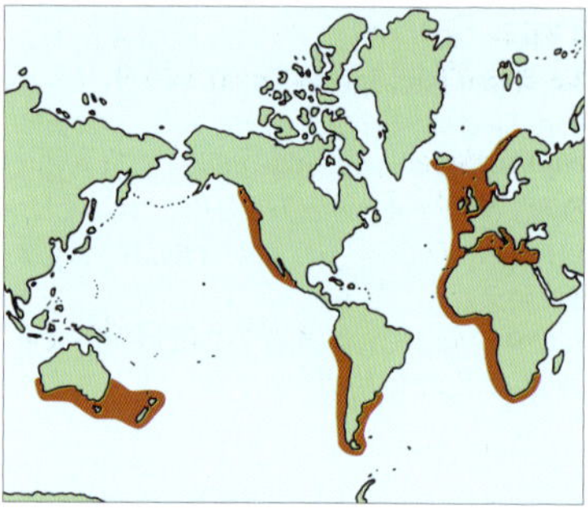

Hundshai

Weißgefleckter Glatthai, ca. 90 cm

Weißgefleckter Glatthai
Mustelus asterias Cloquet, 1821

Hauptmerkmale: Rücken mit vielen kleinen, hellen Flecken. Rückenflossen etwa gleich lang. Kieferzähne klein, platt und in Bändern wie bei Rochen.

Maximale Länge 140 cm. Geschlechtsreif mit 70–80 cm. Lebt in 5–70 m Tiefe. Frißt vor allem Krebse und Weichtiere. Nach 12 Monaten gebären die Weibchen 10–20 Junge von ca. 30 cm Länge.

Ohne wirtschaftliche Bedeutung.

Weißgefleckter Glatthai

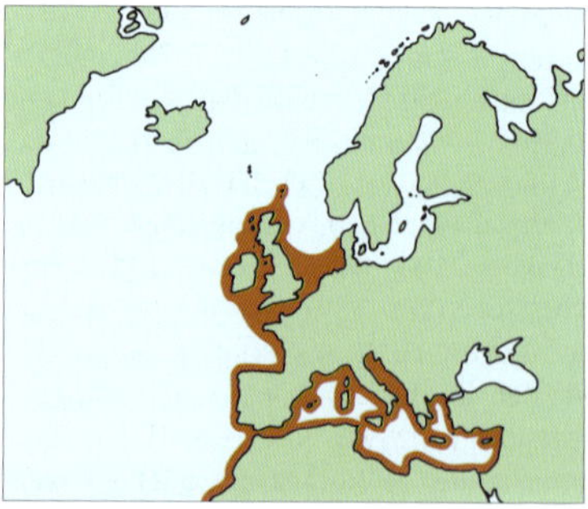

Grauer Glatthai, Männchen, 100 cm

Kieferzähne des Grauen Glatthais (3fach vergrößert)

Grauer Glatthai

Mustelus mustelus (Linnaeus, 1758)

Hauptmerkmale: Rücken einfarbig grau bis braun. Beide Rückenflossen etwa gleich lang. Kieferzähne wie bei Rochen klein, platt und in Bändern.

Maximale Länge 165 cm, meist kleiner. Geschlechtsreif bei einer Länge von 70–80 cm. Der Graue Glatthai ist in Küstengewässern in einer Tiefe von 20–150 m zu finden. Er frißt Krebse, Weichtiere und Fische. Nach einer Tragzeit von 10–11 Monaten gebären die Weibchen 10–15 Junge von etwa 30 cm Länge.

Ohne wirtschaftliche Bedeutung.

Hundshai, Weibchen, 110 cm

Hundshai, Zahn des linken Unterkiefers (3fach vergrößert)

Hundshai

Galeorhinus galeus (Linnaeus, 1758)

Hauptmerkmale: Kieferzähne groß, dreieckig, aufrecht stehend und mit tief gesägter Außenkante. Zweite Rückenflosse viel kürzer und niedriger als die erste. Augen mit von unten nach oben schließender Schutzmembran (Nickhaut).

Maximale Länge etwa 2 m. Geschlechtsreif bei einer Länge von 120–180 cm, Männchen schon bei geringerer Größe. Der Hundshai lebt in Bodennähe oder im Freiwasser bis in 200 m Tiefe. Er frißt Fische, Kopffüßer, Krebse und Stachelhäuter. Nach einer Tragzeit von fast einem Jahr gebären die Weibchen in den Monaten Juni bis September 20–40 Junge von 35–40 cm Länge.

Hundshaie sind beliebte Sportfische, z. B. um Helgoland. Sie sind in weiten Teilen ihres europäischen Verbreitungsgebietes überfischt.

Blauhai

Prionace glauca (Linnaeus, 1758)

Hauptmerkmale: Schnauze lang und spitz. Brustflossen lang und sichelförmig spitz. Kieferzähne dreieckig und an beiden Kanten fein gesägt. Rücken frischer Exemplare kräftig dunkelblau.

Maximale Länge 4 m, Gewicht bis zu 200 kg. Geschlechtsreif mit 4–5 Jahren bei einer Länge von etwa 2,5 m. Blauhaie leben pelagisch im offenen Meer, treten bisweilen aber auch gehäuft in Küstennähe auf. Bevorzugte Nahrung sind Schwarmfische wie Hering und Makrele, aber auch Kalmare. Während der Tragzeit werden die Embryonen im Mutterleib über eine Plazenta versorgt. Nach fast einem Jahr werden 80 Junge von ca. 40 cm Länge geboren. Zwar gilt der Blauhai, gerade in der älteren Literatur, als einer der „Menschenhaie“, tatsächlich wird seine Angriffslust aber übertrieben.

BLAUHAIE ODER **GRUNDHAIE**

Carcharhinidae

Markante, quer laufende Gruben oben und unten vor der Schwanzflosse. Erste Rückenflosse vollständig vor der Basis der Bauchflossen. Afterflosse vorhanden. Mit oder ohne Spritzloch hinter dem Auge. Rückenflossen ohne Dorne, keine Seitenkiele am Schwanzstiel. Augen mit Schutzmembran (Nickhaut). Zu den etwa 60 Arten dieser Familie gehören auch einige der für den Menschen gefährlichsten Haie. Die Familie ist in allen Weltmeeren vertreten, einige Arten leben auch im Süßwasser.

Ober- und Unterkieferzahn des Blauhais

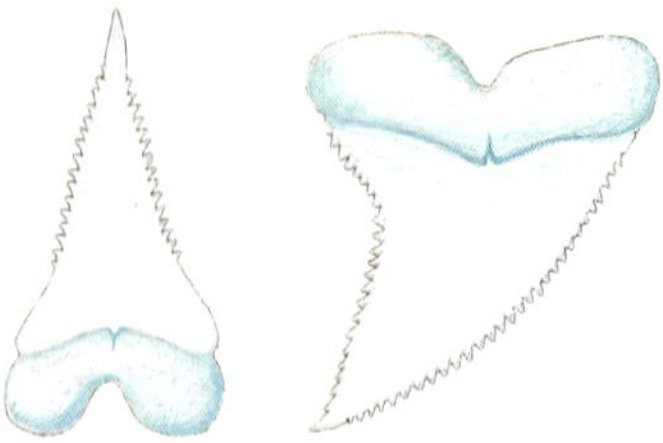

Blauhai

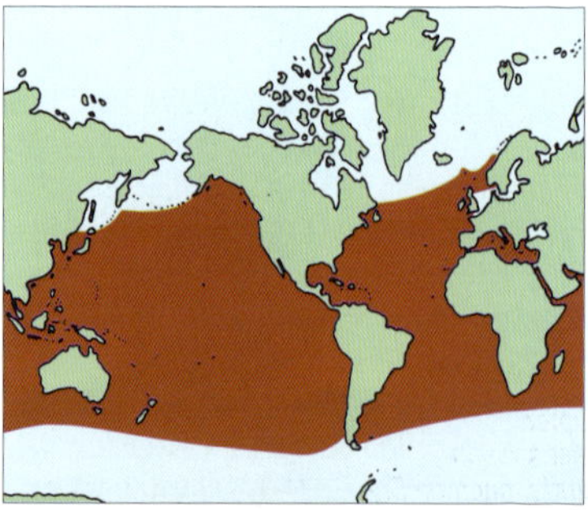

Blauhai, ca. 3,5 m

Blauhaie treten als Sommergäste regelmäßig, wenn auch in kleiner Zahl, im Nordostatlantik, in der Nordsee und selten sogar im Kattegat auf.

Beliebte Zielart für europäische Sportangler, größere europäische kommerzielle Fänge dienen dem Flossenexport nach Asien.

Lotsenfische sind häufige Begleiter des Hais.

Opfer eines Haiangriffs, nach de Bry

Gemeiner Hammerhai, Weibchen, ca. 2,5 m

Unterseite

Gemeiner Hammerhai

Sphyrna zygaena (Linnaeus, 1758)

Hauptmerkmale: Schnauze hammerförmig, schaufelartig abgeflacht und seitlich stark verbreitert. Augen an den Außenkanten der hammerförmigen Schnauze.

Gemeiner Hammerhai

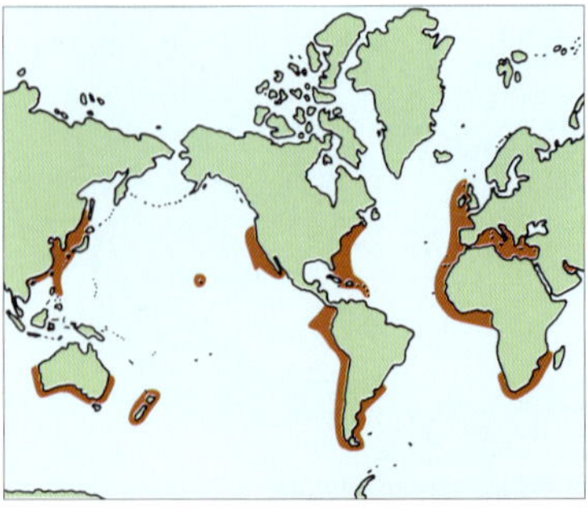

Maximale Länge 4–5 m. Geschlechtsreif bei einer Länge von 2,5–3 m. Der Gemeine Hammerhai ist weltweit in subtropischen und gemäßigt warmen Küstengewässern verbreitet. Ein seltener Irrgast in der Nordsee. Ein 4,5 m langes Exemplar wurde 1937 im südlichen Kattegat vor Seeland gefangen. Er ernährt sich von pelagischen Fischen und Kopffüßern. Die Weibchen gebären 30–40 lebende Junge von ca. 50 cm Länge. Der Hammerhai war nachweislich an Angriffen auf Menschen beteiligt.

Größere europäische kommerzielle Fänge für den Flossenexport nach Asien.

FUCHSHAIE
Alopiidae

Oberlappen der Schwanzflosse extrem verlängert und fast so lang wie der restliche Körper. Die drei Arten der Familie treten weltweit in allen Meeren auf.

Fuchshai
Alopias vulpinus (Bonnaterre, 1788)

Hauptmerkmale: Oberlappen der Schwanzflosse fast so lang wie der Körper.

Maximale Länge 6 m, Gewicht bis zu 500 kg. Der Fuchshai lebt im offenen Meer und ist jedes Jahr in der Nordsee und im Skagerrak in kleinerer Zahl zu finden. Er ernährt sich vor allem von pelagischen Schwarmfischen und Kopffüßern. Man hat Fuchshaie dabei beobachtet, wie sie Fischschwärme in immer engeren Kreisen umschwimmen und dabei mit ihrer langen Schwanzflosse ins Wasser schlagen. So treiben sie ihre Beute vor dem Angriff zusammen.

Fuchshaie werden in großer Zahl kommerziell im Pazifik und Indischen Ozean gefangen.

Fuchshai

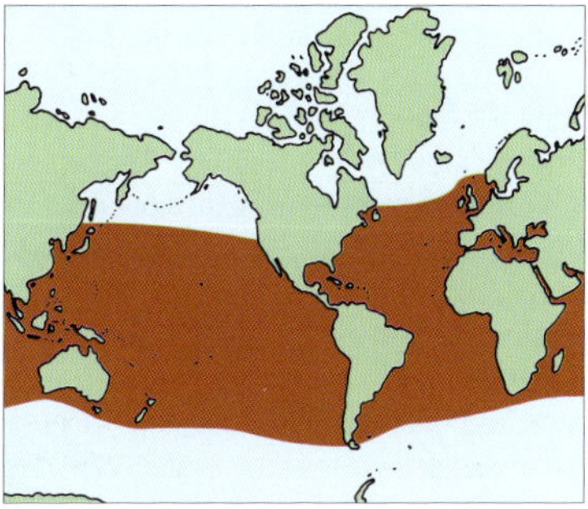

Fuchshai, Männchen, ca. 5 m

RIESENHAIE

Cetorhinidae

5 Paare riesiger Kiemenspalten ziehen sich von der Kopfober- bis auf die Kopfunterseite. Kieferzähne winzig. Kiemenbögen mit zahlreichen langen Reusenfortsätzen besetzt. Auf jeder Seite ein kräftiger Kiel am Schwanzstiel. Weltweit nur 1 Art in den borealen, gemäßigten und gemäßigt warmen Gewässern der Nord- und Südhalbkugel.

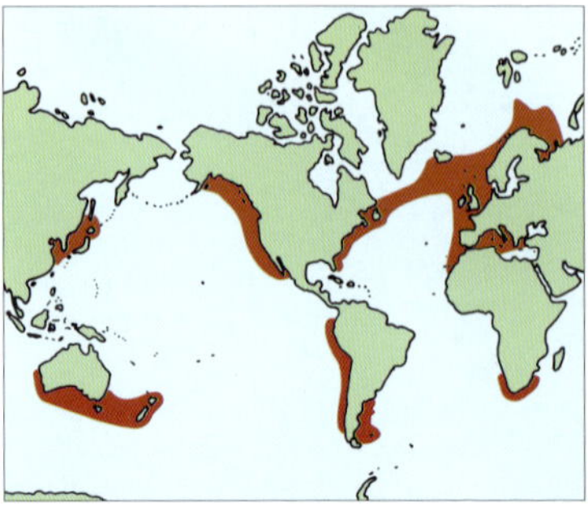

Riesenhai

Riesenhai

Cetorhinus maximus (Gunnerus, 1765)

Hauptmerkmale: Siehe Familienkennzeichen.

Maximale Länge 10 m, Gewicht bis zu 4.000 kg. Berichte über 15–20 m lange Tiere sind nicht gesichert.

Wie die Bartenwale sind Riesenhaie reine Planktonfresser. Ihre Kiemenbögen tragen viele lange, schlanke, hornige Reusenfortsätze, die wie ein Filter wirken. Beim Schwimmen mit weit aufgerissenem Maul strömt Wasser ein, darin enthaltenes Plankton bleibt in den Reusenfortsätzen der Kiemenbögen hängen. Mit einer Geschwindigkeit von etwa 3,7 km/h (= 2 Knoten) schwimmend filtert ein Riesenhai pro Stunde ca 1.500 Tonnen Wasser und frißt das darin enthaltene Plankton.

Riesenhaie werden mit etwa 7 m Länge im Alter von 3–4 Jahren geschlechtsreif. Nach einer Tragzeit von 3 Jahren gebären die Weibchen ein oder zwei Junge mit einer Länge von bis zu 1,7 m. Die Schnauze der Junghaie sieht wie ein kurzer Rüssel aus, bis sie eine Länge von 4–5 m erreicht haben.

Riesenhaie leben einzelgängerisch oder in kleinen Gruppen und unternehmen weite Wanderungen. Im Nordatlantik kommen die meisten Tiere südlich von Island vor. Nur als Sommergäste tauchen sie westlich und nördlich vor Schottland auf. Von dort folgen sie den Strömungen des warmen Atlantikwassers in die nördliche Nordsee und bis vor die Westküste Norwegens. Im Herbst kehren sie dann in den Atlantik zurück. Dabei verlieren sie ihre Kiemenreusenfortsätze, die erst im folgenden Februar wieder nachwachsen. Das Meerwasser ist im Winter sehr arm an Plankton. Einige Wissenschaftler vermuten, daß Riesenhaie in dieser Zeit keine Nahrung aufnehmen, sondern fast bewegungslos auf dem Meeresgrund liegend überwintern und von den Energiereserven ihrer sehr ölhaltigen Leber zehren. Andere nehmen dagegen an, daß Riesenhaie in dieser Phase bodenlebende Tiere fressen.

Gestrandete und z. T. verweste Riesenhaie wurden häufig für Seeschlangen gehalten

Kopf eines jungen Männchens, 4,5 m

Teil des Kiemenfilters in natürlicher Größe

Kiemenbogen

Riesenhaie werden in ihrem gesamten Verbreitungsgebiet gejagt. Früher war das Öl ihrer Leber, die 25–30 % des Gesamtgewichts ausmacht, sehr begehrt. Heute verfolgt man sie vor allem wegen der Flossen. Kennzeichnend sind ein langsames Wachstum und sehr niedrige Nachwuchsraten. Der Bestand ist daher durch Überfischung stark gefährdet. Nach Entfernen der Leber und Flossen wird der Kadaver meist einfach zurückgeworfen. Solche mehr oder weniger verrotteten Kadaver sind Ursache vieler Geschichten über Seeschlangen und Monster (s. Abb. Seite 48). In Europa werden jährlich 1.000–4.000 Tonnen gefangen.

Nahrung

Flügelschnecken

Krebstiere

Erwachsenes Weibchen, ca. 8 m

HERINGSHAIE ODER **MAKRELENHAIE**

Lamnidae

Der Schwanzstiel trägt deutliche Seitenkiele. Das Gebiß weist relativ wenige, aber große Zähne auf. Ohne Kiemenreusenfortsätze. Die Familie ist mit fünf Arten in allen Meeren vertreten. Zu ihnen gehört der gefürchtete Weiße Hai mit einer Länge von bis zu 8 m.

Heringshai

Lamna nasus (Bonnaterre, 1788)

Hauptmerkmale: Die winzige zweite Rückenflosse sitzt auf Höhe der ebenso kleinen Afterflosse. Kieferzähne pfriemförmig bis schlank dreieckig, jeder mit einem Paar kleiner Nebenspitzen seitlich der Hauptspitze.

Maximale Länge 350 cm, Gewicht bis ca. 200 kg. Geschlechtsreif bei einer Länge von 1,5 m im Alter von etwa 5 Jahren. Heringshaie leben meist in den oberen Wasserschichten und werden selten in Tiefen von mehr als 150 m gefangen. Sie sind schnelle und effiziente Schwimmer, die oft bei der Jagd auf Heringe und Makrelen nahe der Oberfläche zu beobachten sind. Sie fressen aber auch Bodenfische. Bei Langleinenfischern sind sie unbeliebt, weil sie erhebliche Schäden an den Fängen anrichten.

Tragende Weibchen treten das ganze Jahr hindurch auf. Die frei in der Gebärmutter treibenden Embryonen zehren zunächst ihren eigenen Dottersack auf, bevor sie mit ca. 6 cm Länge beginnen, unbefruchtete Eier oder ihre kleineren Geschwister im Mutterleib zu fressen. Nur 1–5 Junge überleben den Kannibalismus während der Tragzeit und werden nach ca. 8 Monaten mit etwa 60 cm Länge geboren.

Heringshaie können wenigstens 30 Jahre alt werden. Sie gelten als ungefährlich für den Menschen.

Heringshaie fängt man mit Herings- oder Makrelenködern an Haken. Viele werden auch als Beifang bei anderen Fischereiarten gefangen. In Europa werden jährlich mindestens 2.000 Tonnen angelandet. Der Bestand zeigt deutliche Anzeichen von Überfischung.

Heringshai

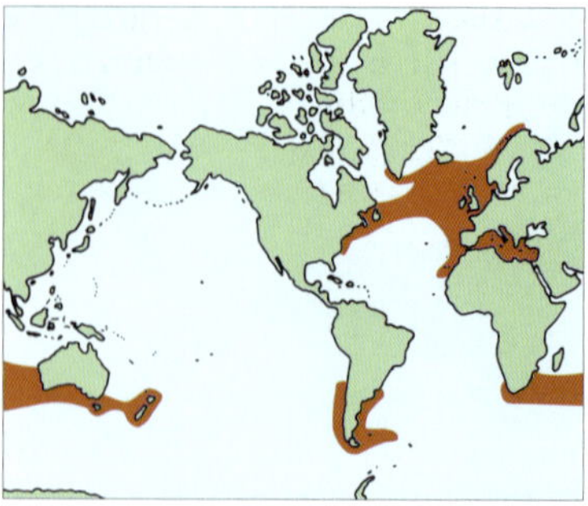

Kurzflossen-Makohai

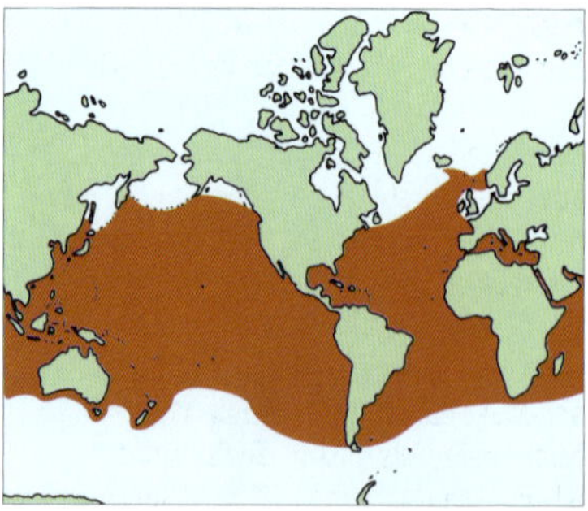

Heringshai, Weibchen, 210 cm

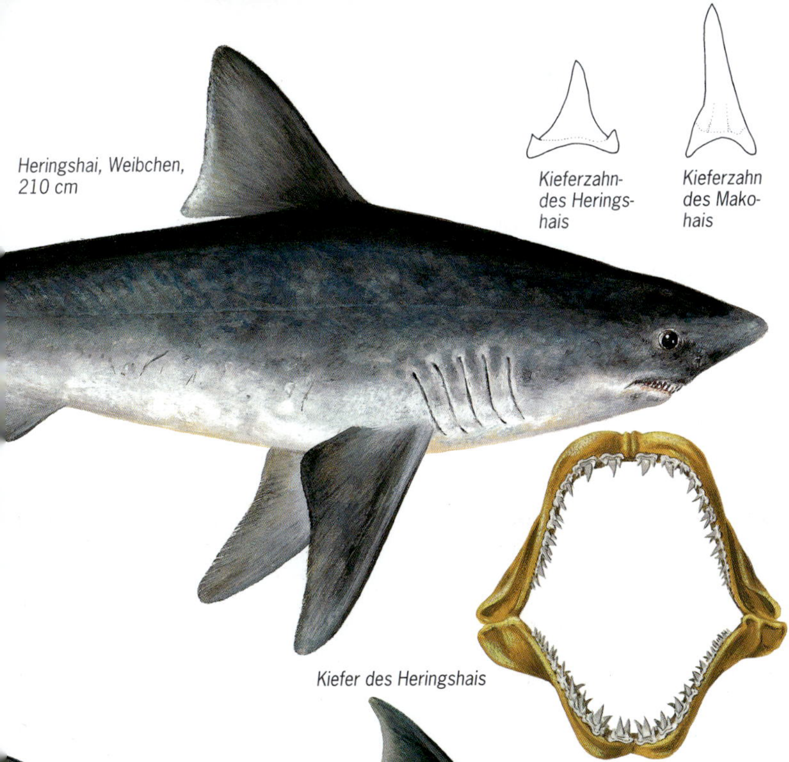

Kieferzahn des Heringshais

Kieferzahn des Makohais

Kiefer des Heringshais

Kurzflossen-Makohai, Weibchen, ca. 3 m

Kurzflossen-Makohai

Isurus oxyrinchus Rafinesque, 1810

Hauptmerkmale: Die winzige zweite Rückenflosse sitzt etwas vor der gleichfalls kleinen Afterflosse. Kieferzähne pfriemförmig bis mäßig breit dreieckig. Zähne mit einer Hauptspitze ohne kleine Nebenspitzen.

Maximale Länge ca. 4 m. Der Kurzflossen-Makohai lebt im offenen Wasser und in Küstennähe bis in eine Tiefe von 400 m. Er ist in allen Ozeanen der tropischen und gemäßigten Breiten zu finden und frißt vorwiegend Fische. Der Fortpflanzungszyklus entspricht dem des Heringshais, allerdings liegt die Wurfgröße dieser Art bei 4–16 Jungen von jeweils 60–70 cm Länge.

Angelhaken

GRAUHAIE
Hexanchidae

Nur eine große Rückenflosse auf Höhe der Afterflosse. Sechs oder sieben Paare äußerer Kiemenspalten. Die kleineren Oberkieferzähne sind anders geformt als die großen, kammförmigen Unterkieferzähne. Vier Arten der Familie leben in allen Meeren.

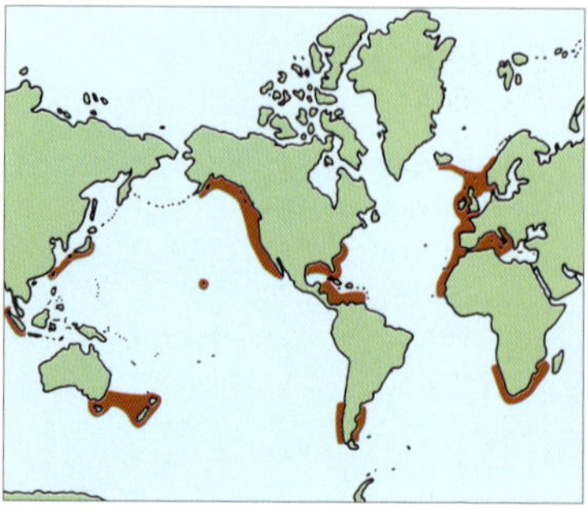

Großer Grauhai

Großer Grauhai
Hexanchus griseus (Bonnaterre, 1788)

Hauptmerkmale: Sechs Paare langer Kiemenspalten. Oberkieferzähne anders als Unterkieferzähne.

Maximale Länge 5 m. Weit verbreitet in Bodennähe in 100–2.000 m Tiefe. Wandert nachts zur Oberfläche. Frißt alle Arten von Fischen und benthischen Wirbellosen. Lebendgebärend mit etwa 100 Jungen pro Wurf. Gelegentlicher Beifang in der westlichen Nordsee.

Großer Grauhai, Weibchen, ca. 220 cm

KRAGENHAIE ODER KRAUSENHAIE
Chlamydoselachidae

Nur eine Rückenflosse auf Höhe der Afterflosse. Sechs Paare Kiemenspalten. Zahnform beider Kiefer ähnlich. Körper langgestreckt und schlank, Maul befindet sich an der Schnauzenspitze. Der Name bezieht sich auf die rüschenartigen Anhänge der Kiemenspalten. Nur eine weltweit verbreitete Art der Familie.

Kragenhai oder Krausenhai
Chlamydoselachus anguineus Garman, 1884

Hauptmerkmale: Siehe Familienkennzeichen.

Maximale Länge ca. 2 m. Der Kragenhai lebt bodennah in 120–1.300 m Tiefe. Er frißt Fische. Nach einer Tragzeit von 1–2 Jahren gebären die Weibchen 8–12 Junge. Diese sind etwa 60 cm lang.

Kragenhai, Weibchen, ca. 110 cm

DORNHAIE
Squalidae

Wie der Name sagt, kennzeichnet die meisten der 75 Arten je ein massiver Dorn vor den Rückenflossen. Er kann allerdings bei einigen Arten unter der Haut verborgen liegen oder auch fehlen. Spritzlöcher vorhanden, ohne Afterflosse und Kiele am Schwanzstiel. Die Familie ist in allen Meeren vertreten. Die Mehrzahl der Arten lebt im Tiefwasser an Kontinentalabhängen und unterseeischen Erhebungen.

Bestimmungsschlüssel Dornhaie

1 Körper hochrückig und seitlich zusammengedrückt; sehr hohe Rückenflossen **2**
Körper zylindrisch; niedrigere Rückenflossen **3**

2 Dorn der 1. Rückenflosse nach vorne geneigt; großer Spritzlochschlitz . . . . . **Gefleckte Meersau**, S. 59
Dorn der 1. Rückenflosse nach hinten geneigt; kleine Spritzlochpore . . . . **Graue Meersau**, S. 59

3 Vor jeder Rückenflosse ein massiver Dorn **4**
Ohne Dornen vor den Rückenflossen . . . **9**

4 Jeder Oberkieferzahn mit nur einer Spitze **5**
Oberkieferzähne mit 4–7 Spitzen **8**

Kragenhai

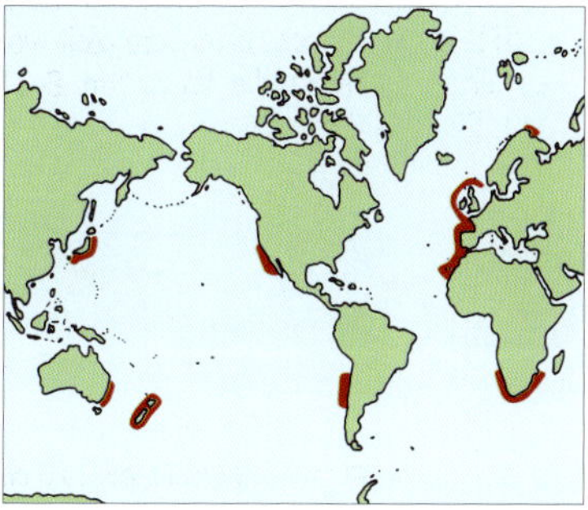

5 Ober- und Unterkieferzähne von gleichartiger Gestalt . . . . **Gemeiner Dornhai**, S. 54
Ober- und Unterkieferzähne von unterschiedlicher Gestalt **6**

6 Schnauzenlänge vor dem Maul größer als Abstand zwischen der Unterkiefermitte und dem Ansatz der Brustflosse . . . . **Schnabeldornhai**. S. 57
Schnauzenlänge vor dem Maul gleich oder kleiner als der Abstand zwischen der Unterkiefermitte und dem Ansatz der Brustflosse **7**

7 Rückenflossendornen massiv und lang . . . **Blattschuppiger Schlingerhai**, S. 54
Rückenflossendornen kurz, fast vollständig von Haut überdeckt . . . . **Portugieserhai**, S. 56

8 Bauch schwarz, Rücken und Seiten heller **Kleiner Schwarzer Dornhai**, S. 58
Körper gänzlich schwarzbraun . . . . **Großer Schwarzer Dornhai**, S. 58

9 Beide Rückenflossen hinter dem Ansatz der Bauchflossen . . . . **Brombeerhai**, S. 57
Erste Rückenflosse weit vor dem Ansatz der Bauchflossen **10**

10 Lippen nackt, mit fransigen Querfalten . . . **Schokoladenhai**, S. 56
Lippen mit Hautzähnchen, ohne Querfalten . . . . **Eishai oder Grönlandhai**, S. 60

Gemeiner Dornhai

Squalus acanthias (Linnaeus, 1758)

Hauptmerkmale: Ein kräftiger, langer Dorn vor jeder Rückenflosse. Zähne in Ober- und Unterkiefer von gleicher Gestalt, einspitzig.

Maximale Länge bei Weibchen 120 cm, bei Männchen 90 cm, Gewicht bis 9 kg. Alter meist 20–24 Jahre, aber bis 60 Jahre belegt. Die Weibchen werden mit 75–90 cm Länge im Alter von ca. 12 Jahren geschlechtsreif, die Männchen etwas früher mit 60–70 cm und ca. 10 Jahren.

Der Gemeine Dornhai bevorzugt weiche Böden in 10–195 m Tiefe und eine Wassertemperatur von 6–15 °C. Es ist wahrscheinlich die weltweit häufigste Haiart. Die Tiere treten oft in großen Schulen zu Tausenden von Individuen auf und unternehmen täglich ausgiebige Wanderungen über größere Entfernungen.

Die Nahrung besteht aus Kabeljau, Hering, anderen Schwarmfischen und benthischen Wirbellosen. Dornhaischwärme sind verrufen, da sie zuweilen über Langleinen- und Treibnetzfänge herfallen und große Schäden anrichten können.

Zu Anfang des Entwicklungszyklus sind 1–6 Eier in jedem Eileiter von einer gemeinsamen Eihaut umschlossen, die sich später auflöst. Während der 18–22 Monate langen Tragzeit ernähren sich die meist 4–8 Embryonen von ihrem Dottervorrat. Sie werden mit einer Länge von 20–33 cm geboren, im Nordostatlantik im Winter.

Die Bestände des Gemeinen Dornhais sind stark überfischt. Aufgrund der späten Geschlechtsreife und der geringen Nachwuchsrate können sie die Fänge der Fischerei nämlich nicht mehr ausgleichen. Während des Winters werden die Tiere vor Norwegen geangelt und mit Schleppnetzen gefangen. Die Rückenfilets und Bauchlappen werden meist geräuchert. Der europäische Jahresfang liegt bei etwa 20.000 Tonnen.

Blattschuppiger Schlingerhai, Weibchen, 90 cm

Blattschuppiger Schlingerhai

Centrophorus squamosus (Bonnaterre, 1788)

Hauptmerkmale: Kräftige Dorne vor den Rückenflossen. Ober- und Unterkieferzähne von unterschiedlicher Gestalt, aber alle einspitzig.

Maximale Länge 160 cm. Der Blattschuppige Schlingerhai lebt meist in Bodennähe in 230–2.000 m Tiefe, gelegentlich aber auch in flacheren Gewässern am Schelfrand. Gewöhnlich werden 5 Junge pro Wurf geboren.

Blattschuppiger Schlingerhai

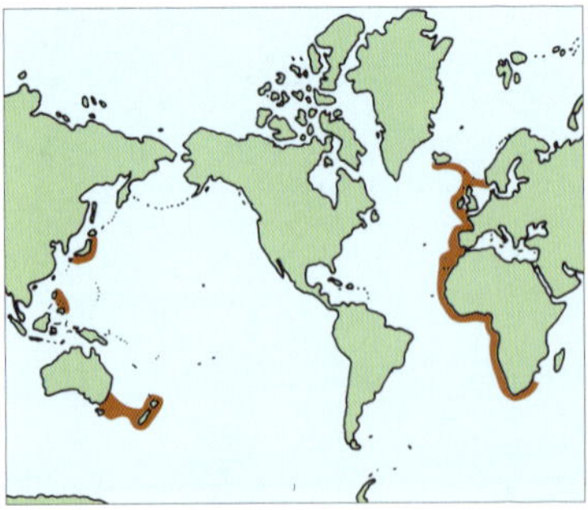

Gemeiner Dornhai, Weibchen, 64 cm

Embryo mit Dottersack, 17 cm

Nahrung

Aal

Hering

Kabeljau

Verwendung

Leberöl

„Schillerlocken“, geräucherte Bauchlappen

„Seeaal“, Rückenfilet

Gemeiner Dornhai

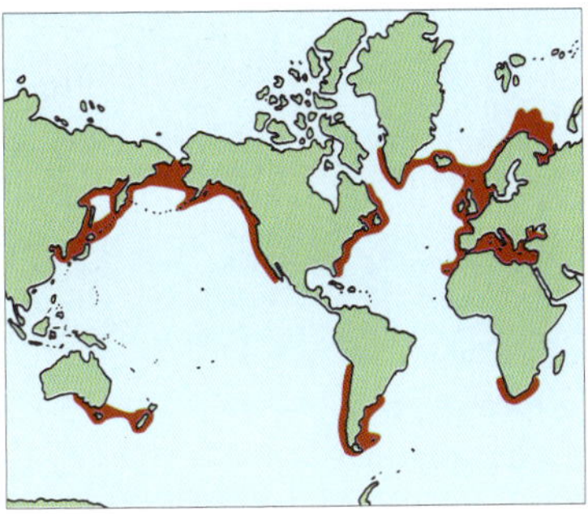

Angelhaken

Grundschleppnetz

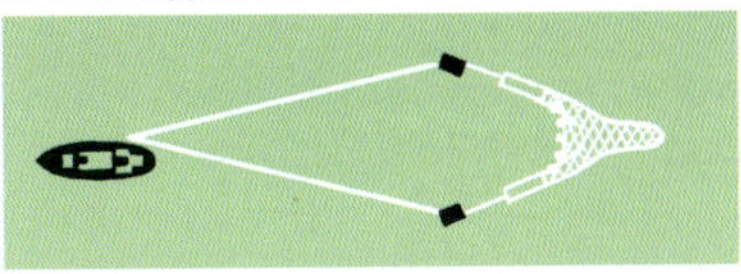

Portugieserhai, Weibchen, ca. 90 cm

Portugieserhai

Centroscymnus coelolepis
Bocage & Capello, 1864

Hauptmerkmale: Dornen vor Rückenflossen sehr kurz. Ober- und Unterkieferzähne unterschiedlich, aber alle nur einspitzig. Beschuppung glatt wie Schlangenhaut.

Maximale Länge 120 cm. Lebt weltweit an Kontinentalabhängen in Tiefen von 400–2.000 m. Frißt Fische und Kopffüßer. Lebendgebärend mit ca. 15 Jungen von 20 cm Länge pro Wurf.

Die Schwesterart *Centroscymnus crepidater*, der Langschnauzen-Dornhai, unterscheidet sich vom Portugieserhai durch seine flache, lange Schnauze, deren Länge vor dem Maul der Strecke Unterkiefermitte bis Brustflossenansatz entspricht. Beide Arten kommen im Nordostatlantik im gleichen Lebensraum vor.

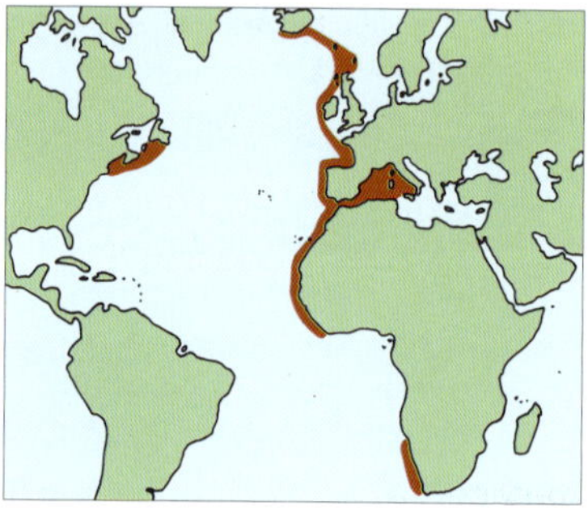

Portugieserhai

Schokoladenhai, Weibchen, ca. 110 cm

Schokoladenhai

Dalatias licha (Bonnaterre, 1788)

Hauptmerkmale: Ohne sichtbare Dornen vor den Rückenflossen. Lippen nackt und fleischig, mit gefransten Querfalten. Körper lang und schlank, im Querschnitt rund. Farbe schokoladenbraun.

Maximale Länge 180 cm. Lebt bodennah als Fischfresser in 40–1.800 m Tiefe, bisweilen auch nahe der Oberfläche. Die Weibchen gebären 10–16 Junge von 30 cm Länge pro Wurf.

Schokoladenhai

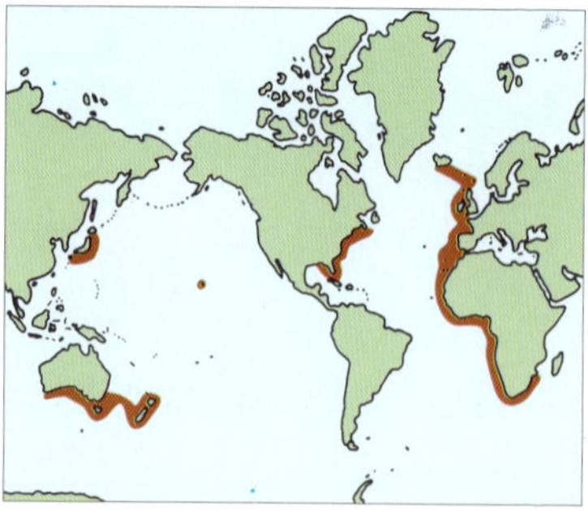

Schnabeldornhai

Deania calceus (Lowe, 1839)

Hauptmerkmale: Ein großer Dorn vor jeder Rückenflosse. Schnabelartig flache, breite Schnauze vor dem Maul, diese länger als der Abstand von der Unterkiefermitte bis zum Brustflossenansatz.

Maximale Länge 110 cm. Der Schnabeldornhai lebt bodennah in 75–1.500 m Tiefe. Meist ist er an Kontinentalabhängen zu finden. Er frißt Fische und Krebse. Die Weibchen gebären pro Wurf 6–12 Junge von ca. 30 cm Länge.

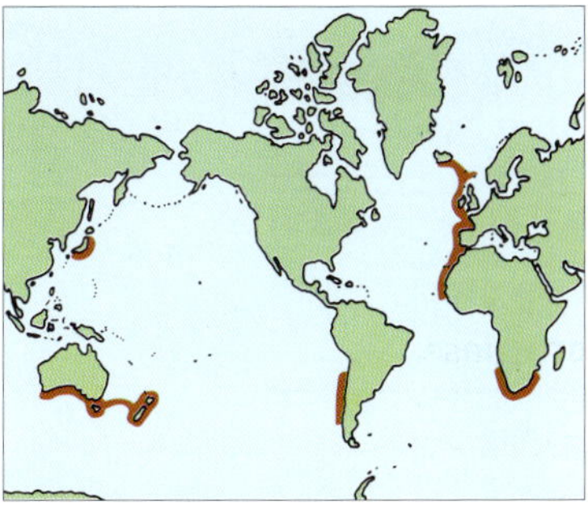

Schnabeldornhai

Schnabeldornhai, Weibchen, ca. 80 cm

Brombeerhai

Echinorhinus brucus (Bonnaterre, 1788)

Hauptmerkmale: Ohne Dornen vor den Rückenflossen, die beide hinter dem Ansatz der Bauchflossen liegen. Körper unregelmäßig mit beulenartig verschmolzenen Hautzähnen besetzt.

Maximale Länge um 3 m. Lebt bodennah in 20–900 m Tiefe und frißt Fische und Krebse. Lebendgebärend mit 15–24 Jungen von 30–40 cm Länge pro Wurf.

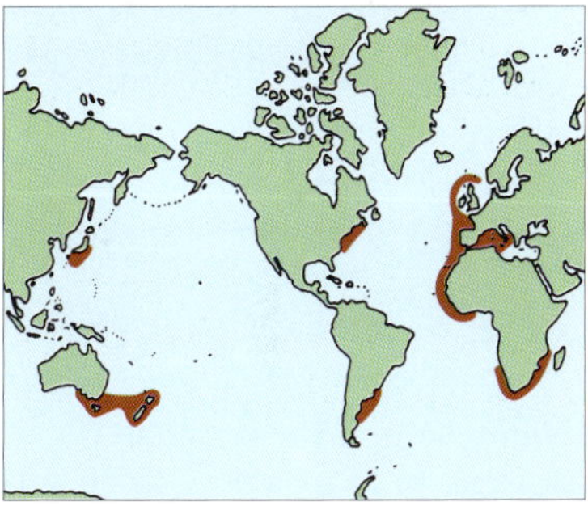

Brombeerhai

Brombeerhai, Weibchen, ca. 200 cm

Großer Schwarzer Dornhai, Weibchen, ca. 50 cm

Großer Schwarzer Dornhai

Etmopterus princeps Collett, 1904

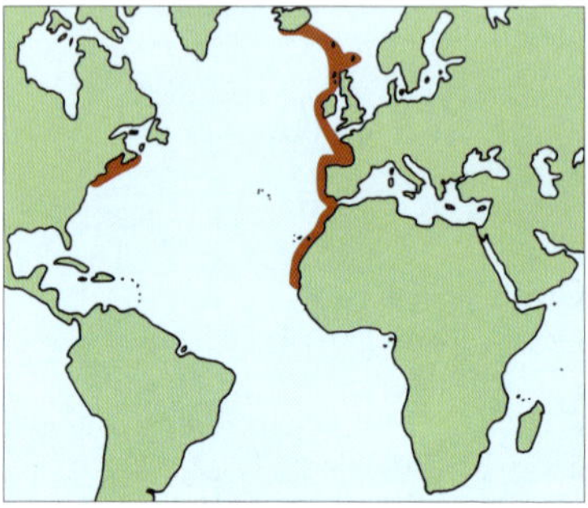

Großer Schwarzer Dornhai

Hauptmerkmale: Ein großer Dorn vor jeder Rückenflosse. Oberkieferzähne mit 4–7 Spitzen und anders als die Zähne im Unterkiefer. Körper einfarbig dunkelbraun, Rücken und Seiten nicht heller.

Maximale Länge um 75 cm. Der Große Schwarze Dornhai lebt bodennah in 300–2.000 m Tiefe. Er ist lebendgebärend. Über die nähere Biologie ist nichts bekannt.

Kleiner Schwarzer Dornhai, Weibchen, 43 cm

Embryos mit Dottersack, 10 cm

Kleiner Schwarzer Dornhai

Etmopterus spinax (Linnaeus, 1758)

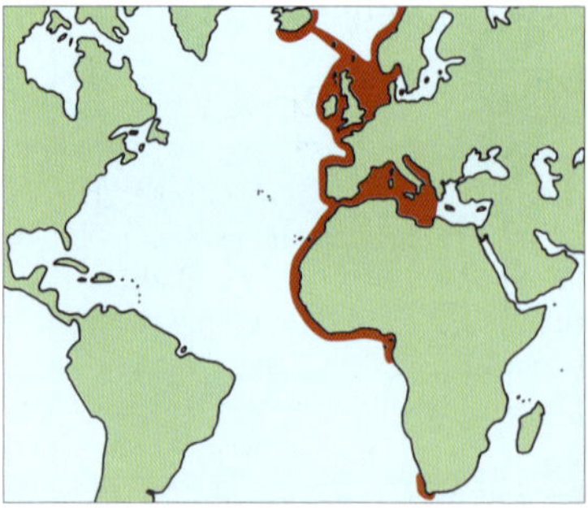

Kleiner Schwarzer Dornhai

Hauptmerkmale: Ein großer Dorn vor jeder Rückenflosse. Oberkieferzähne mit 4–7 Spitzen und anders als die Zähne im Unterkiefer. Rücken und Seiten hell, Bauch durch winzige Leuchtorgane schwarz und bei lebenden Tieren mit grünlichem Schimmer.

Maximale Länge 60 cm. Der Kleine Schwarze Dornhai lebt bodennah in 70–2.000 m Tiefe, z. T. in Schwärmen. Er frißt Fische und Kopffüßer. Pro Wurf werden 6–20 Junge von 12–14 cm Länge lebend geboren. In der tieferen nördlichen Nordsee ist er recht häufig anzutreffen.

Graue Meersau, Weibchen, ca. 100 cm

Graue Meersau

Oxynotus paradoxus (Frade, 1929)

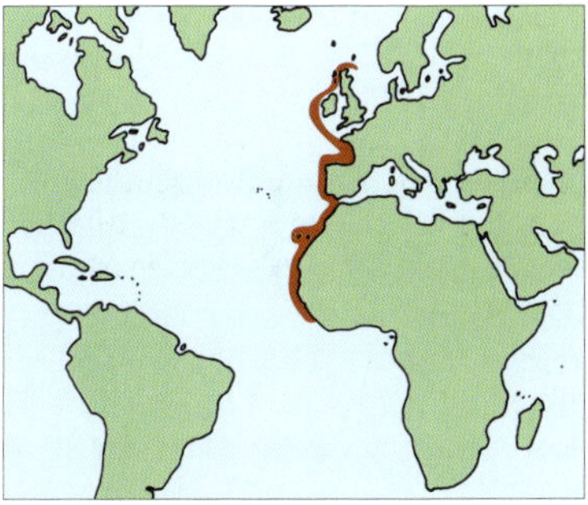

Graue Meersau

Hauptmerkmale: Körper hochrückig, dreieckig im Querschnitt. Riesige Rückenflossen fast zweimal höher als ihre Dornen. Erster Dorn rückwärts geneigt.

Maximale Länge bis 120 cm. Die Graue Meersau lebt am Boden in 265–720 m Tiefe. Sie ist lebendgebärend und wirft ca. 25 cm lange Junge. In der nördlichen Nordsee kommt die Art nur selten vor.

Gefleckte Meersau, Weibchen, ca. 100 cm

Gefleckte Meersau

Oxynotus centrina (Linnaeus, 1758)

Gefleckte Meersau

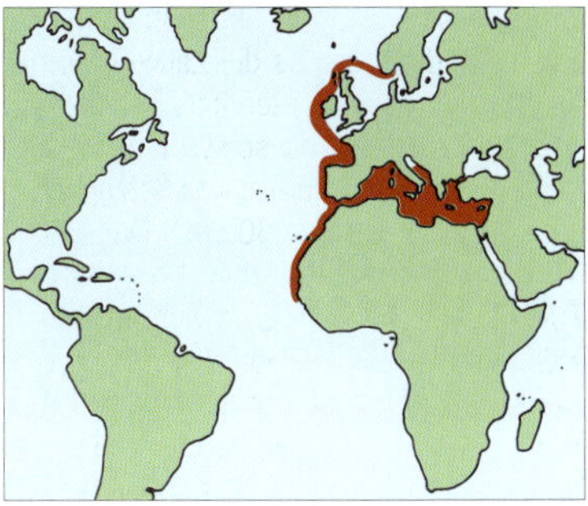

Hauptmerkmale: Körper hochrückig. Die großen Rückenflossen nur etwas höher als ihre Dornen. Erster Dorn vorwärts geneigt.

Maximale Länge bis 150 cm. Die Gefleckte Meersau lebt am Boden in 60–660 m Tiefe und frißt Würmer und andere bodenlebende Wirbellose. Sie ist lebendgebärend und wirft pro Wurf 7–8 Junge von ca. 25 cm Länge. Selten in der nördlichen Nordsee und im Skagerrak.

Eishai oder **Grönlandhai**

Somniosus microcephalus
(Bloch & Schneider, 1801)

Hauptmerkmale: Ohne Dornen vor den Rükkenflossen. Deren vordere setzt näher den Enden der Brustflossen als dem Beginn der Bauchflossen an. Lippen nackt, aber ohne Querfalten. Zähne beider Kiefer einspitzig.

Maximale Länge ca. 6–7 m, meist nur 2–3,5 m. Der arktische Tiefwasserhai lebt in 200–600 m Tiefe bei 0–7 °C Wassertemperatur besonders über Weichböden. In nördlichen Küstengewässern kann man ihn manchmal auch an der Oberfläche beobachten. Er ist ein seltener Irrgast in der nördlichen Nordsee und im Skagerrak.

Der Eishai frißt alle Arten von Fischen, auch andere Haie, Robben, Delphine, Seevögel, Abfälle und Aas. Bei der Nahrungssuche hilft der hoch entwickelte Geruchssinn. Die Sehfähigkeit ist hingegen begrenzt. Die Hornhaut der Augen ist oft

Gegerbte Haut

Allesfresser

Eishai

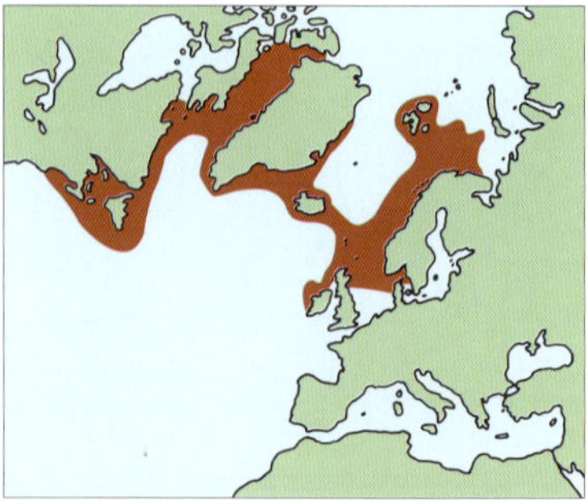

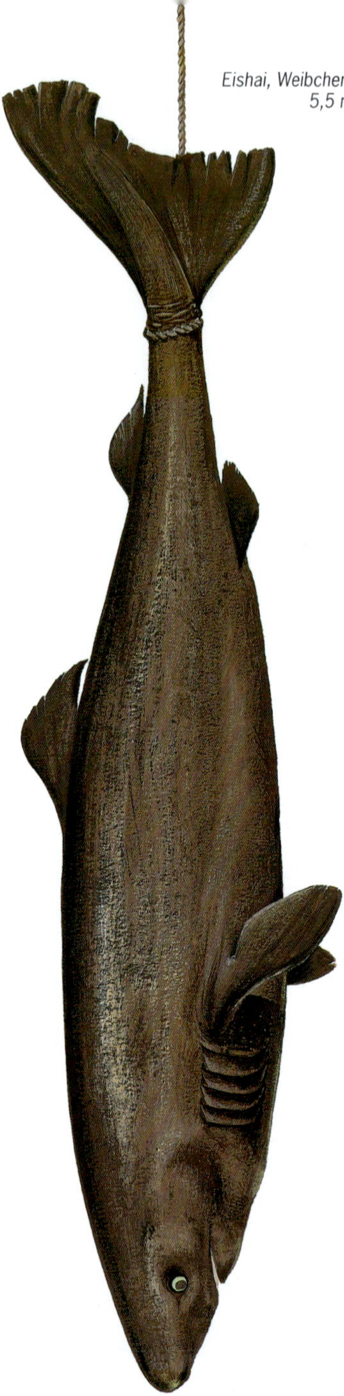

Eishai, Weibchen, 5,5 m

durch einen parasitischen Hüpferlingkrebs zerstört. Eishaie zerreißen gerne gehakte Fische und fressen Köder von Langleinen, wodurch sie die Fischerei beeinträchtigen. Diese Art ist lebendgebärend mit etwa 10 Jungen von 40–70 cm Länge, die wahrscheinlich im Winter geworfen werden. Eishaie wachsen sehr langsam. Vor Grönland wurde ein Exemplar mit 2,60 m Länge gefangen und markiert. Beim Wiederfang nach 16 Jahren war es nur um 8 cm gewachsen. Ausgewachsene Exemplare müssen daher sehr alt sein.

Die Leber des Eishais kann bis zu 300 kg wiegen und wurde früher zur Trangewinnung genutzt. Das frische Fleisch des Eishais ist ungenießbar und kann erst nach Auswässern und Trocknung verzehrt werden. Das getrocknete Fleisch dient in Grönland als Hundefutter. Die Haut kann zu widerstandsfähigem Leder gegerbt werden.

Die wirtschaftliche Bedeutung der Art ist gering.

Meerengel, Männchen, 110 cm

MEERENGEL ODER **ENGELHAIE**

Squatinidae

Die flache Körperform ist rochenähnlich durch stark vergrößerte Brustflossen und große Spritzlöcher. Breites Maul an der Schnauzenvorderkante. Ohne Afterflosse. Mit Phantasie erinnern die Brustflossen an Engelsflügel. Die Familie umfaßt 12 Arten in allen Meeren.

Meerengel

Squatina squatina (Linnaeus, 1758)

Hauptmerkmale: Siehe Familienkennzeichen. Nur diese eine Art in westeuropäischen Gewässern.

Maximale Länge bis 250 cm und Gewicht bis 80 kg. Der Meerengel lebt auf sandigen und weichen Böden in 5–150 m Tiefe, im Winter tiefer. Im Frühjahr kehrt er in flachere Küstengewässer zurück, wo nach 10 Monaten Tragzeit 9–20 Junge von 20–30 cm Länge geboren werden. Engelhaie sind regelmäßige Sommergäste in Nordsee und Skagerrak.

Meerengel

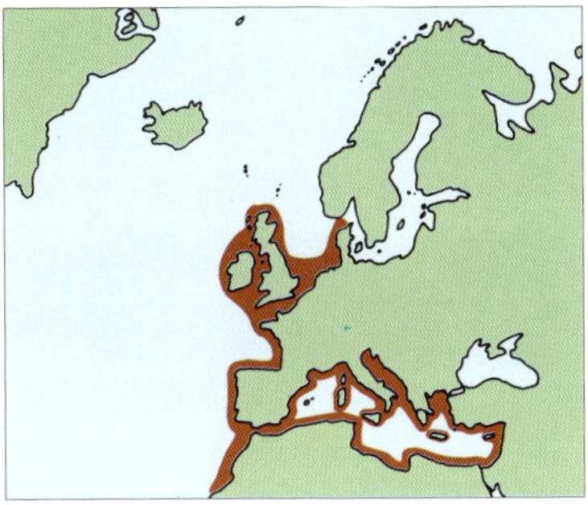

ROCHEN
Hypotremata

Kopf, Rumpf und die vergrößerten Brustflossen („Flügel") der Rochen sind zu einer Körperscheibe verwachsen. Das unterscheidet sie von den Haien, mit denen sie sonst viel gemeinsam haben. Maul und Kiemenspalten liegen unterseits, Augen und dicht dahinter die großen Atem- oder Spritzlöcher (*Spiracula*) auf der Kopfoberseite. Fast alle Rochen sind typische Bodenbewohner und fressen vor allem Fische, Krebse und Weichtiere. Die Nahrung zerquetschen sie mit ihren meist kleinen, pflasterartig angeordneten Zähnen. Rochen saugen das Atemwasser von oben durch die Spritzlöcher ein, so daß kein Bodensubstrat in ihre Kiemen gelangt. Die meisten Arten schwimmen durch wellenförmige Brustflossenbewegungen.

Etwa die Hälfte der ca. 460 Rochenarten ist lebendgebärend, die übrigen legen große, hornschalige Eikapseln am Boden ab („Nixentaschen"). Rochen leben in allen Weltmeeren von den Küstensäumen bis zur Tiefsee, einige Arten auch dauernd im Süßwasser. Die größten Vertreter sind die planktonfiltrierenden Großen Teufels- oder Mantarochen mit Spannweiten bis zu 6 m und Gewichten bis zu 1.400 kg.

Wie die Haie haben auch die Rochen nur geringe Nachwuchszahlen. Die rückläufigen Fänge der letzten Jahrzehnte belegen ihre Gefährdung durch Überfischung.

Mantarochen

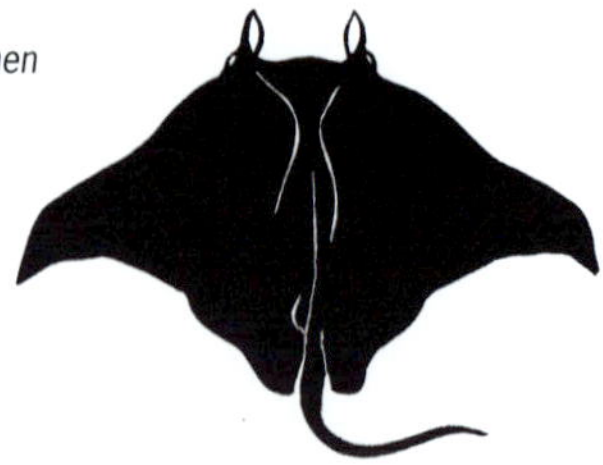

ZITTERROCHEN
Torpedinidae

Die Scheibe ist fast kreisrund, der Schwanz kurz und kräftig mit großen Schwanz- und Rückenflossen. Völlig nackthäutig. Teile der Scheibenmuskeln und -nerven beiderseits des Kopfes sind zu elektrischen Organen umgewandelt, mit denen zum Beutefang oder zur Verteidigung Stromstöße bis 220 V und 8 Amp. abgeben werden können. 14 Arten der Familie leben in allen warmen Küstenmeeren, von denen in der Nordsee 2 regelmäßig auftreten. Zitterrochen haben keine wirtschaftliche Bedeutung.

Marmorierter Zitterrochen
Torpedo marmorata Risso, 1810

Hauptmerkmale: Oberseite braun mit heller Fleckung oder Marmorierung. Spritzlochränder mit gleich langen, fleischigen Hautzipfeln besetzt.

Maximale Länge 60 cm, Gewicht bis 3 kg. Lebt auf unterschiedlichen Böden in 10–100 m Tiefe und frißt kleine Fische, Muscheln und Krebse. Nach 10 Monaten Tragzeit gebären die Weibchen in Abhängigkeit von ihrer Größe 5–32 Junge.

Dunkler Zitterrochen
Torpedo nobiliana Bonaparte, 1835

Hauptmerkmale: Oberseite einfarbig dunkel violett bis schwarzbraun. Spritzlochränder glatt, ohne Zipfel.

Maximale Länge 180 cm, Gewicht bis 70 kg. Jungtiere leben auf oder nahe dem Boden in meist 10–150 m Tiefe, erwachsene Einzelgänger dagegen pelagisch weit über dem Boden oder gar ozeanisch auf weiten Wanderungen. Größere Tiere fressen Fische. Weibchen gebären nach 12 Monaten Tragzeit bis zu 60 Junge.

Marmorierter Zitterrochen,
Weibchen, 48 cm

Dunkler Zitter-
rochen, Weibchen,
ca. 100 cm

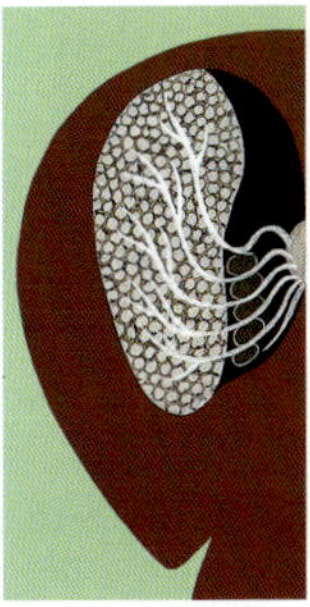

Elektrisches Organ
in der Brustflosse

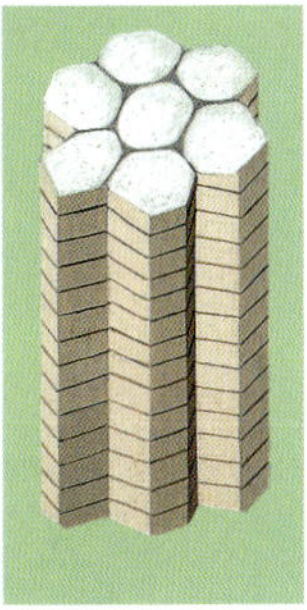

Zellen als
„Voltaische Säulen"

Marmorierter Zitterrochen

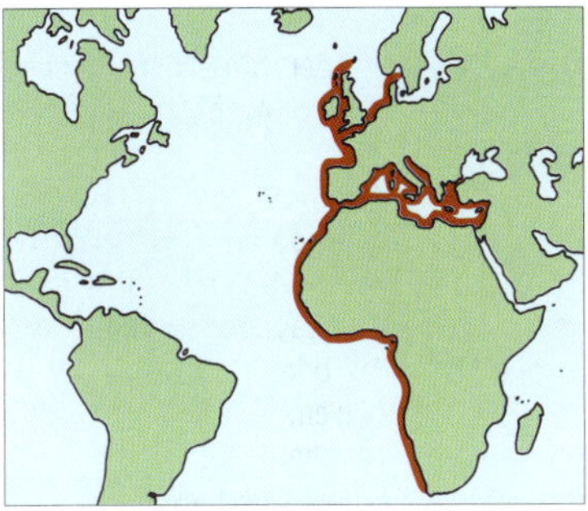

Dunkler Zitterrochen

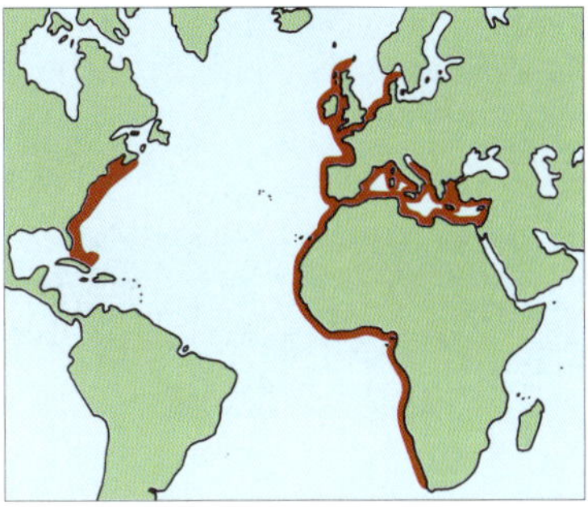

ECHTE ROCHEN

Rajidae

Die Körperscheibe Echter Rochen ist im Gegensatz zu der von Zitterrochen nicht rundlich, sondern meist quadratisch bis rhombisch mit unterschiedlich spitzer Schnauze. Die Oberseite ist dem Boden farblich angepaßt und bei vielen Arten mit großen Dornen besetzt, bei anderen dagegen nur mit winzigen Hautzähnchen, die sich rauh bis samtig anfühlen. Unterseits sind die meisten Arten weiß und großflächig nackthäutig. Auf dem langen, schlanken Schwanz stehen Dornen in einer bis mehreren Längsreihen, nahe dem Schwanzende 2 kleine Rückenflossen und ein winziger Schwanzflossensaum. Weibchen werden größer als Männchen. Letztere sind wie bei allen Knorpelfischen leicht an den stabförmigen Begattungsorganen am Innenrand der Bauchflossen zu erkennen. Geschlechtsreife Männchen tragen oben auf jeder Brustflossenspitze außerdem ein Feld klauenartiger, kräftiger sogenannter „Flügeldornen".

Die weit über 200 Arten der Familie leben in allen Meeren, von der Arktis bis zur Antarktis und von der Küste bis in über 2.500 m Tiefe, außer in tropischem Flachwasser und an Korallenriffen.

Echte Rochen sind eierlegend. Die befruchteten, rechteckigen, hornschaligen Eikapseln sind an jeder Ecke mit einem meist langen Horn versehen und werden am Boden abgelegt. Nach einigen Monaten schlüpfen die Jungrochen.

Die Familie der Echten Rochen hat auch in Europa wirtschaftliche Bedeutung. Ihre Brustflossenflügel gelangen in den Verzehr. Durch Überfischung sind viele Arten heute in der Nordsee selten geworden.

Bestimmungsschlüssel Echte Rochen:

Echte Rochen sind schwer zu bestimmen, weil sich wichtige Merkmale wie Scheibenform und Färbung sowie Größe und Anordnung der Dornen mit Wachstum, Alter und nach Geschlecht ändern.

1 Schnauze sehr lang und spitz, Linie von Schnauzen- zur Flügelspitze berührt

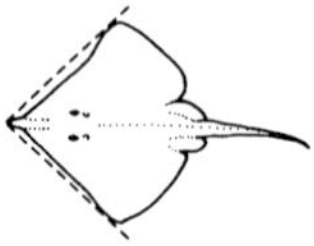

Scheibenvorderrand nicht **2**

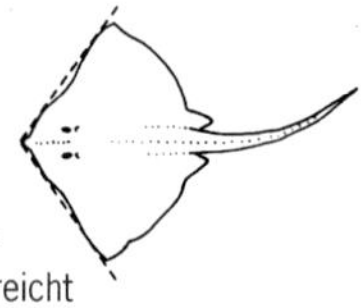

Schnauze kürzer, Linie von Schnauzen- zur Flügelspitze erreicht oder schneidet Scheibenvorderrand . . **6**

2 Ober- und unterseits einfarbig dunkelbraun, Haut rauh bestachelt .... **Schwarzbäuchiger Glattrochen,** S. 74
Unterseits nicht einfarbig dunkel, Haut nur stellenweise rauh **3**

3 Unterseite überwiegend weiß oder hellgrau; 40–50 Dornen in 1–2 Reihen oben auf Rücken und Schwanz **4**
Unterseite verwaschen dunkel; höchstens 30 Schwanzdornen **5**

4 Mittelreihe aus 40–50 Dornen vom Nacken bis 1. Rückenflosse; grauer Rand um weißen Scheibenbauch; 1 Paar großer Grauflecken seitlich Anus und Mittellinie; Schwanz grau .... **Weißrochen**, S. 72
Zwei Parallelreihen aus je ca. 50 Dornen vom Nacken bis zur 1. Rückenflosse; graue Oberseite völlig rauh bestachelt; Unterseite weiß .... **Chagrinrochen,** S. 70

5 Schnauze extrem lang und spitz, vor den Augen 5,5–7 mal so lang wie Abstand der Augen zueinander; nur 4–11 Mitteldornen auf dem Schwanz .... **Spitzrochen**, S. 74
Lange, spitze Schnauze vor den Augen nur 2,5–4 mal so lang wie Augenabstand; 12–28 Mitteldornen auf dem Schwanz .... **Glattrochen**, S. 68

6 Oberseite nicht auffällig gemustert **7**
Oberseite mit deutlicher Musterung **8**

7 Scheibe rundlich, Schwanz merklich länger als Körperscheibe; breites Dornenband vom Nacken bis zur 1. Rückenflosse . . . . **Fyllarochen**, S. 67
Scheibe quadratisch, Schwanz kürzer als Körperscheibe; weniger als 20 massive Dornen in einer Reihe vom Nacken bis zur 1. Rückenflosse; Dornen auch auf den Flügeln . . . . **Sternrochen**, S. 66

8 Schwarzer „Augenfleck" mit gelblichen Tupfen und Strichen innen auf jeder Brustflosse . . . . **Kuckucksrochen**, S. 72
Oberseite mit hellen und/oder dunklen Flecken und Tupfen gemustert, aber ohne ständige „Augenflecken" **9**

9 Dornen auf Rücken und Schwanz in mehr als einer Mittelreihe **10**
Nur eine Mittelreihe großer Dornen auf Rumpfrücken und Schwanz **11**

10 Oberseite rötlich braun, mit ca. 10 cremeweißen Rundflecken symmetrisch auf Brust- und Bauchflossen; zwei regelmäßige Parallelreihen Dornen entlang Rumpf- und Schwanzrücken; Schwanz höchstens etwas länger als Körperscheibe . . . . **Sandrochen**, S. 70
Oberseite graubraun, mit undeutlichen hellen und dunklen Flecken; breites Band unregelmäßiger Dornenreihen vom Nacken bis zur 1. Rückenflosse; Schwanz deutlich länger als Körperscheibe . . . . **Fyllarochen**, S. 67

11 Weniger als 20 massive Mitteldornen mit runden, geriffelten Basen vom Nacken bis zur 1. Rückenflosse; oben graubraun mit verwaschen hellen und/oder dunklen Flecken . . . . **Sternrochen**, S. 66
Meist mehr als 30–40 schlanke Dornen auf ovalen, glatten Basen vom Nacken bis zur 1. Rückenflosse, bei großen Tieren auf Rumpfmitte auch unterbrochen; Scheibe mit schwarzen runden Flecken auffällig gemustert und/oder hell und dunkel gescheckt **12**

12 Scheibe oben mit vielen kleinen schwarzen Rundflecken bis zum Außenrand; 60–90 Zahnreihen pro Kiefer . . . . **Blondrochen**, S. 70
Scheibe oben gescheckt, marmoriert und/oder mit schwarzen Rundflecken nicht bis zum Außenrand; deutlich weniger als 60 Zahnreihen pro Kiefer **13**

13 Scheibe mit schwarzen Rundflecken nicht bis zum Rand, oft ringförmig als falsche „Augenflecken" mit hellem Zentrum; Schwanz ohne Querbänder; oben nie völlig rauh bestachelt, keine zusätzlichen Dornen oben und unten auf den Flügeln . . . . **Fleckrochen**, S. 72
Scheibenoberseite sehr variabel mit hellen und/oder dunklen Flecken, marmoriert, netzartig oder durch falsche „Augenflecken" gemustert und schon bei Jungtieren stets rauh bestachelt, bei großen Tieren oben und unten oft zusätzlich große „Nageldornen"; Schwanz hell und dunkel gebändert . . . . **Nagelrochen**, S. 66

Nagelrochen

Raja clavata Linnaeus, 1758

Hauptmerkmale: Schnauze kurz, Scheibe rhombisch mit spitzen Flügelenden. Oberseite stets völlig rauh bestachelt und lebhaft mit hellen und dunklen Flecken, auch marmoriert und netzartig gemustert. Schwanz mit hellen Querbändern. Eine Mittelreihe schlanker Dornen auf Rumpf- und Schwanzrücken, bei großen Tieren zusätzlich kräftige „Nageldornen“ ober- und unterseits auf den Flügeln.

Maximale Länge 120 cm und Gewicht bis zu 18 kg für Weibchen, 70 cm maximale Länge für Männchen. Eintritt der Geschlechtsreife mit 60–75 cm Länge. Lebt auf sandigen und weichen Böden in 20–300 m Tiefe und frißt Krabben, Garnelen und kleine Fische. Paarungszeit ist im Frühjahr. Nach einigen Wochen legt das Weibchen etwa täglich je eine von insgesamt 70–150 Eikapseln pro Saison ab. Die Kapseln messen ohne Hörner 9 x 7 cm. Letztere dienen der Versorgung des Embryos mit Atemwasser. Nach 4–5 Monaten Entwicklung schlüpfen die 12–13 cm langen Jungen.

Leere, angespülte Eikapseln finden sich oft am Strand. Nagelrochen sind relativ häufig und werden mit Schleppnetzen und Leinen gefischt. Ihr Bestand in der östlichen Nordsee ist stark zurückgegangen.

Sternrochen

Raja radiata Donovan, 1808

Hauptmerkmale: Schnauze kurz. Auffallend große Dornen auf runden, geriffelten Basen, 13–17 in Mittelreihe auf Rumpf- und Schwanzrücken, weitere auf den Brustflossen. Kopfdornenmuster konstant mit 2–4 am Augenrand, je 1 auf Nacken- und Schultermitte und 2–3 auf Außenschultern.

Maximale Länge 90 cm, in der Nordsee kaum über 60 cm. Leben in 20–1.000 m, meist in 50–100 m Tiefe. Nahrung sind Krabben, Garnelen, Sandaale, andere kleine Fische. Aus den runzelig rauhen Eikapseln schlüpfen in der Nordsee die 10 cm langen Jungen nach gut 4 Monaten. Geschlechtsreif mit ca. 40 cm in der Nordsee, mit 60–75 cm in höheren Breiten.

Häufige Art ohne wirtschaftliche Bedeutung.

Sternrochen

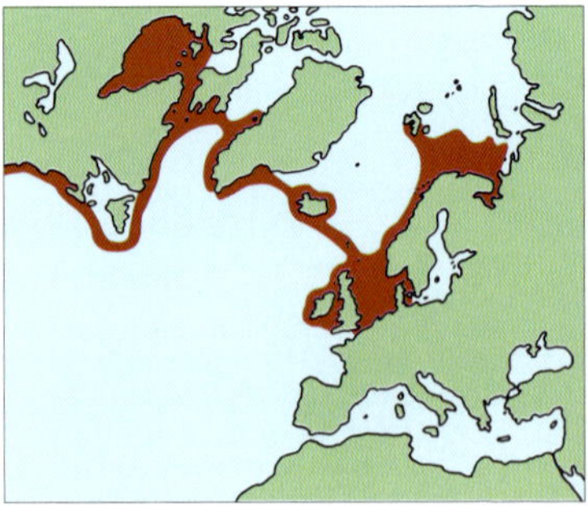

Nagelrochen

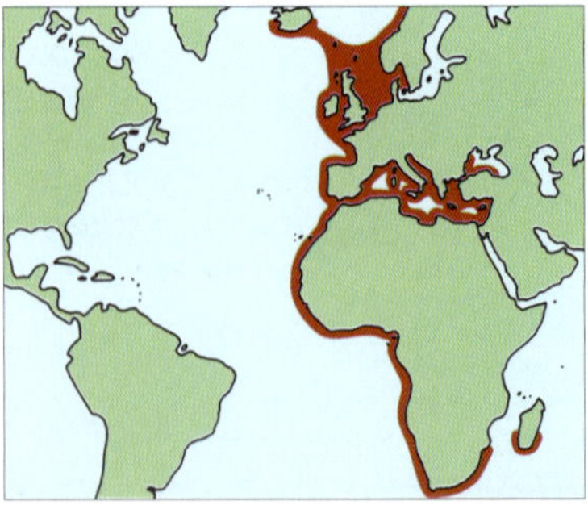

Fyllarochen

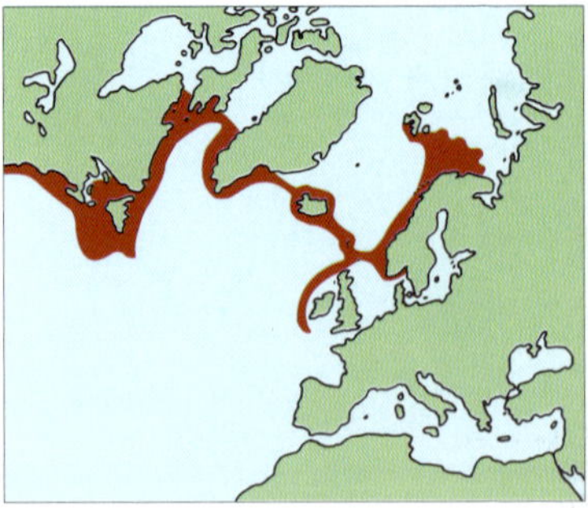

Nagelrochen, Weibchen, 60 cm

Sternrochen, geriffelter Hautdorn

Sternrochen, Männchen, 50 cm

Nagelrochen, glatter Hautdorn

Nahrung

Plattfische

Krebse

Garnelen

Sandaale

Fyllarochen, Männchen, 40 cm

Fyllarochen

Raja fyllae Lütken, 1888

Hauptmerkmale: Scheibe rundlich, Schnauze sehr kurz und stumpf. Schwanz merklich länger als Körperscheibe. Breites Band unregelmäßiger Dornenreihen vom Nacken bis zur 1. Rückenflosse. Weitere Dornen und Dörnchen auf den Brustflossen verstreut.

Maximale Länge um 60 cm. Lebt in 200–1.000 m Tiefe, selten auch tiefer, bei 1–7 °C Wassertemperatur. Frißt kleine Bodentiere. Eikapseln messen ohne Hörner 2,5 x 4 cm. Nach Monaten schlüpfen 7 cm lange Junge.

Relativ häufige, eher subarktische Rochenart ohne wirtschaftliche Bedeutung.

Glattrochen

Raja batis Linnaeus, 1758

Hauptmerkmale: Schnauze lang und spitz, Vorderränder der breit rhombischen Scheibe tief nach innen eingebuchtet. Spitze Flügelenden. Schleimporen als schwarze Punkte sichtbar. Junge und halbwüchsige Tiere glatthäutig. Erst größere Fische z. T. bestachelt und mit nur 12–18 Dornen entlang der Schwanzmitte und weiteren an den Schwanzkanten. Dornen auf den Augenrändern nur bei Jungtieren. Oben unterschiedlich mit hellen und dunklen Flecken, z. T. auch mit falschen „Augenflecken" gemustert, Bauchseite verwaschen grau.

Maximale Länge bis 285 cm bei bis zu 113 kg Gewicht, meist nur 100–150 cm lang. Geschlechtsreif mit etwa 11 Jahren und ca. 150 cm Länge. Größter Vertreter der Echten Rochen im Nordostatlantik. Ausgewachsene Tiere leben in 100–600 m Tiefe, jüngere eher in flacherem Wasser. Glattrochen fressen Bodentiere, mit zunehmender Größe aber vor allem Fische. Nach Paarung im Frühjahr werden Eikapseln im Sommer abgelegt. Sie sind mit 13×24 cm sehr groß und anfangs grünlich, später dunkelbraun. Je nach Wassertemperatur schlüpfen die Jungen nach 2–5 Monaten.

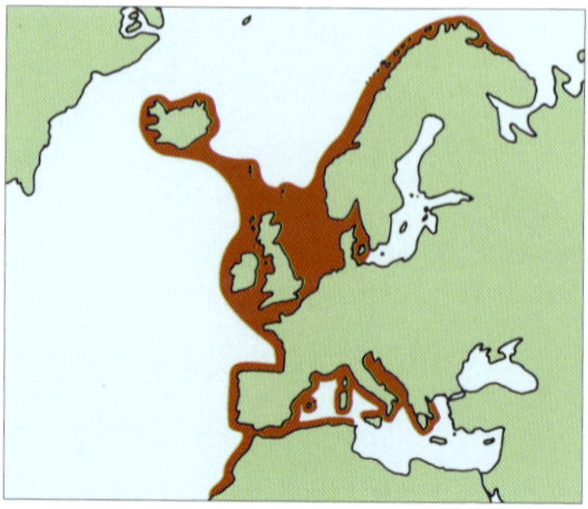

Glattrochen

Früher die wirtschaftlich wichtigste Rochenart in Nordwesteuropa. Ihre Flügel wurden frisch oder geräuchert vermarktet, der Rest zu Fischmehl und -öl verarbeitet. Durch Überfischung heute relativ selten geworden.

Nahrung

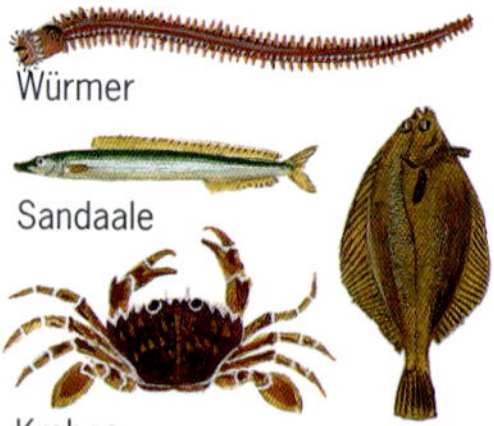

Innenansicht Kiefer (Weibchen, 1/2 nat. Größe)

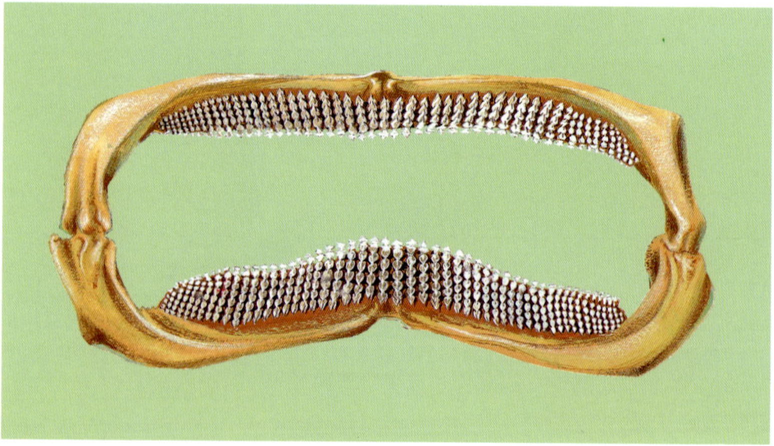

junger Glattrochen, 70 cm

„Rochenflügel"

Eikapsel (1/3 nat. Größe)

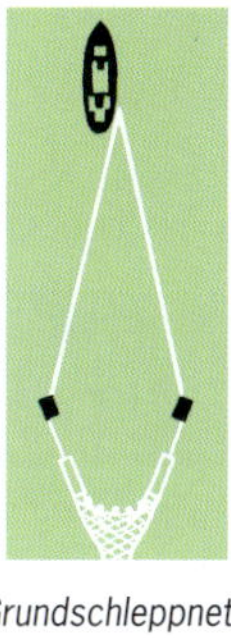

Grundschleppnetz

Angelhaken

Blondrochen

Raja brachyura Lafont, 1873

Hauptmerkmale: Schnauze kurz. Scheibe quadratisch mit spitzen Flügelenden. Oberseite mit vielen kleinen Schwarzflecken bis zum Scheibenrand. Nur 1 Dornenreihe entlang Rumpf- und Schwanzrücken. Kieferzähne stehen auffällig dicht in 60–90 Reihen.

Maximale Länge um 120 cm. Lebt in 50–275 m Tiefe auf Sandböden und frißt alle Arten von Bodentieren. Etwa 30 Eikapseln werden von Februar bis August abgelegt. Sie messen ohne Hörner 12×8 cm. Nach ca. 7 Monaten schlüpfen die Jungen.

Blondrochen treten relativ häufig als Beifang westlich der britischen Inseln und Irlands auf und werden auch häufig von Sportanglern gefangen. Vorkommen vor England und Schottland häufiger, in der östlichen Nordsee eher ein Irrgast.

Sandrochen

Raja circularis Couch, 1838

Hauptmerkmale: Schnauze kurz. Die rötlich braune Oberseite weist ca. 10 symmetrisch auf Brust- und Bauchflossen verteilte, cremeweiße Rundflecken mit jeweils dunklem Außenring auf. Neben Mittelreihe 1–2 parallele Dornenreihen auf Rumpf- und Schwanzrücken.

Maximale Länge bis 120 cm. Lebt auf Sandböden in 70–275 m Tiefe und frißt jede Art Bodentiere. Eikapseln von 9×5 cm ohne Hörner werden das ganze Jahr über abgelegt.

Sandrochen werden wenig angelandet.

Chagrinrochen

Raja fullonica Linnaeus, 1758

Hauptmerkmale: Schnauze mäßig lang und spitz. Oben einfarbig grau. Auf Nackenmitte 3–9 Dornen, auf Rumpf- und Schwanzrücken Mittelreihe und 2 Parallelreihen Dornen.

Maximale Länge um 120 cm. Lebt im Kaltwasser von 30–550 m Tiefe, im Süden des Verbreitungsgebietes am tiefsten. Frißt Bodentiere und bevorzugt Fische. Die bernsteinfarbenen Eikapseln messen ohne Hörner 8×5 cm.

Blondrochen

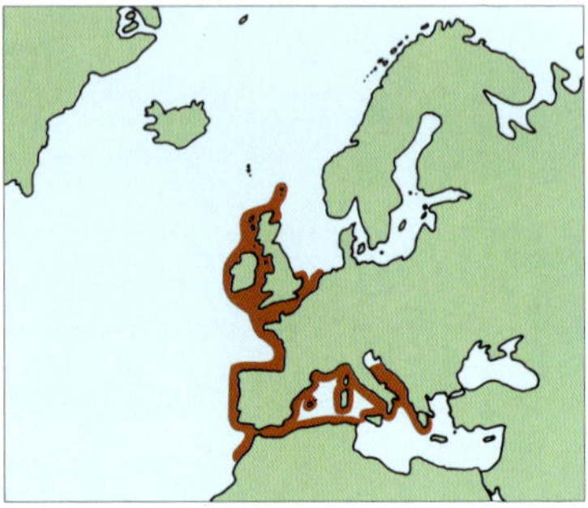

Sandrochen

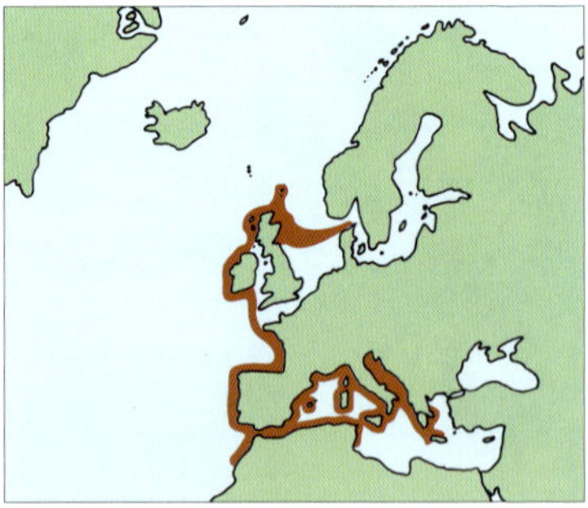

Chagrinrochen

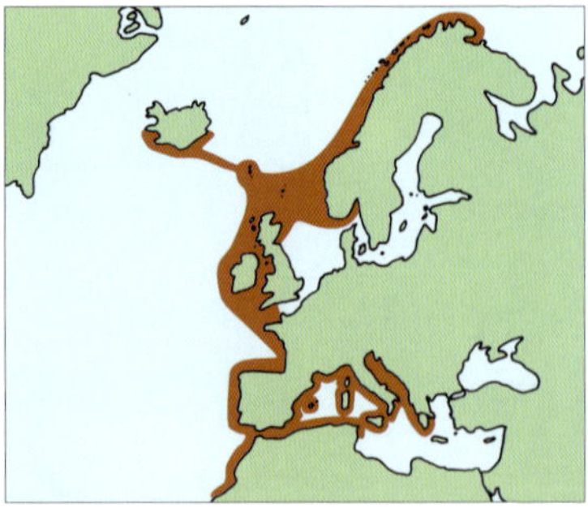

Blondrochen, Männchen, ca. 75 cm

Sandrochen,
Weibchen, ca. 75 cm

Chagrinrochen,
Männchen, ca.
75 cm

Nahrung

Krebse

Fische

Weißrochen

Raja lintea Fries, 1839

Hauptmerkmale: Schnauze mäßig lang und spitz. Oben einfarbig hellgrau. Scheibe unten mit grauem Außenrand, 2 grauen Flecken seitlich After und grauem Mittelstreifen auf dem Schwanz. Mittelreihe aus 40–50 Dornen vom Nacken bis zur 1. Rückenflosse.

Maximale Länge um 110 cm. Lebt auf Weichböden in 150–650 m Tiefe und frißt alle Arten von Bodentieren. Männchen mit ca. 100 cm geschlechtsreif. Eikapseln messen ohne Hörner 11×8 cm.

Ohne wirtschaftliche Bedeutung.

Kuckucksrochen

Raja naevus Müller & Henle, 1841

Hauptmerkmale: Schnauze kurz und stumpf. Innen auf den Brustflossen je ein großer schwarzer Augenfleck mit gelblichen Punkten und Strichen. Flügelspitzen gerundet. Großes Dornendreieck auf Nacken und Schulterregion, 2 Dornenreihen auf Rumpf- und Schwanzrücken, 4 auf dem Schwanz.

Maximale Länge 70 cm. Lebt am Boden in 20–250 m Tiefe und frißt alle Bodentierarten. Bis zu 100 Eikapseln von 6×4 cm ohne Hörner werden das ganze Jahr über abgelegt.

Häufig Beifang der Schleppnetz- und Leinenfischerei westlich Großbritanniens und Irlands.

Kuckucksrochen

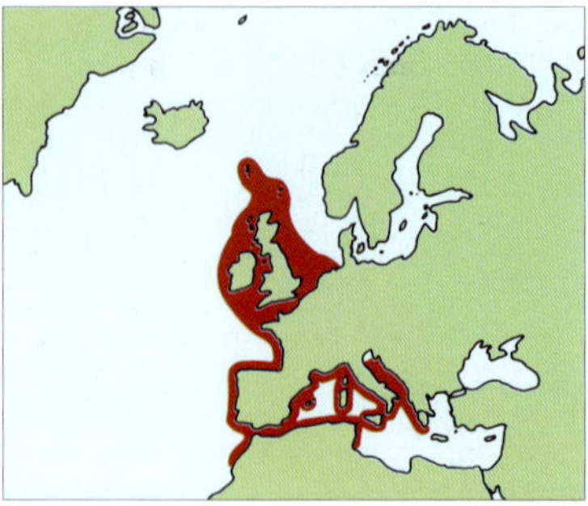

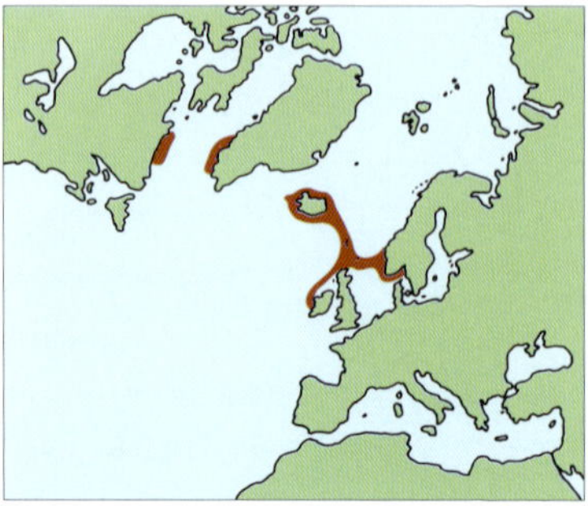

Weißrochen

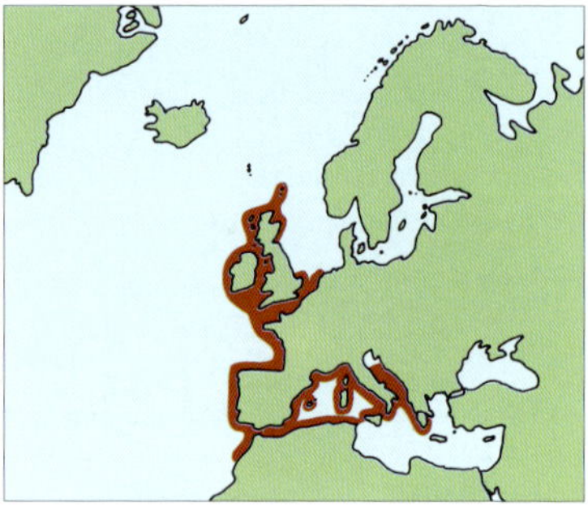

Fleckrochen

Fleckrochen

Raja montagui Fowler, 1910

Hauptmerkmale: Schnauze kurz. Oberseite außer breitem Außensaum der Brust- und Bauchflossen mit schwarzen Rundflecken, oft als falsche „Augenflecken" ringförmig um ein helles Zentrum, gemustert. Oberseite nie völlig mit Stacheln besetzt. Nur eine mittlere Dornenreihe auf Rumpf- und Schwanzrücken.

Maximale Länge 80 cm im Alter von ca. 18 Jahren. Geschlechtsreif mit ca. 60 cm Länge und 11 Jahren. Lebt auf unterschiedlichen Böden in 20–120 m Tiefe und frißt vor allem Garnelen und andere Krebse. Eikapseln messen 7×4 cm ohne Hörner und werden von April bis Juni abgelegt. Junge schlüpfen nach 5–6 Monaten Entwicklung.

Häufig angeboten auf Fischmärkten.

Nahrung

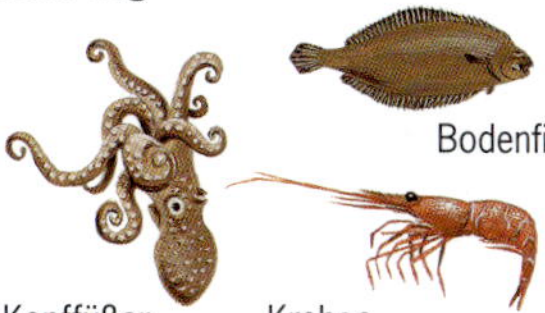

Weißrochen, Weibchen, ca. 100 cm

Kuckucksrochen, ca. 50 cm,

Fleckrochen, ca. 60 cm

Schwarzbäuchiger Glattrochen

Raja nidarosiensis Storm, 1881

Hauptmerkmale: Schnauze sehr lang und spitz. Scheibe breit rhombisch mit spitzen Flügelenden und tief eingebuchteten Vorderrändern. Ober- und Unterseite rauh und einfarbig dunkelbraun. Schwanz mit 40–50 kleinen Mitteldornen besetzt.

Maximale Länge ca. 200 cm. Lebt in 200–1.000 m Tiefe und frißt alle Arten von Bodentieren, bevorzugt Fische. Eikapseln mit gelblichem Haarfilz und ohne Hörner 17×11 cm groß. Biologie weitgehend unbekannt.

Ohne wirtschaftliche Bedeutung.

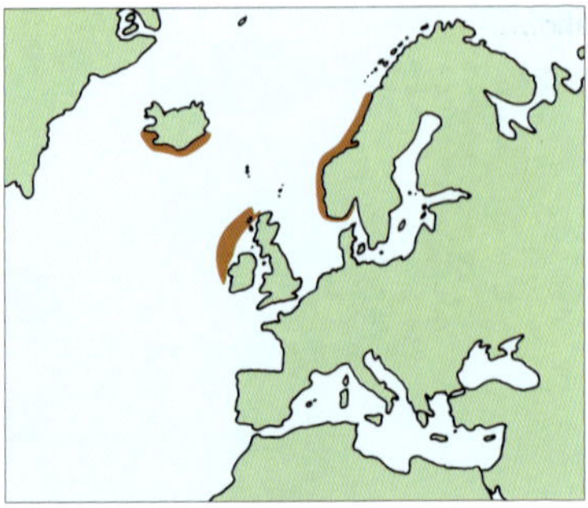

Schwarzbäuchiger Glattrochen

Spitzrochen

Raja oxyrinchus Linnaeus, 1758

Hauptmerkmale: Schnauze extrem lang und spitz. Scheibe breit rhombisch mit spitzen Flügelenden und sehr stark eingebuchteten Vorderrändern. Unterseite verwaschen grau mit schwarzen Pünktchen der Schleimporen. Nur 4–11 mittlere Schwanzdornen.

Maximale Länge um 150 cm. Geschlechtsreif mit ca. 120 cm. Lebt auf Weichböden in 100–900 m Tiefe und frißt vor allem Krebse und Fische. Dunkelbraune Eikapseln mit gelblichem Haarfilz, die ohne Hörner 15×10 cm messen.

Geringe wirtschaftliche Bedeutung.

Spitzrochen

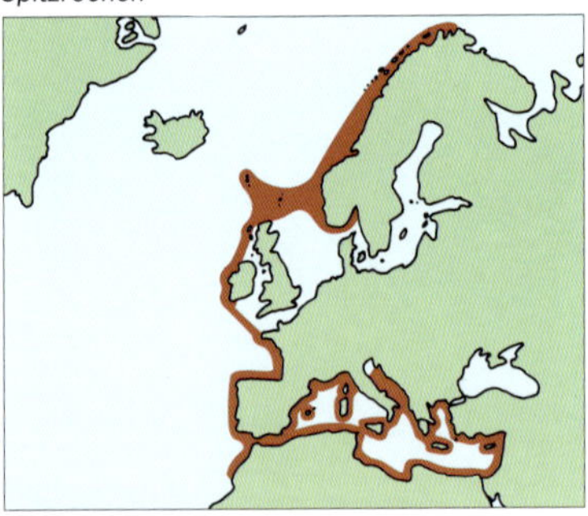

STECHROCHEN

Dasyatidae

Körperscheibe diamantförmig mit größter Breite im vorderen Drittel. Auf dem Schwanzansatz 1–2 lange Sägestacheln mit Giftgewebe in einer Längsrinne. Langer, dünner Schwanz ohne Rückenflossen und mit einer Längsfalte ober- und unterseits. Die ca. 70 Arten der Familie leben im Flachwasser aller warmen Meere, einige gelegentlich oder ständig im Süßwasser.

In Europa nur Beifang.

Stechrochen

Dasyatis pastinaca (Linnaeus, 1758)

Hauptmerkmale: Siehe Familienkennzeichen.

Maximale Länge 2 m. Peitschenartiger Schwanz 1,3–1,5 mal so lang wie die Scheibe. Lebt im Flachwasser bis 200 m Tiefe. Frißt Bodenfische, Krebse und Weichtiere.

Gesägter Schwanzstachel wird bis zu 35 cm lang und regelmäßig erneuert. Gelegentlich 2 Stacheln dicht hintereinander. Beim Abwehrschlag verursacht der Schwanzstachel schmerzhafte Wunden und massive Blutvergiftungen.

Weibchen gebären nach 4 Monaten Tragzeit 4–7 Junge.

Seltener Sommerirrgast in der Nordsee.

Nahrung

Bodenfische

Krebse

Schwarzbäuchiger Glattrochen, Männchen ca. 100 cm

Spitzrochen, halbwüchsiges Männchen, ca. 120 cm

Stechrochen

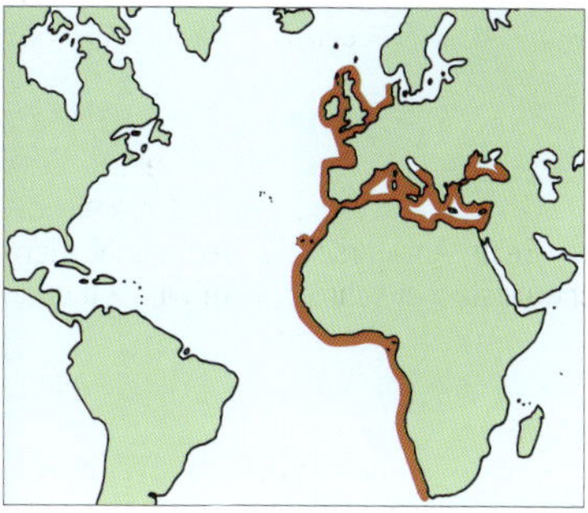

Stechrochen, Weibchen, ca. 80 cm

ADLERROCHEN
Myliobatidae

Körperscheibe breit rautenförmig, 1,5 mal so breit wie lang. Flügelenden lang und spitz. Kopf vorstehend. Schnurartiger Schwanz viel länger als Scheibe und meist mit langem Sägestachel auf dem Ansatz. Die ca. 40 Arten der Familie leben in allen warmen Meeren. Als Unterfamilie werden heute auch die Teufelsrochen, wie z. B. der gewaltige Manta, hinzugerechnet. In Europa ohne wirtschaftliche Bedeutung.

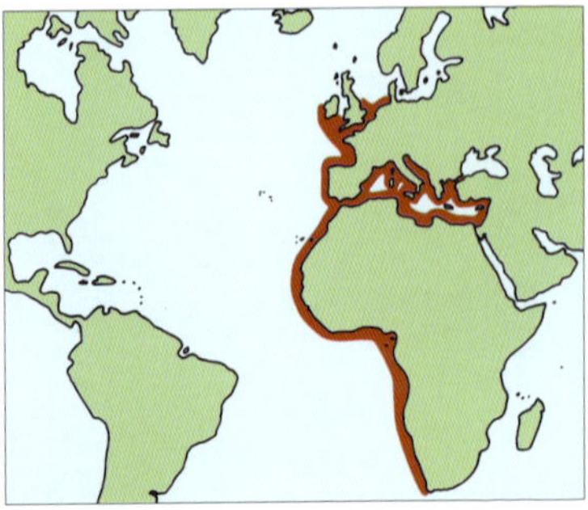
Adlerrochen

Adlerrochen
Myliobatis aquila (Linnaeus, 1758)

Hauptmerkmale: Siehe Familienkennzeichen.

Maximale Länge bis 150 cm bei einer Scheibenbreite bis 85 cm, Schwanz oft unvollständig. Lebt in Küstennähe bis 100 m Tiefe und frißt vor allem Muscheln und Krebse. Kann große Schäden auf Muschel- und Austernbänken anrichten. Weibchen gebären nach 6–8 Monaten Tragzeit 3–7 Junge.

Seltener Sommerirrgast in der Nordsee.

Adlerrochen, ca. 70 cm

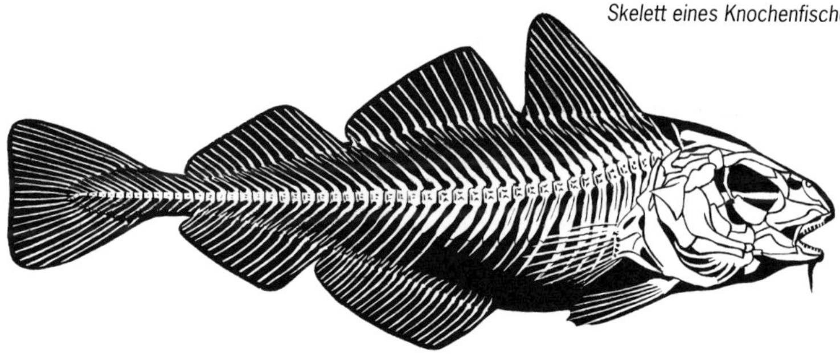

Skelett eines Knochenfisches

Knochenfische

Osteichthyes oder *Teleostomi*

Hierunter werden im folgenden die „Knochenfische" im weitesten Sinne verstanden. Das sind alle Fische, die nicht zu den Rundmäulern oder Knorpelfischen zählen. Im vorliegenden Buch werden aber nur Vertreter der Klasse Actinopterygii, der Strahlenflosser, behandelt.

Die Gruppe der Knochenfische umfaßt etwa 24.000, d. h. 95 % aller lebenden Fischarten. Im Gegensatz zu den Rundmäulern und den Knorpelfischen haben sie knöcherne Kiemendeckel über den inneren Kiemenspalten und nur noch jeweils eine äußere Kiemenöffnung. Ihr Skelett ist fast vollständig verknöchert. Bei der Mehrzahl der Arten ist der Körper mit dünnen knöchernen Schuppen bedeckt, die im Unterhautgewebe, dem Corium, gebildet werden. Die Zähne sind in den Knochen der Kiefer, der Maulhöhle oder des Schlundes fest verankert. Die weichen Flossenstrahlen der Knochenfische sitzen in Gelenken und sind damit beweglich. Sie können auch vollständig angelegt werden. Auf beiden Seiten der Schnauze sitzen in der Regel jeweils zwei Nasenöffnungen. Die Entwicklung einer Schwimmblase, einer Lunge und einer symmetrischen Schwanzflosse sind weitere Gemeinsamkeiten.

Die „Knochenfische" im weitesten Sinne umfassen neben den echten Knochenfischen, d. h. den eigentlichen Teleostei, auch einige kleine Fischordnungen mit ursprünglichen Merkmalen wie Störe, Lungenfische, Knochenhechte und die Quastenflosser. Die Knochenfische im engeren Sinne entwickelten sich während der vergangenen 200 Millionen Jahre aus verschiedenen urtümlichen Fischgruppen, die man als Fossilien schon aus dem Erdzeitalter des Silurs, also seit etwa 400 Millionen Jahren kennt.

In den Einleitungskapiteln dieses Buchs werden die Anatomie, die Sinnesorgane, die Anpassungen ans Wasserleben und die allgemeine Biologie der Knochenfische, d. h. Fortpflanzung, Ernährung, Wanderungen, Wachstum und Verbreitungsmustern genauer dargelegt. Die Lektüre dieser Abschnitte vor Benutzung der Bestimmungsschlüssel und Artbeschreibungen ist zu empfehlen, um mit Fachbegriffen und Merkmalen vertraut zu werden.

STÖRE
Acipenseridae

Kopf über dem Knorpelschädel durch Platten aus Hautknochen gepanzert. Massive Knochenhöcker in 5 Längsreihen auch am Körper. Wie bei Haien Skelett knorpelig und Schwanzflosse asymmetrisch (heterocerk) mit größerem Oberlappen. 4 Barteln in einer Querreihe vor dem kleinen, ausstülpbaren, zahnlosen Maul auf der Unterseite der verlängerten Schnauze. Flossen werden von beweglichen, knorpeligen Strahlen gestützt. In den Brustflossen sind die vorderen Strahlen zu je einem kräftigen Stachel verschmolzen.

Störe gelten als urtümlichste Gruppe der Knochenfische. Die Mehrzahl der noch etwa 26 Arten lebt in russischen, nordamerikanischen und asiatischen Flüssen, außerhalb der Laichzeit in den angrenzenden Meeren. Einige Arten haben große wirtschaftliche Bedeutung, andere sind durch Überfischung und Wasserverschmutzung bedroht. Die meisten Störarten sind vor allem wegen des Raubbaus im Gebiet der ehemaligen Sowjetunion und nach dem Zusammenbruch der dortigen sorgfältigen Bestandsüberwachung wie auch der Zucht- und Besatzmaßnahmen akut gefährdet. Daher wurden 1997 alle Arten durch das Washingtoner Artenschutzabkommen (CITES) unter Schutz gestellt.

Atlantischer oder Baltischer Stör

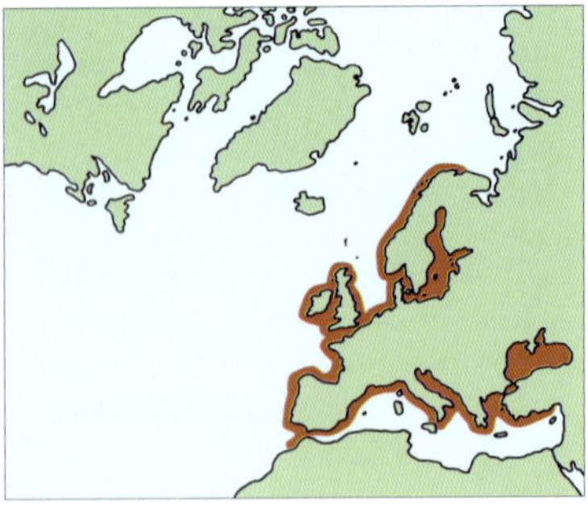

Atlantischer oder **Baltischer Stör**
Acipenser sturio Linnaeus, 1758

Hauptmerkmale: Siehe Familienkennzeichen.

Maximale Länge 5–6 m, heute nur selten über 2–3 m, Gewicht bis 1.000 kg, Alter vermutlich bis 100 Jahre. Den Großteil des Lebens verbringt die Art im küstennahen Flachmeer. Atlantische Störe wühlen mit der langen Schnauze im Boden und ertasten mit den Bartfäden Bodentiere. Größere Exemplare fressen auch Fische wie Sandaale und Meergrundeln.

Männchen werden mit 7–9 Jahren bei 110–150 cm Länge und 7–20 kg Gewicht geschlechtsreif, Weibchen mit 8–14 Jahren bei 120–180 cm Länge und 10–30 kg Gewicht. Beim Laichaufstieg von April bis Juni wandern manche Tiere Hunderte von Kilometern flußaufwärts, andere bleiben dagegen im Mündungsbereich.

Das Laichen findet über steinigem Grund in 2–10 m Tiefe und in starker Strömung statt. Die Weibchen heften 800.000–2.400.000 klebrige, dunkelgraue Eier an Steine. Die Eierstöcke können bis zu 20 % des Körpergewichts der Weibchen ausmachen. Nach dem Laichgeschäft kehren die Altstöre ins Meer zurück. Die Eier messen 2–3 mm im Durchmesser. Je nach Wassertemperatur schlüpfen 3–14 Tage später 9–11 mm lange Larven. Nach einer Aufwuchszeit von 1–3 Jahren im Süßwasser wandern die Jungstöre ins Meer ab, wo sie die folgenden 7–14 Jahre verbringen.

Der Atlantische Stör war noch Ende des 19. Jahrhunderts häufig und in Westeuropa wirtschaftlich wichtig. Er wurde häufig in norddeutschen Flüssen und in den dänischen Flüssen Jütlands gefangen.

Infolge der Flüsseverschmutzung und Überfischung ist der Atlantische Stör heute sehr selten geworden. In Westeuropa genießt er strengen Schutz. Die letzten Laichplätze liegen in Frankreich in der Gironde und im Guadalquivir in Spanien. Im Osten seines Verbreitungsgebiets wird er gezüchtet, um den natürlichen Bestand kontrolliert aufzufüllen.

Atlantischer Stör, Kopf mit ausgestülptem Maul

Larve, 10 mm

Kaviar

Nahrung

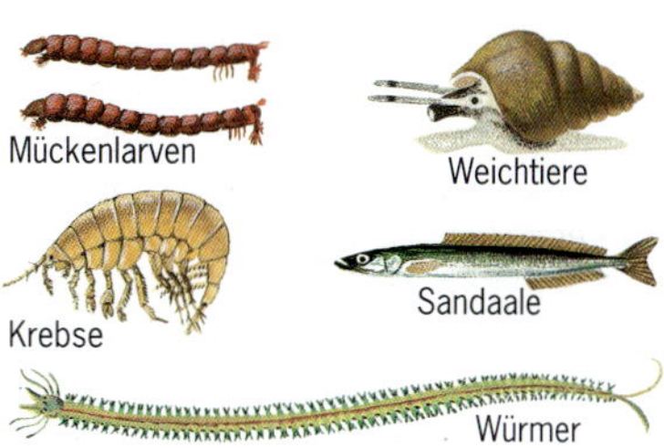

Atlantischer oder Baltischer Stör, 105 cm

Gelbaal, 40 cm

Silberaal, 38 cm

FLUSSAALE
Anguillidae

Körper langgestreckt, schlank und im Querschnitt rund. Unterkiefer leicht vorstehend. Lange Rücken- und Afterflossensäume sind mit Schwanzflosse verwachsen. Brustflossen gut entwickelt, Bauchflossen fehlen. Ansatz der Rückenflosse weit hinter Brustflossenspitzen. Winzige, ovale Schuppen fast unsichtbar in die Haut eingebettet. Kiemenöffnungen sind kleine Porenlöcher. Schwimmblase vorhanden.

Die 15 Arten leben fast überall auf der Welt in tropischen und gemäßigt temperierten Gewässern. Flußaale laichen im offenen Meer, wachsen aber in salzigen oder brackigen Küstenbereichen und im Süßwasser auf.

Sie sind in vielen Ländern von großer wirtschaftlicher Bedeutung.

Verbreitung und Wanderweg der Aallarven

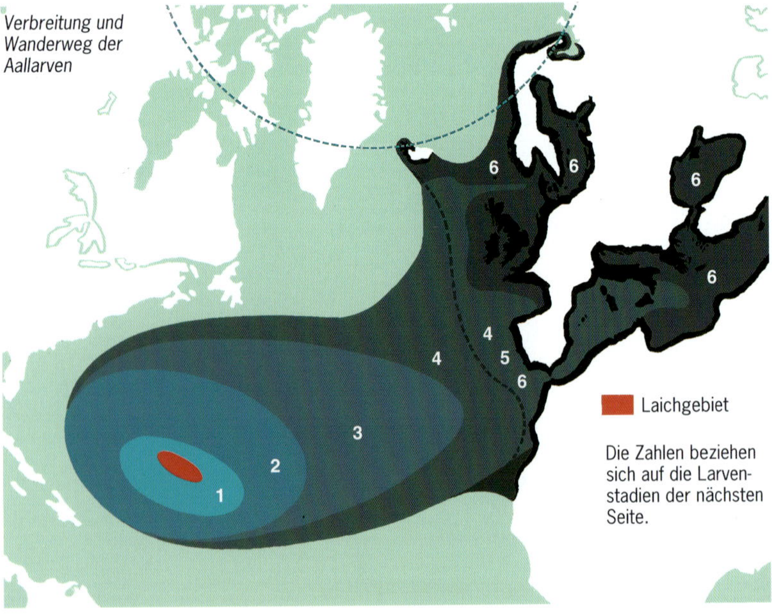

Europäischer Flußaal

Anguilla anguilla (Linnaeus, 1758)

Hauptmerkmale: Siehe Familienkennzeichen.

Maximale Länge 46–48 cm für Männchen, 125–130 cm für Weibchen. Sein Lebenskreislauf beginnt in der Sargassosee, etwa 4.000 km von Europa im Nordwestatlantik. Von März bis Mai treten dort in etwa 100 m Wassertiefe die ersten, ca. 5–7 mm großen Larvenstadien auf.

Gelbaal in Aufsicht

Silberaal in Aufsicht

Entwicklungsstadien der Aallarven

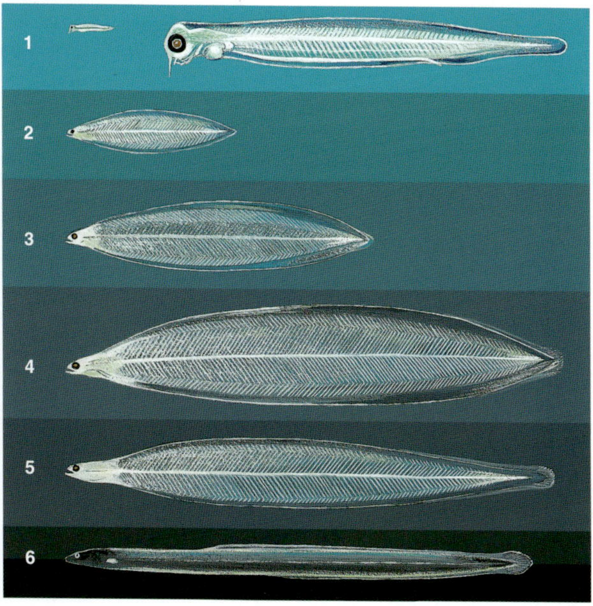

7 mm, frisch geschlüpft

25 mm

45 mm

75 mm

70 mm

65 mm, Glasaal

Sie haben einen gestreckten, blatt- oder bandförmigen Körper und sind völlig durchsichtig. Die Larven, auch *Leptocephalus* („Schmalkopf") genannt, leben pelagisch in der Oberflächenzone des Atlantiks und treiben mit dem Golfstrom quer über den Nordatlantik ostwärts. Die transatlantische Wanderung dauert ein Jahr, ehe sich die Larven mit Erreichen des europäischen Schelfmeers in ebenfalls farblose „Glasaale" von ca. 65 mm Länge verwandeln. Sie sind damit 15–25 mm kürzer als das längste *Leptocephalus*-Larvenstadium. Glasaale verbleiben einige Zeit im Brackwasser, bevor sie die Flüsse hinaufwandern. Der Aufstieg setzt in Marokko im September/Oktober ein, in Spanien, Portugal und Südfrankreich im November/Dezember, in Großbritannien im Februar bis April und in Skandinavien im April bis Mai.

Während des Sommers nehmen die Glasaale bei gutem Ernährungszustand dunkle Färbung an. Einige bleiben weiter im Brackwasser, andere steigen in die Flüsse auf und verbringen die folgenden Jahre im Süßwasser. Im Alter von 2–3 Jahren entwickeln sich zunächst winzige ovale Schuppen entlang der Seitenlinie; das volle Schuppenkleid ist erst nach 4 Jahren ausgebildet.

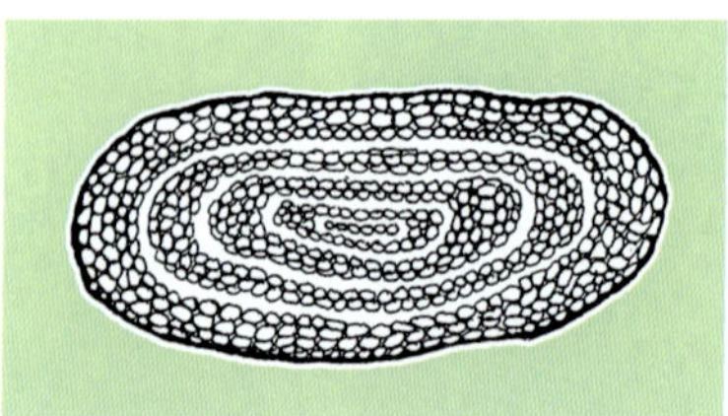

Schuppe mit Jahresringen

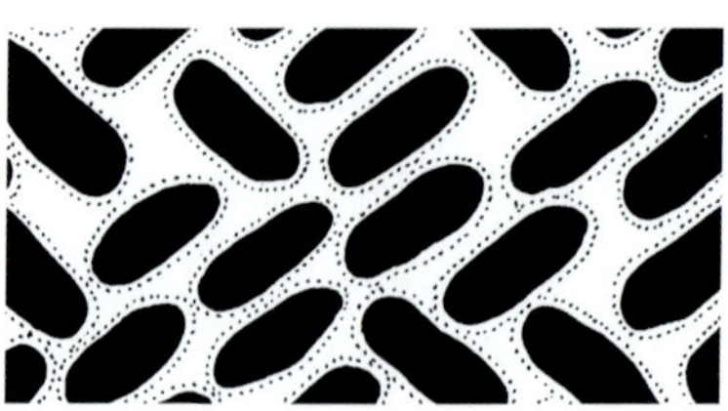

Anordnung der Schuppen

Das Wachstum hängt vom Nahrungsangebot und von der Wassertemperatur ab. Im ersten Herbst nach der Ankunft an den Nordseeküsten sind die Jungaale ca. 8 cm lang, im zweiten 10–20 cm. Man nennt sie während dieser Zeit der Nahrungsaufnahme und des Heranwachsens „Gelbaale": Ihre Augen sind klein, der Rücken ist graubraun, Seiten und Bauch sind gelblich gefärbt.

Der Europäische Flußaal ist nachtaktiv und frißt Würmer, Muscheln, Flohkrebse, Garnelen, Flußkrebse, Insektenlarven, Stichlinge und Meergrundeln. Während der kalten Jahreszeit mit Temperaturen unter 8 °C wandern die Aale in tieferes, frostfreies Wasser ab, wo sie, im Schlamm eingegraben, die Winterzeit verbringen.

Im Alter von 6–30 Jahren setzt eine Reihe markanter Veränderungen ein: die Augen vergrößern sich, der Kopf wird spitzer, die Rückenfärbung dunkler, während der Bauch eine glänzende Silberfarbe annimmt. Bei gleichzeitiger Rückbildung des Verdauungssystems wird allmählich die Nahrungsaufnahme eingestellt. Der After bleibt aber zur Ausscheidung von Salzen erhalten. Mit der Ausbildung eines festen, muskulösen Körpers sind die Gelbaale zu „Silberaalen" geworden. Die Unterschiede zwischen diesen beiden Lebensphasen sind so weitgehend, daß man sie früher für zwei verschiedene Arten hielt.

Silberaale haben noch kleine, unentwickelte Geschlechtsorgane. Die Unterscheidung der Geschlechter ist aber schon ab einer Länge von 20–25 cm möglich. Im Süßwasser aufwachsende Aale werden grundsätzlich zu Weibchen; im Brackwasser heranwachsende Tiere entwickeln sich in Abhängigkeit vom jeweiligen Gebiet anteilig zu Männchen oder Weibchen. In der fast salzfreien östlichen Ostsee werden alle Aale Weibchen. Männchen verwandeln sich mit 6–12 Jahren bei 30–48 cm Länge in Silberaale, Weibchen mit 10–30 Jahren bei 50–130 cm Länge.

Von August bis November wandern die Silberaale, meist jeweils 4–5 Tage vor Neumond, ins Meer ab. Anfangs sind es

Geschlechtsreifer Silberaal, 39 cm

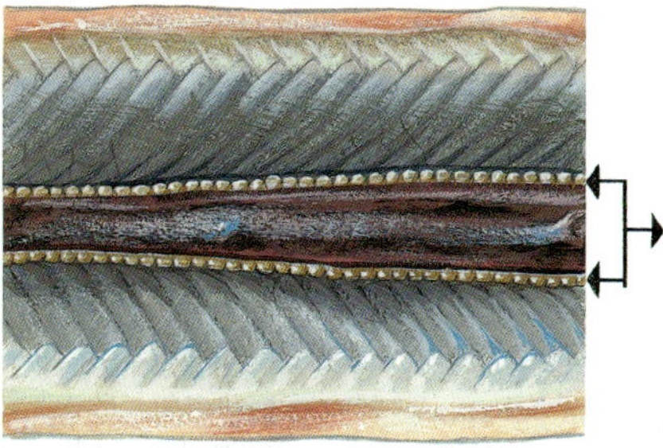

Unreife männliche Gonaden, Darmkanal entfernt

Reife männliche Gonaden nach Hormonbehandlung

Verwendung

Frisch oder geräuchert zum Verkauf

Nahrung

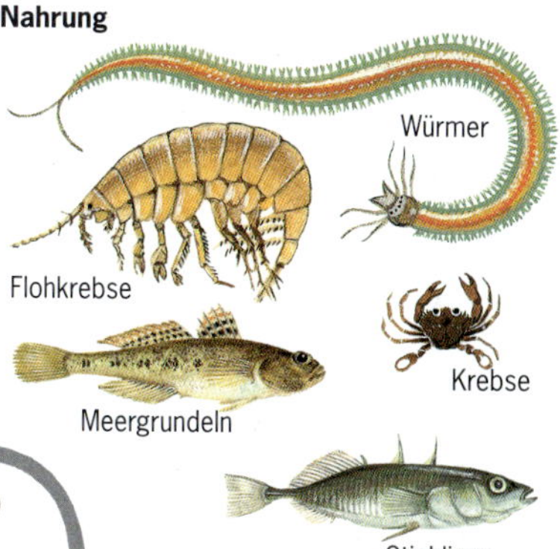

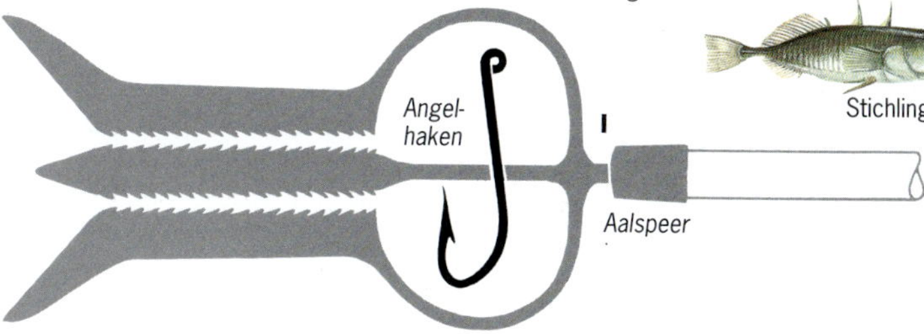

Aalreuse

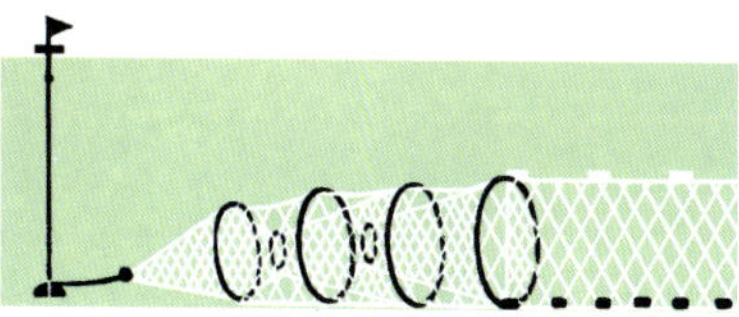

Schiebehamen

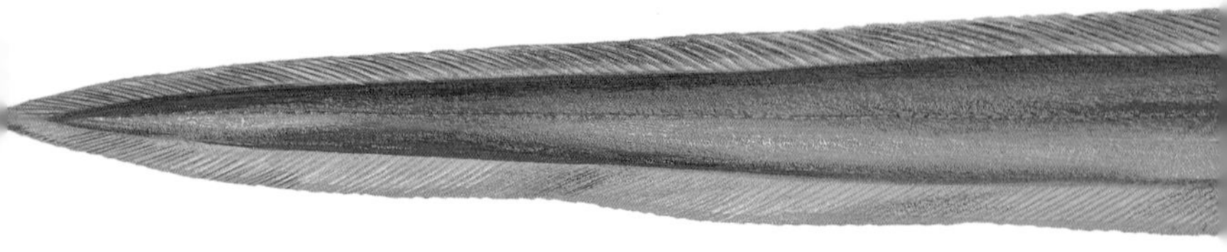

hauptsächlich die Männchen, später folgen zunehmend die Weibchen.

Wie die europäischen Aale die Sargassosee erreichen, ist nach wie vor ziemlich rätselhaft. Außer einem einzigen Exemplar im Magen eines Pottwals hat man sie nie außerhalb der europäischen Küstengewässer gefunden. Vermutlich schwimmen sie in erheblicher Tiefe westwärts zu ihren Laichgründen und orientieren sich dabei möglicherweise am Erdmagnetfeld. Ihre großen Fett- und Eiweißreserven müssen für die lange Wanderung und zur Entwicklung ihrer Geschlechtsorgane ausreichen. Nach Laborversuchen sind 20–25 °C Wassertemperatur optimal für die Geschlechtsreifung der Flußaale. Eben diese Temperaturspanne weisen die oberen warmen Wasserschichten der Sargassosee auf, wo die Tiere wahrscheinlich ihre Laichreife erreichen. Wenn die Aale dort, wie angenommen, im folgenden Frühjahr laichen, benötigen sie bei einer Geschwindigkeit von ca. 30 km pro Tag für die Wanderung von Europa in die Sargassosee 5–7 Monate. Dort sterben sie vermutlich nach dem Laichen.

Werden Silberaale daran gehindert, ins Meer abzuwandern, beginnen sie wieder zu fressen und können bis zu 50 Jahre alt werden. Andererseits überleben sie in Aquarienhaltung ohne Nahrungsaufnahme bis zu 6 Jahre.

Flußaale sind äußerst widerstandsfähig, so daß man sie problemlos in Fischkisten aufbewahren und lebend ausliefern kann. Die äußeren Kiemenöffnungen sind ohnehin sehr klein. Der Aal kann sie zudem außerhalb des Wassers schließen und so seine empfindlichen Kiemen schützen. Alternativ stellt das Tier auf Hautatmung um und kann auf diese Weise erhebliche Zeit an Land überdauern – z. B. bei Wanderungen zwischen getrennten Gewässern.

Die Verwandtschaftsbeziehung zwischen Europäischem und Amerikanischem Flußaal, *Anguilla rostrata* (LeSeur, 1817), ist noch recht unklar. Die amerikanische Art sieht wie die europäische aus, hat aber 7–8 Wirbel weniger. Sie kommt von Florida bis Labrador vor, selten sogar im Süden Grönlands. Auch der Amerikanische Flußaal laicht in der Sargassosee, aber nahe Nordamerika, d. h. weiter westlich als die europäischen Aale. Bisweilen fängt man beide Arten in einem einzigen Netzzug. Wie die Larven ihren Weg zu „ihrem“ jeweiligen Kontinent finden, ist ein völliges Rätsel. Manchmal „verirren“ sie sich allerdings – in Westeuropa fand man einzelne (ca. 0,5 %) Aale mit den Wirbelzahlen der amerikanischen Art.

Gelbaale werden mit Netzen, Reusen, mit Angeln und Aalspeeren gefangen, Silberaale mit Reusen und Stellnetzen beim Absteigen ins Meer. In den letzten Jahren sanken die europäischen Fänge auf 10.000–15.000 Tonnen. Vor allem ist aber, wahrscheinlich wegen Überfischung, die Menge einwandernder Glasaale in die europäischen Küstengewässer zurückgegangen. Flußaale werden frisch oder geräuchert vermarktet.

Beispiele für verbotene Aalspeere

Meeraal, 122 cm

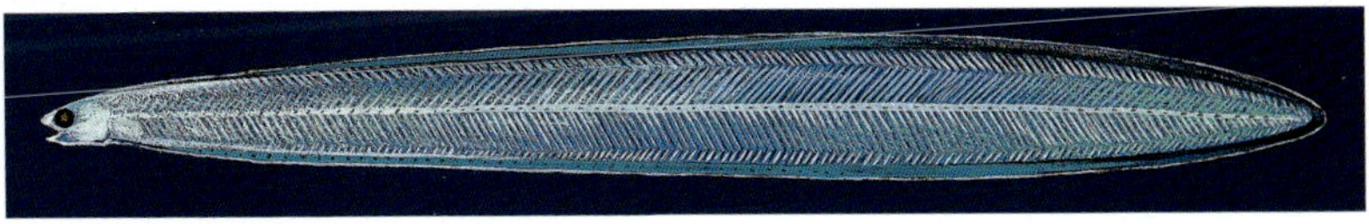

Meeraallarve, 14 cm

MEERAALE
Congridae

Meeraale unterscheiden sich von Flußaalen durch die längere, auf Höhe der Brustflossen angesetzte Rückenflosse. Haut schuppenlos, Oberkiefer länger als der Unterkiefer. Ca. 150 Arten leben in tropischen bis gemäßigten Breiten in allen Meeren vom Flachwasser bis in der Tiefsee.

Meeraal
Conger conger Linnaeus, 1758

Hauptmerkmale: Siehe Familienkennzeichen.

Maximale Länge ca. 3 m, Gewicht bis 110 kg. Männchen meist nicht länger als 1 m. Meeraale leben bevorzugt vor felsigen Küsten in 1–100 m Tiefe und dort in geeigneten Verstecken, z. B. in Schiffswracks. Sie sind nachtaktive Raubfische und jagen Fische, Krebse und Kalmare.

Geschlechtsreif im Alter von 5–15 Jahren. Während der Fortpflanzungszeit bilden sich Verdauungstrakt und andere Organe zurück, die Zähne fallen aus, das Skelett verliert Kalzium und wird weich. Gonaden wachsen stark an und erreichen kurz vor der Laichzeit etwa die Hälfte des gesamten Körpergewichts.

Meeraale laichen im Sommer vor der Atlantikküste Portugals und im Mittelmeer, die Tiefe der Laichgründe ist unbekannt. Nach dem Ablaichen von 3–8 Millionen Eiern durch die Weibchen sterben die Eltern. Die durchsichtigen, weidenblattähnlichen Larven *(Leptocephali)* leben 1–2 Jahre pelagisch in 1–200 m Tiefe.

Nahrung

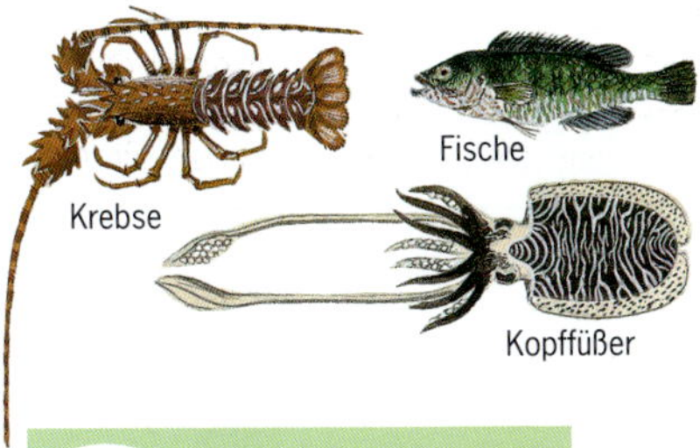

Angelhaken

Meeraal

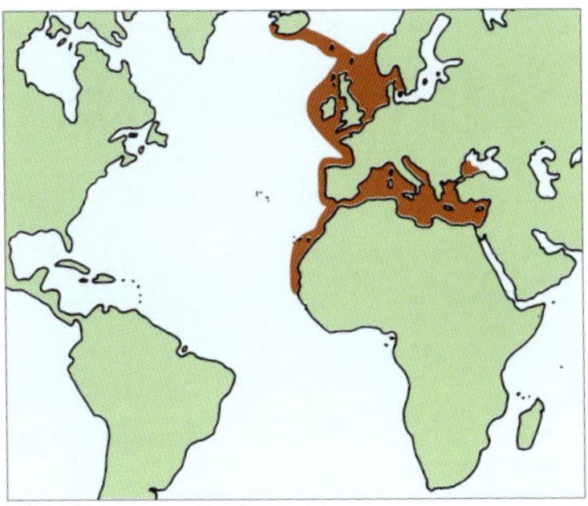

Bei einer Länge von ca. 15 cm nehmen sie typische Aalgestalt an und wandern ins Flachwasser unter die Küste. Meeraale treten aber nie im Süßwasser auf.

Junge Tiere wachsen sehr schnell. Aquarienexemplare erreichten in nur 5 Jahren 40 kg Gewicht.

Meeraale werden gezielt mit Langleinen oder bei anderen Fischereiarten als Beifang gefangen. Sie richten wirtschaftlichen Schaden durch Netzplünderei an und kriechen sogar in Hummer- und Langustenreusen. Ihr recht zähes Fleisch wird geräuchert. Der europäische Jahresfang liegt bei 10.000–15.000 Tonnen.

Schnepfenaal

Nemichthys scolopaceus Richardson, 1848

Hauptmerkmale: Körper sehr lang und dünn, der Schwanz läuft in einen langen Faden aus. Kiefer pinzettenartig verlängert und auseinandergebogen.

Maximale Länge 130 cm. Lebt pelagisch von der Oberfläche bis in 2.000 m Tiefe in warmen und temperierten Meeren und frißt vor allem pelagische Kleinkrebse. Kiefer werden mit Geschlechtsreifung rückgebildet. Die schlanken, durchsichtigen Larven leben nahe der Oberfläche.

Regelmäßig im Skagerrak anzutreffen.

SCHNEPFENAALE

Nemichthyidae

Körper sehr lang und dünn. Kiefer zu einem schmalen, pinzettenartigen „Schnabel“ verlängert und mit kleinen, einwärts gerichteten Zähnen besetzt. Enden von Ober- und Unterkiefer nach oben bzw. unten gebogen, so daß das Maul nicht ganz geschlossen werden kann. Zehn pelagische Arten der Familie leben in allen Ozeanen in 200–2.000 m Tiefe.

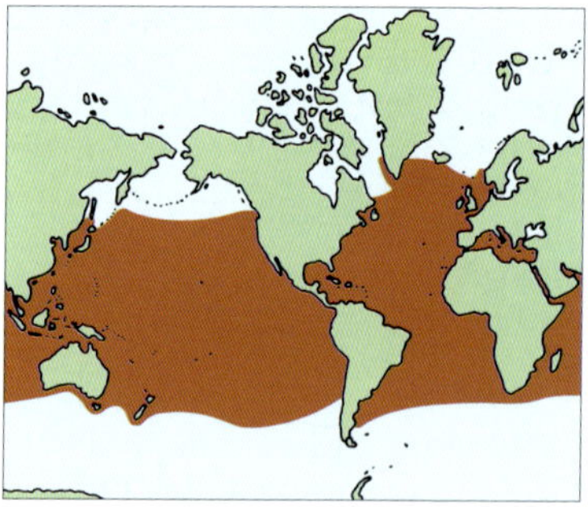

Schnepfenaal

Schnepfenaal, ca. 80 cm

HERINGSFISCHE
Clupeidae

Die Heringsfische sind silberfarbene Schwarmfische mit ausschließlich weichen, gegliederten Flossenstrahlen. Sie besitzen nur eine kurze Rückenflosse auf Höhe der Bauchflossen. Fettflosse und Seitenlinie fehlen. Schallrichtungen und Druckwellen empfangen und erkennen sie aber mittels ihrer Schwimmblase, die direkt mit dem Innenohr in Verbindung steht. Körper mit großen, leicht ausfallenden Schuppen bedeckt.

Die Mehrzahl der 180 Arten lebt in tropischen Meeren, wenige auch im Süßwasser; einige Arten steigen zum Laichen in Flüsse auf. Heringsfische kommen in tropischen bis gemäßigten Breiten in allen Ozeanen vor.

Vertreter dieser Familie machen mit ca. 20 Millionen Tonnen ein Drittel des gesamten Weltfischfangs aus. Der Fangertrag schwankt erheblich nach Ländern. Wegen Überfischungsproblemen wurden, auch in der Nordsee, Fangbeschränkungen eingeführt.

Bestimmungsschlüssel Heringsfische

1 Maulspalte reicht bis Höhe Augenhinterrand; Körperseiten mit schwarzen Flecken (Maifische) **2**
Maulspalte kürzer, selten schwarze Flecken auf Körperseiten **3**

2 Körperseiten mit 6–10 schwarzen Flecken, 40–60 Kiemenreusenfortsätze . . . .
Finte, S. 92
Körperseiten mit 1–6 sehr blassen Flecken, 90–120 Kiemenreusenfortsätze . . . .

Alse oder **Maifisch**, S. 93

3 Bauchflossenansatz vor oder unter Vorderkante Rückenflosse; scharfe Kielschuppen längs Bauchkante . . . . . .

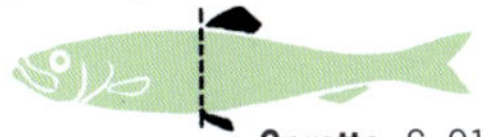

Sprotte, S. 91
Bauchflossenansatz hinter Vorderkante Rückenflosse; ohne Kielschuppen am Bauch

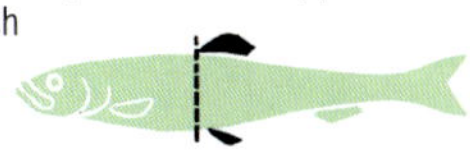

. . . . **4**

4 Ca. 30 große Schuppen entlang Mitte jeder Körperseite; Kiemendeckel mit strahligen Knochengraten . . . .
Sardine, S. 94
Mehr als 60 Schuppen entlang Mitte Körperseiten; Kiemendeckel glatt
Hering, S. 87

Hering
Clupea harengus Linnaeus, 1758

Hauptmerkmale: Ansatz der Bauchflossen hinter dem Rückenflossenansatz. Kiemendeckel mit glatter Oberfläche. Schuppen am Bauch rund gebogen, nicht scharfe, harte Kielschuppen wie bei der Sprotte. Mehr als 60 große Schuppen entlang der Mittellinie jeder Körperseite. Maulspalte reicht nicht bis auf Höhe Augenhinterrand.

Heringe werden selten länger als 40 cm und älter als 20–25 Jahre. Sie leben als pelagische Schwarmfische bis in 200 m Tiefe. Die Schwärme können bis zu mehrere Tausend Tonnen Fische umfassen. Tagsüber in tieferem Wasser, nachts Aufstieg zur Oberfläche, um der Vertikalwanderung der Nahrungstiere zu folgen. Hüpferlinge, Krillkrebse, pelagische Schnecken und Fischlarven werden mit den Augen aufgespürt. Während des Winters stark verminderte Nahrungsaufnahme und gebremstes Wachstum. Wichtige Beutetiere für andere Fischarten.

Die verschiedenen Bestände oder Rassen des Herings werden hauptsächlich nach Größe, Wachstumsgeschwindigkeit, Laichzeit, Wanderungsverhalten und nach meristischen Merkmalen (z. B. Wirbel- und Kiemenreusenzahlen) unterschieden.

Hering, 24 cm

Larvenstadien

7 mm

41 mm

29 mm

Bestandseigene Wachstumsverläufe und Laichzeiten werden anhand von Otolithen und Schuppen, Wanderbewegungen mittels Markierungsmaßnahmen untersucht.

Wichtigste Heringsrassen im Ostatlantik sind der atlantoskandische Frühjahrs- und der isländische Sommerlaicher, der Nordseeherbstlaicher sowie der Ostseehering.

Lebenskreislauf des Norwegerherings: Während der Wintermonate ziehen die erwachsenen Heringe aus der Norwegischen See an die Westküste Norwegens. Direkt nach ihrem Eintreffen setzt die Geschlechtsreife ein, d.h die bis dahin noch kleinen und festen Gonaden reifen bis zum Fließzustand. Laichzeit ist von Januar bis April. Gelaicht wird hauptsächlich in der Übergangsschicht zwischen dem Küstenwasser und dem wärmeren, salzhaltigeren Tiefenwasser in einem Tiefenbereich von 40–70 m und bei einer Temperaturspanne von 5–7 °C. Jedes Weibchen laicht 20.000–50.000 Eier von 1,2–1,5 mm Durchmesser ab. Die Eier und der Samen der Männchen werden frei ins Wasser abgestoßen. Befruchtete Eier sinken zu Boden und haften an Steinen, Algen und auch zu Klumpen in so hohen Mengen aneinander, daß sie manchmal einen dicken Teppich bilden.

Bei 9 °C Wassertemperatur schlüpfen die fadenförmigen, 7–9 mm langen Larven

Schuppe mit 11 Jahresringen

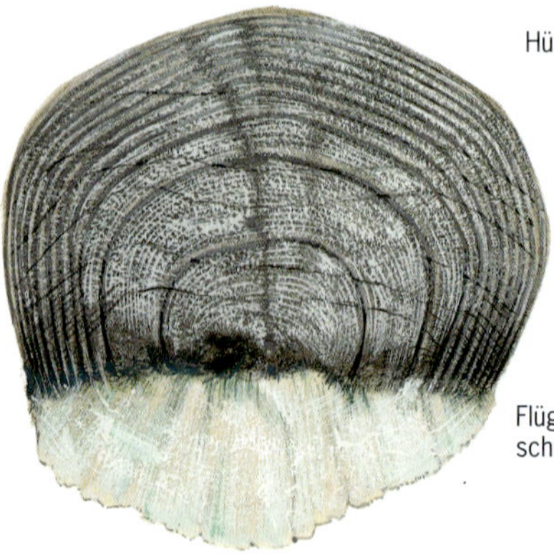

Äußerer, sichtbarer Teil einer Schuppe

Nahrung

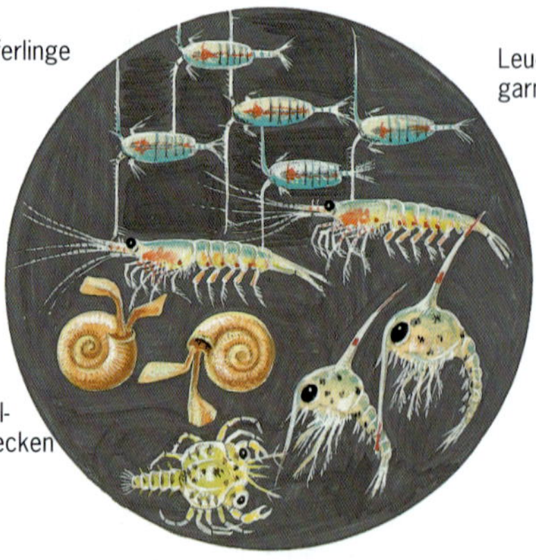

Krebslarven

Verwendung

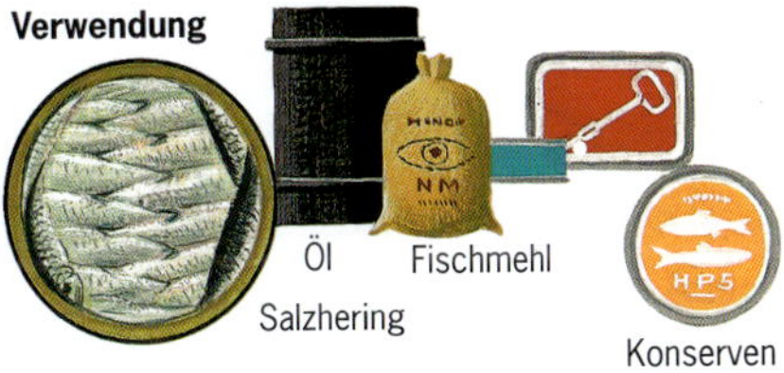

Bevorzugtes Räucherholz

bereits innerhalb zweier Wochen, bei höheren Temperaturen noch schneller. Vom Licht angezogen, steigen sie zur Oberfläche auf. Schon nach einer Woche haben sie die Nahrungsreserve ihres Dottersacks aufgezehrt und beginnen, mikroskopisch kleine Planktonalgen und Krebslarven zu fressen. Bei etwa 4 cm Körperlänge bilden sich die Schuppen.

Im ersten Jahr verteilt sich die Heringsbrut entlang der norwegischen Küste und sogar bis in die Barentssee. Nach dem ersten Lebensjahr messen sie 12 cm, doch erst im Alter von 2–3 Jahren und mit 20 cm Länge ziehen sie von der Küste fort. Die noch nicht geschlechtsreifen Heringe von 20–30 cm Länge haben große Fettreserven zwischen ihren inneren Organen angelegt. Im Alter von 3–9 Jahren, zuletzt in den nördlichen Gewässern, werden Heringe erstmals geschlechtsreif und nehmen ab dieser Zeit an den jährlichen Laichwanderungen teil. Unmittelbar nach dem Laichen ziehen sich die hungrigen, abgemagerten Heringe zur Nahrungssuche in die planktonreiche Norwegische See zwischen Island und Spitzbergen zurück, um gut genährt im Spätherbst wieder Richtung norwegische Küste zu wandern.

In der Nordsee lassen sich die einzelnen Bestände besonders schwer voneinander unterscheiden, denn es gibt mehrere Frühjahrs- und vor allem Herbstlaicher. Am wichtigsten sind die Herbstlaicherheringe mit drei getrennten Beständen: Der Buchanhering laicht im August bis September zwischen Schottland und den Shetlandinseln; der Doggerhering laicht von September bis Oktober auf den Bänken vor Ostengland; der Downshering schließlich laicht im November bis Dezember im Ärmelkanal. Nach dem Laichen wandern die beiden nördlichen Rassen an die Hänge des Norwegischen Beckens in der nördlichen Nordsee. Im Sommer treffen alle drei Rassen auf dem Fladengrund, ihrem „Weidegrund“ in der nordwestlichen Nordsee, wieder zusammen.

Von den Laichplätzen driften die Larven mit den vorherrschenden Strömungen durch die Nordsee vor die Küsten Hollands, Deutschlands und Dänemarks, wo sie im ersten Lebensjahr bleiben.

Erst mit 12–13 cm Länge ziehen sie in

Hering

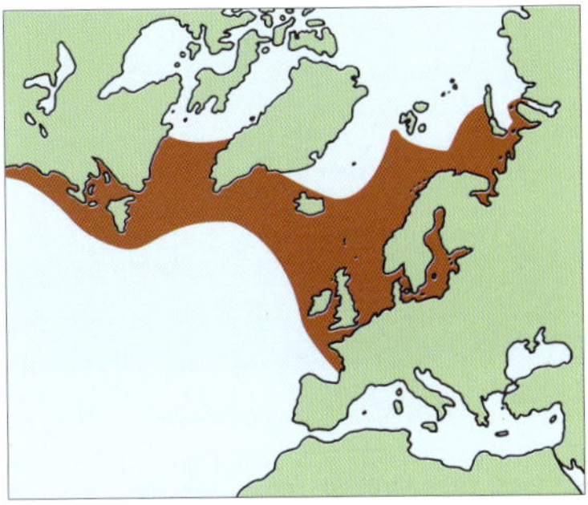

die offene Nordsee zurück und werden im Alter von 2–3 Jahren mit ca. 25 cm Länge erstmals geschlechtsreif.

Ostseeheringe sind grundsätzlich Frühjahrslaicher. Der Rügenhering laicht in der westlichen Ostsee und zieht anschließend auf eine lange Freßwanderung in den Skagerrak und die östliche Nordsee. Er überwintert in den flachen Sunden Dänemarks und laicht erneut vor Rügen. Heringe der östlichen Ostsee sind meist kürzer als 25 cm und gehören einer eigenen Unterart (*Clupea harengus membras*) an. Sie wird im Alter von 2–3 Jahren mit 16–17 cm erstmals geschlechtsreif.

Neben den großwüchsigen Heringsrassen gibt es in Fjorden und begrenzten Meeresgebieten einige lokale, nicht wandernde Formen. Sie sind nur für die örtliche Fischerei wichtig.

Die Heringsbestände schwankten in der Vergangenheit erheblich und mit ihnen die Fangerträge. Als Ergebnis intensiver Befischung bestehen die Bestände heute nur noch aus wenigen Jahrgängen. Ein einziges Jahr mit hoher Larvensterblichkeit kann 3–4 Jahre später einen empfindlichen Ertragsrückgang bewirken.

Hering wird hauptsächlich mit Ringwaden und nachts mit Schlepp- oder Treibnetzen gefischt. Küstenheringe fängt man auch in Stellnetzen. Die Heringsschwärme werden mittels Echoloten geortet. Hierdurch können Tiefe, Zugrichtung und Größe eines Schwarms eingeschätzt werden.

Heringe fressen bevorzugt pelagische Schnecken, sogenannte „Flügelschnecken". Weil Salzhering deswegen schneller verdirbt, ist dies problematisch für die Heringsverarbeitung. Eine bewährte Praxis der norwegischen Heringsfischerei besteht deshalb darin, den Fang in der Ringwade im Wasser zu lassen, bis die Fische ihre Därme entleert haben. Bei 6 °C Wassertemperatur kann das bis zu 32 Stunden, bei 20 °C nur 9 Stunden dauern. Noch vor einigen Jahren war es gängige Fischereipraxis, 1–2 Jahre junge Vorlaicherheringe zu fangen und als Industriefisch zu Fischmehl und -öl zu verarbeiten. Nach dem Zusammenbruch der Heringsbestände durch Überfischung in den 70er Jahren wurde die Industriefischerei auf Junghering eingestellt. Heute wird Hering nicht mehr an Bord der Fangschiffe eingesalzen, sondern zur weiteren Verarbeitung meist in tiefgefrorenen Blöcken angelandet.

Die schwankenden Anlandungen Europas lagen in den letzten Jahren bei 1,1–1,7 Mio. Tonnen.

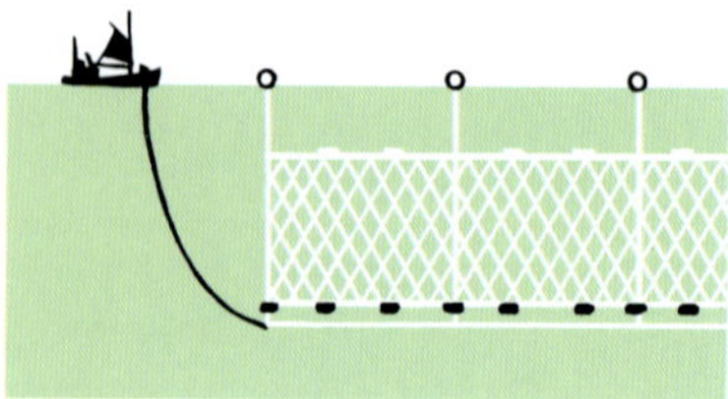
Treibnetz

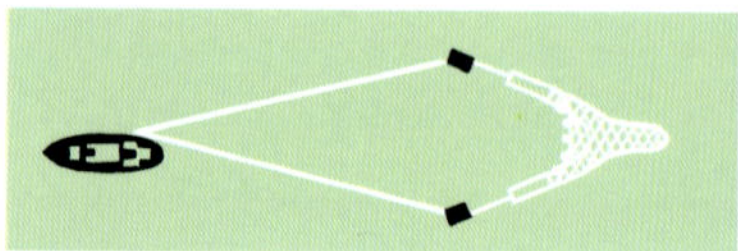
Schleppnetz

Ringwade
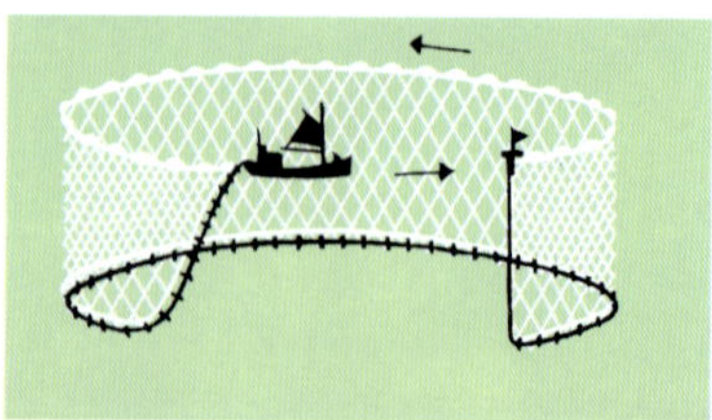

Stellnetz
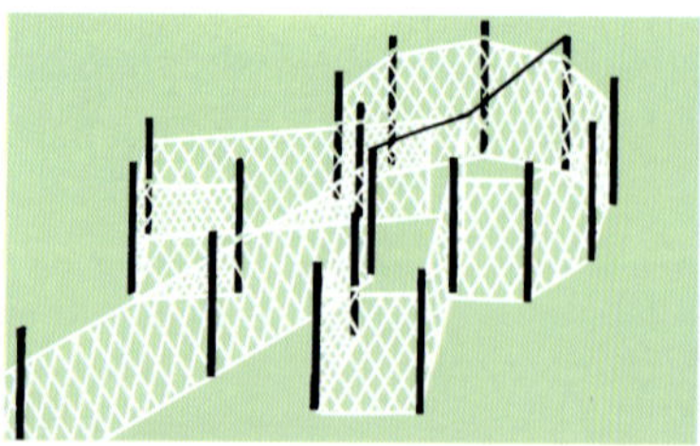

Sprotte

Sprattus sprattus (Linnaeus, 1758)

Hauptmerkmale: Bauchflossenansatz vor oder unter Rückenflossenansatz. Kiemendeckel glattflächig. Scharfe Kielschuppen mit rückwärts gerichteten Spitzen am Bauch. Maulspalte nicht bis Höhe Augenhinterrand.

Maximale Länge bis 16 cm, Lebensdauer 5–6 Jahre. Die Sprotte lebt als pelagischer Schwarmfisch in Fjorden und im küstennahen Flachwasser, auch im Brackwasser, im Sommer in 5–50 m Tiefe, im Winter bis zu 150 m tief.

Sprotte, 10 cm

Fischmehlfabrik

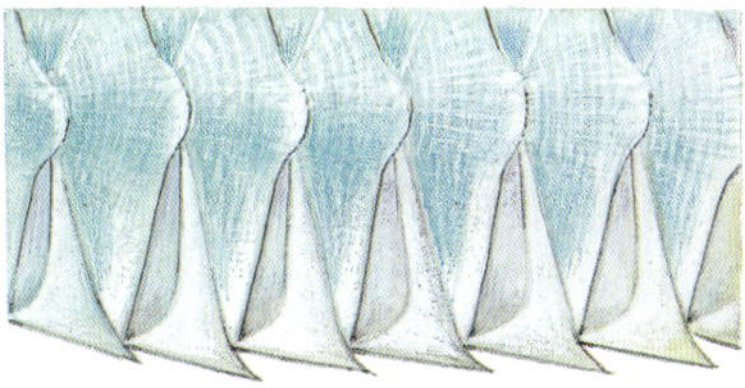

Bauchkielschuppen der Sprotte (8fach vergrößert)

Nahrung

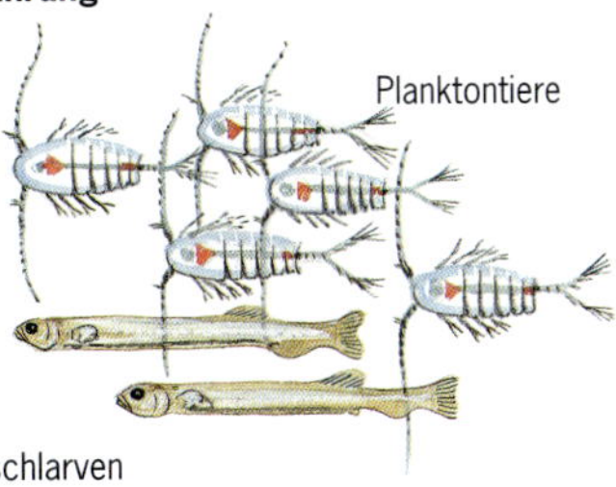

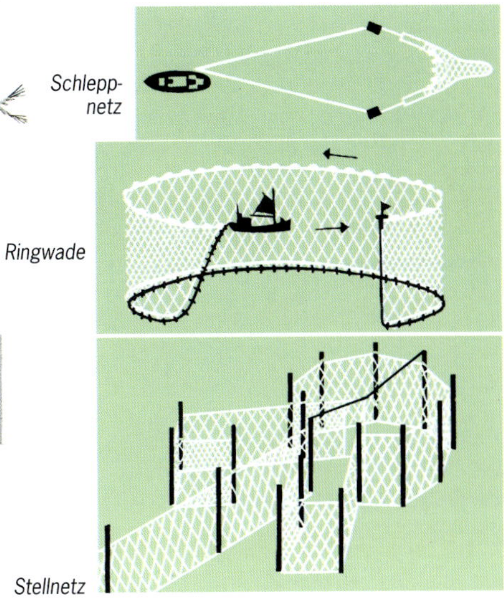

Verwendung

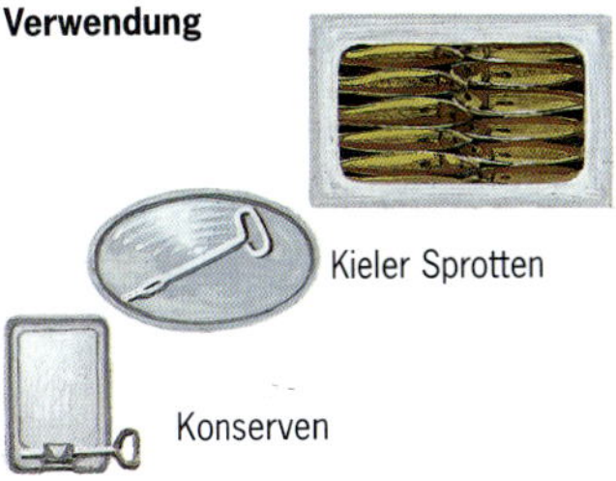

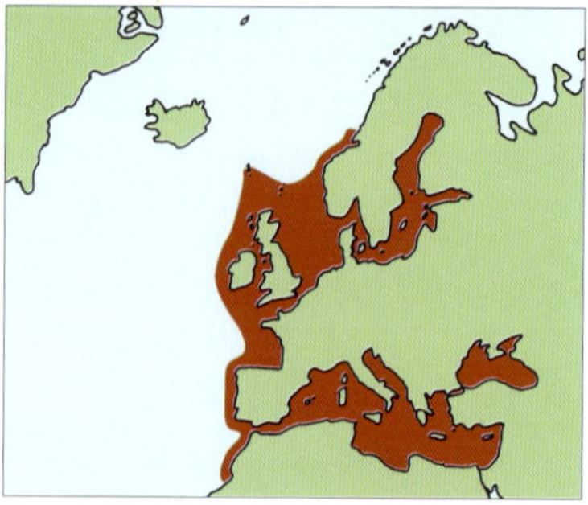

Sprotte

Tagsüber in Bodennähe stehend steigen die Schwärme nachts zur Oberfläche auf und verteilen sich dort.

Hauptlaichplätze sind die südliche Nordsee und der Skagerrak. Laichzeit von Januar bis Juli in 10–20 m Tiefe. Jedes Weibchen laicht 6.000–14.000 pelagische Eier ab. In großen Fjorden, der dänischen Beltsee und in der Ostsee gibt es ortstreue Bestände. Die 0,8–1,6 mm großen Eier sind am größten im Brackwasser. Nach ca. 7 Tagen schlüpfen die 3–4 mm langen Larven, die denen der Heringe sehr ähnlich sehen. Meeresströmungen verdriften sie weit von den Laichplätzen, z. B. aus dem Skagerrak nordwärts entlang der Küste Westnorwegens. Nach einem Jahr sind sie 10 mm lang. Sprotten fressen tierisches Plankton, vor allem Hüpferlinge, und sind selbst wichtiger Beutefisch für zahlreiche andere Fischarten.

Sprotten werden mit Schleppnetzen und Ringwaden gefangen. Da die Vorkommen hauptsächlich nur aus 1 oder 2 Jahre alten Tieren bestehen, wirkt sich ein schlechtes Nachwuchsjahr schnell auf den Fangertrag aus. Industriell werden Sprotten geräuchert und als Dosenware in Öl verarbeitet, anschließend als „norwegische Sardinen", „Sardellen", oder geräuchert als „Kieler Sprotten" vermarktet. Große Teile des Fanges gehen auch als Industriefisch in die Fischmehl- und -ölproduktion.

Die europäischen Jahresfänge schwanken zwischen 200.000–400.000 Tonnen.

Finte

Alosa fallax (Lacepède, 1803)

Hauptmerkmale: 6–10 schwarze Flecken auf den Körperseiten. 40–60 Kiemenreusenfortsätze. In jeder Seitenlinie 60–65 Schuppen.

Finte

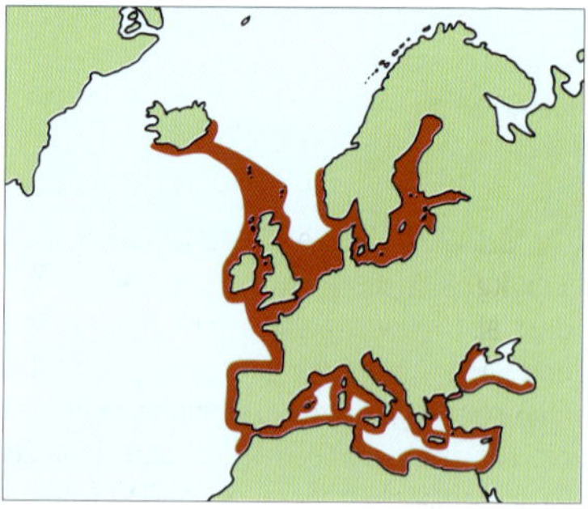

Alse oder Maifisch

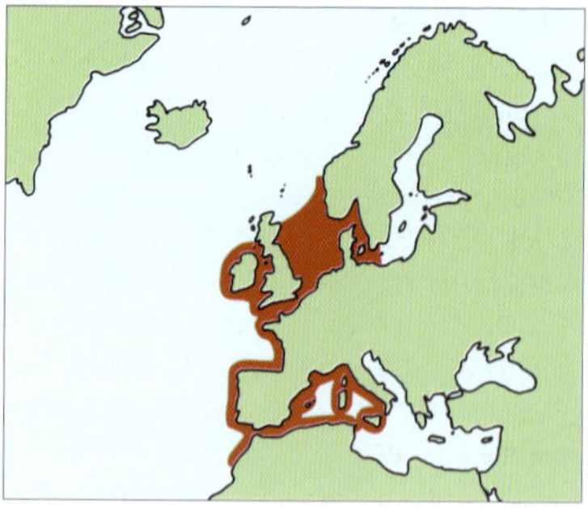

Finte, 41 cm

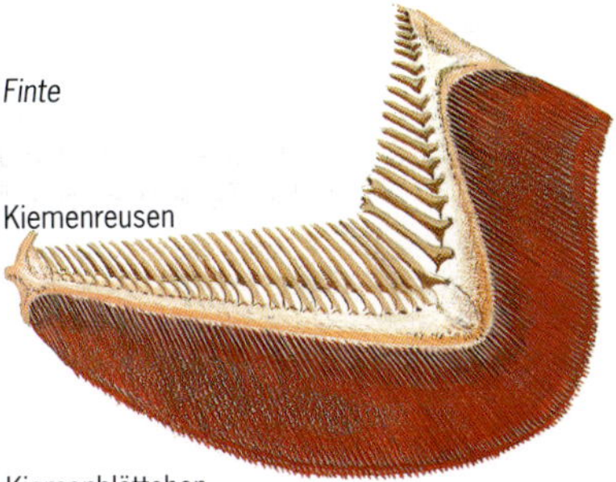

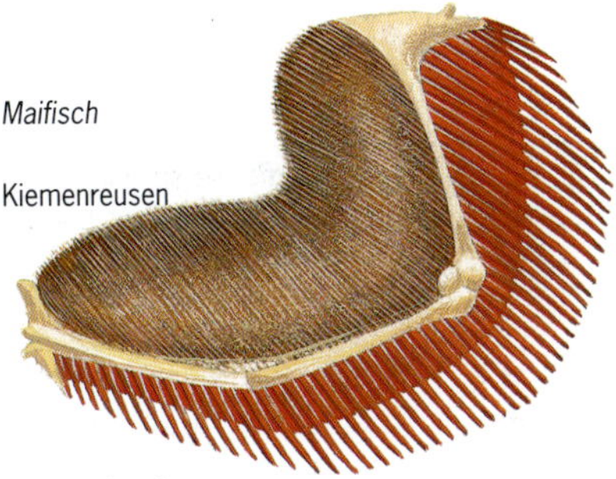

Maximale Länge 60 cm, Gewicht bis 1,5 kg. Lebensdauer ca. 20 Jahre. Wandert als Schwarmfisch küstennah im Meer und Brackwasser, häufig in brackige Flußmündungen und die Flüsse selbst hinein und laicht auf sandigem oder kiesigem Grund. Weibchen legen etwa 200.000 Eier ab, die sich während des pelagischen Driftens innerhalb von 2–8 Tagen entwickeln. Alttiere kehren nach der Fortpflanzung ins Küstenwasser des Meeres zurück. Die Brut verbleibt in den Flüssen und deren Mündungsgebieten, bis sie auf 5–6 cm Länge herangewachsen ist. Finten werden erstmals im Alter von 3–4 Jahren bei einer Länge von 30–40 cm laichreif. Man fängt sie hauptsächlich in Flußmündungen. Die Bestände sind jedoch wegen zunehmender Wasserverschmutzung und Wasserbaumaßnahmen in den europäischen Flüssen erheblich zurückgegangen. Kleinere Schwärme finden sich noch in der Nordsee, im Kattegat und in der südlichen Ostsee.

Alse oder **Maifisch**

Alosa alosa (Linnaeus, 1758)

Hauptmerkmale: 1–6 blaßschwarze Flekken auf jeder Körperseite. 90–120 Kiemenreusenfortsätze, 70–80 Seitenlinienschuppen.

Maximale Länge bis 70 cm, Gewicht bis 2,7 kg. Ein pelagischer Schwarmfisch, der im Frühsommer zum Laichen weit stromaufwärts in Flüsse aufsteigt. In ihrer Biologie gleicht die Alse der Finte. Maifische sind im nördlichen Europa allerdings seltener.

Sie kamen früher in der Elbe bis Dresden und Böhmen und im Rhein bis Basel vor.

Sardine
Sardina pilchardus (Walbaum, 1792)

Hauptmerkmale: Ca. 30 Seitenlinienschuppen. Kiemendeckel mit strahlenförmigen Knochengraten. Bauchflossenansatz hinter Rückenflossenansatz. Maulspalte reicht nicht bis auf Höhe Augenhinterrand.

Maximale Länge bis 25 cm, Lebensdauer bis 15 Jahre. Lebt als pelagischer Schwarmfisch in 10–60 m Tiefe, tagsüber in tiefem Wasser. Frißt hauptsächlich tierisches Plankton wie Krebse und Fischeier. Laichplätze liegen in der offenen See oder unter der Küste. Laichzeit in der südlichen Nordsee Juni bis August, im Ärmelkanal im April, vor Portugal Februar bis April und im Mittelmeer September bis Mai. Weibchen legt 50.000–60.000 Eier von 1,5 mm Durchmesser ab. Nach 2–4 Tagen schlüpfen 4 mm große Larven.

Danach Abwanderung zu den Freßgründen nahe der Küste. Im Sommer wandern sie nordwärts, im Winter südwärts. In der Nordsee sind Sardinen nicht häufig. Kleine Schwärme erreichen gelegentlich Skagerrak und Kattegat.

Sardinen werden mit Treibnetzen und Ringwaden gefangen. Bei der traditionellen Laternenfischerei im Mittelmeer werden nachts die aufgestiegenen Schwärme durch Licht angelockt. Die europäischen Jahresfänge schwanken, lagen aber zeitweise bei etwa 1 Million Tonnen. Marokko und Spanien fangen hauptsächlich Sardinen und verarbeiten sie zu Dosenware in Öl.

Spanisches Sardinenboot, Lampara, mit Lampen zum Anlocken der Fische

SARDELLEN
Engraulidae

Unterscheidungsmerkmale zu den Heringsfischen sind der schlankere Körper, der überstehende Oberkiefer und das große Maul, dessen Spalte bis weit hinter das Auge reicht. Außerdem setzen die Bauchflossen deutlich vor der Rückenflosse an. Etwa 140 Sardellenarten leben in allen Ozeanen tropischer bis gemäßigt warmer Breiten, einige auch im Brackwasser, wenige sogar im Süßwasser. Viele Arten sind von großer wirtschaftlicher Bedeutung.

Sardelle
Engraulis encrasicolus (Linnaeus, 1758)

Hauptmerkmale: Siehe Familienkennzeichen.

Maximale Länge bis 20 cm im Ärmelkanal und der südlichen Nordsee, doch selten länger als 16 cm. Im Südteil des Verbreitungsgebietes deutlich kleiner, z. B. maximal 10 cm im Asovschen Meer. Verschiedene geographische Rassen sind bekannt. Frißt als pelagischer Schwarmfisch tierisches Plankton, hauptsächlich Copepoden (Hüpferlingkrebse), aber auch planktonische Algen. Laichzeit in der südlichen Nordsee und dem Ärmelkanal von Juni bis August, im Mittelmeer von April bis September. Weibchen laicht 13.000–20.000 ovale pelagische Eier. Larven schlüpfen nach 2–4 Tagen. Im Sommer ziehen Sardellen die Küste entlang und erreichen manchmal sogar schottische Gewässer, das Kattegat, die dänischen Beltsee und die westliche Ostsee.

Hauptfanggebiet ist das Mittelmeer. Dort Fang mit Ringwaden, Schwimmschleppnetzen und mittels Laternenfischerei. Frisches Sardellenfleisch schmeckt bitter; die Fische werden deshalb nach dem Köpfen und Ausnehmen meist gesalzen und in Öl bzw. Marinade zubereitet.

Der Jahresfang vor Europa und Westafrika liegt zwischen 200.000 und 300.000 Tonnen.

Sardine, 18 cm

Sardelle, 16 cm

Treibnetz

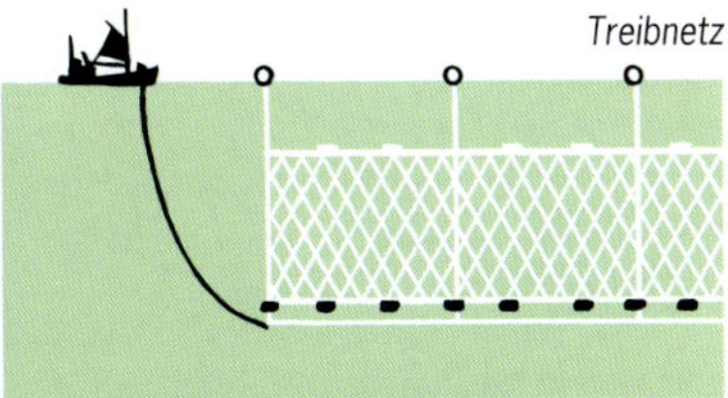

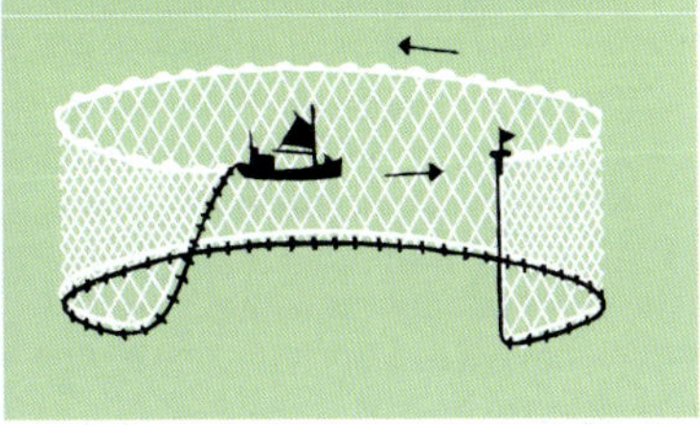

Ringwade

Nahrung

Fischlaich

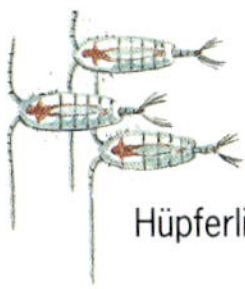

Hüpferlinge

Verwendung

Konserven

Frischfisch auf Eis

Sardine

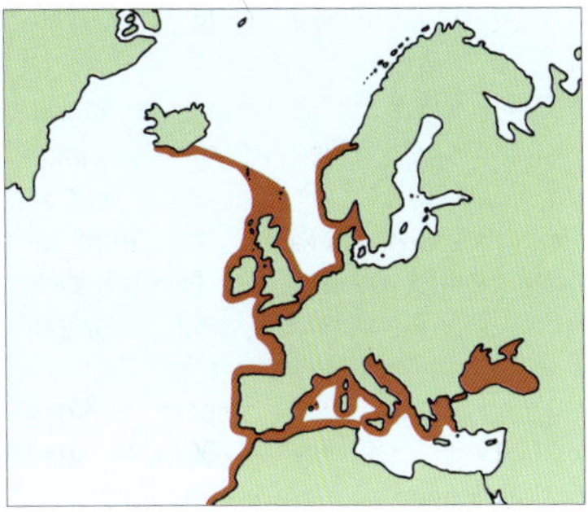

Sardelle

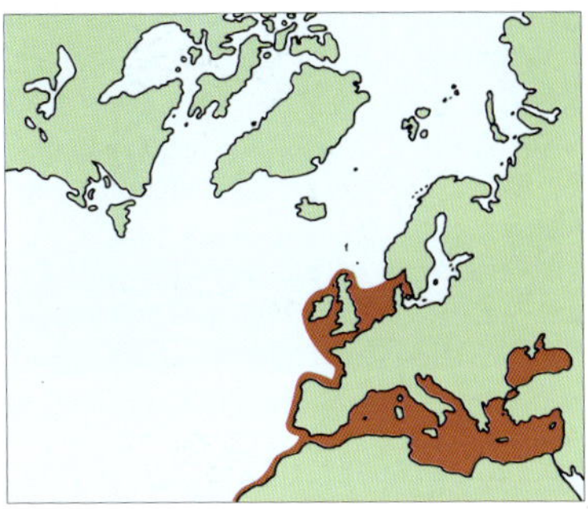

GOLDLACHSE
Argentinidae

Schlanke, silbrige Fische mit großen, leicht ausfallenden Schuppen, großen Augen und kurzem Maul, dessen Spalte vor dem Auge endet. Bauchflossenansatz etwas hinter Rückenflossenansatz. Strahlenlose kleine Fettflosse sitzt hinten auf dem Schwanzrücken. Etwa 20 Arten der Familie leben in allen Ozeanen. Sie werden vor allem zur Fischmehl- und Fischölproduktion gefangen.

Glasauge
Argentina sphyraena Linnaeus, 1758

Hauptmerkmale: Schnauzenlänge gleich oder größer als Augendurchmesser. 50–54 Seitenlinienschuppen. Frisch gefangen mit gurkenähnlichem Geruch.

Maximale Länge 30–35 cm, Lebensdauer etwa 16 Jahre. Lebt als Schwarmfisch bodennah in 50–500 m Tiefe und frißt Krebse, Würmer und Fische. Erstmals geschlechtsreif mit 12–13 cm Länge. Eier und Jungfische finden sich im tieferen Freiwasser. Fang zur Fischmehlverarbeitung.

Goldlachs
Argentina silus (Ascanius, 1773)

Hauptmerkmale: Schnauzenlänge kürzer als Augendurchmesser. 65–70 Schuppen in der Seitenlinie. Frisch gefangen mit gurkenähnlichem Geruch.

Maximale Länge bis 70 cm, Lebensdauer ca. 35 Jahre. Lebt als Schwarmfisch bodennah in 150–1.400 m Tiefe, die größten Exemplare stehen am tiefsten. Hauptlaichzeit März bis Mai, doch treten laichreife Tiere das ganze Jahr über auf. Eier und Jungfische leben pelagisch in 400–500 m Tiefe. Langsamwüchsige Fischart, die in der nordwestlichen Nordsee und im Skagerrak erst mit ca. 30 cm Länge und mit 5–7 Jahren geschlechtsreif wird. Vor

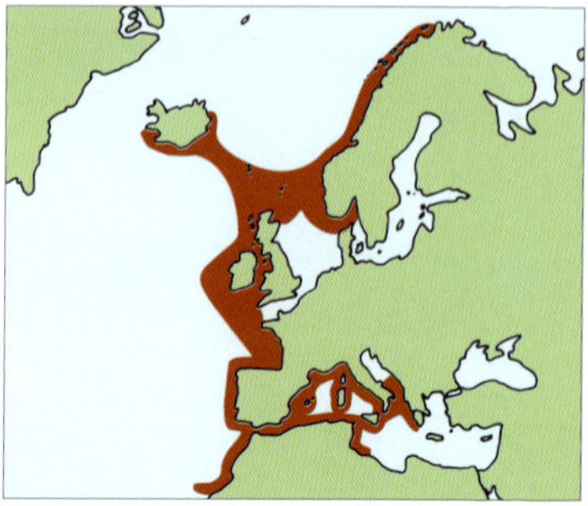

Glasauge

Norwegen wird die Laichreife erst im Alter von 8–10 Jahren erreicht. Exemplare von mehr als 50 cm Länge sind über 20 Jahre alt. Fang mit Schleppnetzen zur Verarbeitung als Frischfilet oder zur Fischmehlherstellung.

STINTE
Osmeridae

Schlanke, silbrige Fische mit langer Maulspalte bis etwa auf Höhe Augenmitte. Einige Kieferzähne mäßig vergrößert und spitz. Strahlenlose Fettflosse auf dem Schwanzstiel. Ansatz der Bauchflossen unter dem Rückenflossenansatz. Die 13 Arten der Familie leben in arktischen und gemäßigten Breiten des Atlantiks und Pazifiks. Einige Arten steigen zum Laichen in Flüsse auf, andere leben dauernd im Süßwasser.

Stint
Osmerus eperlanus Linnaeus, 1758

Hauptmerkmale: Unvollständige Seitenlinie reicht vom Kopf nur bis auf Höhe der Rückenflosse. Paarige Gaumenknochen (*Palatina*) im Maul mit einem oder mehreren großen, spitzen Zähnen besetzt. Etwa 80 Schuppen in einer Körperlängsreihe. Frisch gefangen mit gurkenähnlichem Geruch.

Glasauge, 18 cm

Goldlachs, 48 cm

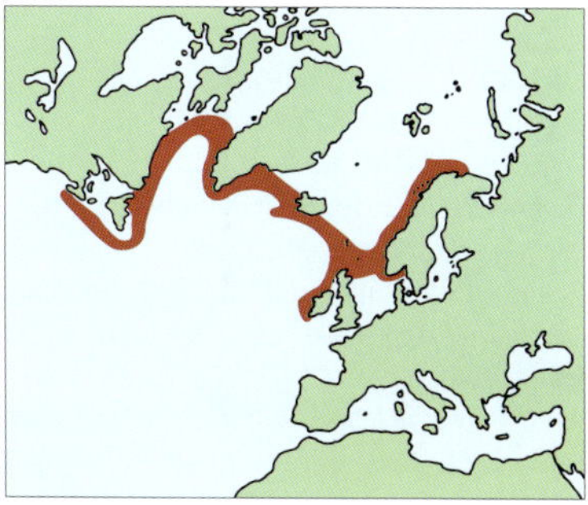

Goldlachs

Stint, 16 cm

Maximale Länge bis 35 cm, im Süßwasser selten länger als 20 cm im Alter von ca. 6 Jahren.

Im Meer leben Stinte in großen Wanderschwärmen nahe der Küste. Als Folge der Eiszeit gibt es auch einige in Süßwasserseen isolierte Bestände. Stinte fressen Hüpferlinge und anderes tierisches Plankton, größere Exemplare auch Jungfische.

Die Wanderform steigt in Flüsse auf, wo die Fische von März bis Mai auf sandigem und kiesigem Grund laichen. Ein Weibchen legt 8.000–50.000 gelbliche Eier von 0,6–0,9 mm Durchmesser ab, die am Boden haften. Die Larven schlüpfen nach 3–5 Wochen. Im Brackwasser werden Stinte mit 3–4 Jahren bei 15–18 cm Länge geschlechtsreif, im Süßwasser bereits mit 1–2 Jahren und 8–10 cm Länge.

Fang vor allem in Rußland und den Ostseeländern. Frisch gebackene Stinte sind eine saisonale Spezialität an norddeutschen Flußmündungen, z. B. der Elbe.

Stint

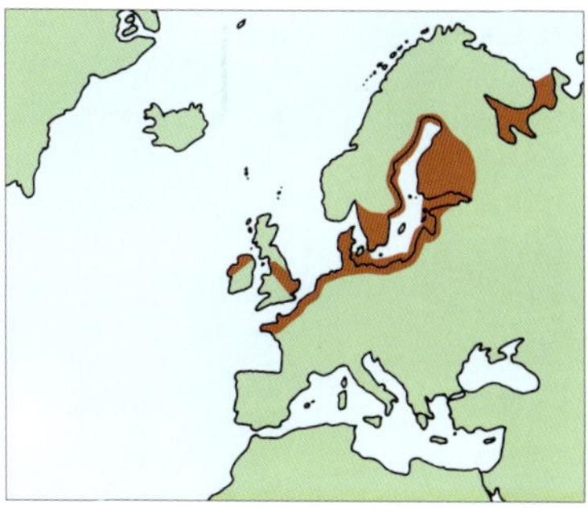

Lodde, Männchen, 14 cm

Lodde

Mallotus villosus (Müller, 1776)

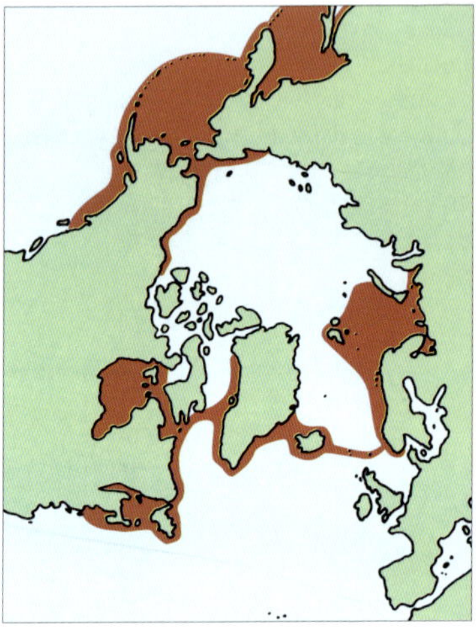

Lodde

Hauptmerkmale: Seitenlinie vollständig vom Kopf bis zur Schwanzflosse. Nur kleine Zähne auf den äußeren, paarigen Gaumenknochen. Wenigstens 150 Schuppen in einer Körperlängsreihe. Erwachsene Männchen haben zottige Auswüchse auf den großen Schuppen der Seitenlinie.

Maximale Länge bis 20 cm, Lebensdauer ca. 7 Jahre. Lebt als pelagischer Schwarmfisch von der Oberfläche bis in 300 m Tiefe, tagsüber in tiefem Wasser. Frißt Hüpferlinge, Krillkrebse und Flohkrebse. Lodden werden mit 2–5 Jahren und etwa 15 cm Länge geschlechtsreif.

Im Frühjahr ziehen große Laicherschwärme küstenwärts, wo die Männchen zuerst eintreffen. Weibchen legt 6.000–12.000 haftende Eier von 0,6–1,2 mm Durchmesser in Sandrinnen, auf Algen oder Steinen in 2–100 m Tiefe ab. In der Barentssee wurden bis zu 400 Millionen Loddeneier pro Quadratkilometer festgestellt. Elterntiere sterben meist nach dem Laichen. Bei 4 °C Wassertemperatur schlüpfen die ca. 5 mm langen, fadenförmigen Larven nach ca. 40 Tagen.

Die Lodde ist eine wichtige „Schlüsselart" im arktischen Ökosystem. Dem Krill in der Antarktis vergleichbar, stellen sie die Nahrungsbasis für Kabeljau, Seelachs, Wale, Robben und Seevögel dar.

Fang erfolgt für die Verarbeitung zu Fischmehl mit Ringwaden und Schwimmschleppnetzen in der Barentssee. Ihr Rogen gilt in Norwegen als Delikatesse. Die jährlichen Fänge schwanken enorm, lagen über längere Zeit aber bei 1–2 Millionen Tonnen.

Fischmehlfabrik

Ringwade

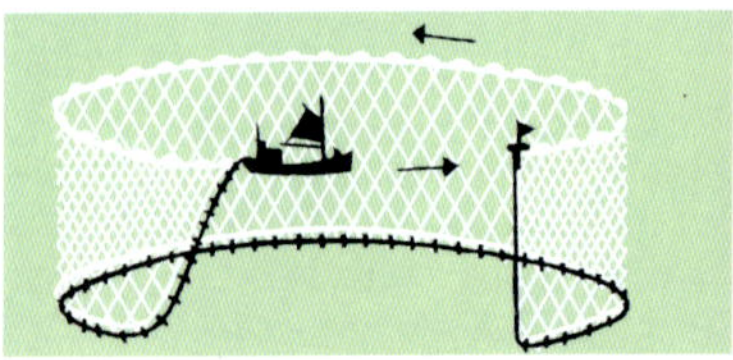

LACHSFISCHE

Salmonidae

Schlanke, silberfarbene Fische, oft jedoch mit bunter „Hochzeits- oder Laichfärbung". Die lange Maulspalte reicht bis unter das Auge. Ansatz der Bauchflossen unter der Rückenflosse. Spitzer, fleischiger Hautlappen über jeder Bauchflossenbasis. Fettflosse auf dem Schwanzstiel. Die 66 Arten der Familie kommen nur auf der Nordhalbkugel vor. Die Laichplätze liegen in kaltem, sauerstoffreichem Süßwasser, viele Arten wandern ins Meer ab.

Bestimmungsschlüssel Lachsfische

1 Jede Körperseite mit rötlich schillerndem Längsstrich . . . . **Regenbogenlachs**, S. 106
Körperseiten anders gefärbt **2**

2 Alle Reusenfortsätze auf dem ersten Kiemenbogen dornartig; nur wenige X-förmige schwarze Flecken unterhalb der Seitenlinie . . . . **Atlantischer Lachs**, S. 100
Nur mittlere Reusenfortsätze des 1. Kiemenbogens dornartig. Viele runde und X-förmige Schwarzflecken auch unterhalb der Seitenlinie . . . . **Meer-** oder **Lachsforelle**, S. 104

Schwarzer Doktor-Fliegenköder: Lachsfische sind beliebte Sportfische, die von Booten aus mit solchen Fliegenködern im Salz- und Süßwasser geangelt werden.

Atlantischer Lachs

Salmo salar Linnaeus, 1758

Hauptmerkmale: Alle Reusenfortsätze des 1. Kiemenbogens dornartig spitz und lang (s. Abb. S. 105). X-förmige, schwarze Flecken auf Körperseiten fast nur oberhalb Seitenlinie. Schwanzstiel schlanker als bei Meerforelle.

Maximale Länge der Männchen 150 cm mit Gewichten bis 45 kg, Weibchen selten über 120 cm und 20 kg. Lebensdauer 4–6, selten bis 10 Jahre. Im Meer leben Lachse als umherstreifende Einzelgänger pelagisch nahe der Oberfläche.

Erwachsene, große Lachse wandern im zeitigen Frühjahr in Küstengewässer ein. Jüngere Lachse, meist Männchen, die höchstens 1 1/2 Jahre im Meer waren, folgen im Sommer oder Herbst. Nach dem Meeresaufenthalt haben die Tiere große Fettreserven. Der Laichaufstieg ins Süßwasser erfolgt von Juni bis November, hierbei werden die Fettreserven für Fortbewegung, Rogen- und Milchbildung verbraucht. Färbung wechselt von silbernem Blaugrün zu orange oder rot gesprenkeltem Bräunlich oder Grünlich. Haut wird dicker und lederartig. Unterkiefer erwachsener Männchen bildet einen hochgekrümmten Endhaken und kräftige Zähne werden entwickelt. Laichen erfolgt im Spätherbst in den Oberläufen kalter, klarer Flüsse in 0,5–3 m Tiefe auf kiesigem und steinigem Grund. Die Männchen verteidigen den Laichplatz. Das Weibchen bereitet in Seitenlage durch Schwanzschläge die Laichgrube zwischen Kies und Steinen. Es legt Teilmengen von ca. 100 Eiern mit 5–7 mm Durchmesser ab, die sofort vom Männchen befruchtet werden. Die Eier werden durch die Strömung oder das Laichgeschäft eines anderen Lachspaares mit Kies überdeckt. Das Weibchen bereitet gleichzeitig die nächste Laichgrube vor. Das Laichen dauert so 1–2 Wochen an, bis insgesamt 8.000–25.000 Eier abgelegt sind. Die schweren klebrigen Eier bleiben über Winter zwischen den Steinen liegen.

Lachse verlieren beim Laichgeschäft 30–40 % ihres ursprünglichen Gewichts. Die meisten der ausgezehrten Elternfische sterben nach dem Laichen durch Schwamminfektionen oder Uferstrandung, wenige überwintern im tieferen Flußwasser oder kehren ins Meer zurück. Nur 4–6 % der Lachse, meist Weibchen, laichen zweimal, ein drittes Mal nur etwa einer von tausend. Die Überlebenden nehmen langsam wieder silbriges Aussehen an, der Unterkieferhaken der Männchen verschwindet.

Tiere, die das Meer erreichen, erholen

Atlantischer Lachs, 68 cm

Larve mit Dottersack, 25 mm

Schuppe eines 5jährigen Lachses

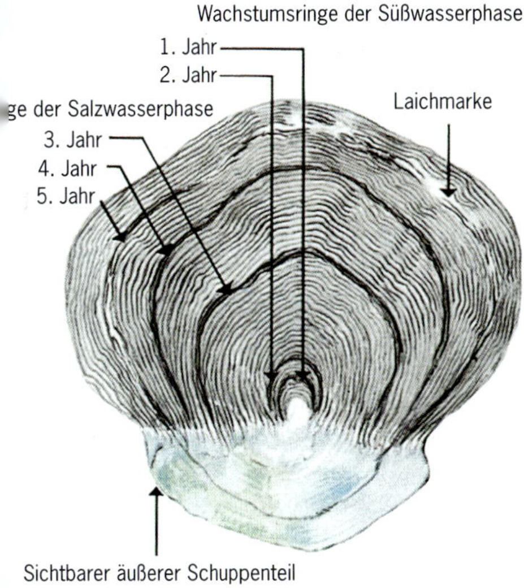

sich mit bis zu 1 kg Gewichtszunahme pro Woche schnell und laichen vielleicht 1–2 Jahre später erneut.

Die 20 mm langen Larven schlüpfen im April bis Mai. Noch einen Monat ernähren sie sich vom Dottersack und beginnen dann, Nahrung zu jagen. Während der Süßwasserperiode wachsen sie nur langsam. Junglachse halten sich 1–6 Monate standorttreu im Süßwasser auf, in Nordskandinavien am längsten. Mit 10–20 cm Länge ziehen die meisten Junglachse nach 2 Jahren stromab ins Meer und ändern dabei ihre Farbe: Die graublauen Flecken auf den zunehmend silberfarbenen Körperseiten verschwinden, der Rücken wird dunkel.

Nahrung

Sandaale

Stichlinge

Heringsfische

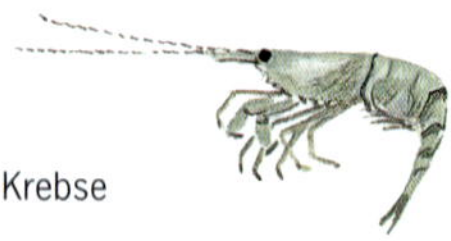

Krebse

Atlantischer Lachs

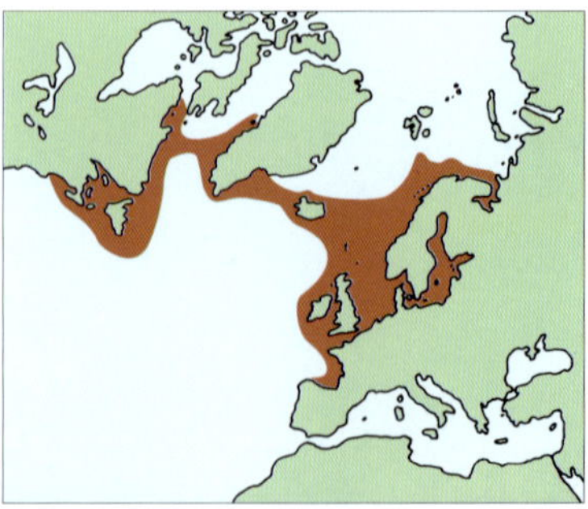

Im Meer verläuft der rasche Wachstumsfortschritt in etwa folgenden Größenordnungen: nach 1 Jahr 50–65 cm Länge und 1,5–3,5 kg Gewicht, nach 2 Jahren 70–90 cm und 4–8 kg, und nach 3 Jahren 90–105 cm und 8–13 kg. Nach 2–3 Jahren mit weiträumigen Streifzügen im Meer kehren die Tiere zum Laichen in ihre Heimatgewässer zurück. Hierbei orientieren sie sich am „Geruch“ und „Geschmack“ des Flusses, in dem sie aufwuchsen. Nach Markierungsversuchen erfolgt die Rückwanderung über mehrere tausend Kilometer Entfernung bei einer mittleren Schwimmleistung von 50–100 km pro Tag. An den Wachstumsringen der Schuppen kann man die „Lebensgeschichte“ eines Lachses ablesen. Die „Hungerjahre“ im Süßwasser und die „fetten Jahre“ im Meer sind ebenso erkennbar wie das Alter und die Laichzeiten. In bestimmten großen Binnenseen ohne Meeresverbindung treten isolierte und daher oft zwergenwüchsige Lachsrassen auf.

Im Meer werden Lachse vor allem während ihrer Wanderung entlang den Küsten, in der Ostsee und vor Grönland, aber auch auf ihren Freßgründen gefangen. Verwendete Fanggeräte sind Treibnetze und Bundgarne, in der Ostsee auch Schwimmlangleinen mit Heringsködern und in Norwegen Schwimmreusen („Kilenot“).

In verschiedenen Ländern werden Lachse im Meer aufgezogen, um sie später auszusetzen. Schweden betreibt ein umfangreiches Erbrütungs- und Aufzuchtprogramm für junge Besatzlachse, um den Ausfall natürlicher Laichgründe durch Flußdämme für Wasserkraftwerke auszugleichen. Künstlich erbrütete Lachse werden auch in kommerziellen, meist in Fjorden gelegenen Aquakulturanlagen gehältert und durch dosiertes Zufüttern quasi „gemästet“. Diese Lachswirtschaft wird hauptsächlich auf den Färöerinseln, in Norwegen und Irland betrieben und hat in den vergangenen Jahren stetig zugenommen. So werden heute jährlich mehr als 300.000 Tonnen Lachs produziert.

Hakenlachs

Verwendung

Konserven

Frischfisch auf Eis

Räucherlachs

Norwegische „Kilenot"-Schwimmreuse

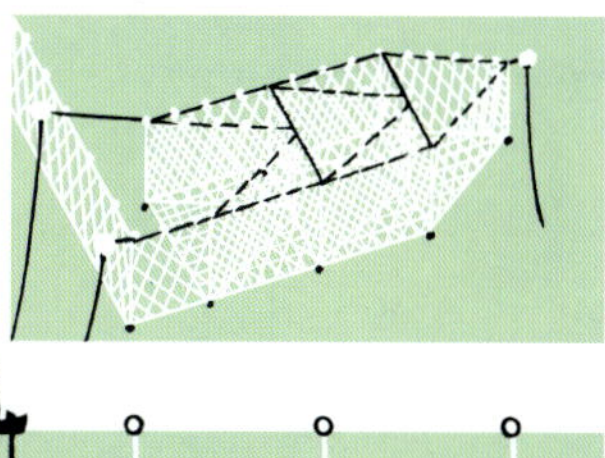

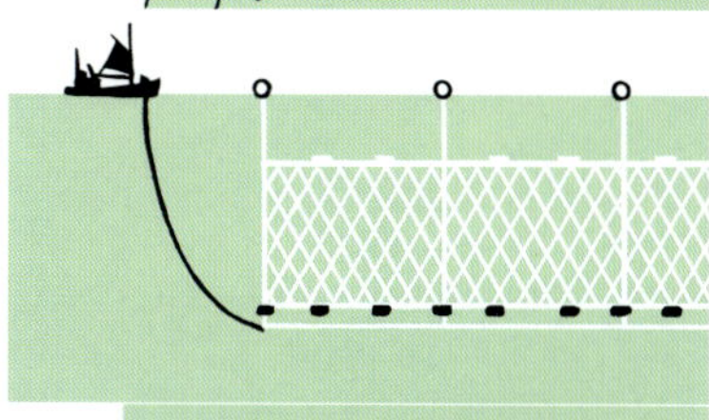

Treibnetz

Langleinen-haken

Meerforelle oder **Lachsforelle**
Salmo trutta Linnaeus, 1758

Hauptmerkmale: Nur mittlere Reusenfortsätze des 1. Kiemenbogens dornartig lang und spitz, übrige kurz und stumpf. Viele runde und X-förmige schwarze Flecken auf den Körperseiten, auch unterhalb Seitenlinie. Schwanzstiel kürzer und höher als beim Lachs.

Maximale Länge ca. 140 cm, Gewicht bis zu 20 kg; selten größer als 80–100 cm und schwerer als 10–15 kg. Lebensdauer meist 4–6 Jahre.

Süßwasserformen dieser Art ziehen nie ins Meer; Flußforellen z. B. verbringen ihr ganzes Leben in Oberläufen von Flüssen, während Seeforellen in Flüssen laichen, aber in Binnenseen aufwachsen. Meerforellen sind diejenigen Formen, die einen Teil ihres Lebens im Meer zubringen und einen ähnlichen Lebenskreislauf besitzen wie der Lachs. Meerforellen bleiben nach dem Schlüpfen 1–5 Jahre im Süßwasser, in Nordskandinavien am längsten. Mit 10–25 cm Länge wandern sie ins Meer ab und leben dort in Küstennähe für ein halbes bis zu 5 Jahren. Nach 1 Jahr im Meer sind sie 30–40 cm lang und 0,4 kg schwer, nach 2 Jahren 40–50 cm und 1–1,5 kg, nach 3 Jahren 50–65 cm und 1,5–3,5 kg. Bei der Laichwanderung stromaufwärts nehmen sie von Juli bis November eine auffällige „Hochzeitsfärbung“ an. Ein Weibchen laicht etwa 10.000 Eier von 5–6 mm Durchmesser. Ihr Verhalten beim Laichgeschäft ist ähnlich dem des Lachses, allerdings weniger heftig. Außerdem überleben die meisten Elterntiere und laichen im Folgejahr erneut.

Im Süßwasser fressen Meerforellen Kleintiere wie Insektenlarven und Schnekken, im Meer hauptsächlich Fische wie Hering und Sprotte.

Meerforelle

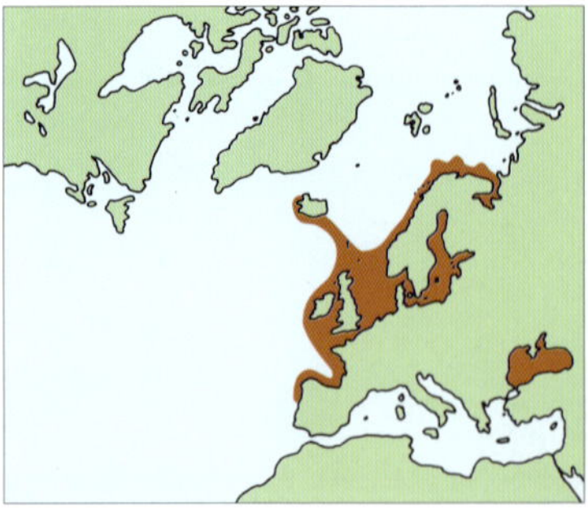

Meerforelle, Weibchen, 47 cm

Alle Länder im Verbreitungsbereich der Meerforelle unterhalten Aquakulturanlagen zur künstlichen Erbrütung und Aufzucht von Jungforellen. Sie werden später zur Auffüllung der natürlichen Bestände in Flüssen ausgesetzt. Meerforellen sind beliebte Sportfische. In der kommerziellen Fischzucht und -mästung liefern sie weniger Ertrag als der amerikanische Regenbogenlachs.

Erster Kiemenbogen von:

Forelle, vorderste Kiemenreusen höckerförmig und stumpf

Lachs, vorderste Kiemenreusen dornartig spitz

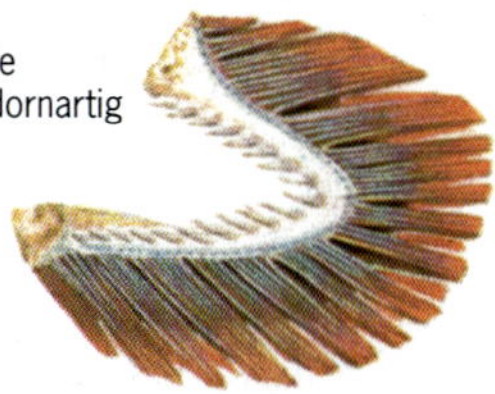

Regenbogenlachs oder
„Regenbogenforelle"
Oncorhynchus mykiss (Walbaum, 1792)

Hauptmerkmale: Rötlich schillernder Strich verläuft entlang jeder Körperseite. Dunkle Flecken auf Kopf, Körper, Rücken- und Schwanzflossen.

Maximale Länge ca. 80 cm, Gewicht bis 19 kg. Das natürliche Verbreitungsgebiet liegt in Nordostasien und dem westlichen Nordamerika. Erst in den 80er Jahren des 19. Jahrhunderts in Europa eingebürgert. Wie die Meerforelle ist der Regenbogenlachs eine wandlungsfähige Art mit sowohl standorttreuen wie wandernden, sogenannten „Stahlkopf"-Rassen (Steelheads).

Die „Regenbogenforelle" ist weniger empfindlich gegenüber schwankender Wassertemperatur und -qualität als die europäische Meerforelle. Im „Mastbetrieb" mit Trockenfutterkugeln (Pellets) gefüttert, wächst sie sehr schnell. Wird daher vielerorts in künstlichen Forellenteichen aufgezogen. Der versuchsweise Aufbau fortpflanzungsfähiger Wildbestände in Europa mißlang weitgehend, wenn auch wenige kleine Bestände solcher Art in Jugoslawien und Österreich vorkommen. Auch die Wanderform konnte nicht mit Erfolg in Europa angesiedelt werden; bei Einzelfängen im Küstenbereich handelt es sich um entkommene Tiere aus den zahlreichen Meeresaufzuchtbetrieben und Fischfarmen.

Die kommerzielle Produktion von Regenbogenlachs schwankt entsprechend der Marktnachfrage und in Abhängigkeit von den jeweiligen Umweltschutzauflagen. 1995 lag die europäische Jahresproduktion bei 250.000 Tonnen. Sie wurde hauptsächlich in Dänemark, Frankreich und Italien erzeugt.

Regenbogenlachs, 32 cm

SILBERBEILFISCHE
Sternoptychidae

Kleine, pelagisch lebende Tiefwasserfische. Einige Arten mit hochrückigen, seitlich zusammengedrückten Körpern, übrige weisen eher gewohnte Fischgestalt auf. Alle Arten mit Reihen dicht gestaffelter Leuchtorgane entlang den Bauchkanten. Maul kann schräg oder senkrecht stehen. Etwa 50 Arten der Familie in allen Ozeanen in 100–1.500 m Tiefe. Selten in der nördlichen Nordsee und im Skagerrak zu finden. Wirtschaftlich ohne Bedeutung.

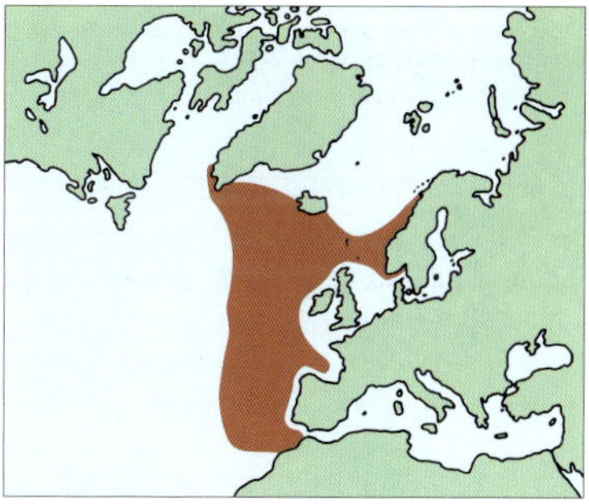

Silberbeil

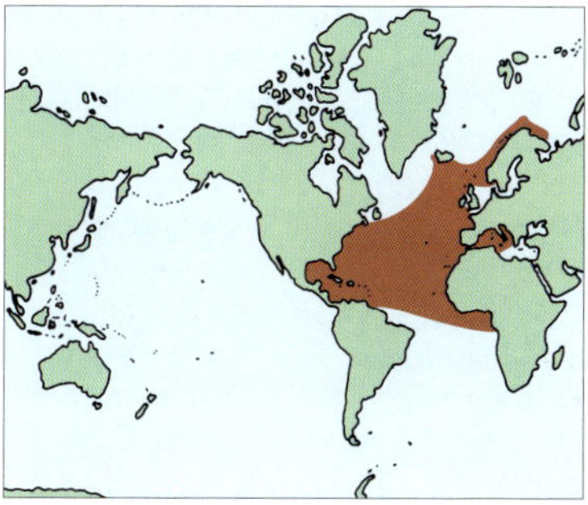

Lachshering

Silberbeil
Argyropelecus olfersi (Cuvier, 1829)

Hauptmerkmale: Körper kurz, hochrückig, seitlich abgeflacht, silberfarben und mit sehr großen Leuchtorganen am Bauch. Augen aufwärts zur Oberfläche gestellt. Mit knöchernem Grat vor der Rückenflosse und einer langen, niedrigen Fettflosse auf dem Schwanzstiel.

Maximale Länge 7 cm. Lebt pelagisch in 100–800 m Tiefe und frißt kleine Krebse und Fische.

Lachshering
Maurolicus muelleri Cocco, 1838

Hauptmerkmale: Körper silbrig und von normaler Fischgestalt. Zahlreiche kleine Leuchtorgane entlang der Bauchseite. Ohne Knochengrat vor der Rückenflosse, aber mit langer, niedriger Fettflosse auf dem Schwanzstiel.

Maximale Länge 7–8 cm. Lebt pelagisch 100–800 m tief im offenen Meer, örtliche Bestände kommen aber in vielen norwegischen Fjorden vor. Frißt Kleinkrebse und ist wichtiges Nahrungstier für viele andere Fischarten. Geschlechtsreif mit 1 Jahr. In der Laichzeit von März bis September stößt ein Weibchen 200–500 Eier aus, die zur Oberfläche aufsteigen.

Silberbeil, 7 cm

Lachshering, 6 cm

LACHSSPIERLINGE ODER **BARRAKUDINAS**
Paralepididae

Schlanke, pelagische Tiefwasserfische mit spitzer Schnauze und langer Maulspalte. Die Rückenflosse liegt in der hinteren Körperhälfte, die Bauchflossen fast auf gleicher Höhe und weit hinter den Brustflossen. Kurze Fettflosse auf dem Schwanzstiel. Etwa 60 Arten der Familie leben 200–1.000 m tief in allen Ozeanen. Seltene Irrgäste in der nördlichen Nordsee und im Skagerrak. Ohne wirtschaftliche Bedeutung.

Bestimmungsschlüssel Lachsspierlinge

1 Afterflosse mit 21–25 Strahlen; Ansatz der Bauchflossen unter oder vor dem der Rückenflosse **2**
Afterflosse mit 30–32 Strahlen; Ansatz der Bauchflossen hinter dem der Rückenflosse . . . .
Rissos Lachsspierling, S. 109

2 Bauchflossenansatz etwas vor dem der Rückenflosse; Oberkieferende reicht bis Höhe der Nasenlöcher . . . . . .
Nordischer Lachsspierling, S. 108
Bauchflossenansatz unterhalb des Rückenflossenansatzes; Oberkieferende liegt deutlich hinter Höhe Nasenlöcher . .
Kurzer Lachsspierling, S. 108

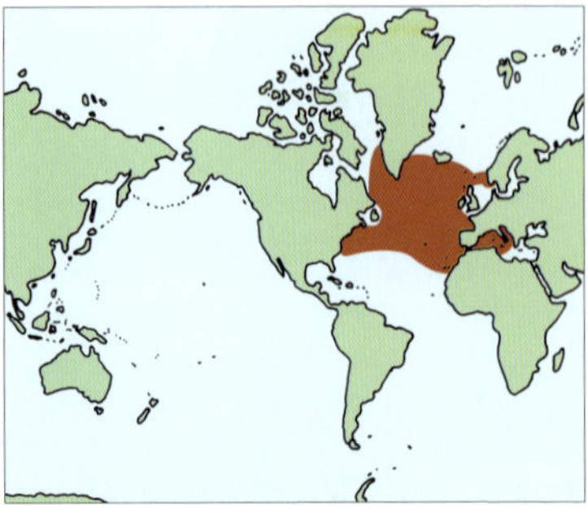

Nordischer Lachsspierling

Nordischer Lachsspierling
Paralepis coregonoides Risso, 1810

Hauptmerkmale: Bauchflossenansatz etwas vor dem Ansatz der Rückenflosse. Oberkieferende reicht bis auf Höhe der Nasenlöcher. Afterflosse mit 22–24 Strahlen.

Maximale Länge 50 cm. Lebt pelagisch in 200–1.000 m Tiefe und frißt Fische und Krebse. Laichzeit von März bis September. Die Larven leben nahe der Oberfläche.

Kurzer Lachsspierling
Magnisudis atlantica (Krøyer, 1868)

Hauptmerkmale: Bauchflossenansatz unterhalb des Rückenflossenansatzes. Oberkieferende deutlich hinter Höhe der Nasenlöcher. Afterflosse mit 21–25 Strahlen.

Kurzer Lachsspierling

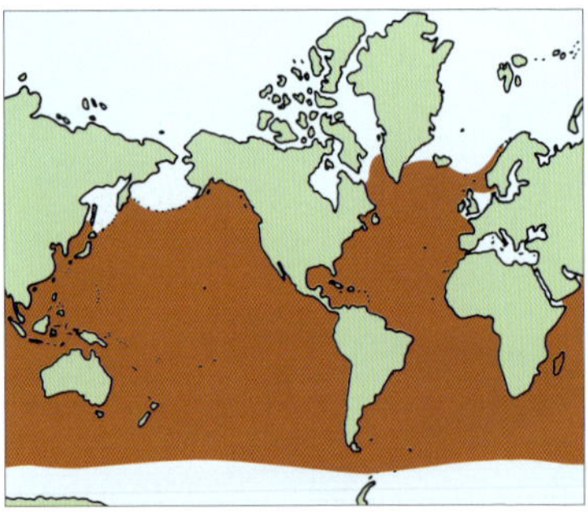

Nordischer Lachsspierling, ca. 30 cm

Kurzer Lachsspierling, ca. 30 cm

Rissos Lachsspierling, ca. 20 cm

Maximale Länge 50 cm. Lebt pelagisch in 200–1.000 m Tiefe und frißt Fische und Garnelen. Laicht das ganze Jahr über in tropischen und subtropischen Breiten.

Rissos Lachsspierling

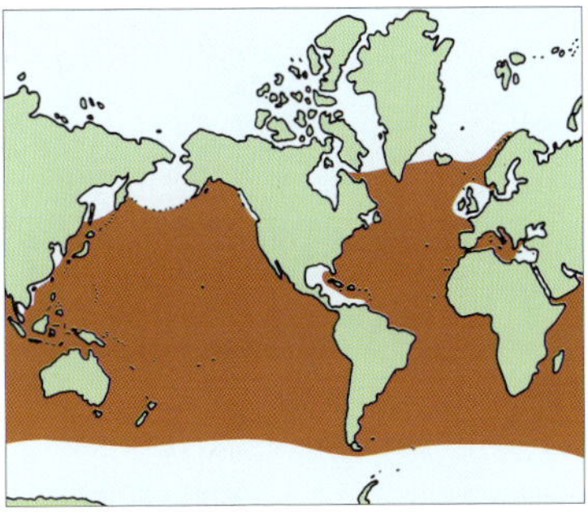

Rissos Lachsspierling

Arctozenus rissoi (Bonaparte, 1840)

Hauptmerkmale: Bauchflossenansatz etwas hinter dem Rückenflossenansatz. Afterflosse mit 30–32 Strahlen.

Maximale Länge 30 cm. Lebt pelagisch in 200–1.000 m Tiefe. Laicht in tropischen und subtropischen Meeren.

LATERNENFISCHE
Myctophidae

Kleine pelagische Tiefwasserfische mit vielen einzelnen Leuchtorganen auf Kopf und Körper und großen, glänzenden Schuppen. Augen und Maul groß, die Maulspalte reicht bis hinter das Auge zurück. Ansatz der Afterflosse meist hinter dem der Rückenflosse. Bauchflossen hinter den Brustflossen, mit Fettflosse auf dem Schwanzstiel. Die Familie ist mit 235 Arten in allen Meeren in 200–1.500 m Tiefe vertreten. Nahrung sind kleine Krebse, vor allem Hüpferlinge, deren Vertikalwanderung nachts zur Oberfläche und tags wieder ins Tiefe die Laternenfische folgen. Ohne wirtschaftliche Bedeutung.

Bestimmungsschlüssel Laternenfische
(Laternenfische sind kaum zu bestimmen, wenn das Muster ihrer punktartigen Leuchtorgane nicht vollständig erhalten ist.)

1 Körper dunkel, Basis der Rückenflosse länger als die der Afterflosse .... **Krøyers Laternenfisch**, S. 111
Körper silbrig, Basis der Rückenflosse kürzer als die der Afterflosse **2**

2 Hinterende des Oberkiefers schmal, Schwanzstiel lang und schlank .... **Schlankschwänziger Laternenfisch**, S. 111
Hinterende des Oberkiefers breit, Schwanzstiel kurz und hoch **3**

3 Beide letzten Leuchtorgane unten vor Schwanzflosse weit abgesetzt von den übrigen entlang Bauchkante ...... **Arktischer Laternenfisch**, S. 111
Beide letzten Leuchtorgane unten vor Schwanzflosse nicht abgesetzt von den übrigen entlang Bauchkante ... **Eislaternenfisch**, S. 110

Eislaternenfisch
Benthosema glaciale (Reinhardt, 1837)

Hauptmerkmale: Körper schlank und silbrig. Hinterende des Oberkiefers breit. Die beiden letzten Leuchtorgane unten vor der Schwanzflosse sind nicht abgesetzt von den übrigen entlang Bauchkante.

Maximale Länge 10 cm. Lebt in 0–850 m Tiefe, wird mit 3–5 cm geschlechtsreif. Lebensdauer 8 Jahre. Weibchen laichen je nach Körpergröße 160–2.000 Eier.

Eislaternenfisch, 6 cm

Eislaternenfisch

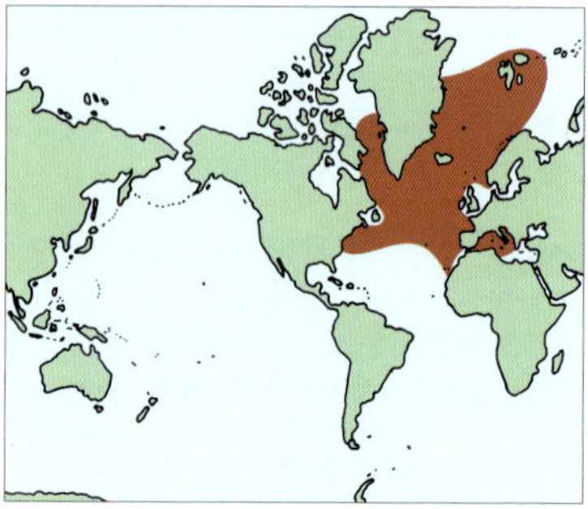

Schlankschwänziger Laternenfisch

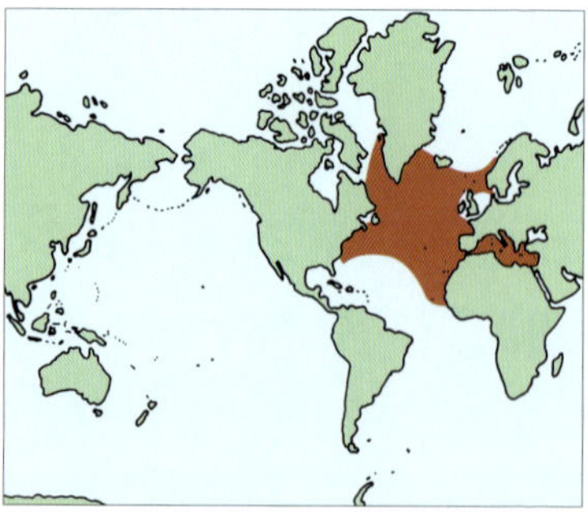

Schlankschwänziger Laternenfisch

Myctophum punctatum Rafinesque, 1810

Hauptmerkmale: Körper schlank und silbrig. Schwanzstiel zweimal länger als hoch. Hinterende des Oberkiefers schmal. Letzte zwei Leuchtorgane unten vor Schwanzflosse von übrigen am Bauch weit abgesetzt; das letzte steht erhöht.

Maximale Länge 11 cm. Lebt von 0–1.000 m Tiefe, mit 5 cm geschlechtsreif. Weibchen laichen 800–900 Eier.

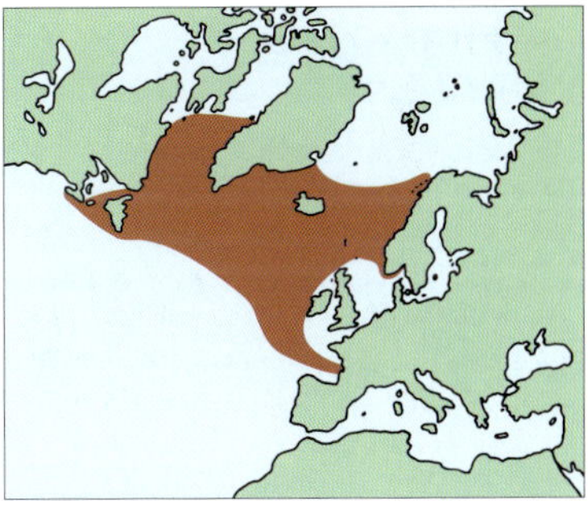

Arktischer Laternenfisch

Schlankschwänziger Laternenfisch, 8 cm

Krøyers Laternenfisch, 10 cm

Krøyers Laternenfisch

Notoscopelus kroeyeri (Malm, 1861)

Hauptmerkmale: Dunkelfarbiger Körper mit wenigen Reihen heller Schuppen. Basis der Rückenflosse länger als Afterflossenbasis.

Maximale Länge 14 cm. Lebt von der Oberfläche bis in 1.000 m Tiefe und wird mit 4 Jahren geschlechtsreif.

Arktischer Laternenfisch, 5 cm

Krøyers Laternenfisch

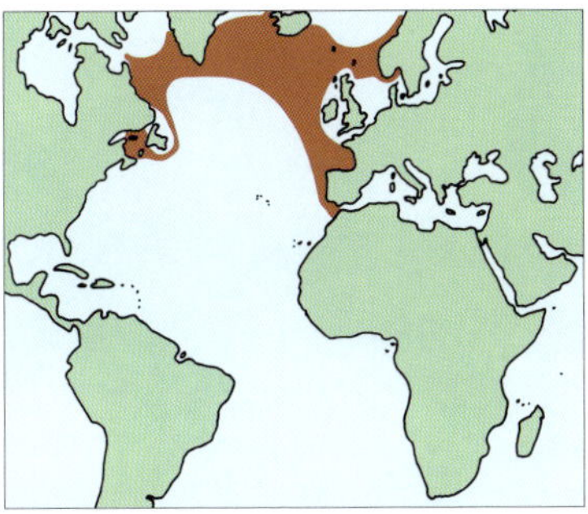

Arktischer Laternenfisch

Protomyctophum arcticum (Lütken, 1892)

Hauptmerkmale: Körper silbrig und kurz. Die beiden letzten Leuchtorgane unten vor Schwanzflosse sind weit abgesetzt von den übrigen entlang Bauchkante. Hinterende des Oberkiefers breit.

Maximale Länge 6 cm. Lebt in 90–850 m Tiefe und wird mit 3 cm Länge geschlechtsreif.

GOTTESLACHSE
Lamprididae

Großwüchsige, seitlich zusammengedrückte Fische mit oval scheibenförmigem Körper. Maul klein, vorstülpbar und zahnlos. Schuppen winzig, Flossen leuchtend rot. Die nur 2 Arten der Familie leben pelagisch in den oberen Wasserschichten aller warmen Meere. Ihr Fleisch ist delikat.

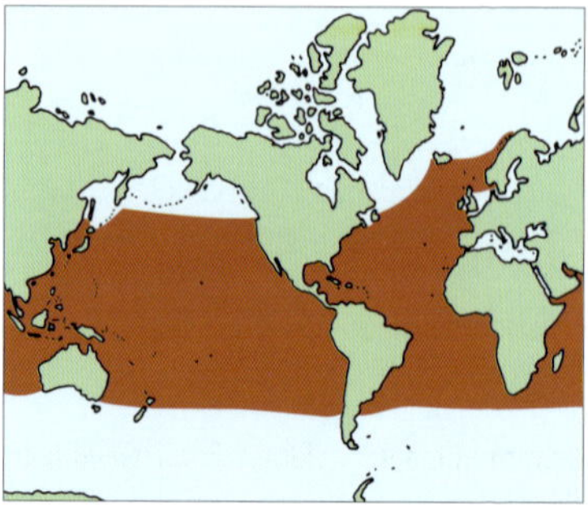

Gotteslachs

Gotteslachs
Lampris guttatus (Brünnich, 1788)

Hauptmerkmale: Siehe Familienkennzeichen.

Maximale Länge 185 cm, Gewicht bis 200 kg. Lebt als Einzelgänger pelagisch in 100–400 m Tiefe. Frißt Kopffüßer und kleine Fische. Regelmäßiger Sommergast in der nördlichen Nordsee, im Skagerrak und vor Norwegen. Als wertvoller Beifang geschätzt, obwohl das lachsähnlich rote Fleisch sehr fetthaltig ist.

RIEMENFISCHE
Regalecidae

Körper extrem lang und riemenförmig. Kleiner Kopf, das kleine Maul ist vorstreckbar. Rückenflosse als sehr langer, roter Saum, ihre vorderen Strahlen zu einer Art „Krone“ stark verlängert. Jede Bauchflosse mit nur 1 sehr langen Strahl. Schwanzflosse winzig oder fehlend, ohne Afterflosse. Die nur 2 Arten der Familie leben pelagisch in mittlerer Tiefe aller warmen Meere. Ohne wirtschaftliche Bedeutung.

Kopffüßer

Gotteslachs, 95 cm

Riemenfisch

Regalecus glesne Ascanius, 1772

Hauptmerkmale: Siehe Familienkennzeichen.

Maximale Länge bis zu 7 m. Lebt pelagisch im offenen Meer in 300–1.000 m Tiefe. Eier und Larven driften ebenfalls frei schwebend. Biologie ist wenig bekannt. Er frißt Fische, Kopffüßer und bevorzugt Krillkrebse. Die Mehrzahl der bekanntgewordenen ausgewachsenen Tiere fand man tot angespült an Stränden. Ein 2 m langes Exemplar wurde 1990 am Ufer der dänischen Insel Læsø im Kattegat angeschwemmt.

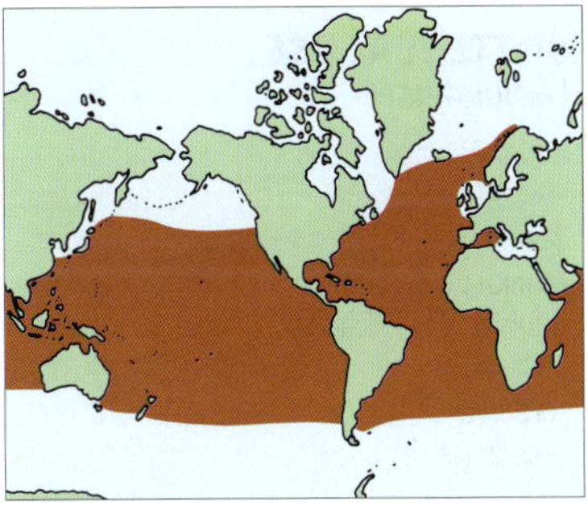

Riemenfisch

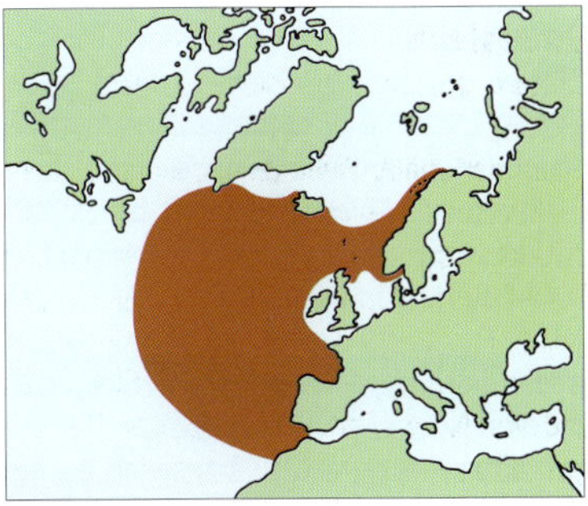

Bandfisch

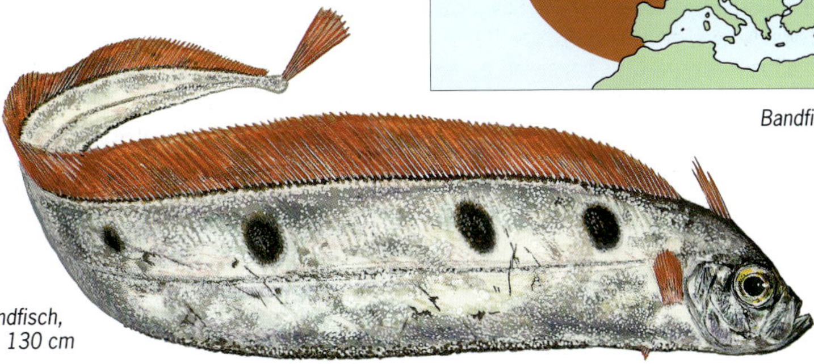

Bandfisch, ca. 130 cm

BANDFISCHE

Trachipteridae

Körper lang und bandförmig mit langem, rotem Rückenflossensaum, fächerartiger Schwanz- und sehr kleinen Brust- und Bauchflossen. Ohne Afterflosse. Kleines, schräg aufwärts gerichtetes Maul vorstreckbar. Körperseiten oben mit 3–9 großen schwarzen Flecken. 9 Arten leben pelagisch in den oberen paar hundert Metern aller Ozeane. Ohne wirtschaftliche Bedeutung.

Bandfisch

Trachipterus arcticus (Brünnich, 1771)

Hauptmerkmale: Siehe Familienkennzeichen.

Maximale Länge bis 3 m. Lebt pelagisch in 300–600 m Tiefe. Geschlechtsreif etwa 14jährig mit ca. 2 m Länge. Weibchen laichen ca. 500.000 Eier. Larven haben stark verlängerte Flossenstrahlen und leben pelagisch im Tiefwasser. Bandfische fressen Fische und Kopffüßer. Sie werden häufig im Skagerrak und der nördlichen Nordsee in Schleppnetzen mitgefangen, sind aber ohne wirtschaftliche Bedeutung.

EINGEWEIDEFISCHE

Carapidae

Langgestreckte, schlanke und recht kleine Fische mit spitz auslaufendem Schwanz. Der After liegt weit vorne auf Höhe der Brustflossenbasen. Lange Säume der Rücken- und Afterflossen laufen mit spitzer Schwanzflosse zusammen. Gewöhnlich ohne Bauchflossen. Kommt mit etwa 30 Arten in allen warmen Meeren vor. Die meisten davon suchen in den Körperöffnungen von Stachelhäutern, vor allem von Seegurken und Seesternen, und von Weichtieren, insbesondere Muscheln, Schutz. Mit dem Schwanz voraus schlängeln sie sich hierzu rückwärts in die Wirtstiere hinein. Von diesem Verhalten wurde ihr Familienname abgeleitet. Ohne wirtschaftliche Bedeutung.

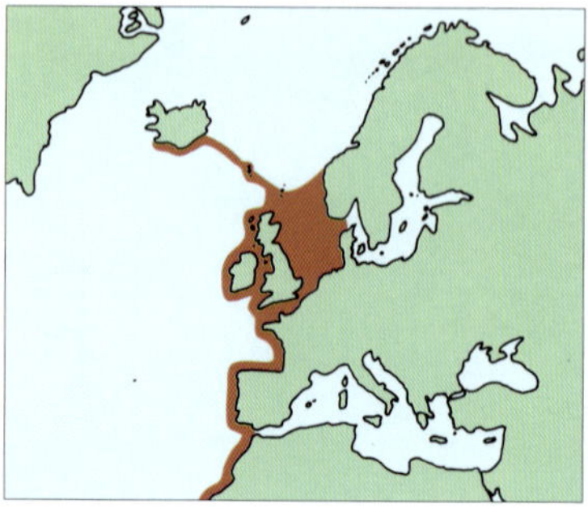

Eingeweidefisch

Eingeweidefisch, 20 cm

Eingeweidefisch

Echiodon drummondi Thompson, 1837

Hauptmerkmale: Siehe Familienkennzeichen.

Maximale Länge ca. 30 cm. Biologie wenig bekannt. Man nimmt an, daß der Fisch tagsüber im Innern einer Seegurke bleibt, nachts jedoch außerhalb auf Beutejagd geht. Voll ausgewachsene Tiere leben wahrscheinlich nur frei schwimmend im Wasser. Sie halten sich am Boden in 120–300 m Tiefe auf und fressen kleine Bodentiere. Die Larven leben pelagisch in den oberen Wasserschichten. Sie besitzen einen langen Haarfortsatz vor der Rückenflosse.

Eingeweidefische kommen in der gesamten Nordsee vor.

Grenadierfische

Macrouridae

Massiger Kopf. Körper läuft in langen, spitzen Schwanz aus und ist mit kleinen rauhen Schuppen bedeckt. Zweite Rückenflosse und Afterflosse als lange niedrige Säume, erste Rückenflosse kurz und höher. Bauchflossen unterhalb der Brustflossen. Die über 400 Arten leben mit Ausnahme weniger pelagischer Vertreter dicht über und am Boden in Tiefen von wenigen hundert bis zu mehreren tausend Metern. Eine der wichtigsten Familien der Tiefenfischfauna. Nur wenige Arten werden kommerziell befischt. Das Fleisch steht dem der Dorschfische nicht nach.

Rundnasengrenadier

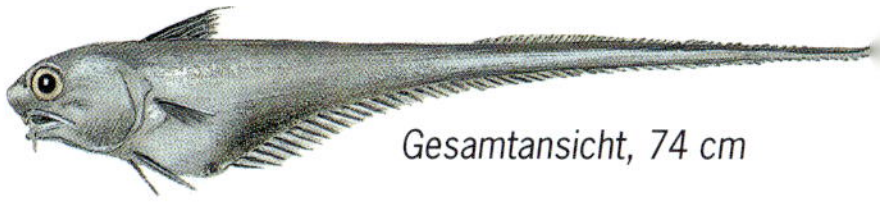

Gesamtansicht, 74 cm

Bestimmungsschlüssel Grenadierfische

1 Harter Stachelstrahl der 1. Rückenflosse mit abgerundeter, glatter Vorderkante . . **Schwarzfleckgrenadier**, S. 116
Harter Stachelstrahl der 1.Rückenflosse mit gesägter Vorderkante **2**

2 Schnauze kurz, stumpf gerundet und vollständig beschuppt . . . . **Rundnasengrenadier**, S. 115
Schnauze länger und spitz, aber unterseits fast nackt . . . . **Panzergrenadier,** S. 116

Rundnasengrenadier

Coryphaenoides rupestris Gunnerus, 1765

Hauptmerkmale: Schnauze kurz, stumpf gerundet und gänzlich beschuppt. Harter Stachelstrahl der 1. Rückenflosse mit gesägter Vorderkante. Strahlen der 2. Rückenflosse kürzer als die der Afterflosse; Rückenflossenansatz hinter Afterflossenansatz. Maximale Länge bis 110 cm, aber selten länger als 80–90 cm und bis 1,5 kg Gewicht.

Lebt auf oder dicht über weichen Böden in 160–2.000 m Tiefe und frißt Tiefengarnelen und andere Bodentiere.

Laichgeschehen im Sommer, vor allem im Juli und August, südlich Islands und um die Färöerinseln in 600–1.200 m Tiefe. Weibchen laichen nur jedes 2. Jahr 12.000–35.000 Eier von 2,6 mm Durchmesser; Männchen sind jedes Jahr am Laichgeschäft beteiligt. Eier treiben pelagisch in tiefem Wasser. Larven schlüpfen bei 3,5–5 °C nach 2–3 Monaten. Schlüpfzeitpunkt fällt mit der Herbstwanderung der Hüpferlingkrebse (*Calanus*) in tiefes Wasser zusammen, dadurch ausreichendes Nahrungsangebot. Bei langsamem Wachstum werden die Männchen der Rundnasengrenadiere mit ca. 40 cm, die Weibchen mit 60 cm Länge geschlechtsreif.

Die Art wird im Sommer während ihrer Laichkonzentration in Schwärmen mit Grund- und Schwimmschleppnetzen gefangen. Das Fleisch wird gegessen.

Die Bestände sind bereits überfischt, wie der Rückgang des jährlichen Fangertrages in jüngerer Zeit auf weniger als 10.000 Tonnen zeigt.

Rundnasengrenadier

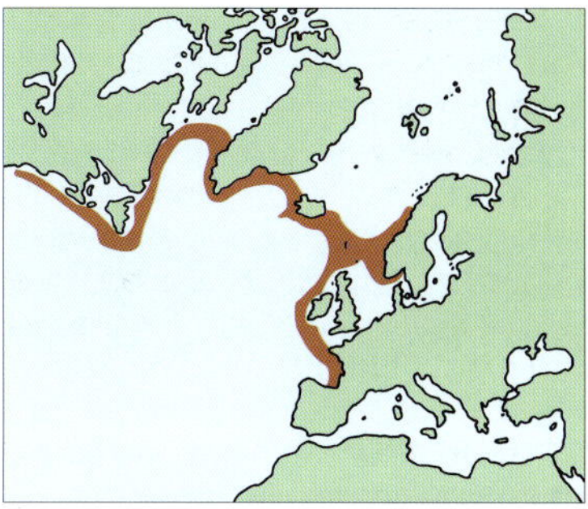

Panzergrenadier, 70 cm

Panzergrenadier

Macrourus berglax Lacepède, 1801

Hauptmerkmale: Spitze Schnauze unterseits fast nackt. Harter Stachelstrahl der 1. Rückenflosse mit gesägter Vorderkante. Strahlen der 1. Rückenflosse nur wenig kürzer als die der Afterflosse; Rückenflossen- vor Afterflossenansatz. Sehr rauhe und festsitzende Schuppen. Scharfkantiger, stacheliger Grat beidseitig von der Schnauze bis zum unteren Kiemendeckel.

Maximale Länge bis 110 cm. Lebt auf und über weichen Böden in 100–1.000 m Tiefe des kalten nördlichen Nordatlantiks, oft bei Wassertemperaturen um 0 °C. Laichzeit im Sommer, 15.000 Eier von je 1,5 mm Durchmesser. Frißt Tiefengarnelen und andere Bodentiere. Beifang in Schleppnetzen, aber auch mit Langleinen.

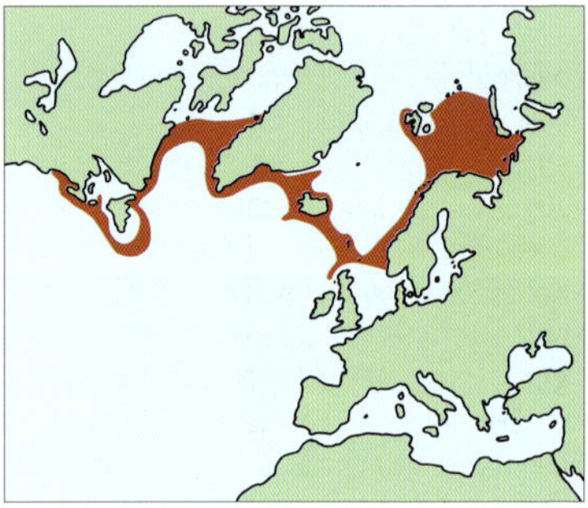

Panzergrenadier

Schwarzfleckengrenadier, 28 cm

Schwarzfleckgrenadier

Coelorinchus coelorhinchus (Risso, 1810)

Hauptmerkmale: Harter Stachelstrahl der 1. Rückenflosse mit abgerundeter, glatter Vorderkante. Nackter, schwarzer Hautfleck auf Bauchmitte. Augendurchmesser gleich oder länger als der Schnauzenabschnitt vor den Augen.

Maximale Länge 35–40 cm. Lebt am oder über dem Boden in 140–800 m Tiefe und frißt Bodentiere, vor allem Würmer und Krebse. Ohne wirtschaftliche Bedeutung.

Schwarzfleckgrenadier

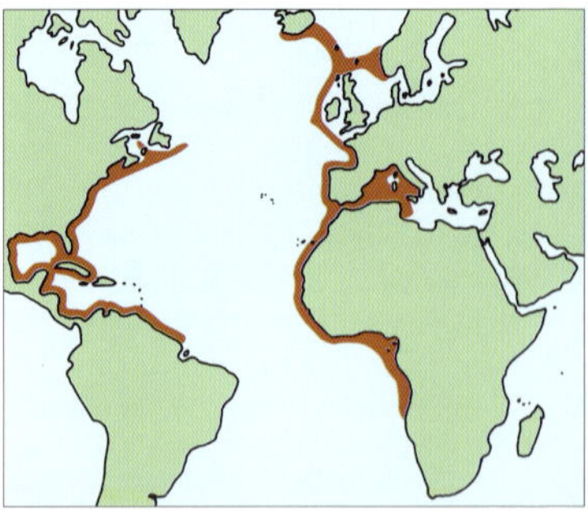

DORSCHFISCHE
Gadidae

Die Dorschfischarten haben glatte Schuppen und weiche Strahlen in allen Flossen. Sie besitzen 1–3 Rücken- und 1–2 Afterflossen. Die Bauchflossen stehen etwas vor den Brustflossen nahe der Kehle. Die meisten Arten tragen eine Bartel am „Kinn", die als Tastfaden bei der Nahrungssuche dient. Seequappen haben wenigstens zwei weitere Barteln an der Schnauze.

Dorschfische leben in kalten und gemäßigt kalten Meeren nur der Nordhalbkugel, und nur eine einzige Art, die Quappe (*Lota lota*), kommt im Süßwasser vor (s. S. 282). Dorschfische bevorzugen Gewässer mit hohem Salzgehalt, weshalb ihre Arten – mit Ausnahme des Kabeljaus oder Dorschs und der vierbärteligen Seequappe – in der brackigen Ostsee nur als Irrgäste auftreten.

Die meisten Arten leben in bodennahen Wasserschichten. Wittling, Blauer Wittling, Seelachs und Stintdorsch kommen in der offenen See auch oberflächennah vor.

Die Weibchen laichen bis zu mehrere Millionen pelagischer Eier. Die Dorschfischbrut ernährt sich vor ihrem Abstieg in bodennahes Wasser von Plankton. Erwachsene Dorschfische fressen grundsätzlich Krebse, Würmer, Weichtiere und Fische. Etwa ein Siebtel des Weltjahresfischfanges in den Meeren machen die Dorschfische aus. Sie spielen eine Schlüsselrolle für viele Fischereien und Fischindustrien der Nordhalbkugel. Nur Heringsfische werden jährlich in noch größerer Menge angelandet. Diese erzielen aber weitaus geringere Markterlöse.

Dorschfische werden in großem Umfang hauptsächlich mit Schleppnetzen gefangen; in der Klein- und Nebenerwerbsfischerei kommen aber alle Arten von Netzen zum Einsatz.

Die Vermarktung der Tiere geschieht frisch oder, vor allem heutzutage, in Form tiefgefrorener Filets. Auch ihre Verarbeitung zu Trockenfisch hat noch einige Bedeutung (s. S. 316).

Etwa 60 Arten gehören zur Familie der Dorschfische.

Bestimmungsschlüssel Dorschfische

1 Mit 3 Rückenflossen **2**
Nur 1 oder 2 Rückenflossen **11**

2 Oberkiefer länger und vorstehend **3**
Unterkiefer länger und vorstehend **7**

3 Augenlänge kleiner als
Schnauzenlänge **4**
Augenlänge etwa gleich
Schnauzenlänge **6**

4 Seitenlinie hell; Körper ohne schwarze
Flecken ....

Kabeljau oder **Dorsch**, S. 120
Seitenlinie dunkel; schwarzer Fleck
auf jeder Körperseite **5**

5 Schwarzer Fleck über jeder
Brustflosse auf Höhe 1. Rückenflosse;
Kinnbartel und Zähne klein ....

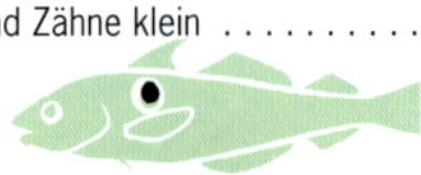

Schellfisch, S. 126
Schwarzer Fleck auf jeder Brustflossenbasis; ohne Kinnbartel; Zähne spitz ....

Wittling, S. 128

6 Körper hochrückig, schwarzer Fleck
auf jeder Brustflossenbasis ....

Franzosendorsch, S. 124
Körper schlanker, ohne schwarzen
Fleck an den Brustflossen ....

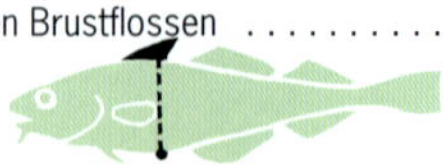

Zwergdorsch, S. 124

7 Kopfoberseite mit 7 offenen schleimgefüllten Knochengruben ....

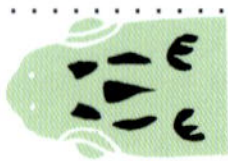

Silberdorsch, S. 125
Kopfoberseite ohne offene Gruben **8**

8 Große Abstände zwischen allen 3 Rückenflossen; After vor Höhe Ansatz
1. Rückenflosse ....

Blauer Wittling, S. 130
Alle 3 Rückenflossen dicht beisammen;
After hinter Höhe Ansatz 1. Rückenflosse **9**

9 Schnauzenlänge kürzer als Augendurchmesser ....

Stintdorsch, S. 129
Schnauze erheblich länger als der
Augendurchmesser **10**

10 Seitenlinie dunkel und mit Bogen über
der Brustflosse ....

Pollack, S. 131
Seitenlinie hell und ohne Bogen ....

Seelachs, S. 132

11 2–4 Barteln an der
Schnauze **12**
Ohne Barteln an der Schnauze,
höchstens eine
Kinnbartel **18**

12 2 Barteln auf der Schnauze **13**
3–4 Barteln auf der Schnauze **16**

13 Erster Strahl der 1. Rückenflosse
mindestens doppelt so lang wie
Augendurchmesser ....
Arktische Seequappe, S. 140

Erster Strahl der 1. Rückenflosse
höchstens so lang wie der Augendurchmesser **14**

14 2–4 verlängerte, große Zähne an der
Oberkieferspitze ....
Großäugige Seequappe, S. 138

Ohne verlängerte Zähne im Oberkiefer . . . **15**

15 Große dunkle Flecken auf Kopf und Körper; Brustflosse mit 20–22 Strahlen . . . . **Dreibärtelige Seequappe**, S. 138

Blaßhelle Flecken auf dunklem Körper; Brustflosse mit 15–19 Strahlen . . . . . . **Mittelmeer-Seequappe**, S. 138

16 Drei Barteln auf Schnauze und 1 Kinnbartel . . . . **Vierbärtelige Seequappe**, S. 140

Vier Barteln auf Schnauze und 1 Kinnbartel **17**

17 Auf der Oberlippe 3 Paare zusätzlicher kleiner Barteln . . . . **Nordische Seequappe**, S. 141

Ohne zusätzliche kleine Barteln auf der Oberlippe . . . . **Fünfbärtelige Seequappe**, S. 141

18 Kopf fast so breit wie lang; Körper schwarzbraun . . . .

Froschdorsch, S. 134

Kopf deutlich länger als breit; Körper heller **19**

19 Nur 1 lange Rückenflosse, diese bis dicht an die Schwanzflosse reichend . . . .

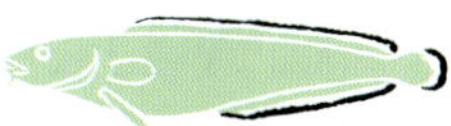

Lumb, S. 134

Zwei Rückenflossen, hintere deutlich vor Schwanzflosse endend **20**

20 Bauchflossen lang und fadenförmig, bis After reichend; Körper gedrungen . .

Gabeldorsch, S. 135

Bauchflossen kurz; Körper langgestreckt **21**

21 Ohne Kinnbartel; Zähne lang und spitz (Familie Seehechte) . . . .

Seehecht, S. 142

Kinnbartel vorhanden; Zähne klein **22**

22 Kinnbartel länger als Augendurchmesser; Schwarzer Fleck am Hinterende der 1. Rückenflosse; hoher Schwanzstiel . . **Leng**, S. 136

Kinnbartel kürzer als Augendurchmesser; ohne schwarzen Fleck auf 1. Rückenflosse; schlanker Schwanzstiel . . . . **Blauleng**, S. 136

Kabeljau oder Dorsch, 65 cm

Kabeljau

Gadus morhua Linnaeus, 1758

Hauptmerkmale: Oberkiefer vorstehend, länger als Unterkiefer. Kräftige Bartel am Kinn. Schnauze länger als der Augendurchmesser. Seitenlinie hell abgehoben.

Die Färbung variiert je nach Lebensraum von rötlich oder grünlich in der Algenwuchszone bis blaß grau über Sandboden oder in größerer Tiefe.

Maximale Länge selten über 150 cm, Gewicht bis 40 kg. Um Island und die Lofoten sind Tiere mit 110 cm Länge, 15 kg Gewicht und etwa 20 Jahren Alter schon selten.

Vorkommen bei 2–10 °C Wassertemperatur von Küstengewässern bis in 500–600 m Tiefe. Gewöhnlich in Bodennähe, im offenen Meer aber auch pelagisch über großer Bodentiefe.

Verschiedene Kabeljau-Rassen unterscheiden sich durch Verbreitung, Wachstumsrate und Laichverhalten. Für die Fischerei sind ozeanische Wanderbestände wie der norwegisch-arktische und der isländische bedeutend. Sie ziehen auf Nahrungssuche und zum Laichen weit umher.

Früher wichtige Bestände um Grönland und vor Neufundland sind nach dramatischem Rückgang praktisch nicht mehr nutzbar.

Außer Wanderbeständen gibt es im gesamten Verbreitungsgebiet dicht unter Land örtliche, standorttreue Rassen.

Die meisten Kabeljaubestände laichen von Januar bis April in Wasserschichten mit 4–6 °C Temperatur. Je nach Größe des Weibchens schwanken die Eizahlen zwischen 500.000 und 5 Mio. Die durchsichtigen Eier von 1,5 mm Durchmesser steigen innerhalb weniger Stunden zur Oberfläche auf. Je nach Wassertemperatur schlüpfen die ca. 5 mm langen Larven nach 2–4 Wochen. Während der pelagischen Phase besteht ihre Nahrung aus Hüpferlingen und anderen Planktontieren. Nach 3–5 Monaten mit 3–6 cm Länge Übergang zum Bodenleben. Jungtiere der ozeanischen Kabeljaubestände suchen tiefes Wasser auf, die der Küstenformen ziehen ins Flachwasser.

Die Wachstumsrate wird in der Folgezeit durch die Wassertemperatur, durch Menge und Qualität des Nahrungsangebotes und durch die Nahrungskonkurrenz der eigenen Art und anderer Fischarten im gleichen Gebiet bestimmt. Als Allesfresser ernähren sich Kabeljaus von allen Krebsarten, Würmern und Weichtieren; mit zunehmendem Alter werden sie räuberisch und fressen andere Fischarten, aber auch junge Kabeljaus. Ozeanisch wandernde Kabeljaus folgen den Schwärmen von Hering und

Rogen

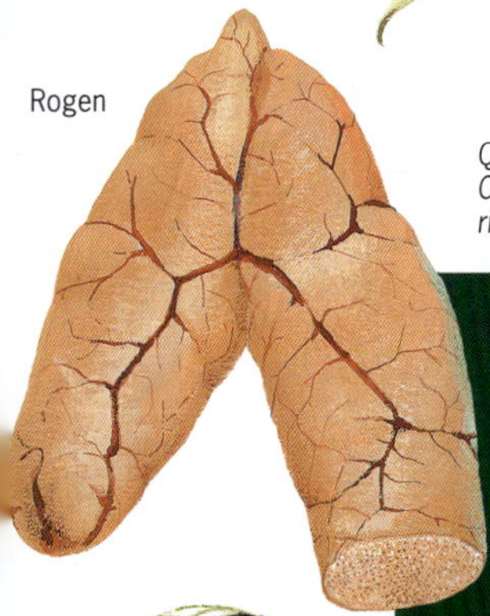

Querschnitt durch einen Otolithen mit 6 Jahresringen

Otolith

4–5 mm

16 mm

42 mm

Larve und Jungfische

Ei, 1,5 mm

Rote Farbvariante des Dorsches, 33 cm

Nahrung

Lodde; einen wichtigen Nahrungsanteil bilden auch Sandaale. In der Laichzeit des Herings sind die Mägen gefangener Kabeljaus oft prall mit Heringslaich gefüllt. Während der Wintermonate und der Fortpflanzungszeit fressen sie sehr viel weniger.

Die Kabeljaus der großen Wanderbestände vor Neufundland, Island und Norwegen werden im Alter von 6–15 Jahren geschlechtsreif, meist mit 8–12 Jahren, 70–100 cm Länge und 3–8 kg Gewicht. Kabeljaus in Küstenbeständen wachsen schneller. In dänischen Gewässern sind sie z. B. schon mit 2–3 Jahren geschlechtsreif, vor Norwegen mit 4–6 Jahren.

Der starke Fischereidruck begünstigt Tiere mit der Veranlagung für frühe Geschlechtsreife und Vermehrung. Spät geschlechtsreife Kabeljau werden in der Regel schon vor dem ersten Laichen gefangen. In der Nordsee wird die Art heute mit 3–4 Jahren und 50–60 cm Länge fortpflanzungsfähig. Noch vor wenigen Jahren lag die Länge für Erstlaicher bei 70 cm.

Die noch unreifen arktisch-norwegischen Kabeljaus in der Barentssee nennt man „Lodden-Kabeljau“, weil sie den Laicherzügen der Lodde folgen. Von April bis Juni treffen sie in riesigen Schwärmen vor der Küste der nordnorwegischen Finnmark ein und werden als „Frühlingskabeljau“ gefangen. Sind diese Kabeljaus geschlechtsreif geworden, nennen die Norweger sie „skrei“ – Wanderkabeljau. Im Herbst ziehen diese Bestände aus der Barentssee zu den Lofoten und treffen im Januar/Februar auf ihren Laichgründen ein. Das Laichen erfolgt hauptsächlich in der Übergangsschicht zwischen kaltem Küstenwasser und dem wärmeren Atlantikwasser, gewöhnlich in 80 m Tiefe. Im April ziehen die abgelaichten Kabeljaus mit nordwärts setzenden Strömungen in die Barentssee zurück und nehmen dann jährlich neu an dieser Laichwanderung teil.

Islandkabeljaus laichen vor der Südwestküste der Insel. Ihr Verhalten ähnelt dem des arktisch-norwegischen Bestands. Markierungen belegten, daß der isländische Kabeljau über große Entfernungen wandert und sogar die Barentssee und Westgrönland erreicht. Grönlandkabeljau entstammt dem isländischen Bestand, und zeitweilig findet ein erheblicher Austausch zwischen diesen beiden Beständen statt. Nordseekabeljaus laichen auf vielen Plätzen, vor allem aber in der südlichen und westlichen Nordsee. In der brackigen Ostsee sind die Laichplätze auf die tieferen, südlichen Gebiete beschränkt, deren genügend hoher Salzgehalt die Eier in den oberen Wasserschichten pelagisch driften läßt. Einzeljahre mit geringem Salzwasserzustrom aus der Nordsee durch das Kattegat in die Ostseelaichgebiete wirken sich katastrophal aus: Die Kabeljaueier sinken in salzarmes Tiefenwasser mit wenig Sauerstoffgehalt und sterben ab. Die natürlichen Schwankungen des Salzgehaltes in der Ostsee ziehen entsprechend unterschiedliche Nachwuchsjahrgänge nach sich. Abgesehen davon gedeiht der Kabeljaubestand der Ostsee derzeit aber gut. Jährlich werden etwa 150.000 Tonnen gefangen.

Kabeljau wird auf ebenem Grund mit Grundschleppnetzen und dänischen Snurrewaden gefischt. Wenn die Fische nahe der Oberfläche oder über rauhem Grund stehen, kommen stationäre Kiemennetze,

Verwendung

Treibnetze, Schwimmschleppnetze, Ringwaden und Langleinen zum Einsatz. Auch die Handangelfischerei ist weit verbreitet. Küstenkabeljaus werden sogar in Reusen und Stellnetzen gefangen.

Der skandinavische Name „torsk“ für Kabeljau bedeutet „Trockenfisch“ und stammt aus der Wikingerzeit. Trockenfisch war seither wichtiges Grundnahrungsmittel und Handelsgut der nordischen Länder. Küstenkabeljau wird auch lebend oder frisch auf Stückeis gehandelt. Große Mengen werden filettiert und tiefgefroren. Kabeljaurogen wird frisch, geräuchert und in Konserven vermarktet.

In weiten Teilen des Verbreitungsgebiets haben die Kabeljaubestände durch Überfischung und durch erhöhte Larvensterblichkeit infolge klimatischer Wasserveränderungen abgenommen.

Die Kabeljauanlandungen in Europa schwanken, liegen aber meist bei etwa 1 Million Tonnen jährlich. Obwohl Kabeljau eine für alle Fischereinationen wichtige Zielart ist, wird er vor allem von Norwegen, Island und Rußland gefangen.

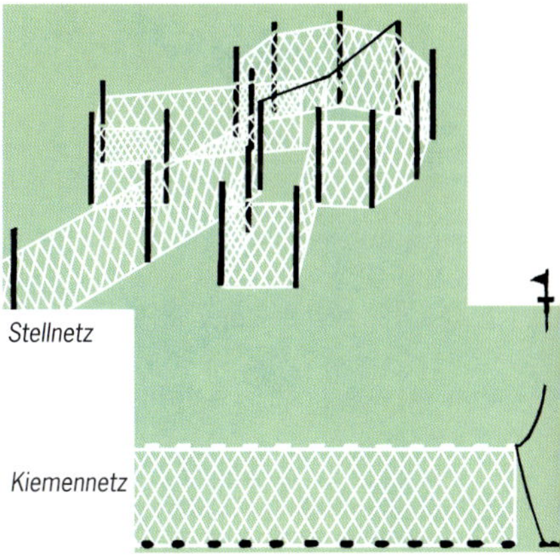

Stellnetz

Kiemennetz

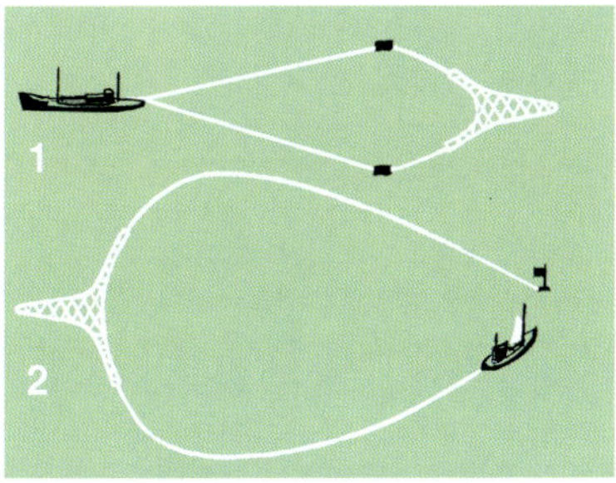

1. Grundschleppnetz, 2. Snurrewade

Angelhaken

Kabeljau

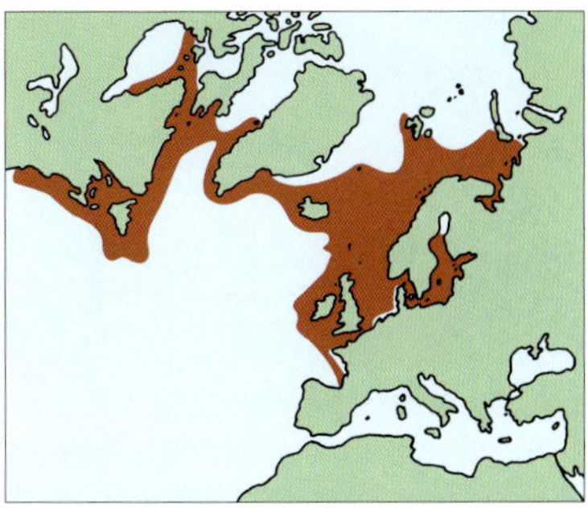

Franzosendorsch

Trisopterus luscus (Linnaeus, 1758)

Hauptmerkmale: Oberkiefer länger als Unterkiefer und vorstehend, mit langer Kinnbartel. Augendurchmesser gleich Schnauzenlänge. Körper recht hochrückig. After auf Höhe von Mitte 1. Rückenflosse. Schwarzer Fleck auf der Brustflossenbasis. Lebendfrische Exemplare mit senkrechten, dunklen Bändern auf dem Körper.

Maximale Länge 30 cm mit 3 Jahren Alter. Lebt in mäßiger Tiefe in Küstengewässern und frißt Bodentiere und kleine Fische. Geschlechtsreif mit 1–2 Jahren. Laicht im Winter südlich und westlich Großbritanniens und Irlands und im Mittelmeer. In der Nordsee nicht häufig.

Beifang in der Fischerei für die Verarbeitung zu Fischmehl, in Südeuropa auch Speisefisch.

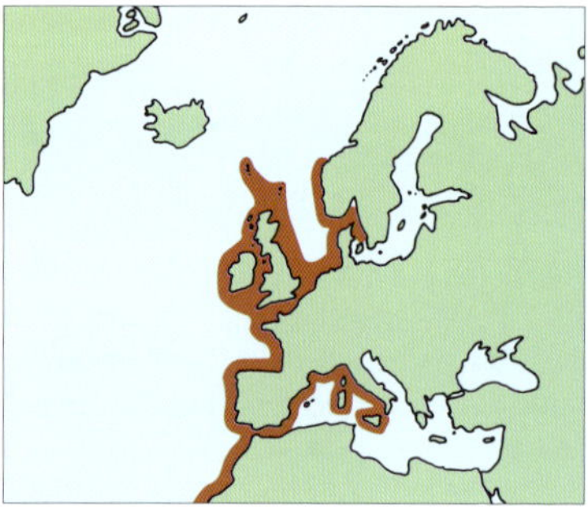

Franzosendorsch

Zwergdorsch

Trisopterus minutus (Linnaeus, 1758)

Hauptmerkmale: Oberkiefer etwas überstehend, mit langer Kinnbartel. Augendurchmesser gleich der Schnauzenlänge.

Unterscheidung von Franzosendorsch: Körper schlanker, After auf Höhe des Hinterendes der 1. Rückenflosse, allenfalls kleiner und undeutlicherer schwarzer Fleck auf der Brustflossenbasis.

Maximale Länge ca. 40 cm im Alter von 6 Jahren, selten über 25 cm lang und 3 Jahre alt.

Lebt in kleinen Schwärmen dicht über dem Grund in 15–250 m Tiefe. Frißt Bodentiere und kleine Fische. Geschlechtsreif mit 1 Jahr, Laichen erfolgt in 50–100 m Tiefe. Laichzeit in der südlichen Nordsee und im Ärmelkanal von Februar bis April, im Mittelmeer von Dezember bis März.

Die pelagischen Eier haben 1 mm Durchmesser, frisch geschlüpfte Larven sind 2–2,5 mm lang. Sehr schnellwüchsige Fischart: 12–14 cm mit einem, 17–19 cm mit 2 Jahren.

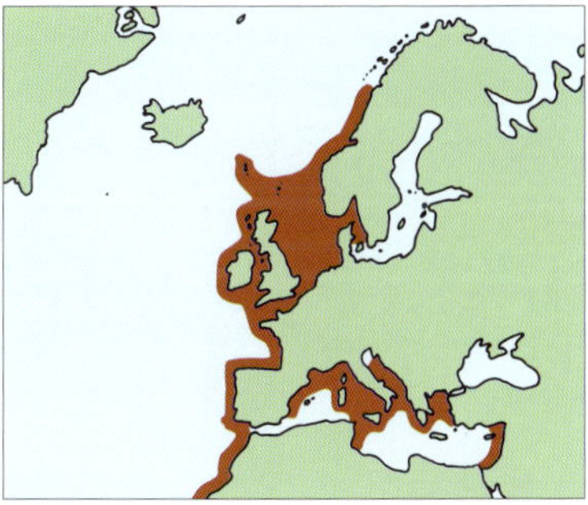

Zwergdorsch

Beifang in der Schleppnetzfischerei für die Verarbeitung zu Fischmehl, in Südeuropa auch Speisefisch.

Silberdorsch, 14 cm

Silberdorsch

Gadiculus argenteus Guichenot, 1850

Hauptmerkmale: Maul schräg aufwärts gestellt, Oberkiefer vorspringend. Ohne Kinnbartel. Augendurchmesser größer als Schnauzenlänge. Seitenliniensystem auf Kopfoberseite in 7 gallerthaltige, offene Gruben verzweigt. Schuppen groß, silbrig und leicht ausfallend.

Maximale Länge 15 cm, Lebensdauer 3 Jahre. Kleinste Art der Dorschfischfamilie im Nordostatlantik. Lebt in Schwärmen pelagisch in 100–1.000 m Tiefe über Weichböden. Im westlichen Mittelmeer Laichzeit im Winter, weiter nördlich im Frühjahr. Wichtiger Beutefisch für viele wirtschaftlich bedeutende Fischarten.

Nach dem Augenabstand werden 2 Unterarten unterschieden: *Gadiculus argenteus thori* lebt in und nördlich der Biskaya, *Gadiculus argenteus argenteus* im südlichen Bereich.

Ohne wirtschaftliche Bedeutung.

Silberdorsch

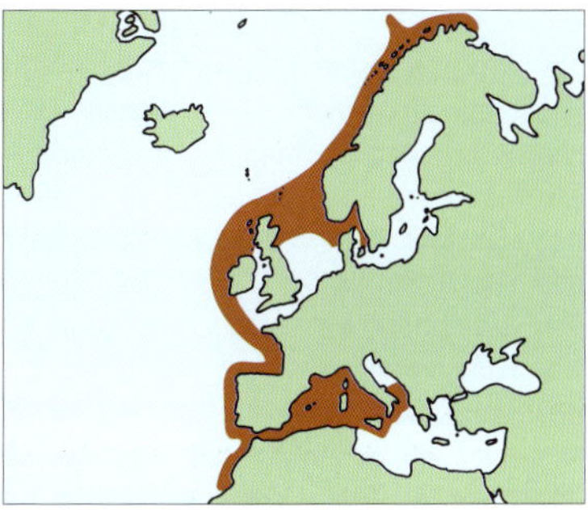

Schellfisch

Melanogrammus aeglefinus (Linnaeus, 1758)

Hauptmerkmale: Oberkiefer länger als Unterkiefer und überhängend. Kurze Kinnbartel. Schnauze länger als Augendurchmesser. Seitenlinie schwarz; großer schwarzer Fleck oberhalb der Brustflosse.

Maximale Länge ca. 100 cm, Gewicht bis 14 kg. Lebensdauer etwa 20 Jahre. Lebt dicht über Grund in 10–200 m Tiefe. Geschlechtsreife Schellfische ziehen im Winter zu ihren Laichgründen in der nördlichen Nordsee, vor Trondheim und Møre in Norwegen, vor dem Südwesten Islands und bei den Färöerinseln. Laichen von März bis Juni in sehr salzhaltigen Bereichen bei 5–7 °C Wassertemperatur und in 50–150 m Tiefe. Ein Weibchen laicht 100.000–1,5 Millionen durchsichtige, frei treibende Eier, die zur Oberfläche steigen. Die ca. 5 mm langen Larven schlüpfen temperaturabhängig nach 1–3 Wochen und werden mit den Strömungen weit verteilt. Bei 5–10 cm Länge gehen sie in zumeist tiefem Wasser zum Bodenleben über. Nach einem Jahr sind sie 15–18 cm lang. Im Gesamtverbreitungsgebiet kann die Zuwachsrate je nach Nahrungsangebot und -konkurrenz deutlich schwanken. Von den westnorwegischen Laichgründen werden die Larven durch Strömungen nordwärts in die Barentssee verdriftet, wo sie weiter aufwachsen. In der westlichen Ostsee treten junge Schellfische nur in Jahren mit starkem Salzwassereinstrom auf. In der Nordsee werden Schellfische mit 3–4 Jahren bei 30–40 cm Länge geschlechtsreif, vor Nordnorwegen nicht unter 6–10 Jahren Alter und 40–70 cm Länge. Nahrung sind vor allem Bodentiere wie Schlangensterne, Weichtiere und Würmer. Außerdem fressen sie Herings- und Loddenlaich, große Exemplare auch Jungfische.

Übliche Fanggeräte sind Schleppnetze, dänische Snurrewaden und Langleinen. Die wichtigsten Fanggründe liegen in der Nord-

Schellfisch

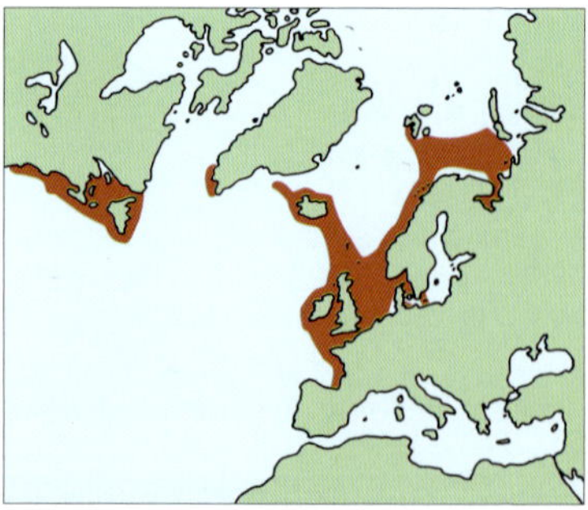

Schellfisch, 30 cm

see, der Barentssee und vor Island. Die Bestände vor der Ostküste Nordamerikas sind in den vergangenen Jahres dramatisch zurückgegangen.

Schellfische gelangen meist als eisgekühlter Frischfisch oder als tiefgefrorene Filets auf den Markt, vor allem in Großbritannien auch geräuchert. Der europäische Gesamtfang liegt bei ca. 100.000–250.000 Tonnen und wird hauptsächlich von Großbritannien, Island, Norwegen und Rußland erzielt.

Nahrung

Angelhaken

1. Grundschleppnetz, 2. Snurrewade

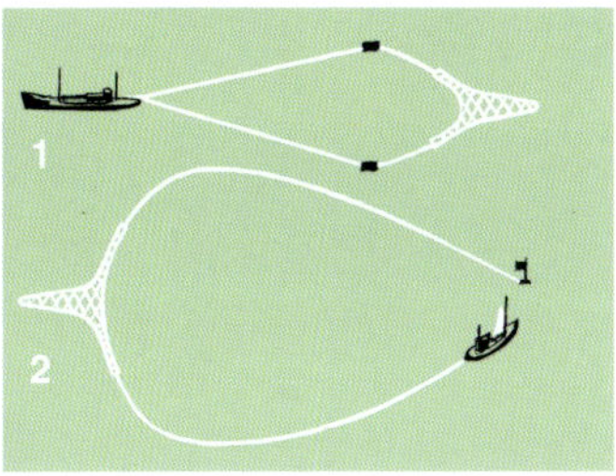

Verwendung

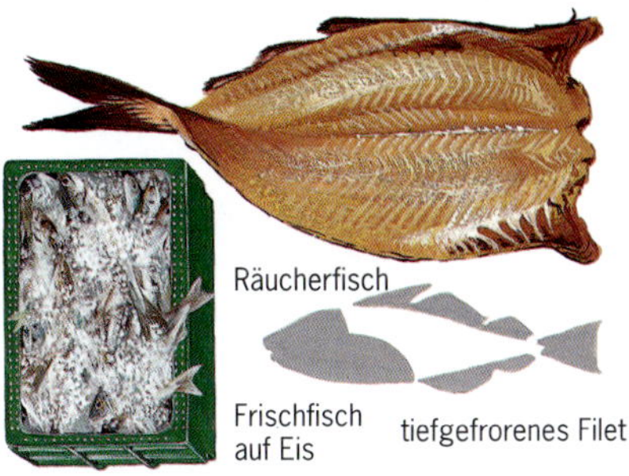

Wittling

Merlangius merlangus (Linnaeus, 1758)

Hauptmerkmale: Oberkiefer überragt Unterkiefer. Zähne relativ lang und spitz. Schnauze etwas länger als der Augendurchmesser. Jungtiere mit sehr kurzer, größere Tiere ohne Kinnbartel. Seitenlinie dunkel. Schwarzer Fleck auf der Basis der Brustflossen.

Maximale Länge bis zu 70 cm, Gewicht bis 3 kg. Lebensdauer ca. 20 Jahre. Wittlinge leben bodennah von der flachen Küstenzone bis in 200 m Tiefe. Geschlechtsreif im Alter von 2–4 Jahren mit etwa 30 cm Länge. Das Laichen erfolgt hauptsächlich im zeitigen Frühjahr in 30–100 m Tiefe fast im ganzen Verbreitungsgebiet: von der Biskaya bis zur nördlichen Nordsee und dem Skagerrak wie auch entlang Norwegen bis Trondheim.

Weibchen laichen je nach ihrer Größe 100.000–1 Million Eier. Wittlingsbrut hält sich oft unter den Schirmen von Quallen auf, deren Nesseltentakel vermutlich Schutz bieten. Meeresströmungen verdriften die pelagischen Larven und Jungfische über große Gebiete, bevor sie spät bei ca. 5–10 cm Länge zum Bodenleben übergehen. Erwachsene Wittlinge fressen Garnelen und insbesondere andere Fischarten wie kleine Heringe, Kabeljaus, Schellfische und auch junge Wittlinge.

Vor allem in England und Frankreich als Speisefisch geschätzt. Anlandungen in Europa pro Jahr 50.000–150.000 Tonnen.

Larve, 11 mm

Wittling, 25 cm

Nahrung

Tiefseegarnelen

Stintdorsche

Jungheringe

Sandaale

Verwendung

Frostfilet

Fischmehl

Frischfisch auf Eis

Futtermittel

Schleppnetz

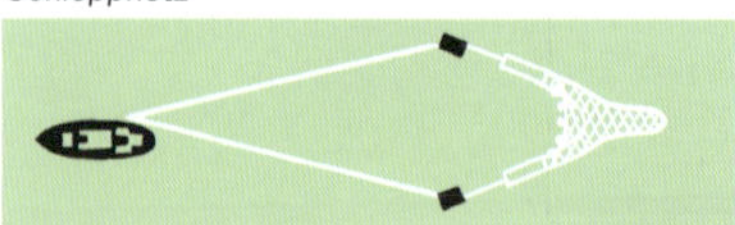

Wittling

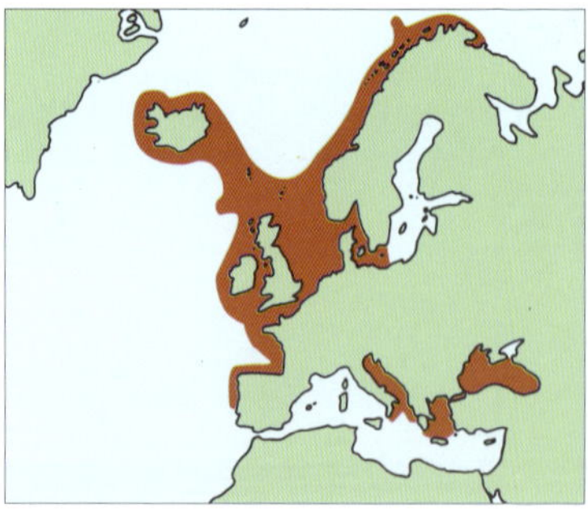

Stintdorsch

Trisopterus esmarki (Nilsson, 1855)

Hauptmerkmale: Unterkiefer länger als Oberkiefer und vorspringend. Mit winziger Kinnbartel. Augendurchmesser größer als die Schnauzenlänge. After auf Höhe Kerbe zwischen 1. und 2. Rückenflosse.

Maximale Länge ca. 25 cm. Die häufigste unter den kleinwüchsigen Dorschfischarten. Lebt als pelagischer Schwarmfisch in 80–300 m Tiefe oft direkt über dem Grund, im Skagerrak und östlichen Kattegat auch weniger als 40 m tief.

Laicht von Januar bis März in der nördlichen Nordsee um Nordschottland, die Orkney-, Shetland- und Färöerinseln. Die verschiedenen Bestände ergänzen sich durch lokale Fortpflanzung selbst.

Im ersten Lebensjahr erreichen Stintdorsche 9–13 cm Länge, im zweiten Jahr 14–19 cm; sie werden schon mit 1–2 Jahren geschlechtsreif. Ihre Nahrung stellen Planktonkrebschen und kleine Fische dar. Als Hauptnahrung für manche Nutzfischarten wie Wittling, Schellfisch und Seelachs sind sie für die Fischerei indirekt wichtig.

Stintdorsch, 17 cm

Nahrung

Leuchtgarnelen

Fischbrut

Verwendung

Forellenpellets

Futtermittel

Fischmehl

Schleppnetz

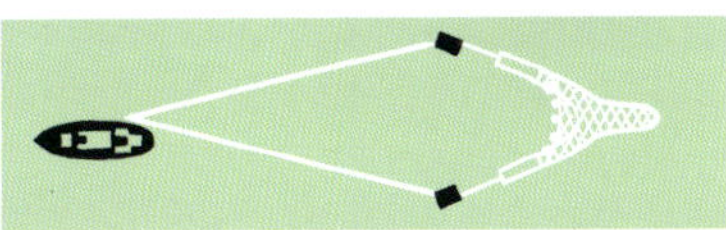

Stintdorsche werden meist mit Schleppnetzen zur Fischmehlproduktion gefangen. Dabei fällt erheblicher Beifang an Jungtieren wichtiger Speisefischarten wie Wittling, Schellfisch und Seelachs an. Deshalb wurde in der Nordsee mit der sogenannten „Stintdorschbox" ein großes Schutzgebiet eingerichtet, in dem jede Industriefischerei verboten ist.

Stintdorsch

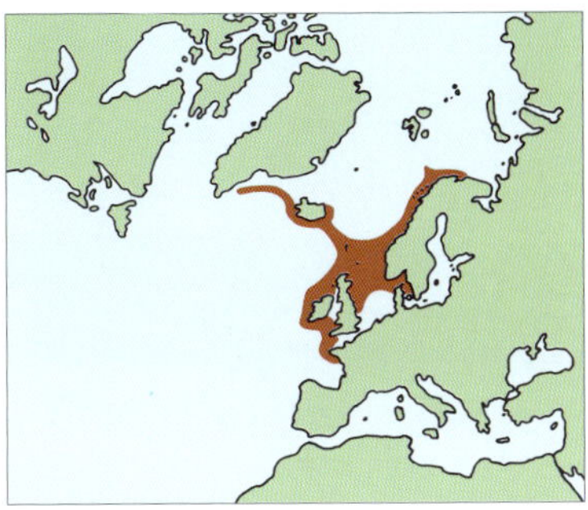

Blauer Wittling

Micromesistius poutassou (Risso, 1826)

Hauptmerkmale: Drei kurze Rückenflossen stehen weit voneinander getrennt. Unterkiefer etwas vorstehend, ohne Kinnbartel. Schwarze Maul- und Kiemenhöhle.

Maximale Länge etwa 50 cm.

Lebt als pelagischer Schwarmfisch des offenen Meeres in 100–1.000 m Tiefe. Steht oft über dem Kontinentalabhang in 150–400 m Tiefe. Blaue Wittlinge folgen den Vertikalwanderungen ihrer planktonischen Beutetiere, die nachts zur Oberfläche aufsteigen und sich morgens in die Tiefe zum Boden zurückziehen.

Das Laichen findet im März und April

Blauer Wittling

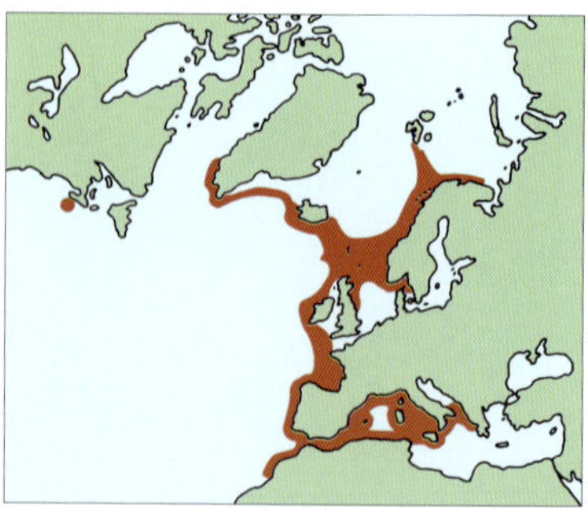

Blauer Wittling, 27 cm

westlich der britischen Inseln und Irlands statt, ferner an bestimmten Plätzen vor Norwegen und Island. Weibchen laichen 6.000–150.000 pelagische Eier von 1 mm Durchmesser. Je nach Temperatur schlüpfen aus diesen nach etwa einer Woche 3 mm lange Larven.

Nach der Fortpflanzung ziehen die Schwärme zu ihren Freßgründen in norwegischen Fjorden und in der nördlichen Nordsee.

Blaue Wittlinge erreichen im ersten Lebensjahr ca. 16 cm Länge und im fünften Jahr 25–30 cm. Geschlechtsreif mit 2–7 Jahren. Die Weibchen werden größer als die Männchen.

Eine wichtige Fischart für die Fischmehlindustrie. Vor allem Norwegen und Rußland fangen den Blauen Wittling als Beifang in Schleppnetzen oder gezielt mit Schwimmschleppnetzen nördlich und westlich der britischen Inseln und Irlands.

Die jährlichen Anlandungen schwanken um 500.000 Tonnen.

Pollack, 40 cm

Pollack

Pollachius pollachius (Linnaeus, 1758)

Hauptmerkmale: Unterkiefer länger als Oberkiefer und vorstehend, ohne Kinnbartel. Schwarze Seitenlinie über der Brustflosse mit bogenförmigem Verlauf.

Maximale Länge 130 cm, wird aber meist nicht länger als 75 cm. Lebensdauer ca. 8 Jahre. Lebt pelagisch oder in Bodennähe von küstennahem Flachwasser bis in 200 m Tiefe. Steht gerne bei Schiffswracks, Ölplattformen und über felsigem Grund.

Die Art laicht im Frühjahr vor Südnorwegen, in der nördlichen Nordsee, westlich und südlich der britischen Inseln und Irlands sowie vor Spanien in 100–200 m Tiefe. Eier und Larven driften pelagisch. Die Larven schlüpfen nach einer Woche. Die Jungfische leben für 2–3 Jahre pelagisch in Küstennähe und schließen sich hierbei oft mit gleich großen Seelachsen in Schwärmen zusammen. Der Pollack frißt Fische und pelagische Krebse.

Das Fleisch ist zwar trocken, aber von gutem Geschmack. Meist nur Beifang bei der Fischerei auf Kabeljau und Seelachs. Der europäische Jahresfang liegt bei etwa 15.000 Tonnen.

Pollack

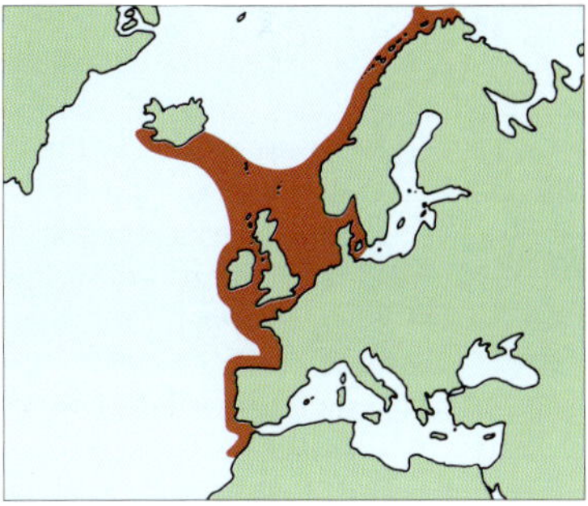

Seelachs

Pollachius virens (Linnaeus, 1758)

Hauptmerkmale: Unterkiefer länger als Oberkiefer und vorstehend. Jungfische mit kleiner Kinnbartel, größere Tiere ohne. Seitenlinie gerade und hell abgesetzt.

Maximale Länge bis 130 cm, Lebensdauer 25–30 Jahre. Lebt fast ausschließlich als pelagischer Schwarmfisch von der Oberfläche bis in 250 m Tiefe. Laichen von Februar bis April in 200 m Tiefe bei 6–8 °C Wassertemperatur nördlich der britischen Inseln und vor Norwegen. Die Jungfische wachsen 2–3 Jahre in Küstengewässern heran und breiten sich dann nordwärts bis in die Barentssee und südwärts bis in die nördliche Nordsee und das Skagerrak aus.

Geschlechtsreif mit 5–10 Jahren bei 60–70 cm Länge.

Jungfische fressen planktonische Krebschen und Fischlarven, die sie mit ihren langen Kiemenreusenfortsätzen aus dem Wasser filtern. Erwachsene Seelachse sind gefräßige Raubfische, die pelagische Krebse, Heringe, Sprotten, Lachsspierlinge und Junge ihrer eigenen Art jagen. Wie der Pollack hält sich auch der Seelachs gerne in der Nähe von Schiffswracks und Ölplattfor-

Nahrung

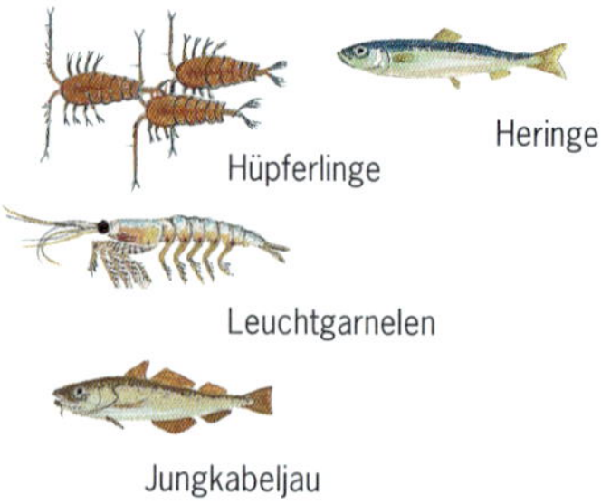

Verwendung

Seelachs, 60 cm

Larve, 11 mm

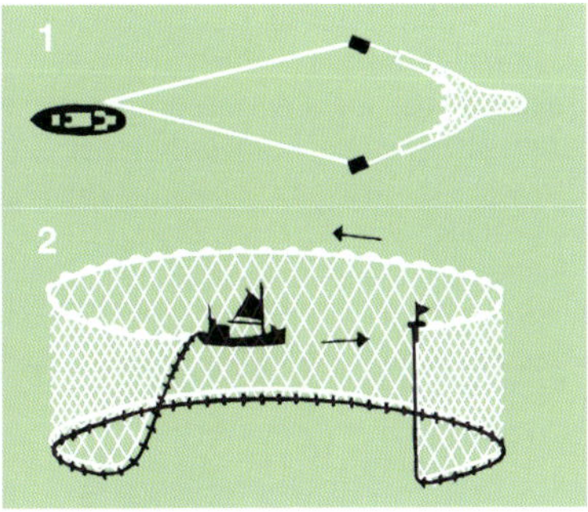

1. Schleppnetz, 2. Ringwade

Angelhaken

men auf. Markierungsversuche haben ausgedehnte Wanderungen innerhalb des gesamten Verbreitungsgebietes nachgewiesen.

Der Fang erfolgt hauptsächlich mit Schleppnetzen und Ringwaden, in kleinerem Umfang aber auch mit Treibnetzen und Langleinen.

Seelachs kommt frisch auf Eis, gesalzen, als tiefgefrorenes Filet, als Trockenfisch oder geräuchert auf den Markt.

Die Fangmenge lag in Europa über einige Jahre bei ca. 300.000 Tonnen jährlich und wurde hauptsächlich von Norwegen, Island und den Färöerinseln gefischt.

Seelachs

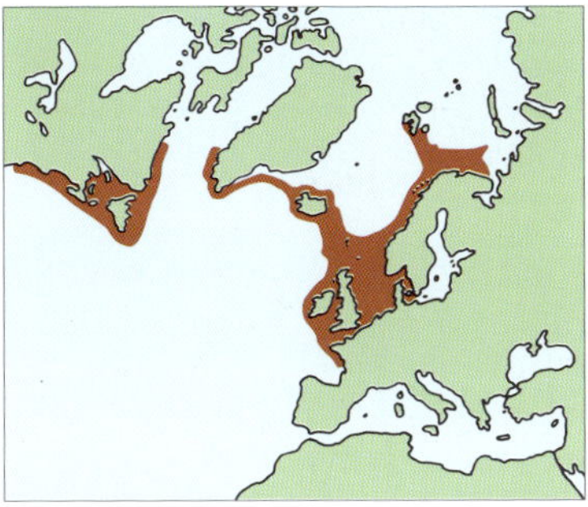

Lumb, 63 cm

Lumb

Brosme brosme
(Ascanius, 1772)

Hauptmerkmale: Nur je 1 lange Rücken- und Afterflosse, beide weiß gesäumt und dicht an die Schwanzflosse heranreichend. Kinnbartel vorhanden, keine Barteln auf der Schnauze. Haut schleimig und dick, Schuppen sehr klein.

Maximale Länge um 90 cm, Gewicht bis ca. 10 kg. Lebensdauer rund 10 Jahre. Lebt bodennah in 70–1.000 m Tiefe, am häufigsten aber am Kontinentalabhang 200–500 m tief und auf steinigem Grund. Geschlechtsreif mit 8–10 Jahren und ca. 60 cm Länge.

Das Weibchen laicht von April bis Juli 2–3 Millionen Eier. Wichtigste Laichplätze liegen vor Südwestisland, bei den Färöerinseln, nördlich und westlich von Schottland und entlang der norwegischen Küste. Die Eier von 1,4 mm Durchmesser driften pelagisch. Schon nach 10 Tagen schlüpfen die 4 mm langen Larven. Jungtiere leben pelagisch und gehen erst nach 1,5 Jahren mit 5–10 cm Länge zum Bodenleben über. Nahrung sind Krebse, Muscheln und Fische.

Jahresfang von 30.000 Tonnen durch Norwegen, Island und die Färöer.

Nahrung

Krebse

Bodenfische

Verwendung

Frischfisch auf Eis

Froschdorsch

Raniceps raninus (Linnaeus, 1758)

Hauptmerkmale: Kopf fast so breit wie lang und froschähnlich, Länge ca. 1/4 der Gesamtlänge. Zwei Rückenflossen, erste besteht nur aus 3 kurzen Strahlen. Kurze Kinnbartel. Körper schwarzbraun und sehr schleimig. Junge erinnern an Kaulquappen.

Maximale Länge 20–25 cm. Lebt meist auf harten oder steinigen Böden in der oberen Algenzone und bis 100 m Tiefe. Laichzeit Mai bis September. Jungfische leben pelagisch; ab 2 cm Länge Übergang zum Bodenleben. Froschdorsche leben einzeln und sind selten zu finden. Sie fressen kleine Bodentiere und Meergrundeln.

Wegen seiner Lebensweise auf steinigem Grund wird der Froschdorsch selten gefangen. Ohne wirtschaftliche Bedeutung.

Lumb

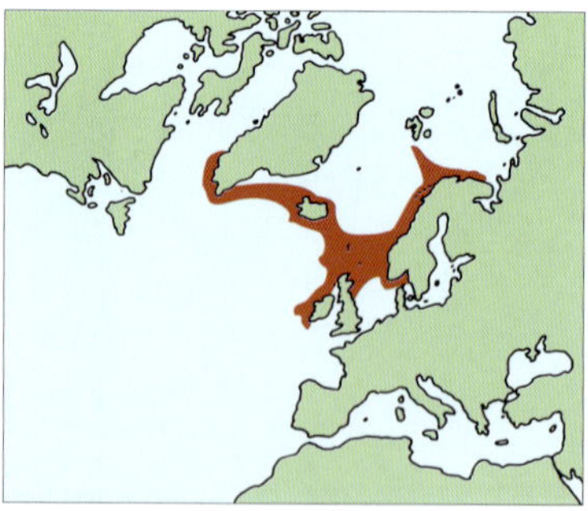

Froschdorsch

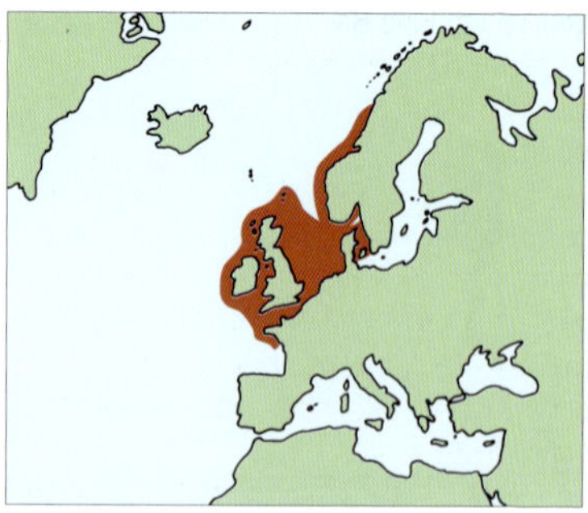

Froschdorsch, 15 cm

Gabeldorsch, *30 cm*

Gabeldorsch

Phycis blennoides (Brünnich, 1768)

Hauptmerkmale: Bauchflossen lang und fadenförmig, bis zum After reichend. Erste Rückenflosse kurz, dreieckig; 2. Rückenflosse und Afterflosse bilden je einen langen Saum. Eine Bartel am Kinn.

Maximale Länge 110 cm, selten länger als 40–45 cm. Ausgewachsene Tiere leben bodennah in 100–450 m Tiefe, Jungtiere weniger tief. Laichzeit im Mittelmeer Januar bis Mai, weiter nördlich später; Laichgeschehen im Norden ihres Verbreitungsgebiets aber ungesichert. Geschlechtsreif mit 3–4 Jahren. Als Nahrung dienen benthische Wirbellose und größeren Gabeldorschen auch Fische.

Beifang in der Schleppnetz- und Langleinenfischerei; werden zu Fischmehl verarbeitet. Im Mittelmeerraum allerdings findet man Gabeldorsche als Speisefische auf den Märkten. Das Fleisch ist geschmackvoll, aber wenig haltbar.

Gabeldorsch

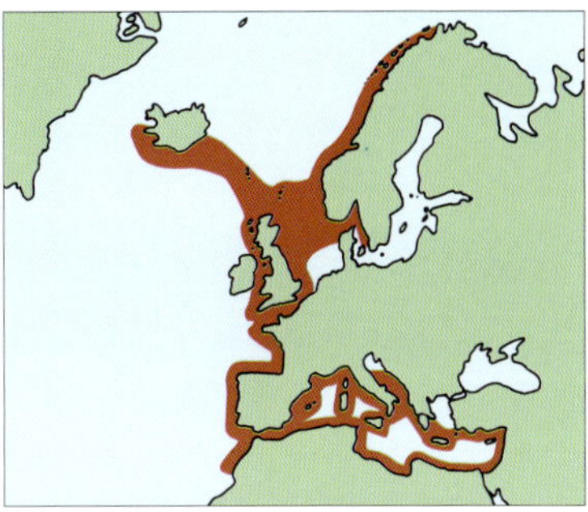

Leng

Molva molva (Linnaeus, 1758)

Hauptmerkmale: Körper sehr lang und schlank. Kinnbartel länger als Augendurchmesser. Schwarzer Fleck am Hinterende der 1. Rückenflosse. Hoher Schwanzstiel.

Maximale Länge 200 cm, Gewicht bis 45 kg, Lebensdauer ca. 25 Jahre; selten länger als 160 cm. Lebt auf Hartböden in 100–400 m Tiefe, kann aber bis 1.000 m vorkommen. Laichzeit März bis Juli, am frühzeitigsten im Mittelmeer. Wichtigste Laichgründe ca. 200 m tief in der Biskaya, an den Kontinentalabhängen westlich der britischen Inseln und Irlands, bei den Färöerinseln und vor Südisland. Geschlechtsreif mit 5–8 Jahren, Männchen eher als Weibchen. Die größten Weibchen laichen bis zu 60 Millionen Eier von 1 mm Durchmesser. Die Jungfische leben einige Jahre pelagisch und wachsen schnell. Ausgewachsene Exemplare sind gefräßige Raubfische. Sie fressen große, bodenlebende Wirbellose und Fische.

Fanggeräte sind Schleppnetze oder Langleinen. In Norwegen, Schottland, Island und auf den Färöerinseln wird der Leng zu Klippfisch gesalzen und getrocknet. Er ist aber auch als frisches oder tiefgefrorenes Filet erhältlich.

Die jährliche Fangmenge in Europa beträgt ca. 40.000 Tonnen Leng. Sie wird hauptsächlich von Norwegen erzielt, ist aber rückläufig.

Leng

Blauleng

Molva dipterygia (Pennant, 1784)

Hauptmerkmale: Körper sehr lang und schlank. Kinnbartel kürzer als der Augendurchmesser. Schwanzstiel deutlich schlanker als der des Leng (s. Abb. S. 137).

Maximale Länge 155 cm bei ca. 30 kg Gewicht und etwa 20 Jahren Alter. Lebt auf weichen Böden in 350–1.000 m Tiefe. Laicht im April und Mai in 500–1.000 m Tiefe auf den nordatlantischen Kontinentalabhängen vor Südisland und westlich der Färöerinseln und Schottlands. Der Nachwuchs des norwegischen Blaulengbestandes entstammt diesen Laichgebieten. Die Jungfische leben ein Jahr pelagisch, bevor sie zum Bodenleben übergehen. Geschlechtsreif im Alter von 9–11 Jahren mit 75–80 cm Länge. Nahrung sind Fische und Krebse.

Die nördlichen und südlichen Bestände des Blaulengs werden oft als die 2 Unterarten Blauleng *(Molva dipterygia dipterygia)* und Mittelmeerblauleng *(M. d. macrophthalma)* aufgefaßt. Sie unterscheiden sich in der Länge ihrer Bauchflossen.

Der Blauleng wird mit Schleppnetzen und Langleinen gefangen. Sein Fleisch ist sehr beliebt; wegen der tiefen Standplätze und noch unzureichender Kenntnisse über Biologie und Wanderungsgewohnheiten der Art ist jedoch die Fangmenge in Europa auf ca. 10.000–15.000 Tonnen jährlich beschränkt.

Blauleng

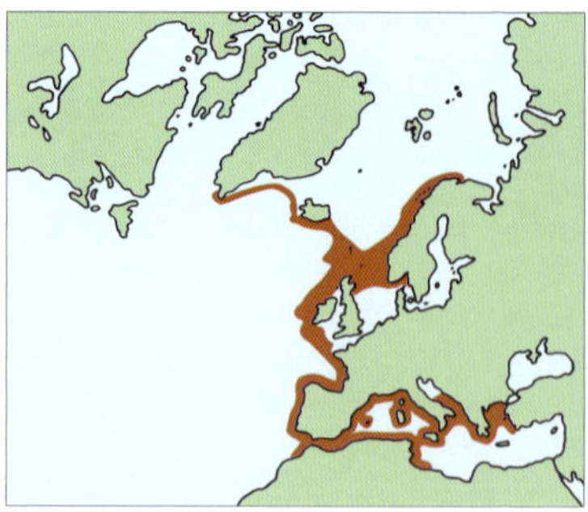

Leng, 68 cm

Blauleng, 64 cm

Nahrung

Blaue Wittlinge

Stintdorsche

Knurrhähne

Plattfische

Kaisergranat

Kopffüßer

Verwendung

Frischfisch auf Eis

Frostfilet

Trockenfisch

Klippfisch

Angelhaken

Grundschleppnetz

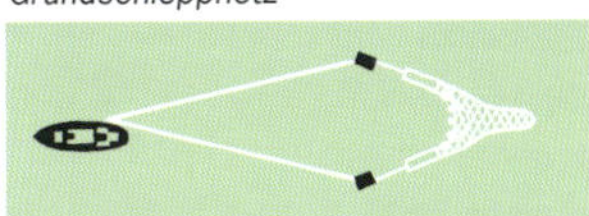

SEEQUAPPEN

Unterfamilie *Lotinae* der Familie *Gadidae*

Außer einer Kinnbartel tragen Seequappen noch 2–4 Barteln auf der Schnauzenspitze. 1. Rückenflosse stark zurückgebildet und in eine Rückengrube einfaltbar. Ihr 1. Strahl ist mehr oder weniger stark verlängert. Jungfische leben erst pelagisch, ab 3–5 cm Länge am Boden. Wegen leicht verderblichen Fleisches kaum wirtschaftliche Bedeutung.

Dreibärtelige Seequappe

Gaidropsarus vulgaris (Cloquet, 1824)

Hauptmerkmale: 1. Strahl der 1. Rückenflosse kürzer als Augendurchmesser. Lange Kinnbartel, 2 weitere Barteln auf der Schnauze. Körper- und Kopfmuster aus großen dunkelbraunen Flecken.

Maximale Länge 60 cm. Lebt in 20–120 m Tiefe auf unterschiedlichen Böden und frißt Krebse, Würmer und Fische.

Beifang der Schleppnetz- und Langleinenfischerei; wird in Teilen des Verbreitungsgebiets genutzt.

Dreibärtelige Seequappe

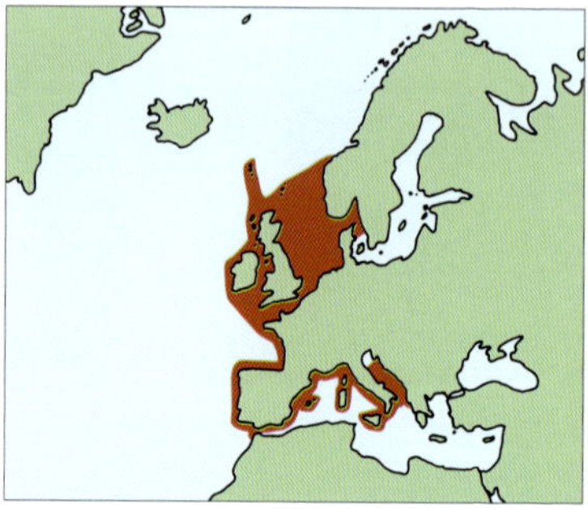

Mittelmeer-Seequappe

Gaidropsarus mediterraneus (Linnaeus, 1758)

Hauptmerkmale: 1. Strahl der 1. Rückenflosse kürzer als Augendurchmesser. Lange Kinnbartel, 2 weitere Barteln auf der Schnauze. Dunkler, oft marmorierter Rücken.

Maximale Länge 50 cm. Lebt auf Hartböden bis 60 m Tiefe. Frißt Algen, Krebse, Würmer und Fisch. Nur Beifang.

Mittelmeer-Seequappe

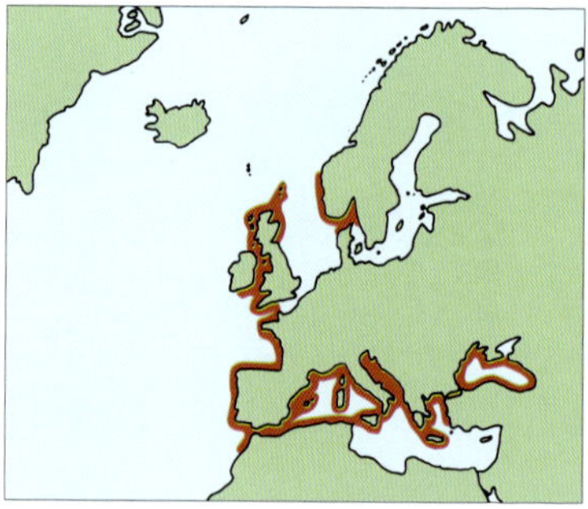

Großäugige Seequappe

Gaidropsarus macrophthalmus (Günther, 1867)

Hauptmerkmale: 1. Strahl der 1. Rückenflosse kürzer als Augendurchmesser. Deutliche Kinnbartel, 2 weitere Barteln auf der Schnauze. Spitze des Oberkiefers mit 2, seltener 3–4 langen, spitzen Zähnen.

Maximale Länge ca. 25 cm. Lebt am oder dicht über dem Boden bis in wenige hundert Meter Tiefe und frißt Krebse.

Ohne wirtschaftliche Bedeutung.

Großäugige Seequappe

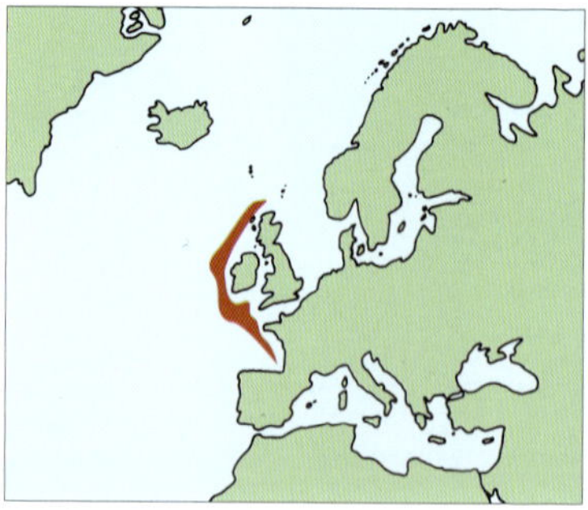

Nahrung der Seequappen

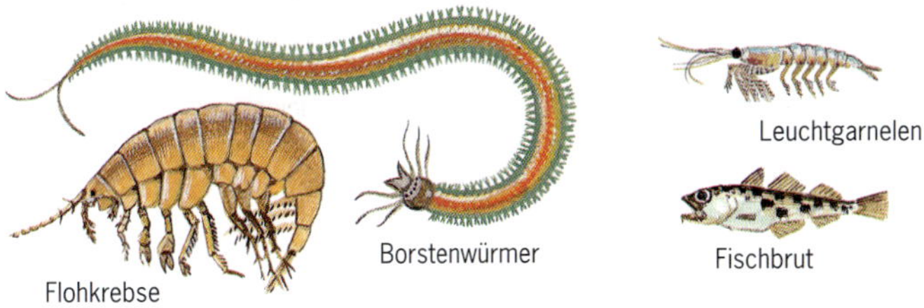

Dreibärtelige Seequappe, 25 cm

Mittelmeer-Seequappe, 30 cm

Großäugige Seequappe, 20 cm

Arktische Seequappe, 20 cm

Arktische Seequappe

Onogadus argentatus (Reinhardt, 1837)

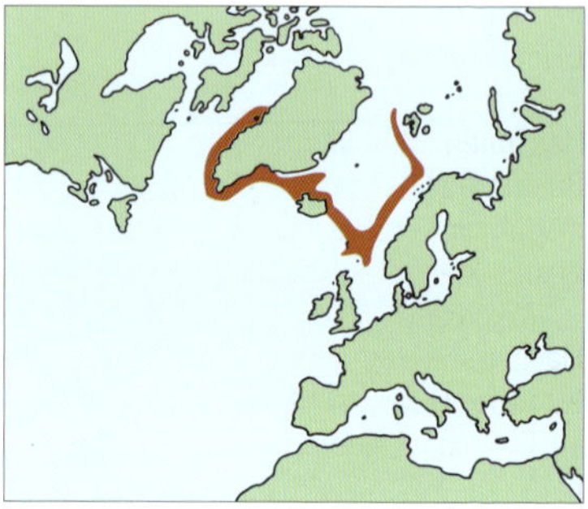

Arktische Seequappe

Hauptmerkmale: 1. Strahl der 1. Rückenflosse mindestens doppelt so lang wie der Augendurchmesser. Eine Kinnbartel, 2 weitere Barteln auf der Schnauze. Körper gewöhnlich rotbraun, Flossen rötlich.

Maximale Länge ca. 30–35 cm. Lebt auf Weichböden in 150–2.000 m Tiefe und frißt Krebse.

Ohne wirtschaftliche Bedeutung.

Vierbärtelige Seequappe, 22 cm

Vierbärtelige Seequappe

Vierbärtelige Seequappe

Rhinonemus cimbrius (Linnaeus, 1758)

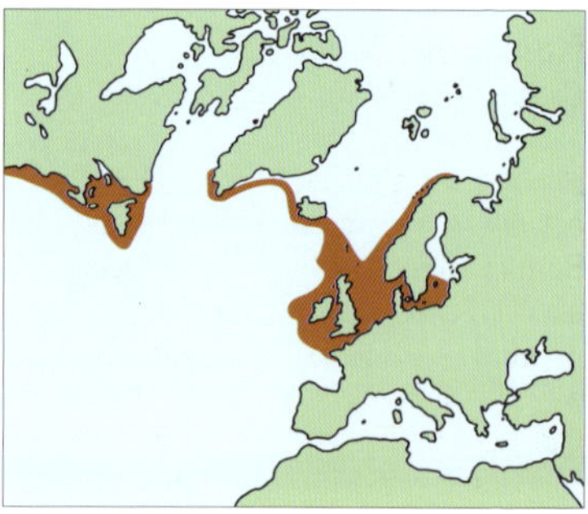

Hauptmerkmale: Eine Kinnbartel, 3 zusätzliche Barteln auf der Schnauze. Der 1. Strahl der 1. Rückenflosse ist lang und reicht bis zur 2. Rückenflosse. Unterschiedliche Färbungen.

Maximale Länge ca. 40 cm. Lebt auf Weichböden in 20–650 m Tiefe. Laicht auch in der Ostsee.

Nahrung sind kleine Fische und Krebse.

Häufiger Beifang in Schleppnetzen, aber ohne wirtschaftliche Bedeutung.

Fünfbärtelige Seequappe, 10 cm

Fünfbärtelige Seequappe

Ciliata mustela (Linnaeus, 1758)

Hauptmerkmale: Eine Kinnbartel, 4 weitere Barteln auf der Schnauze. Der kurze Kopf macht nur ein Fünftel der Gesamtlänge des gestreckten Körpers aus.

Maximale Länge ca. 25 cm. Lebt im Flachwasser der Algenzone bis nur etwa 20 m Tiefe.

Frißt hauptsächlich kleine Fische und hat keine wirtschaftliche Bedeutung.

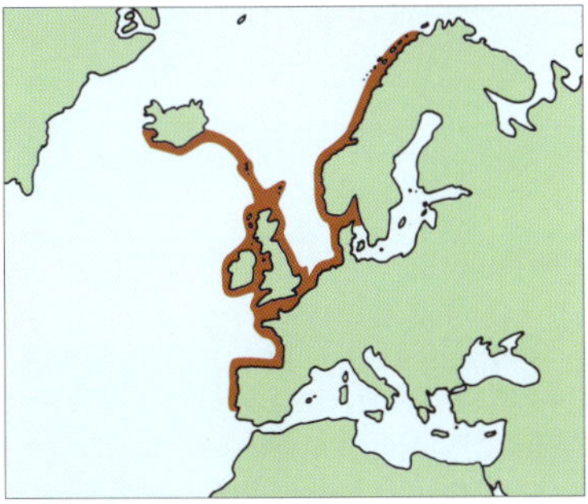

Fünfbärtelige Seequappe

Nordische Seequappe, 15 cm

Nordische Seequappe

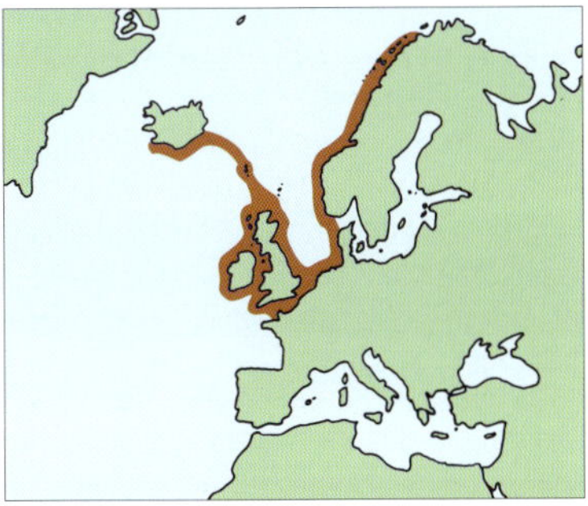

Nordische Seequappe

Ciliata septentrionalis (Collett, 1875)

Hauptmerkmale: Eine Kinnbartel, 4 Barteln auf der Schnauze. 3 weitere Paare kleiner Barteln auf der Oberlippe. Kopf länger als ein Fünftel der Gesamtlänge.

Maximale Länge ca. 20 cm. Lebt vorwiegend in 10–50 m Tiefe und frißt Krebse und Würmer.

Ohne wirtschaftliche Bedeutung.

Seehecht, 35 cm

SEEHECHTE
Merlucciidae

Schwesterfamilie der Dorschfische mit weltweit 13 Arten. Unterscheidungsmerkmale zu den meisten Dorschfischen: Langgestreckter, schlankerer Körper, 2 Rückenflossen und nur 1 Afterflosse, großes Maul und lange, spitze Zähne. Vorkommen in allen Meeren in Küstennähe und über dem Schelf in 50–400 m Tiefe, nur eine Art in europäischen Gewässern. Seehechte haben große wirtschaftliche Bedeutung.

Seehecht
Merluccius merluccius (Linnaeus, 1758)

Hauptmerkmale: 1. Rückenflosse kurz, 2. Rückenflosse und Afterflosse lang und jeweils hinten am höchsten. Unterkiefer vorstehend. Schwarze Maul- und Kiemenhöhle. Große Exemplare ohne Kinnbartel. Zähne kräftig und spitz.

Maximale Länge 135 cm bei 15 kg Gewicht; Männchen selten größer als 80 cm, Weibchen als 100 cm und 10 kg. Lebensdauer 20 Jahre. Lebt als Schwarmfisch in 70–400 m Tiefe, z. T. auch tiefer. Steht tagsüber in Bodennähe und steigt nachts in obere Wasserschichten auf. Frißt Kopffüßer, Dorschfische, Sardinen, Heringe und jüngere Artgenossen.

Laicht in atlantischen Gewässern in 100–300 m Tiefe von Dezember bis Juli, am frühesten im Mittelmeer und vor Nordwestafrika, später vor Westisland, Schottland, in der nördlichen Nordsee und im Skagerrak. Weibchen laichen 2–7 Millionen Eier von 1 mm Durchmesser. Nach 2–4 Tagen schlüpfen ca. 3 mm lange Larven. Männchen im Mittelmeer mit 3–4 Jahren und ca. 25 cm Länge geschlechtsreif, Weibchen bei ca. 38 cm Länge. In den nördlichen Teilen des Verbreitungsgebiets später reif: Männchen im Alter von 5 Jahren bei 40 cm Länge, Weibchen mit 7–10 Jahren bei 57–70 cm Länge. Eier und Larven driften pelagisch.

Die Jungfische ernähren sich von Plankton und kommen auch in Küstengewässern vor, ehe sie mit zunehmendem Alter in tieferes Wasser ziehen.

Vor allem im Mittelmeer ein wichtiger Speisefisch, der mit Schleppnetzen und Langleinen gefangen wird. Gelangt als frisches Filet auf Stückeis oder auch gesalzen und getrocknet auf den Markt. Auch der Rogen wird angeboten.

Der europäische Jahresfang beträgt rund 70.000 Tonnen und wird hauptsächlich von Frankreich und Spanien erzielt. Die Bestände zeigen aber Anzeichen von Überfischung.

Nahrung

Heringe

Sardellen

Makrelen

Verwendung

Frischfisch auf Eis

Seehecht

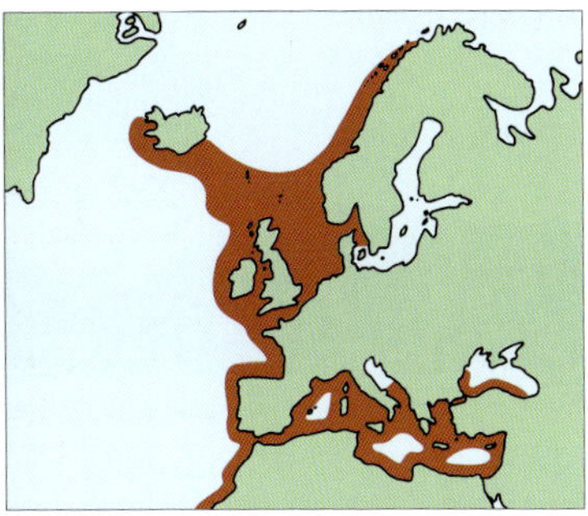

Angelhaken

Schleppnetz

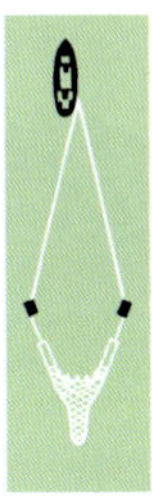

SEETEUFEL

Lophiidae

Körper stark abgeflacht, Kopf sehr groß und breit. Im gewaltig klaffenden Maul stehen viele spitze, einwärts gebogene Zähne. Kopfoberseite mit vielen kräftigen Knochenstacheln bewehrt. Stachelstrahlen der 1. Rückenflosse stark verlängert. Der erste ist sehr beweglich und trägt einen fleischigen Hautlappen zum Anlocken von Beute. Seeteufel sind Lauerjäger, die sich am Boden getarnt oder eingegraben verbergen und Beute plötzlich in ihr weit aufgerissenes Maul saugen. 25 Arten der Familie leben in allen Ozeanen und sind wichtige Speisefische.

Seeteufel, 35 cm

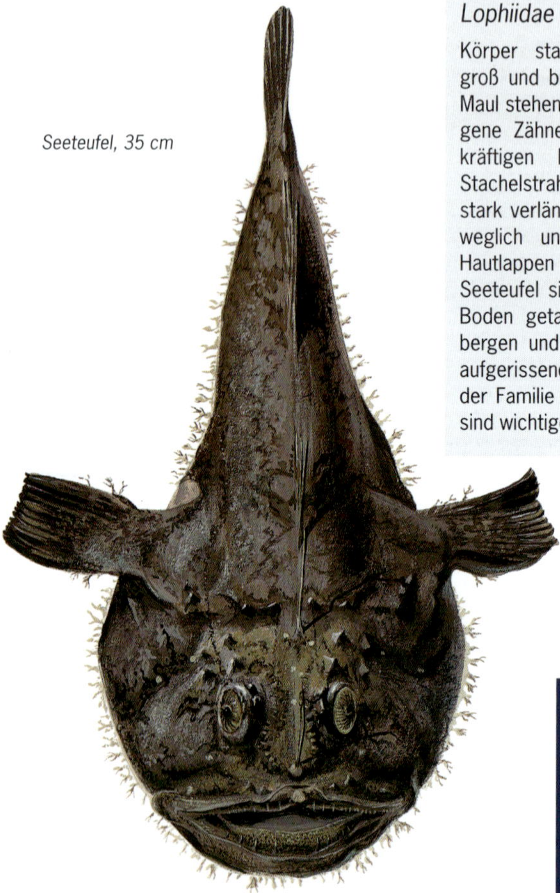

Larve, 26 mm

Seitenansicht des Seeteufels

Seeteufel

Lophius piscatorius (Linnaeus, 1758)

Hauptmerkmale: Sehr ähnlich dem Schwarzen Seeteufel, aber mit hellem Bauchfell in der Leibeshöhle und 11–12 Strahlen in der 2. Rückenflosse.

Maximale Länge um 2 m, Gewicht bis 40 kg, aber selten größer als 50–60 cm. Lebt auf allen Böden von der Küste bis in 1.000 m Tiefe. Laicht von April bis Juni in Gewässern nördlich, westlich und südlich der britischen Inseln und Irlands in gut 400 m Tiefe. Weibchen laichen ca. 1 Million Eier, die zusammen in ein violettes Schleimband von 8–10 m Länge und 15–45 cm Breite eingebettet sind. Diese Eibänder driften frei im Wasser, werden von den Wellen auseinandergerissen und so durch Strömungen weit verteilt. Die Larven sehen mit ihren enorm verlängerten Flossenstrahlen bizarr aus und leben pelagisch, bis sie auf etwa 6–8 cm Länge herangewachsen sind. Männchen werden mit ca. 40 cm Länge und etwa 4 Jahren geschlechtsreif, Weibchen mit ca. 70 cm und 6 Jahren.

Seeteufel sind sehr gut an das Bodenleben angepaßt. Sie sind durch ihre zahlreichen kleinen Hautanhänge an den Seiten, die sie zusammen mit einer farblichen Anpassung wie algenbewachsene Steine aussehen lassen, bestens getarnt. Beutefische locken sie mit dem ersten Strahl der Rückenflosse an, indem sie ihn wie eine kleine Fahne oder einen zappelnden Wurm bewegen. Ist das Opfer nahe genug, reißen sie ihr riesiges Maul plötzlich auf und saugen es mit dem Wassersog ein. Fische sind die Hauptnahrung der Seeteufel, die gelegentlich auch pelagisch schwimmen. Man hat sogar Seevögel in ihren Mägen gefunden.

Seeteufel sind wertvoller Beifang in Schleppnetzen und bei der Langleinenfischerei. Angeboten werden meist nur enthäutete Schwanzstücke ohne Kopf, aber auch das Fleisch der muskulösen Kiefer wird genutzt.

Der europäische Jahresfang des Seeteufels und des Schwarzen Seeteufels zusammen liegt bei etwa 50.000 Tonnen.

Schwarzer Seeteufel

Lophius budegassa Spinola, 1807

Hauptmerkmale: Sehr ähnlich dem oben beschriebenen „gemeinen“ Seeteufel, aber mit schwarzem Bauchfell in der Leibeshöhle und nur 9–10 Strahlen in der 2. Rückenflosse.

Maximale Länge ca. 1 m, doch selten länger als 35 cm. Verhalten und Biologie sind dem „gemeinen“ Seeteufel ähnlich. Der Schwarze Seeteufel ist allerdings weiter südlich verbreitet. Die nördliche Verbreitungsgrenze liegt bei den britischen Inseln.

Seeteufel

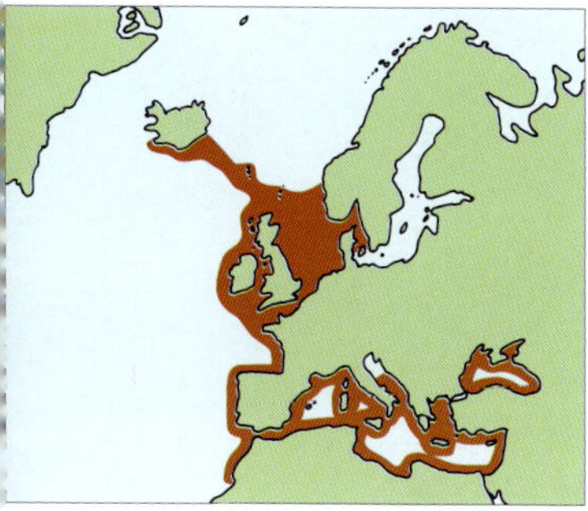

Schwarzer Seeteufel

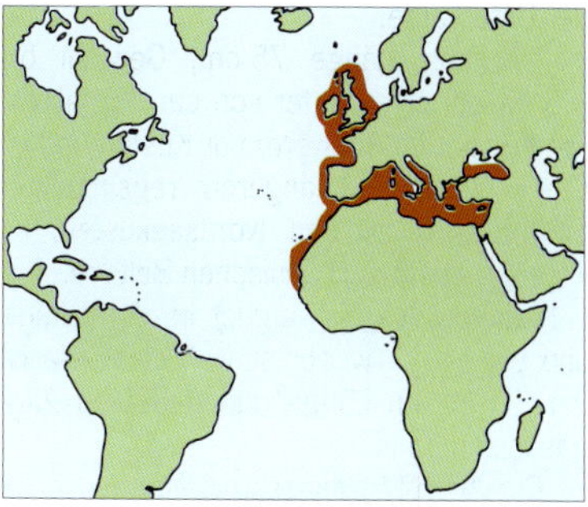

MEERÄSCHEN
Mugilidae

Zwei weit getrennte, kurze Rückenflossen, die erste mit 4 Stachelstrahlen. Der Kopf ist breit, das Maul eine querstehende Spalte. Große Schuppen. Meeräschen fressen Planktonorganismen, Schnecken und andere Wirbellose sowie viel Pflanzenmaterial. Als Anpassung an diese Ernährung haben sie einen sehr muskulösen Magen und einen langen Darm. 80 Arten der Familie leben in Schwärmen vor den Küsten und im Brackwasser tropischer bis gemäßigter Gewässer. Meeräschen sind wirtschaftlich sehr wichtig und werden auch intensiv in Aquakulturen gehalten.

Bestimmungsschlüssel Meeräschen

1 Oberlippe nahezu so dick wie der Pupillendurchmesser, mit hornigen Knötchen bei großen Tieren . . . . **Dicklippige Meeräsche**, S. 146

Oberlippe dünner als der Pupillendurchmesser, ohne hornige Knötchen **2**

2 Spitze der zurückgelegten Brustflosse reicht nur auf Hälfte der Strecke bis Höhe Ansatz 1. Rückenflosse; Schnauze ohne Schuppen bis zu den vorderen Nasenlöchern . . . . **Dünnlippige Meeräsche**, S. 147

Spitze der zurückgelegten Brustflosse reicht fast bis Höhe Ansatz 1. Rückenflosse; Schnauze ohne Schuppen bis zu den hinteren Nasenlöchern . . . . **Goldmeeräsche**, S. 147

Dicklippige Meeräsche, 26 cm

Dicklippige Meeräsche
Chelon labrosus (Risso, 1826)

Hauptmerkmale: Oberlippe etwa so dick wie der Pupillendurchmesser und bei großen Tieren mit hornigen Knötchen an der Unterkante.

Maximale Länge 75 cm, Gewicht bis 4,5 kg bei einem Alter von ca. 25 Jahren. Die Art lebt im Schwarm vor Küsten und im Brackwasser. Seit längerem regelmäßiger Sommergast an den Nordseeküsten, im Kattegat und in der dänischen Beltsee.

Laichen Juli bis August im Ärmelkanal und vor Irland, weiter südlich eher. Sie ist mit 30–35 cm Länge und 4 Jahren Alter geschlechtsreif.

Die Art frißt Pflanzenmaterial und organische Bodenablagerungen, die eingesaugt und mit den langen Kiemenreusenfortsätzen ausgefiltert werden.

Dicklippige Meeräsche

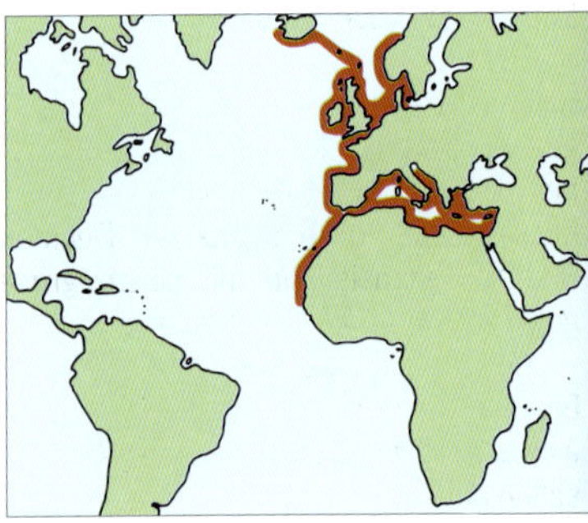

Dünnlippige Meeräsche

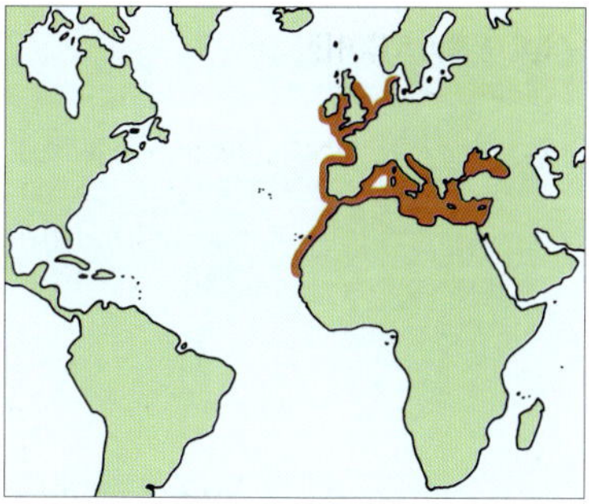

Dünnlippige Meeräsche

Dünnlippige Meeräsche

Liza ramada (Risso, 1826)

Hauptmerkmale: Oberlippe dünner als Augendurchmesser und ohne hornige Knötchen bei größeren Tieren. Häufig mit schwarzem Fleck auf der Brustflossenbasis.

Maximale Länge 60 cm, Gewicht bis 2,5 kg. Biologie und Verhalten ähnlich der Dicklippigen Meeräsche. Diese Art laicht nicht in Gewässern nördlich des Ärmelkanals. Seltener Sommergast vor Südnorwegen, im Kattegat und in der westlichen Ostsee.

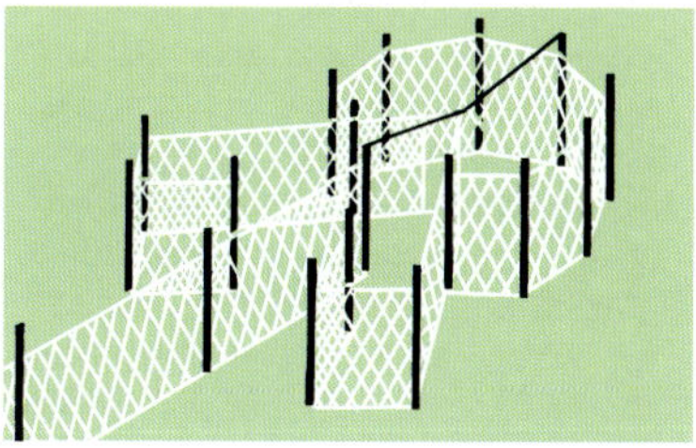

Stellnetz

Goldmeeräsche

Goldmeeräsche

Liza aurata (Risso, 1826)

Hauptmerkmale: Im Vergleich zur Dünnlippigen Meeräsche längere Brustflosse bis fast auf die Höhe des Ansatzes der 1. Rückenflosse, ohne schwarzen Fleck auf Brustflossenbasis und mit einem großen goldenen Fleck auf dem Kiemendeckel.

Maximale Länge 50 cm. Verhalten und Biologie ähnlich der Dicklippigen Meeräsche. Tritt nördlich des Ärmelkanals nur selten auf.

Goldmeeräsche

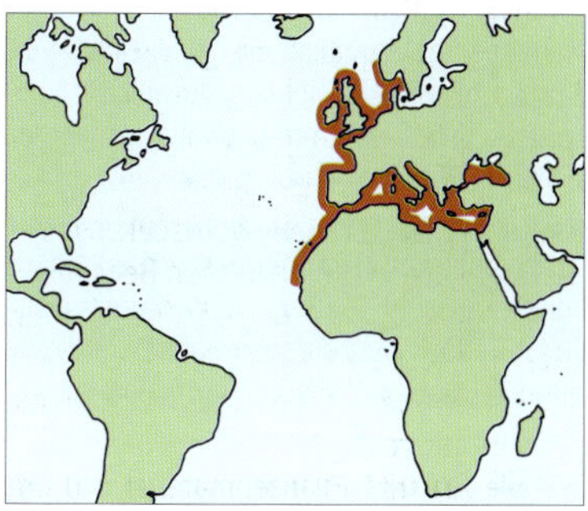

Gemeiner Ährenfisch, 15 cm

ÄHRENFISCHE
Atherinidae

Zwei kurze, deutlich getrennte Rückenflossen, deren erste von 7 dünnen Stachelstrahlen gestützt wird. Unterkiefer länger und vorstehend, Maulspalte schräg aufwärts gestellt. Grausilberner Spiegelstreifen entlang jeder Körperseite vom Kopf bis zum Schwanz. Die ca. 165 Arten der Familie leben als Schwarmfische im Salz-, Brack- und Süßwasser tropischer bis gemäßigter Küstenzonen. Wirtschaftliche Bedeutung gering, aber wichtige Nahrungstiere.

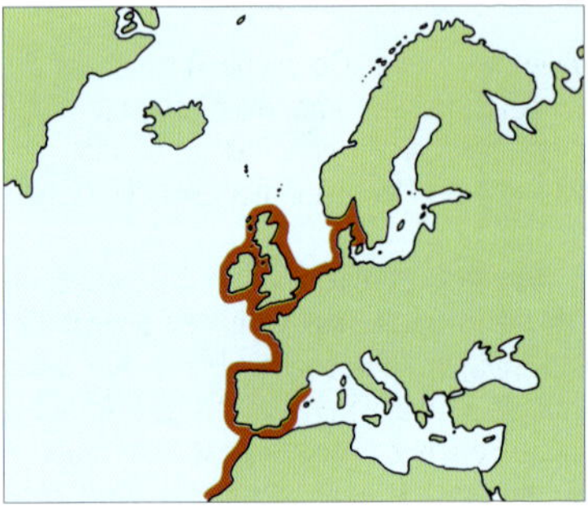

Gemeiner Ährenfisch

Gemeiner Ährenfisch
Atherina presbyter Cuvier, 1829

Hauptmerkmale: Augendurchmesser gleich Schnauzenlänge. Seitenlinie mit 53–57 Schuppen. Siehe auch folgende Art.

Maximale Länge 20 cm. Der Gemeine Ährenfisch lebt in Schwärmen in Küstennähe, gelegentlich bis in die Flußmündungen hinein. Er laicht im Ärmelkanal von April bis Juli. Die 2 mm großen Eier werden an Seegras und Algen angeheftet. Nach dem Laichen ziehen einige Schwärme auf Freßwanderung nach Norden und erreichen manchmal auch Kattegat und die dänische Beltsee. Der Gemeine Ährenfisch frißt vor allem Krebse und Fischlarven. Ährenfische werden in einigen Gebieten als Köderfisch benutzt.

Großäugiger Ährenfisch, 7 cm

Großäugiger Ährenfisch
Atherina boyeri Risso, 1810

Hauptmerkmale: Augendurchmesser größer als Schnauzenlänge. Seitenlinie mit 44–48 Schuppen. Vergleiche auch mit vorgenannter Art.

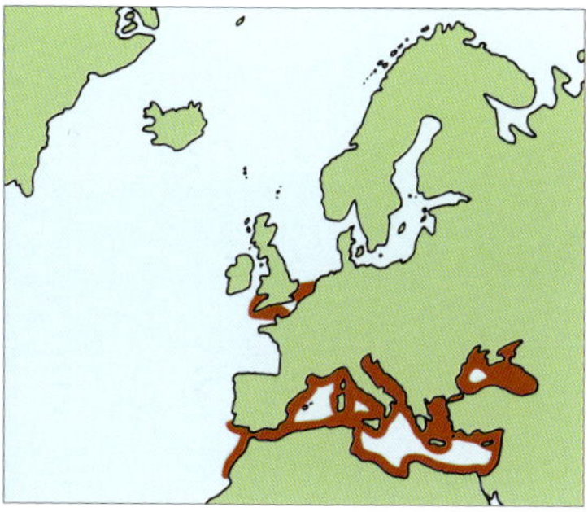

Großäugiger Ährenfisch

Maximale Länge 7–9 cm. Der Großäugige Ährenfisch lebt als Schwarmfisch sowohl im Salz- als auch im Süßwasser. Die Art laicht von April bis Juli und frißt vor allem Krebse und Fischlarven. Hauptverbreitungsgebiet ist das Mittelmeer, doch gibt es isolierte, ortstreue Bestände an den Küsten Südenglands und Hollands.

HORNHECHTE

Belonidae

Körper sehr lang und schlank. Je 1 Rücken- und Afterflosse auf gleicher Höhe kurz vor der Schwanzflosse. Alle Flossen nur durch Weichstrahlen gestützt. Beide Kiefer zu einem langen, geraden Schnabel verlängert und mit vielen scharfen Zähnen besetzt. Die ca. 30 Arten der Familie leben im Salz- und Süßwasser gemäßigter bis tropischer Breiten und sind wertvolle Speisefische.

Hornhecht

Belone belone (Linnaeus, 1761)

Hauptmerkmale: Siehe Familienkennzeichen.

Maximale Länge ca. 90 cm, Gewicht bis 1,3 kg, aber selten größer als 70 cm und über 1 kg schwer. Ein pelagischer Schwarmfisch, der meist dicht unter der Oberfläche schwimmt. Das Wanderverhalten ist ähnlich dem der Makrele.

Vom Ostatlantik heranziehende Schwärme erreichen Irland und die britischen Inseln im März und April, die Nordsee und das Kattegat im April und Mai.

Der Hornhecht laicht im Flachwasser hauptsächlich im Mai und Juni. Man nimmt an, daß Hornhechte mehrmals im Jahr laichen. Sie geben je nach Größe des Weibchens portionsweise 1.000–35.000 Eier mit einem Durchmesser von 3–3,5 mm ab.

Hornhecht

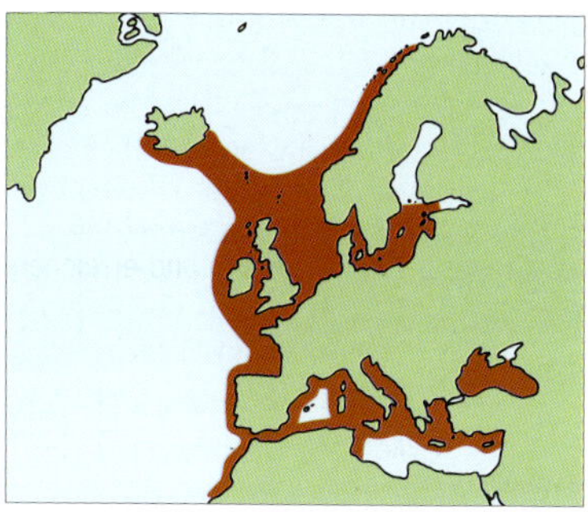

Hornhecht, 70 cm

Eier mit klebrigen Haftfäden (6 fach vergrößert)

60–80 Eier werden an 20 mm langen Klebfäden an Steine und Aufwuchs angeheftet. Nach 3–5 Wochen schlüpfen die 13 mm langen Larven, deren Kiefer noch nicht verlängert sind. Im Laufe der weiteren Entwicklung wächst der Unterkiefer zunächst schneller als der Oberkiefer, und erst mit 12 cm Länge haben die Jungfische die schnabelartige Schnauze der erwachsenen Tiere.

Die Jungfische halten sich dicht an der Küste auf und ernähren sich von kleinen Planktontieren wie Hüpferlingen. Sie wachsen schnell und erreichen schon im ersten Jahr 20–25 cm Länge. Mit 2 Jahren und 45 cm Länge werden sie geschlechtsreif.

Nach dem Laichen ziehen die erwachsenen Tiere weiträumig umher auf der Jagd nach Junghering, Sprotte, Sandaalen und anderen Schwarmfischen, aber auch Wirbellose wie Krebse gehören zu ihrer Nahrung. Hornhechte sind tagaktive Raubfische, die ihre Beute mit den Augen ausmachen. Ihre Freßwanderungen führen sie auch bis weit in die Ostsee hinein.

Später im Jahr wandern die Schwärme zurück in die Gewässer der britischen Inseln. Die Hornhechte im Mittel- und im Schwarzen Meer unternehmen ähnliche Laich- und Freßwanderungen in ihren Gebieten.

Hornhechte sind ausgezeichnete Schwimmer, die sogar oft aus dem Wasser springen, wenn sie von Thunfischen oder Delphinen gejagt werden. Bisweilen stechen sie schräg durch die Oberfläche und peitschen sich wie Surfer mit der Schwanzflosse durchs Wasser vorwärts.

Fang vor allem in Stellnetzen und mit Schwimmleinen. Das weiße Fleisch ist relativ trocken. Viele Leute mögen Hornhecht wegen der grün gefärbten Gräten und Wirbel nicht essen. Diese Skelettfarbe ist aber unschädlich und hat nichts mit der Frische des Fisches zu tun. Sie wird von einem harmlosen Farbstoff verursacht.

„Schnabelwachstum“ bei den Larven von 13-45 mm Länge

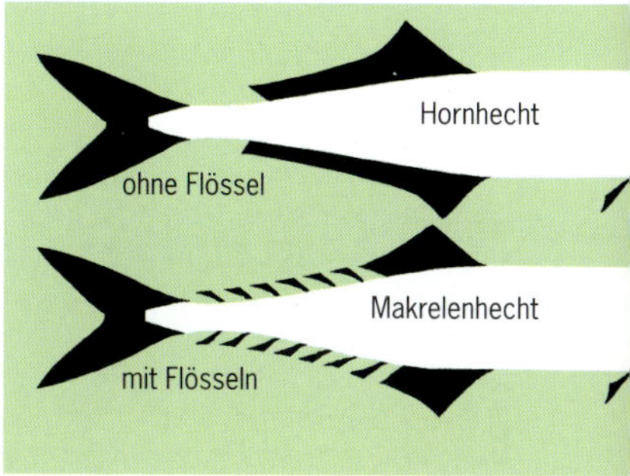

Nahrung

Sandaale

Jungheringe

Angelhaken

Grüne Knochen

Stellnetz

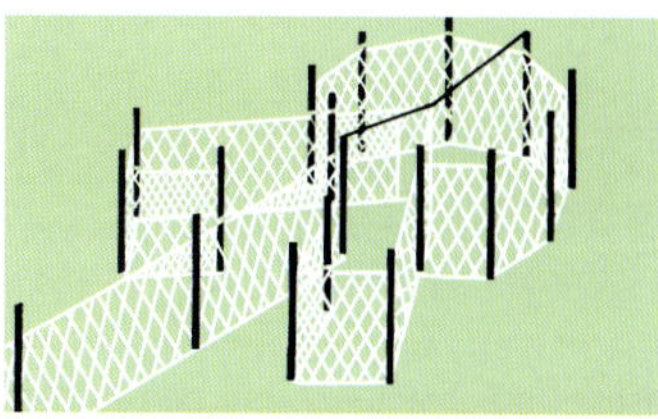

Makrelenhecht, 40 cm

MAKRELENHECHTE
Scomberesocidae

Durch ihren langen, schlanken Körper und die schnabelartig verlängerten Kiefer sehen Makrelenhechte den Hornhechten sehr ähnlich. Sie sind aber durch 5–7 kleine Flossen (Flössel) oben und unten auf dem Schwanzstiel leicht von Hornhechten zu unterscheiden. Die 4 Arten der Familie leben in großen Schwärmen dicht unter der Oberfläche in tropischen bis gemäßigten Meeren. Makrelenhechte sind wirtschaftlich von einiger Bedeutung.

Makrelenhecht
Scomberesox saurus (Walbaum, 1792)

Hauptmerkmale: Siehe Familienkennzeichen.

Maximale Länge ca. 50 cm. Die pelagischen Eier von 2 mm Durchmesser besitzen wie beim Hornhecht Fadenanhänge und werden in der offenen See abgelaicht. Auch den Larven dieser Art fehlen noch die Schnabelkiefer, die erst mit weiterer Entwicklung der Jungfische wachsen, allerdings gleichmäßiger als beim Hornhecht.

Krillkrebse, andere pelagische Krebse wie auch kleine Fische sind die Hauptnahrung des Makrelenhechts. Auch er springt oft aus dem Wasser auf der Flucht vor Räubern wie z. B. Thunfischen. Die Schwärme ziehen im Sommer weit nach Norden, sogar bis in die Barentssee.

Man fängt Makrelenhechte in Treibnetzen und mit Angeln. Ihre wirtschaftliche Bedeutung ist begrenzt.

Nahrung

pelagische Krebse

kleine Heringsfische

FLIEGENDE FISCHE
Exocoetidae

Diese direkten Verwandten der Horn- und Makrelenhechte sind leicht an ihren enorm vergrößerten Brustflossen zu erkennen. Auf der Flucht vor Raubfischen schnellen sie durch die Wasseroberfläche und können bei günstigem Wind auf ihren als Tragflächen dienenden Brustflossen einige hundert Meter durch die Luft gleiten. Von den ca. 50 Arten der weltweit vorkommenden Familie sind einige als Speisefische sehr geschätzt.

Fliegender Fisch
Cheilopogon heterurus (Rafinesque, 1810)

Hauptmerkmale: Brust- und Bauchflossen enorm vergrößert.

Maximale Länge 35 cm. Ein pelagischer Schwarmfisch der Oberflächenzone. Auf der Flucht vor Räubern wie Thunfisch und Makrele kann man Fliegende Fische durch die Luft gleiten sehen. Sie laichen von Mai bis Juli. Ihre pelagischen Eier haben viele feine Fandenanhänge. Ein seltener Irrgast nördlich des Ärmelkanals.

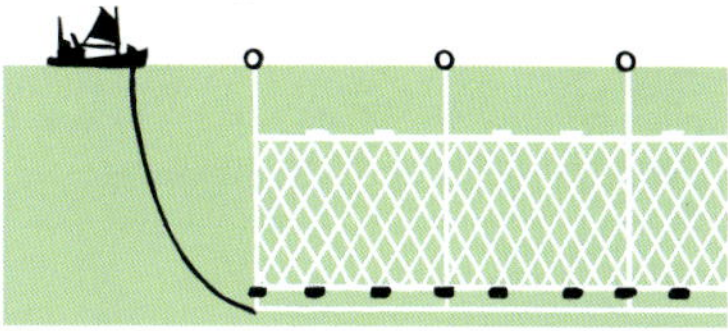

Treibnetz

Angelhaken

Fliegender Fisch, 33 cm

Makrelenhecht

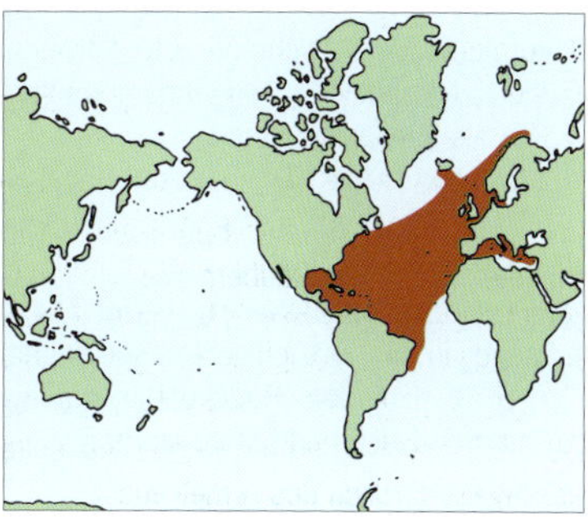

Fliegender Fisch

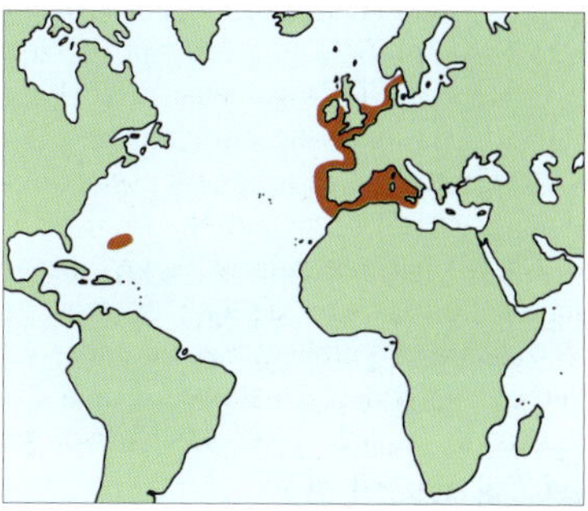

SCHLEIMKÖPFE
Trachichthyidae

Stachel- und weichstrahlige Abschnitte der Rückenflosse sind äußerlich zu einer Flosse verwachsen. Auffällige, schleimgefüllte Knochengruben am Kopf. Die ca. 35 Arten der Familie leben in allen Ozeanen in 100–1.500 m Tiefe. Einige Arten sind wirtschaftlich sehr wichtig.

KAISERBARSCHE ODER ALFONSINOS
Berycidae

Trotz roter Färbung und ähnlichen Aufbaus der Flossen von Schleimköpfen durch das Fehlen von Schleimgruben am Kopf, größere Augen, die kürzere Rückenflosse und den hochrückigeren Körper zu unterscheiden. Etwa 10 Arten der Familie kommen bodennah in allen Meeren in 200–600 m Tiefe vor. Einige werden wirtschaftlich genutzt.

Granatbarsch, 50 cm

Hochrückiger Kaiserbarsch, 50 cm

Granatbarsch
Hoplostethus atlanticus Collett, 1889

Hauptmerkmale: Deutliche Schleimgruben am Kopf. Farbe dunkel- bis orangerot.

Maximale Länge ca. 70 cm. Der Granatbarsch lebt bodennah an Kontinentalabhängen und über unterseeischen Bänken in 300–1.700 m Tiefe. Die Nahrung besteht aus Fischen, Tiefengarnelen und Kopffüßern. Ein sehr langsamwüchsiger Tiefwasserfisch, dessen ausgewachsene Tiere etwa 75 Jahre alt sein dürften.

Die Art hat eine sehr weite Verbreitung und wird in der europäischen Tiefenfischerei gefangen, in großem Maßstab aber vor Neuseeland und Südaustralien. Durch das langsame Wachstum ist das Risiko der Überfischung sehr hoch.

Hochrückiger Kaiserbarsch
Beryx decadactylus Cuvier, 1829

Hauptmerkmale: Leuchtend rote Färbung. Körper hochrückig. Augendurchmesser größer als Schnauzenlänge.

Maximale Länge 60 cm. Lebt bodennah in 200–400 m Tiefe. Jungtiere sind pelagisch bis zu einer Länge von 25 cm und haben kräftige Kopfstacheln. Recht häufig in Fängen in der nördlichen Nordsee und im Skagerrak zu finden. Regelmäßig angeboten auf den Fischmärkten südeuropäischer Länder.

Larve, 8 mm

Heringskönig, 37 cm

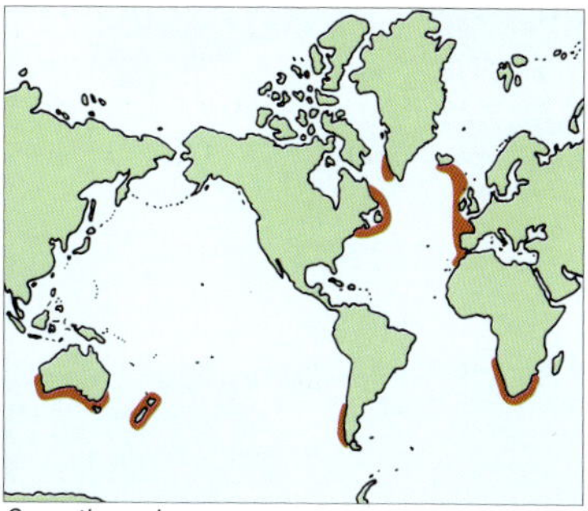

Granatbarsch

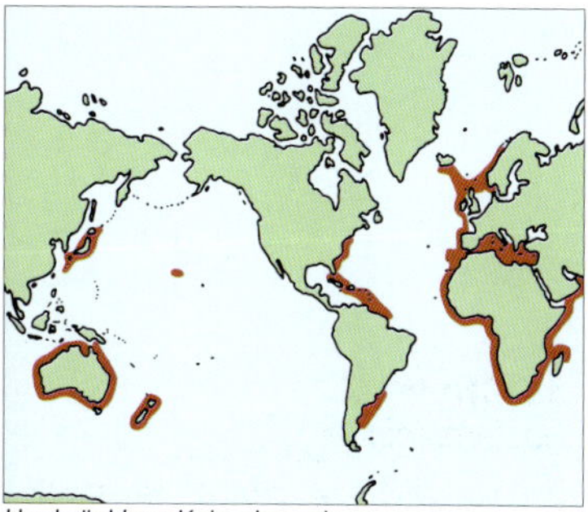

Hochrückiger Kaiserbarsch

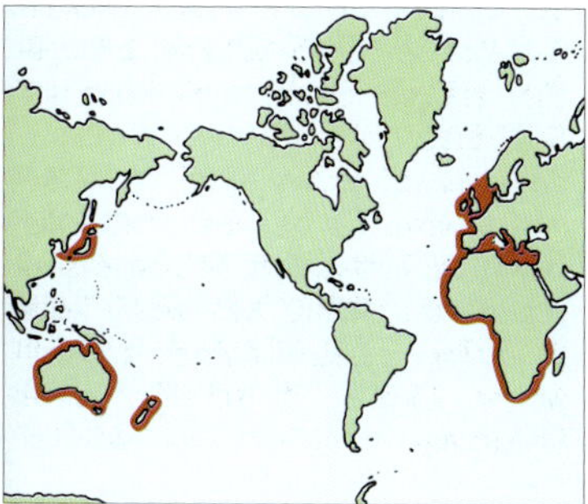

Heringskönig

HERINGSKÖNIGE oder PETERSFISCHE
Zeidae

Körper seitlich stark zusammengedrückt und sehr hochrückig. Kräftige Knochenhöckerdornen entlang den Basen von Rücken- und Afterflossen. Stachelstrahlen der vorderen Rückenflosse mit langen Fadenanhängen. Etwa 15 Arten der Familie, von denen einige wirtschaftlich wichtig sind, leben bis zu wenigen hundert Metern Tiefe in allen Meeren.

Heringskönig oder **Petersfisch**
Zeus faber Linnaeus, 1758

Hauptmerkmale: Großer dunkler Fleck mit hellem Außenring auf jeder Körperseite. Nach einer Legende sind dies die Fingerabdrücke des heiligen Petrus, die er hinterließ, als er eine Goldmünze aus dem Fischmaul zog.

Maximale Länge 70 cm, Gewicht bis 8 kg. Der Petersfisch lebt einzeln oder in kleinen Gruppen in mäßiger Tiefe. Von Juni bis August laichen die Fische vor Südengland, im Mittelmeer früher. Die Eier driften pelagisch. Nach dem Laichen zieht ein Teil der Fische nordwärts bis Südnorwegen und in das Skagerrak. Die Nahrung besteht aus Fischen und Krebsen. Die Art wird mit 3–4 Jahren bei einer Länge von 25–35 cm geschlechtsreif. Geschätzter Speisefisch.

Eberfisch, 11 cm

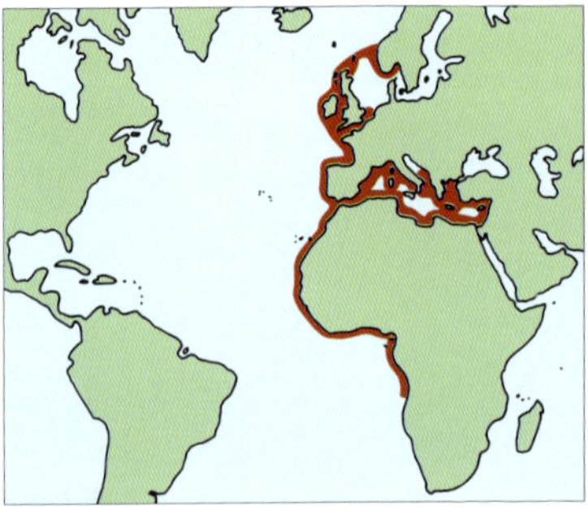

Eberfisch

EBERFISCHE
Caproidae

Ähneln den Heringskönigen, jedoch fehlen die Höckerdornen an den Basen von Rücken- und Afterflossen und die Fadenanhänge an den Stachelstrahlen der Rückenflosse. Acht Arten der Familie leben bis in wenige hundert Meter Tiefe in allen Ozeanen. Sie haben keine wirtschaftliche Bedeutung.

Eberfisch
Capros aper (Linnaeus, 1758)

Hauptmerkmale: Ein kleiner, ziegelroter Fisch, oft mit gelblichen Körperstreifen. Vorderer Stachelstrahlabschnitt der Rükkenflosse höher als der hintere Weichstrahlabschnitt. Stirnpartie deutlich konkav.

Maximale Länge 15 cm. Während erwachsene Eberfische im Schwarm nahe dem Boden in 40–600 m Tiefe leben, sind die Jungen pelagisch. Die Nahrung besteht aus Krebsen und Würmern. Die Art ist regelmäßig im Skagerrak zu finden.

STICHLINGE
Gasterosteidae

Der spindelförmige Körper ist schuppenlos, aber meist mit großen, senkrechten Knochenplatten bedeckt. Vor der hinteren, weichstrahligen Rückenflosse stehen 3–16 einzelne, bewegliche, kräftige Stacheln. Kommen im Salz-, Brack- und Süßwasser der Nordhalbkugel vor. Bisher zählte man 7 Arten zu dieser Familie, aber sowohl die 3- wie die 10stachligen Stichlinge sind sehr wandlungsfähig, weshalb sie künftig in einige zusätzliche Arten unterteilt werden könnten. Wirtschaftlich ohne Bedeutung.

Dreistachliger Stichling

Gasterosteus aculeatus Linnaeus, 1758

Hauptmerkmale: 2–4 kräftige Einzelstacheln vor der Rückenflosse.

Maximale Länge 11 cm im Salz- und 8 cm im Süßwasser. Im Salz- und Brackwasser halten sich diese Stichlinge meist küstennah auf, doch hat man große Schwärme auch bei den Ölplattformen in der offenen Nordsee beobachtet. Im Frühling entwickeln Männchen eine bunte Hochzeitsfärbung und beginnen, ein Bodennest aus Pflanzenteilen zu bauen, das sie mit einem klebrigen Nierensekret verfestigen. Rivalisierende Männchen werden verjagt, während nahekommende Weibchen mit Werbetänzen ins Nest gelockt werden. Jedes Weibchen laicht einen Teil seiner 100–400 Eier ab, die sofort durch das Männchen befruchtet werden. Ist das Nest voll, werden auch die Weibchen verjagt, und das Männchen übernimmt Pflege und Bewachung der 300–1.000 Eier im Gelege. Unbefruchtete und abgestorbene Eier entfernt es, fächelt mit den Brustflossen frisches Wasser über das Gelege, hält das Nest instand und jagt Nesträuber davon. Je nach Temperatur schlüpfen die Jungen nach 4–27 Tagen und bleiben unter Bewachung des Männchens noch einige Zeit im und dicht beim Nest, bevor sie sich selbständig im Pflanzenbestand verteilen. Nach 1 Jahr werden sie geschlechtsreif und leben höchstens 3 Jahre. Außerhalb der Paarungszeit bleiben sie in Schwärmen zusammen. Sie ernähren sich von Fischeiern und -brut, Kleinkrebsen und Würmern.

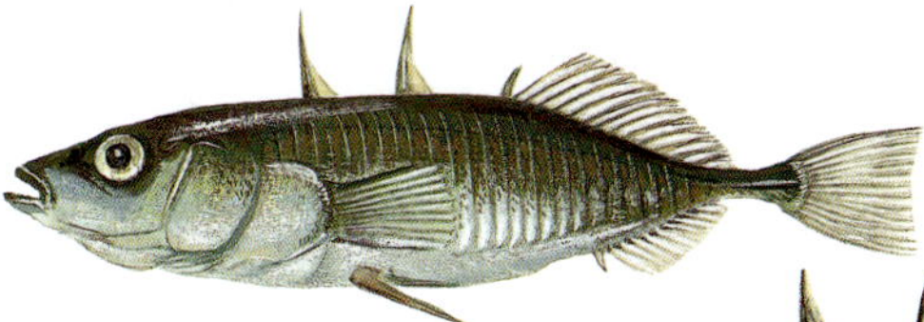

Dreistachliger Stichling, unreifes Tier, 6 cm

Männchen in Hochzeitsfärbung

Reifes Weibchen

Stichlingspaar am Nest

Dreistachliger Stichling

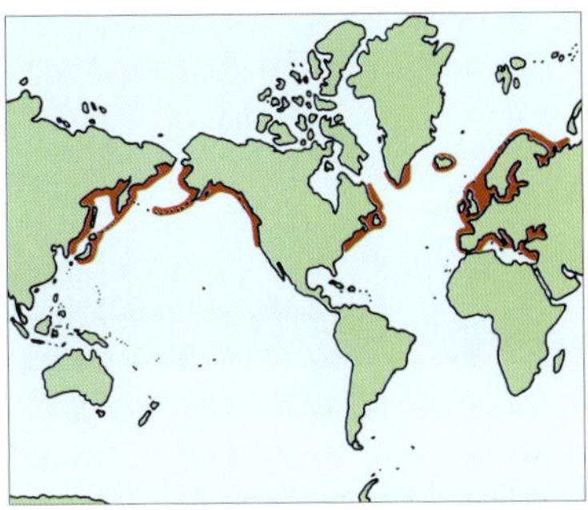

Neunstachliger Stichling, 5 cm

Neunstachliger Stichling oder **Zwergstichling**

Pungitius pungitius (Linnaeus, 1758)

Hauptmerkmale: 9–12 kräftige Einzelstacheln vor der Rückenflosse.

Maximale Länge 7 cm. Lebt hauptsächlich im Süßwasser, geht aber auch ins Brackwasser. Geschlechtsreif Ende des 1. Lebensjahrs, Laichzeit im Frühling. Die Männchen bauen ihr Nest über dem Boden zwischen Wasserpflanzen auf. Verhalten und Biologie wie die der Schwesterart.

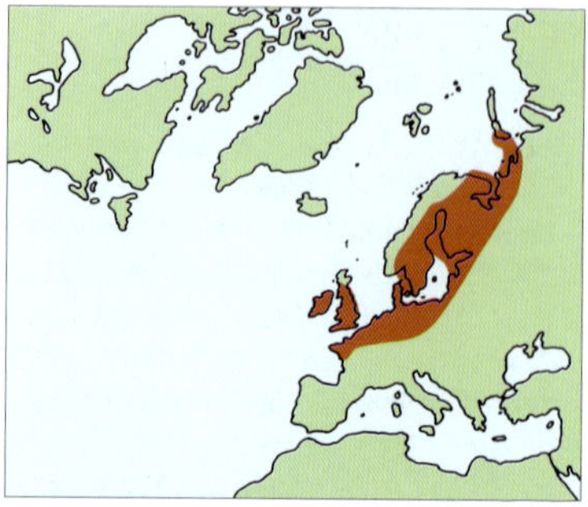

Neunstachliger Stichling

Seestichling

Spinachia spinachia (Linnaeus, 1758)

Hauptmerkmale: 14–17 niedrige Stacheln vor der Rückenflosse. Schwanzstiel sehr lang, Rückenflosse etwa auf Körpermitte. Vorderkörper der Männchen messinggelb, mit größeren Brustflossen als Weibchen.

Maximale Länge 22 cm. Lebt in der Algenzone im Salz- und Brackwasser. Das Männchen baut ein Nest über dem Boden zwischen den Algen. Im Mai bis Juni legt das Weibchen 150–200 Eier ins Nest und stirbt wenig später. Das Männchen bewacht das Gelege, stirbt nach dem Schlüpfen der Brut aber ebenfalls. Junge sind bereits im folgenden Frühjahr geschlechtsreif.

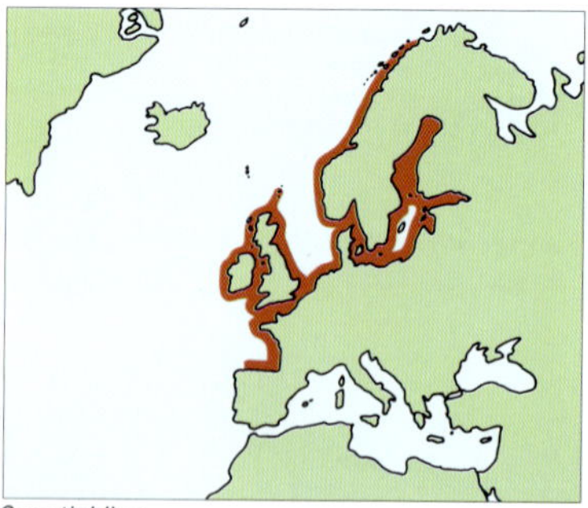

Seestichling

Nest des Seestichlings

Seestichling, 15 cm

SEENADELN
Syngnathidae

Langgestreckte, sehr schlanke, röhrenförmige Fische mit Ausnahme der Seepferdchen. Der Körper ist von Knochenplatten bedeckt. Das winzige Maul sitzt am Ende der pipettenartig verlängerten Schnauze zum Einsaugen kleiner Beutetiere. Die Männchen tragen die befruchteten Eier, die von mehreren Weibchen stammen können, bis zum Schlüpfen in einer Bauchtasche aus. Etwa 215 Arten der Familie leben hauptsächlich vor tropischen Meeresküsten, einige aber auch im Brack- und sogar Süßwasser.

Bestimmungsschlüssel Seenadeln

1 Kopf nicht in einer Linie mit dem Körper, sondern abgewinkelt **2**
Kopf nicht abgewinkelt, in einer geraden Linie mit dem Körper **3**

2 Schnauze gerade und mit mehr als 1/3 der Kopflänge recht lang; meist mit langen Hautanhängen an Kopf und Körper . . . .
Langschnauziges Seepferdchen, S. 163
Schnauze aufwärtsgebogen und mit weniger als 1/3 Kopflänge kurz; meist ohne Hautanhänge an Kopf und Körper . . . .
Kurzschnauziges Seepferdchen, S. 163

3 Mit Brust- und Schwanzflossen **4**

Ohne Brust- und Schwanzflossen **6**

4 Schnauze seitlich zusammengedrückt, höher als der Augendurchmesser . . . . .

Grasnadel, S. 159
Schnauzenröhre rund, ihre geringste Höhe gleich oder kleiner als

der Augendurchmesser **5**

5 18–19 Knochenplatten zwischen Kopf und Rückenflosse . . . .
Große Seenadel, S. 161
13–15 Knochenplatten zwischen Kopf und Rückenflosse . . . .
Kleine Seenadel, S. 161

6 Afteröffnung auf Rückenflossenende

Große Schlangennadel, S. 161
Afteröffnung auf Höhe Rückenflossenansatz

. . . . **7**

7 28–33 Körperringe; Schnauze gerade . . . .
Kleine Schlangennadel, S. 162
17–19 Körperringe; Schnauze aufwärtsgebogen . . . .
Krummschnauzige Schlangennadel, S. 162

Grasnadel
Syngnathus typhle Linnaeus, 1758

Hauptmerkmale: Mit Brust- und Schwanzflossen. Schnauzenröhre seitlich zusammengedrückt und höher als der Augendurchmesser.

Grasnadel, Männchen, 18 cm

Kleine Seenadel, Weibchen, 14 cm

Grasnadel

Maximale Länge 35 cm. Die Grasnadel lebt im Seegrasgürtel unter der Küste und im Brackwasser in 1–20 m Tiefe. Das Laichen erfolgt im Sommer, indem das Weibchen 100–250 Eier mit seiner Legeröhre in die Bruttaschen der Männchen legt. Dort werden sie befruchtet. Die männliche Bruttasche ist eine Längsgrube an der Bauchseite unter zwei Hautfalten und kann 50–100 Eier von knapp 2 mm Durchmesser aufnehmen, die von mehreren Weibchen stammen können. Eine Schleimhaut im Innern der Bruttasche legt sich um die Eier und ernährt die Embryonen. Nach 4 Wochen stößt das Männchen die winzigen Ebenbilder der Eltern aus, die aber beim Männchen bleiben und die Bruttasche noch als Unterschlupf benutzen, bis sie 25 mm lang geworden sind. Mit 1 Jahr werden die Jungen geschlechtsreif und erreichen ein Alter von 2–3 Jahren. Ihre Nahrung besteht aus winzigen Krebstieren und Fischbrut, die sie in ihr Röhrenmaul saugen.

Grasnadel

Große Seenadel, Männchen, 37 cm, mit Bruttasche voller Jungtiere

Große Schlangennadel, Weibchen, 46 cm

Kleine Seenadel

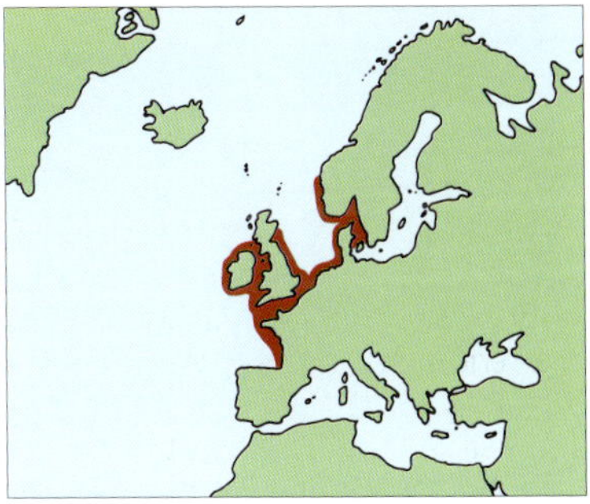

Kleine Seenadel

Kleine Seenadel

Syngnathus rostellatus Nilsson, 1855

Hauptmerkmale: Mit Brust- und Schwanzflossen. Schnauzenröhre rund, gleich oder niedriger als der Augendurchmesser. 13–15 Knochenplatten zwischen Kopf und Rückenflosse.

Maximale Länge 17 cm. Die Kleine Seenadel lebt im Seegrasgürtel an der Küste und im Brackwasser vom Spülsaum bis in 15 m Tiefe. Biologie wie die der Grasnadel. Die Eier messen ca. 1 mm. Die Jungen werden mit 13–14 mm Länge aus der Bruttasche freigesetzt. Die Laichzeit ist im Sommer. Die Jungfische werden manchmal pelagisch in der Nordsee gefangen.

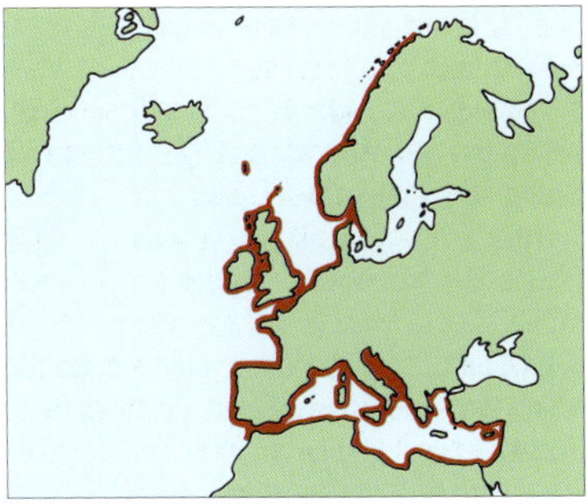

Große Seenadel

Große Seenadel

Syngnathus acus Linnaeus, 1758

Hauptmerkmale: Mit Brust- und Schwanzflossen. Schnauzenröhre rund, ihr Durchmesser gleich oder kleiner als der Augendurchmesser. 18–19 Knochenplatten zwischen Kopf und Rückenflosse.

Große Seenadel

Nahrung

Maximale Länge ca. 50 cm. Lebt im Seegrasgürtel der Küsten. Biologie wie bei anderen Seenadeln. Laichzeit ist im Frühjahr und Sommer. Die Weibchen übertragen 200–400 Eier von 2,5 mm Durchmesser in die männlichen Bruttaschen. Nach 5 Wochen werden die 30 mm langen Jungfische freigesetzt.

Große Schlangennadel

Entelurus aequoreus (Linnaeus, 1758)

Hauptmerkmale: Ohne Brust- und Schwanzflossen. Afteröffnung auf Höhe des Hinterendes der Rückenflosse. Oft mit schma-

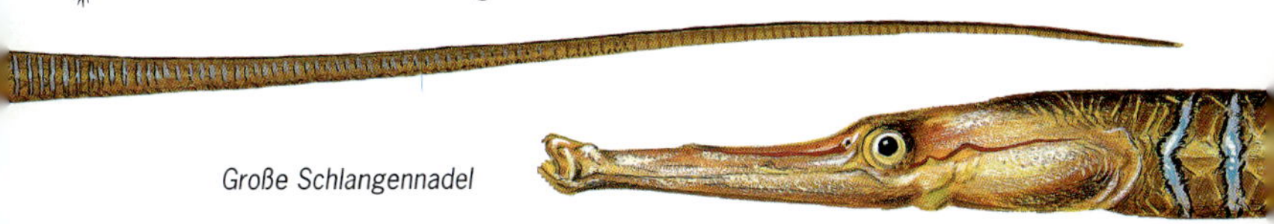

Große Schlangennadel

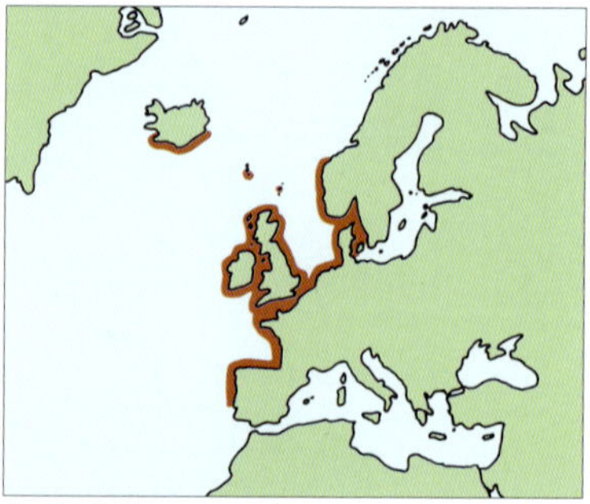

Große Schlangennadel

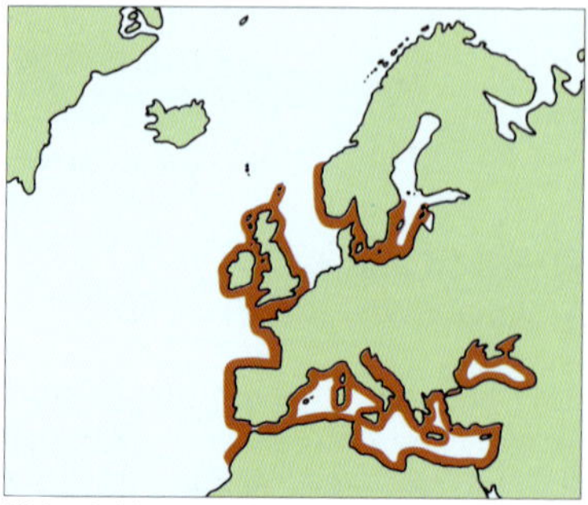

Kleine Schlangennadel

len, schwarz gesäumten blauen Vertikalstreifen auf dem Körper.

Maximale Länge 60 cm bei den Weibchen und 40 cm bei den Männchen. Die Große Schlangennadel lebt in 5–100 m Tiefe vor allem in der Seegras- und Algenzone. Die Weibchen legen im Sommer 400–1.000 Eier von 1,2 mm Durchmesser in die Bruttaschen der Männchen. Die frisch geschlüpften Jungen besitzen noch Brustflossen, die sie bei ihrer weiteren Entwicklung wieder zurückbilden. Die Tiere werden mit 2 Jahren geschlechtsreif. Ihre Nahrung besteht aus Kleinkrebsen und Fischbrut.

Kleine Schlangennadel

Kleine Schlangennadel

Nerophis ophidion (Linnaeus, 1758)

Hauptmerkmale: Ohne Brust- und Schwanzflossen. Afteröffnung auf Höhe des Vorderendes der Rückenflosse. 28–33 Ringplatten auf dem Körper. Schnauze gerade.

Maximale Länge 30 cm bei den Weibchen und 25 cm bei den Männchen. Die Kleine Schlangennadel lebt in der Algenzone in 2–15 m Tiefe. Die Laichzeit ist von Mai bis August. Dann legen die Weibchen 200–300 Eier von 1 mm Durchmesser in die Bruttaschen der Männchen. Die Jungen sind beim Schlüpfen 9 mm lang und leben für einige Wochen pelagisch, bevor sie sich in der Algenzone ansiedeln. Sie werden mit 2 Jahren geschlechtsreif. Ihre Nahrung sind Kleinkrebse und Fischbrut.

Krummschnauzige Schlangennadel

Krummschnauzige Schlangennadel

Nerophis lumbriciformis (Jenyns, 1835)

Hauptmerkmale: Ohne Brust- und Schwanzflossen. Afteröffnung unter dem Vorderende der Rückenflosse. 17–19 Ringplatten auf dem Körper. Schnauze kurz und aufwärtsgebogen.

Maximale Länge 15–17 cm. Lebt im Flachwasser der Algenzone in 1–40 m Tiefe. Laichzeit im Sommer. Die Männchen tragen 60–90 Eier von 1 mm Durchmesser in ihren Bruttaschen. Die Jungen schlüpfen mit 9 mm Länge und leben die ersten Wochen pelagisch. Sie sind mit 2 Jahren geschlechtsreif. Nahrung sind Krebse und Fischbrut.

Kleine Schlangennadel, Weibchen, 26 cm

Krummschnauzige Schlangennadel, Männchen, 12 cm

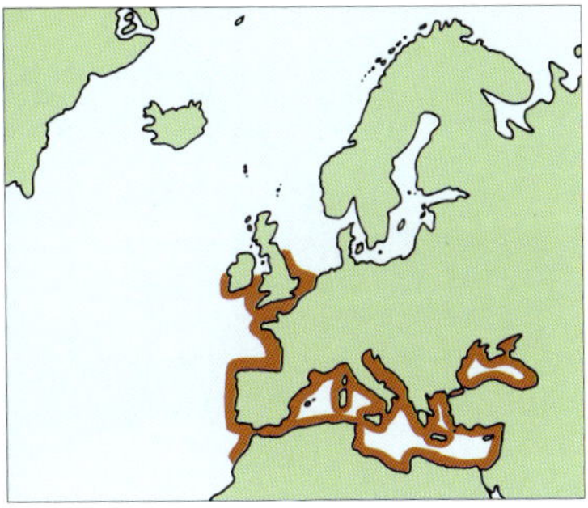

Langschnauziges Seepferdchen

Langschnauziges Seepferdchen, 12 cm

Langschnauziges Seepferdchen

Hippocampus ramulosus Leach, 1814

Hauptmerkmale: Schnauze gerade, ihre Länge beträgt mehr als ein Drittel der Kopflänge. Meist mit langen Hautlappen an Kopf und Körper. Farbe braun oder rot.

Maximale Länge ca. 15 cm. Lebt im Seegras und Algengürtel. Laichzeit ist von April bis Oktober. Die Jungen schlüpfen mit 15–16 mm Länge nach ca. 4 Wochen. Die Bruttasche des Männchens mit sehr kleiner Porenöffnung. Recht häufig an den Küsten Großbritanniens und Hollands.

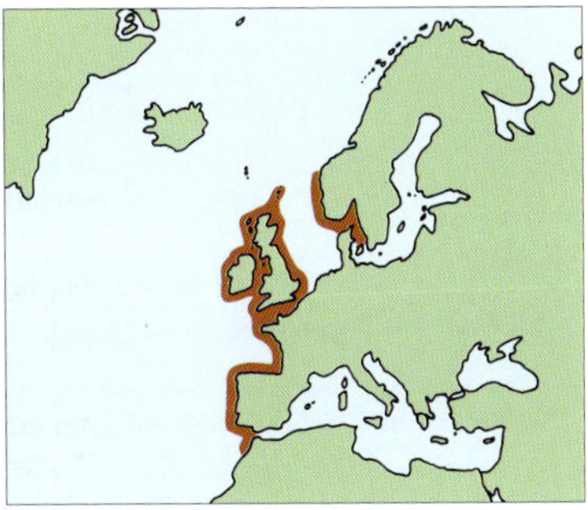

Krummschnauzige Schlangennadel

Kurzschnauziges Seepferdchen

Hippocampus hippocampus (Linnaeus, 1758)

Hauptmerkmale: Schnauze kurz und aufwärtsgebogen, ihre Länge gleich oder kürzer als die Kopflänge. Allenfalls wenige Hautlappen an Kopf und Körper, meist aber ohne. Farbe schwarzbraun.

Maximale Länge ca. 15 cm. Biologie fast wie beim Langschnauzigen Seepferdchen. Diese Art ist auch in der südwestlichen Nordsee zu finden.

Kurzschnauziges Seepferdchen

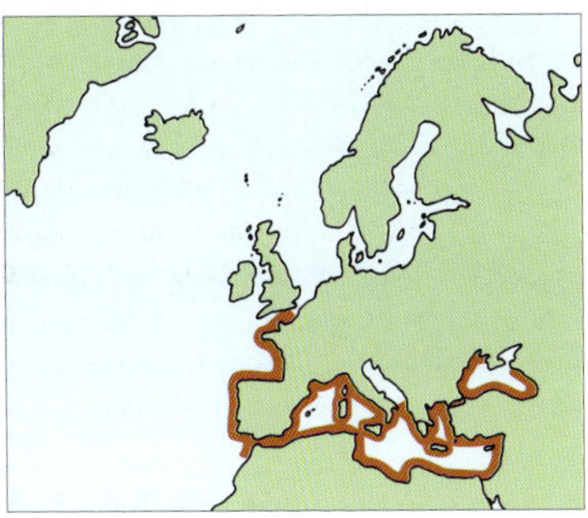

Kurzschnauziges Seepferdchen, 12 cm

Schnepfenfisch, 14 cm

SCHNEPFENFISCHE
Macroramphosidae

Körper seitlich abgeflacht und schuppenlos. Zwei Rückenflossen weit hinten über der Afterflosse, der 2. Stachelstrahl der 1. Rückenflosse zu einem massiven, rückseitig gesägten Knochenstachel verlängert. Schnauze röhrenförmig stark ausgezogen, das winzige Pipettenmaul sitzt am äußersten Ende. 10 Arten der Familie leben in allen Ozeanen in Schwärmen. Man findet sie bodennah in 50–600 m Tiefe, die Jungtiere sind dagegen pelagisch.

Schnepfenfisch
Macroramphosus scolopax (Linnaeus, 1758)

Hauptmerkmale: Siehe Familienkennzeichen.

Maximale Länge 20 cm. Die pelagischen Jungtiere haben eine silberne Haut, die in Bodennähe lebenden größeren Tiere sind dagegen hellrot gefärbt. Schnepfenfische treten oft in großen Schwärmen auf. Sie sind regelmäßig in der nördlichen Nordsee und im Skagerrak zu finden. Wirtschaftlich sind sie unbedeutend.

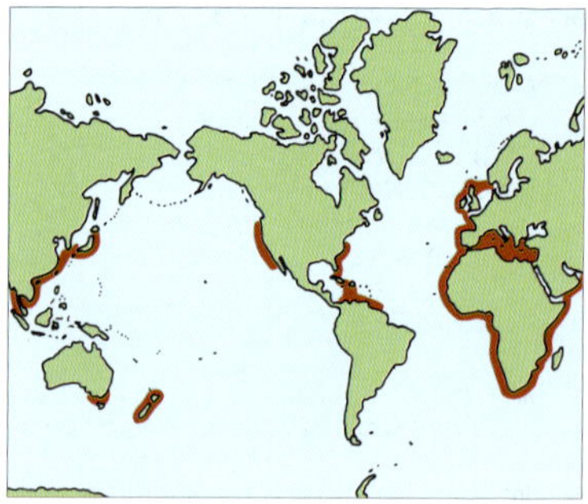

Schnepfenfisch

PANZERWANGEN- ODER DRACHENKOPFARTIGE
Scorpaeniformes

Eine artenreiche Ordnung der stachelstrahligen Fische mit einer großen Knochenplatte unter dem Auge, die mit dem Kiemendeckel verwachsen ist und die „Wangen“ bedeckt. Die Ordnung umfaßt ca. 1.200 Arten, von denen die meisten kräftige Stacheln auf den Kiemendeckeln tragen. Etliche Arten sind wirtschaftlich von großer Bedeutung. 7 Familien zählen zu den Panzerwangenartigen.

ROTBARSCHE oder **PANZERWANGEN**

Scorpaenidae

Stachel- und weichstrahlige Abschnitte der Rückenflosse miteinander verwachsen. Kopf mit zahlreichen Knochenstacheln. Erste 3 Strahlen der Afterflosse als kräftige Stacheln ausgebildet. Etwa 400 Arten dieser Familie leben in allen Ozeanen, viele von ihnen haben erhebliche wirtschaftliche Bedeutung. Obwohl sie seit gut 70 Jahren kommerziell befischt werden, ist zur Biologie der Rotbarscharten im Nordatlantik noch wenig bekannt.

Bestimmungsschlüssel Rotbarsche

1 Maulhöhle schwarzblau; untere 8 Strahlen der Brustflosse teils frei, ohne verbindende Flossenmembranen .... **Blaumäulchen**, S. 166

Maulhöhle hellrot; alle Strahlen der Brustflossen durch Membranen verbunden **2**

2 Mit kräftigem Knochenhaken an der Spitze des Unterkiefers .... **Tiefenrotbarsch**, S. 168

Unterkieferhaken sehr klein oder fehlend **3**

3 Körper mit 3–4 dunklen vertikalen Streifen; alle Randstacheln des Vorkiemendeckels rückwärts gerichtet **Kleiner Rotbarsch**, S. 168

Körper ohne dunkle Querstreifen; beide unteren Randstacheln am Vorkiemendeckel abwärts oder schräg vorwärts gerichtet .... **Goldbarsch**, S. 165

Goldbarsch

Sebastes marinus (Linnaeus, 1758)

Hauptmerkmale: Körper kräftig goldrot, ohne dunkle Querbinden. Beide unteren Randstacheln am Vorkiemendeckel abwärts oder schräg vorwärts gerichtet. Zwischen dem Ende der Afterflosse und der Seitenlinie, schräg aufwärts gezählt, 16–21 Schuppenreihen, und 80–90 Seitenlinienschuppen. Gewöhnlich 8 Weichstrahlen in der Afterflosse.

Maximale Länge um 100 cm, Gewicht bis 15 kg bei über 60 Jahren Alter, heute selten über 50 cm und 30–40 Jahre.

Der Goldbarsch lebt vor allem bodennah an Kontinentalabhängen, über unterseeischen Bänken und Rücken in 100–500 m Tiefe bei Temperaturen von 3–7 °C, kommt aber auch pelagisch im offenen Meer vor.

Wie seine Schwesterarten ist der Goldbarsch lebendgebärend. Die Paarung mit Hilfe einer kurzen Samenröhre des Männchens erfolgt im Spätsommer oder Frühherbst, wenn die Eier noch nicht reif sind. Die Weibchen speichern den Samen im Körper bis in die Wintermonate, wenn die Eier befruchtet werden. Nach der Paarung ziehen die Weibchen zu den Brutplätzen. Die wichtigsten liegen über tiefem Wasser vor Nordnorwegen, vor Südwestisland, in der Irmingersee zwischen Island und Grönland und bei Neufundland. Je nach Größe des Weibchens werden 50.000–350.000 Larven von 8 mm Länge geboren. Die Goldbarschbrut lebt pelagisch nahe der Oberfläche bis zu einer Länge von 3–5 cm und geht erst dann auf 100–200 m Tiefe in Bodennähe. Die Jungen wachsen sehr langsam heran, und ihre typische Rotfärbung nehmen sie erst mit ca. 15 cm Länge bei einem Alter von 4–5 Jahren an. Sie werden

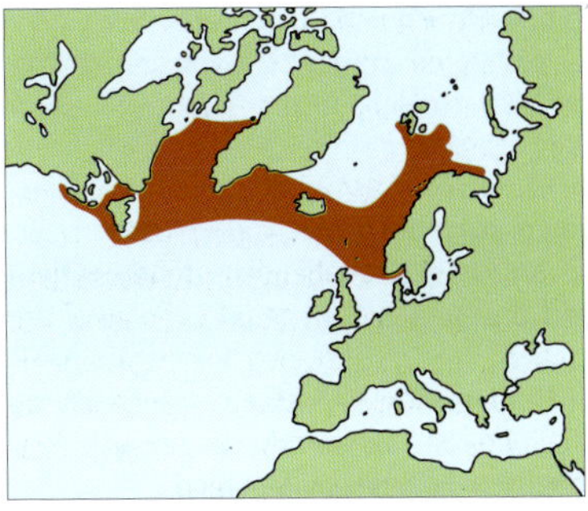

Goldbarsch

Larve, 12 mm

Nahrung

pelagische Krebse

Heringe

Kabeljaubrut

Lodden

Verwendung

Frostfilet

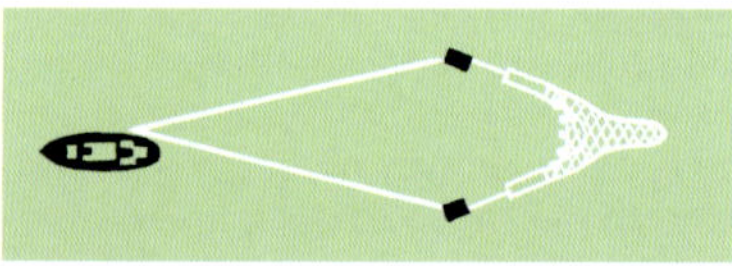

Schleppnetz

mit etwa 30–40 cm Länge im Alter von 10–12 Jahren geschlechtsreif, die Männchen reifen zuerst.

Die Nahrung des Rotbarsches besteht aus pelagischen Krebsen wie Krill, Flohkrebsen, Garnelen und Fischbrut. Die großen Tiere fressen aber auch Fische wie Lodde, Hering und Dorschfischarten.

Gefangen werden Rotbarsche tagsüber mit Grundschleppnetzen und nachts, wenn die Schwärme flacher stehen, mit Schwimmschleppnetzen. Auch Langleinen werden zum Fang verwendet.

Aufgrund ihres langsamen Wachstums und der späten Geschlechtsreife sind Rotbarsche durch Überfischung besonders gefährdet. Der Jahresfang, kombiniert für Gold- und Tiefenrotbarsch, liegt bei 300.000–400.000 Tonnen.

Blaumäulchen

Helicolenus dactylopterus (Delaroche, 1809)

Hauptmerkmale: Maulhöhle schwarzblau. Untere 8 Strahlen der Brustflosse teils frei, ohne verbindende Flossenmembranen. Körper weniger hochrückig als bei den *Sebastes*-Rotbarscharten.

Goldbarsch, 40 cm

Blaumäulchen, 25 cm

Blaumäulchen

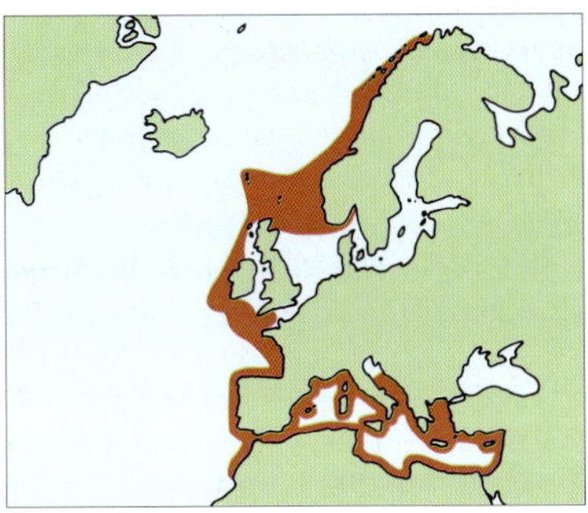

Maximale Länge ca. 45 cm, Gewicht bis 1,5 kg. Das Blaumäulchen lebt bodennah in 200–1.000 m Tiefe. Es ist lebendgebärend mit Brutzeit von März bis Juli, die Larven und Jungfische leben pelagisch. Die Art frißt tierisches Plankton, Kalmare und kleine Fische. Sie ist eher zufälliger Beifang und wirtschaftlich von geringer Bedeutung.

Tiefenrotbarsch

Sebastes mentella Travin, 1951

Hauptmerkmale: Kräftiger Knochenhaken an der Unterkieferspitze. Meist 9 Weichstrahlen in der Afterflosse. Farbe blaßziegelrot.

Maximale Länge bis ca. 90 cm. Der Tiefenrotbarsch ist ein pelagischer Schwarmfisch, der in 300–1.000 m Tiefe bei Temperaturen von 2–5 °C lebt. Er ist lebendgebärend. Seine Biologie entspricht der des Goldbarsches, aber er bevorzugt eine etwas größere Wassertiefe und niedrigere Temperaturen.

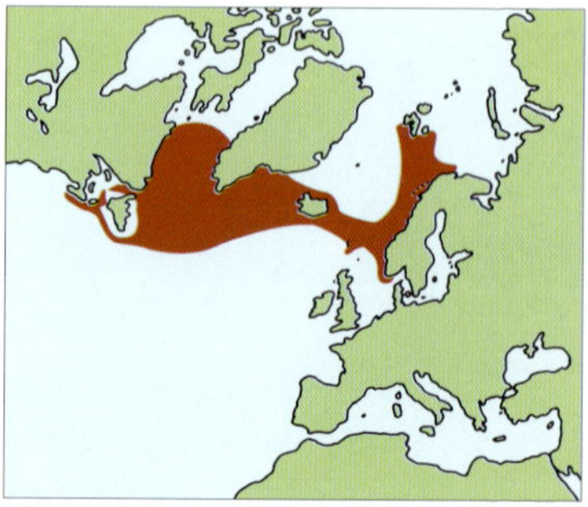

Tiefenrotbarsch

Tiefenrotbarsch

30 cm

Kleiner Rotbarsch

20 cm

Kleiner Rotbarsch, Larve, 9 mm

Kleiner Rotbarsch

Sebastes viviparus Krøyer, 1845

Hauptmerkmale: Körper mit 3–4 dunklen Vertikalbändern. Alle Randstacheln des Vorkiemendeckels rückwärts gerichtet. Seitenlinie mit 70–80 Schuppen, 11–13 Schuppenreihen zwischen Afterflossenende und Seitenlinie, schräg aufwärts gezählt. Meist 7 Weichstrahlen in der Afterflosse.

Maximale Länge 35 cm, Gewicht bis ca. 1 kg, aber selten größer als 30 cm und älter als 40 Jahre. Küstennah in 50–300 m Tiefe lebender Bodenfisch. Im Sommer werden 10.000–30.000 Larven von 3–4 mm Länge geboren. Die Art ist sehr langsamwüchsig. Sie wird mit 10–15 Jahren bei 20 cm Länge geschlechtsreif.

Wirtschaftliche Bedeutung gering.

Kleiner Rotbarsch

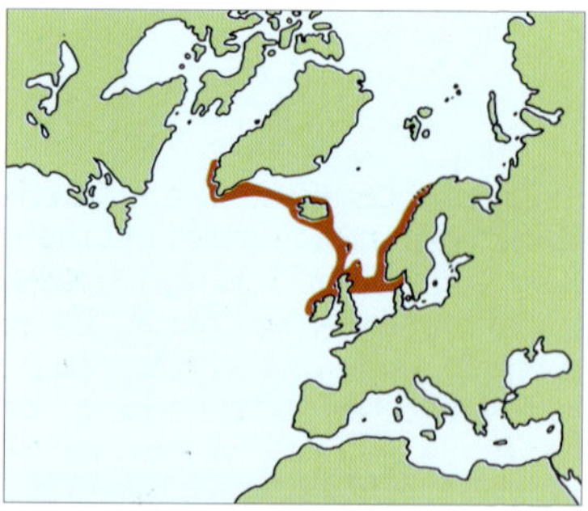

KNURRHÄHNE
Triglidae

Die kurze, stachelstrahlige 1. Rückenflosse ist merklich höher als die längere, weichstrahlige 2. Rückenflosse. Kopf mit Hautknochenplatten gepanzert. Unterste 3 Strahlen jeder Brustflosse verdickt, getrennt und frei beweglich wie „Finger"; damit können Knurrhähne auf dem Boden laufen. Mittels spezieller Muskeln kann die Schwimmblase zum Vibrieren gebracht werden, und die so erzeugten, dumpf knurrenden Laute gaben der Familie ihren Namen. Etwa 100 Arten sind weltweit in den Schelfmeeren verbreitet.

Bestimmungsschlüssel Knurrhähne

1 Körper mit senkrechten Hautfalten bedeckt ....

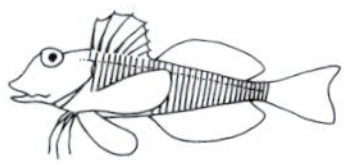

Faltenknurrhahn, S. 172
Körper ohne senkrechte Hautfalten **2**

2 Seitenlinie mit senkrecht vergrößerten Schildschuppen **Seekuckuck**, S. 171
Seitenlinie mit kleinen Schuppen **3**

3 Angelegte Brustflosse reicht kaum bis zum After; Seitenlinie rauh .... **Grauer Knurrhahn**, S. 169
Angelegte Brustflosse reicht über den After hinaus; Seitenlinie glatt **4**

4 Stachel über der Brustflosse reicht bis Höhe Hinterhälfte 1. Rückenflosse .... **Leierknurrhahn**, S. 171
Stachel über der Brustflosse reicht nur bis Höhe Vorderhälfte 1. Rückenflosse **Roter Knurrhahn**, S. 170

Grauer Knurrhahn, Larve, 15 mm

Grauer Knurrhahn
Eutrigla gurnardus (Linnaeus, 1758)

Hauptmerkmale: Seitenlinienschuppen etwas größer als Körperschuppen, mit bestacheltem Mittelkiel und gezähntem Hinterrand; deshalb fühlt sich die Seitenlinie rauh an. Rauhe Schuppen auch entlang den Basen der Rückenflossen. Angelegte Brustflosse reicht kaum bis zum Ansatz der Afterflosse. Färbung unterschiedlich, meist graubraun.

Maximale Länge 45 cm. Der Graue Knurrhahn lebt in 10–150 m Tiefe auf weichem Grund oder Mischböden. Er hält sich gewöhnlich in Gruppen am Boden auf, ist aber nachts auch pelagisch zu fangen. Die Art zieht im Sommer unter die Küste.

Der Graue Knurrhahn laicht von April bis August 200.000–300.000 pelagische Eier von 3–4 mm Durchmesser ab. Die 3–4 mm langen Larven schlüpfen schon nach ca. 1 Woche und fressen tierisches Plankton. Die Jungtiere leben pelagisch bis zu einer Länge von ca. 3 cm und gehen dann erst an den Boden. Die Männchen werden mit etwa 18 cm Länge im Alter von 3 Jah-

Grauer Knurrhahn, 22 cm

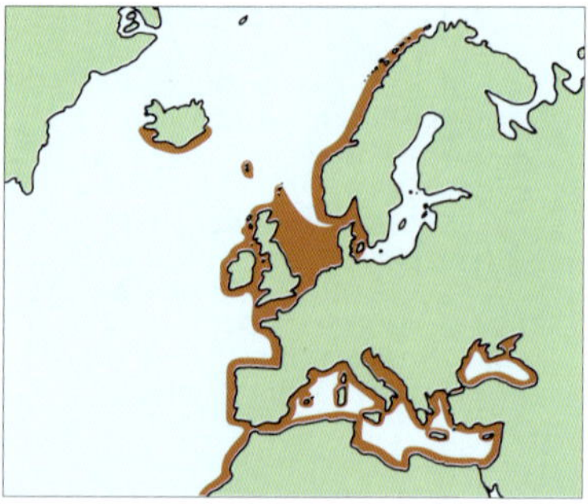

Grauer Knurrhahn

ren geschlechtsreif, die Weibchen mit 24 cm Länge und 4 Jahren. Die Nahrung besteht aus kleinen Fischen und benthischen Wirbellosen.

Beifang in Schleppnetzen und an Langleinen. In einigen Ländern als Speisefisch genutzt.

Roter Knurrhahn

Trigla lucerna Linnaeus, 1758

Hauptmerkmale: Seitenlinienschuppen glatt. Angelegte Brustflosse reicht über den Ansatz der Afterflosse hinaus. Stachel über der Brustflosse reicht nur bis auf Höhe Vorderhälfte der 1. Rückenflosse. Farbe rötlich.

Maximale Länge 75 cm. Die Biologie entspricht der des Grauen Knurrhahns, allerdings frißt der Rote Knurrhahn meist Fische wie Sprotte, Sardine und auch Fischbrut. Er ist oft pelagisch zu fangen.

Beifang in Schleppnetzen und an Langleinen. Wegen seines weißen Fleisches in vielen Ländern geschätzt. Dieser Knurrhahn macht den wesentlichen Teil des europäischen Jahresfangs an Knurrhähnen von 20.000 Tonnen aus.

Roter Knurrhahn

Roter Knurrhahn

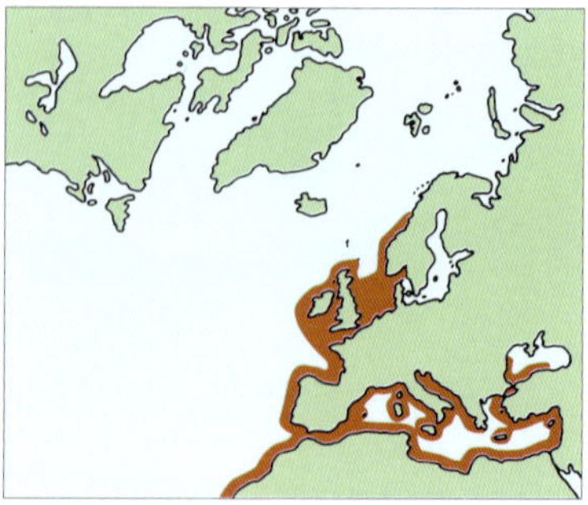

Leierknurrhahn

Trigla lyra Linnaeus, 1758

Hauptmerkmale: Auffällig steile und gerade Stirn. Ähnlich dem Roten Knurrhahn; Stachel über der Brustflosse ist jedoch länger und reicht bis auf Höhe der Hinterhälfte der 1. Rückenflosse.

Maximale Länge 60 cm. Der Leierknurrhahn lebt auf gemischten Böden in 100–700 m Tiefe. Biologie weitgehend unbekannt. Kaum genutzt.

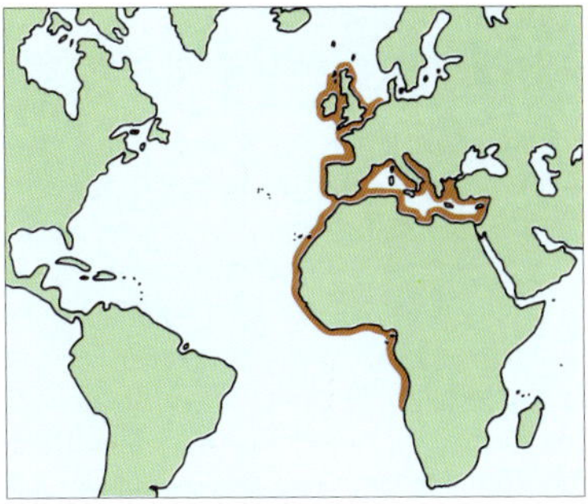

Leierknurrhahn

Leierknurrhahn, 30 cm

Seekuckuck, 20 cm

Seekuckuck

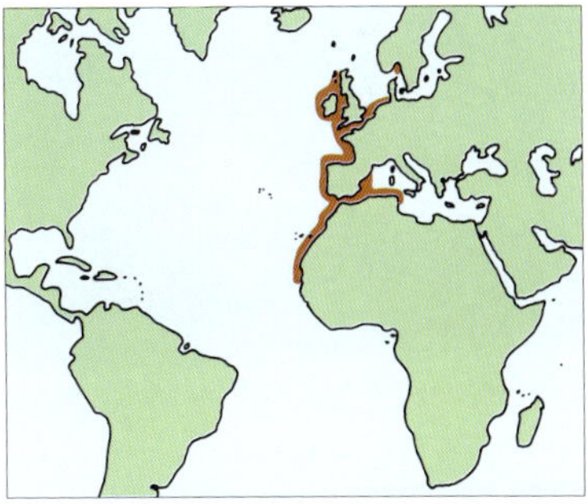

Seekuckuck

Aspitrigla cuculus (Linnaeus, 1758)

Hauptmerkmale: Seitenlinie mit vertikal vergrößerten Schildschuppen, die rippenähnlich bis an die Basen der Rückenflossen heranreichen.

Maximale Länge 50 cm. Lebt auf hartem Grund und gemischten Böden in 30–250 m Tiefe und frißt Bodenfische und Krebse. Biologie wie die der anderen Arten. Wird nicht genutzt.

Faltenknurrhahn

Trigloporus lastoviza (Brünnich, 1768)

Hauptmerkmale: Körper mit deutlichen, senkrechten Hautfalten überzogen, die von der Seitenlinie ausgehen.

Maximale Länge 40 cm. Der Faltenknurrhahn lebt auf steinigen, sandigen und weichen Böden vom Spülsaum bis in 150 m Tiefe. Er tritt auch in großen Schwärmen pelagisch an der Oberfläche auf. Die Nahrung besteht vor allem aus Krebsen. Wird nicht genutzt.

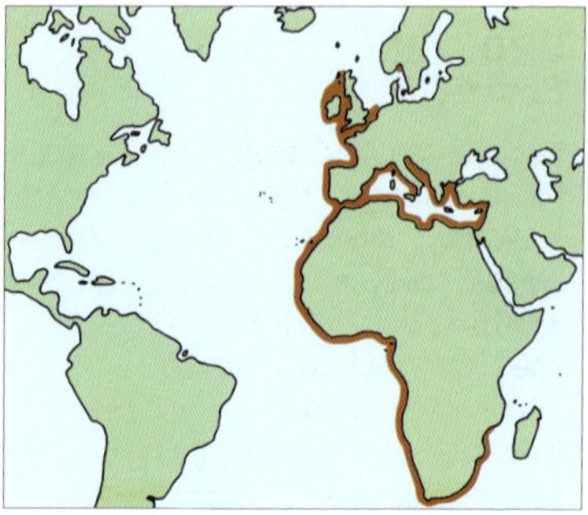

Faltenknurrhahn

Faltenknurrhahn

Nahrung der Knurrhähne

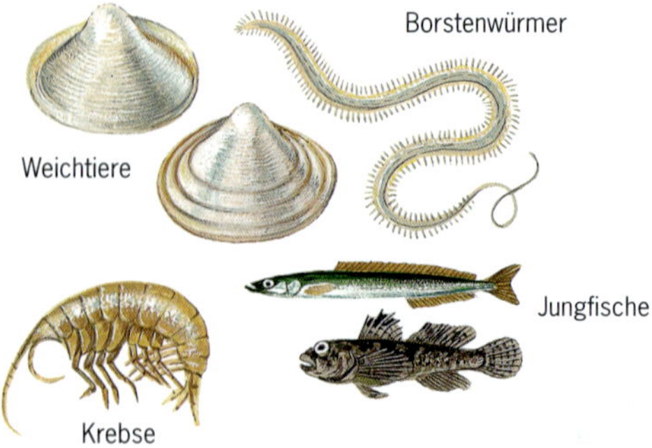

GROPPEN
Cottidae

Kopf massig und breit, mit kräftigen Knochenkämmen und -stacheln. Rükkenflosse getrennt in einen vorderen stachelstrahligen und einen hinteren weichstrahligen Abschnitt. Ohne Knochenplatten auf dem Körper und ohne Schwimmblase. Männchen haben eine kurze Samenröhre zur inneren Befruchtung der Eier bei der Paarung. Die ca. 300 Arten der Familie leben auf der Nordhalbkugel und im Südwestpazifik, einige auch im Süßwasser.

Ohne wirtschaftliche Bedeutung.

Bestimmungsschlüssel Groppen

1 Schädeloberseite mit 2 Paaren graugelber Knochenhöcker . . . . **Vierhörniger Seeskorpion**, S. 175
Ohne solche Knochenhöcker **2**

2 Körperseiten unterhalb Seitenlinie mit schräg laufenden Hautfalten . . . .

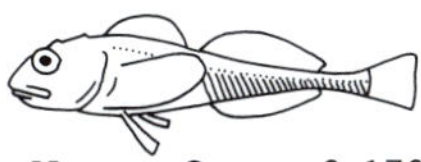

Murrays Groppe, S. 176
Körperseiten ohne Hautfalten **3**

3 Oberster Stachel am Vorkiemendeckel mit gegabelter, hochgebogener Spitze **Zweistachlige Groppe**, S. 177
Oberster Stachel am Vorkiemendeckel mit einfacher, ungegabelter Spitze . . . **4**

4 Kiemenmembranen unter der Kehle miteinander zu Querfalte verwachsen; Schuppen der Seitenlinie ohne Knochenhöcker **5**

Kiemenmembranen nicht miteinander, sondern mit der Kehlhaut verwachsen; Seitenlinienschuppen mit Knochenhöckern **6**

5 Kopf mit knöchernen Längskielen; oberer Stachel am Vorkiemendeckel gerade **Seeskorpion**, S. 173
Kopf ohne knöcherne Längskiele; oberer Stachel am Vorkiemendeckel stark aufwärts gebogen . . . . **Atlantische Hakengroppe**, S. 178

6 Oberhalb der Seitenlinie eine weitere Reihe von Knochenhöckern; Bauchflossen mit 2 Weichstrahlen . . . . **Zwergseeskorpion**, S. 175
Ohne Knochenhöcker oberhalb der Seitenlinie; Bauchflossen mit 3 Weichstrahlen . . . . **Seebull**, S. 174

Seeskorpion
Myoxocephalus scorpius (Linnaeus, 1758)

Hauptmerkmale: Kiemenmembranen unter der Kehle zu Querfalte miteinander verwachsen. Seitenlinienschuppen ohne Knochenhöcker, aber rauhe Schuppen ober- und unterhalb. Schädel mit 2 Längskielen. Der längste Stachel am Vorkiemendeckel reicht nicht bis zum Hinterrand des Kiemendeckels.

Maximale Länge 60 cm in arktischen Meeren. Lebt zwischen Steinen und Algen vom niedrigsten Flachwasser bis in 200 m Tiefe bei Temperaturen von 0–15 °C. Er ist auch im Brackwasser zu finden. Eine standorttreue Art, von der viele lokale Rassen beschrieben wurden. Zur Laichzeit im Winter zeigen die Männchen einen weißgefleckten roten Bauch als Hochzeitskleid. Bei der Paarung umklammern sie die Weib-

Seeskorpion

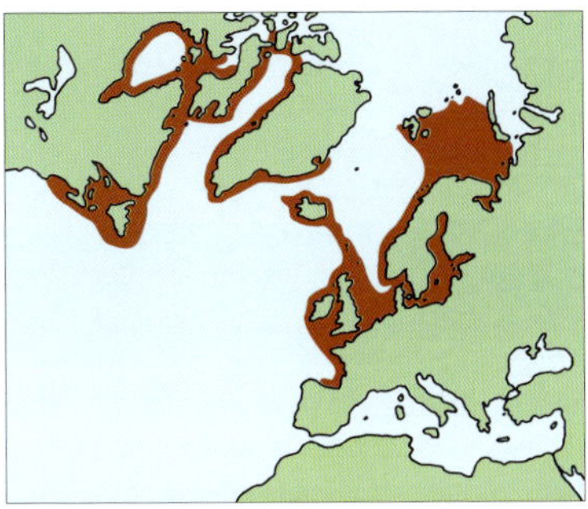

Seeskorpion, 15 cm

chen mit den großen, rauhen Brust- und Bauchflossen. Ihre ca. 2.500 Eier, 2–2,5 mm groß, legt das Weibchen in Klumpen ab, die vom Männchen bewacht werden, bis nach ca. 5 Wochen die 5–8 mm langen Larven schlüpfen. Diese leben pelagisch, bis sie mit 15 mm Länge zum Bodenleben übergehen. Männchen werden mit 2 Jahren und 14–25 cm Länge geschlechtsreif, Weibchen mit 15–30 cm.

Der Seeskorpion ist ein gefräßiger, fast alles fressender Raubfisch.

Seebull

Taurulus bubalis (Euphrasen, 1786)

Hauptmerkmale: Kiemenmembranen nicht miteinander, sondern mit der Kehlhaut verwachsen. Ohne Knochenhöcker oberhalb der rauhen Seitenlinie. Der längste Stachel am Vorkiemendeckel reicht nur bis auf Höhe der Vorderhälfte der 1. Rückenflosse.

Maximale Länge 15–20 cm, Weibchen größer als Männchen. Lebt zwischen Steinen und Algen vom Spülsaum bis in 100 m Tiefe. Laichzeit ist von Februar bis Mai, wenn die Männchen ein buntes Hochzeitskleid zeigen. Nahrung sind Krebse und kleine Fische. Kommt seltener als der Seeskorpion vor.

Seebull

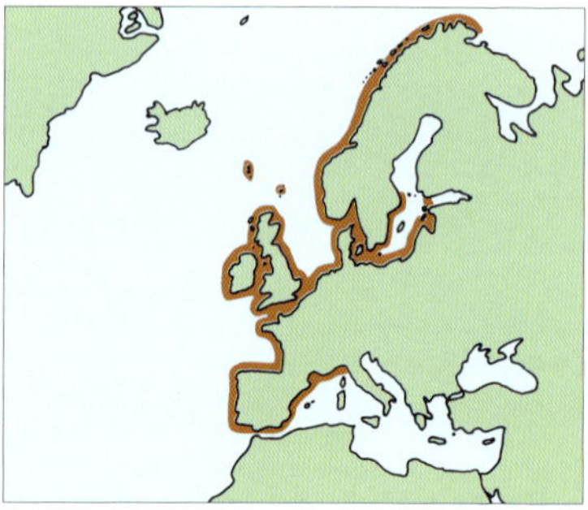

Zwergseeskorpion

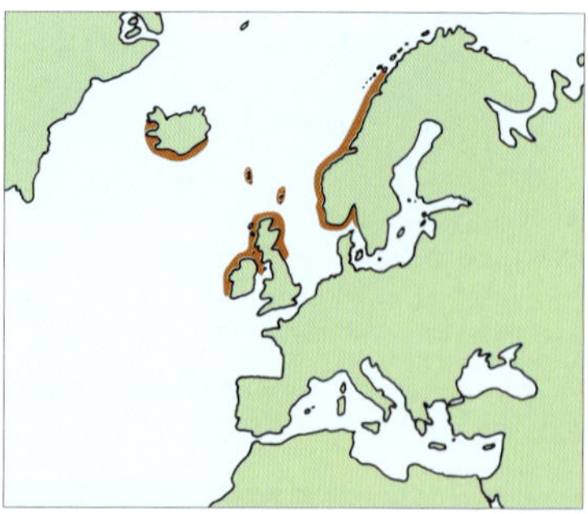

Seebull, 12 cm

Zwergseeskorpion, 5 cm

Vierhörniger Seeskorpion, 20 cm

Vierhörniger Seeskorpion, Kopfoberseite

Zwergseeskorpion

Micrenophrys lilljeborgi (Collett, 1875)

Hauptmerkmale: Unterscheidet sich vom Seebull durch eine Reihe Knochenhöcker oberhalb der rauhen Seitenlinie und durch nur 2 statt 3 Weichstrahlen in der Afterflosse. Außerdem werden Zwergseeskorpione höchstens halb so groß wie Seebulls.

Maximale Länge 6–7 cm. Der Zwergseeskorpion lebt auf hartem Boden zwischen Algen vom Spülsaum bis in 100 m Tiefe. Er laicht im frühen Frühjahr seine Eier in Klumpen am Boden ab, aus denen pelagische Larven schlüpfen. Er ernährt sich von Kleinkrebsen und Fischen. Eine recht seltene Art.

Vierhörniger Seeskorpion

Triglopsis quadricornis (Linnaeus, 1758)

Hauptmerkmale: Kopfoberseite mit 2 Paaren großer, graugelber Knochenhöcker. Beide Rückenflossen deutlich getrennt, die Strahlen der zweiten Rückenflosse viel länger als die der ersten.

Maximale Länge 35 cm. Der Vierhör-

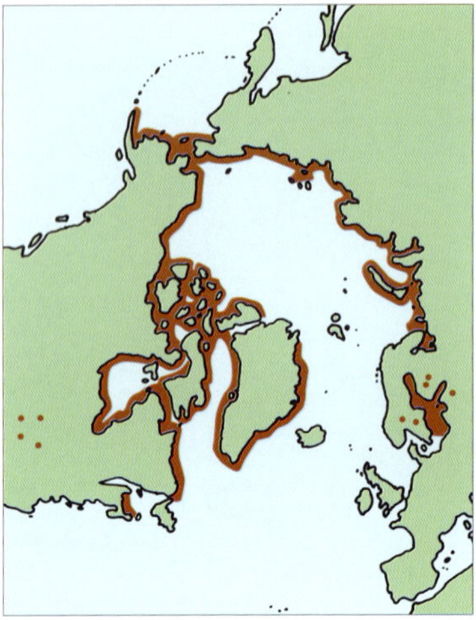

Vierhörniger Seeskorpion

nige Seeskorpion ist ein arktischer Bodenfisch, der in 1–100 m Tiefe im Brack- und Meerwasser lebt. Ein isolierter Bestand kommt seit der letzten Eiszeit in der östlichen Ostsee vor. Landhebungen nach dem Rückzug des Eises führten zu abgeschnittenen Beständen dieser Fische in tiefen, kalten Süßwasserseen, wie z. B. im Vänern, Vättern, Mälaren in Schweden, oder im Ladoga- und Onegasee in Rußland. Als Zwergformen von 10–12 cm Länge und mit rückgebildeten „Hörnern" haben sie sich dem Süßwasserleben angepaßt.

Diese Art laicht von November bis Februar im Flachwasser. Die Männchen besetzen ein Territorium, wo sie eine Bodengrube anlegen, in der Paarung und Laichen stattfinden. Die Weibchen laichen 1.500–5.000 Eier von 4,5–5 mm Durchmesser ab, die vom Männchen bewacht werden, bis nach ca. 3 Monaten die Larven schlüpfen. Die 10–12 mm langen Larven leben pelagisch und gehen als Jungfische mit 2 cm Länge zum Bodenleben über. Sie werden mit 15–16 cm Länge geschlechtsreif. Im Frühjahr wandern die Fische in tieferes Wasser ab, wo sie den Sommer über bleiben.

Vierhörnige Seeksorpione fressen alle Arten wirbelloser Bodentiere, besonders Krebse, Grundeln und Fischbrut.

Murrays Groppe

Triglops murrayi Günther, 1888

Hauptmerkmale: Körper unterhalb der Seitenlinie mit einer Serie schräg laufender Hautfalten mit gesägten Kanten. Ein schwarzer Fleck am Hinterende der 1. Rückenflosse. Schwanzflosse durch senkrechte, dunkle Streifen gemustert.

Maximale Länge 20 cm. Die Murrays Groppe lebt auf Sandböden in 10–300 m Tiefe bei Temperaturen von 0–4 °C. Die Weibchen laichen im Herbst 100–600 Eier von 2 mm Durchmesser ab. Die Tiere ernähren sich von Borstenwürmern und Krebsen.

Murrays Groppe

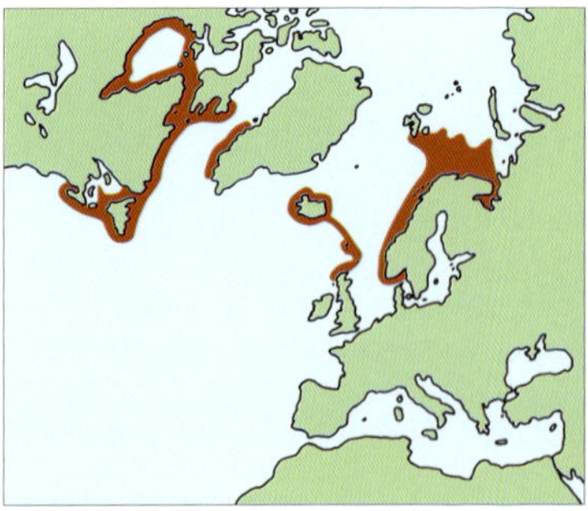

Murrays Groppe, Männchen, 15 cm

Zweistachlige Groppe, Männchen, 12 cm

Zweistachlige Groppe

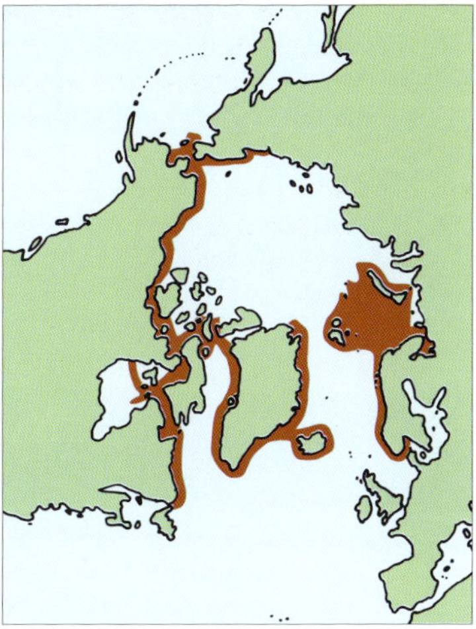

Zweistachlige Groppe

Icelus bicornis (Reinhardt, 1840)

Hauptmerkmale: Oberster Stachel am Vorkiemendeckelrand mit gegabelter, hochgebogener Spitze. Kopfhöhe gleich Kopfbreite. Männchen mit langer, spitzer Samenröhre.

Maximale Länge 15 cm, die Männchen aber meistens kleiner als 7 cm, die Weibchen kleiner als 12 cm. Die Zweistachlige Groppe lebt in 1–560 m Tiefe auf allen Böden im Temperaturbereich von –1,7 bis 10 °C. Die Weibchen laichen im Herbst 150–1.000 Eier von ca. 3 mm Durchmesser ab. Die Zweistachlige Groppe ernährt sich von Krebsen und Borstenwürmern.

Atlantische Hakengroppe, 10 cm

Atlantische Hakengroppe

Artediellus atlanticus
Jordan & Evermann, 1896

Hauptmerkmale: Kiemenmembranen unter der Kehle als Querfalte miteinander verwachsen. Seitenlinienschuppen ohne Knochenhöcker. Oberster Stachel am Vorkiemendeckel als Haken aufwärts gekrümmt.

Maximale Länge 15 cm. Lebt auf sandigen und schlammigen Böden in 35–900 m Tiefe bei Temperaturen von –1,7 bis 4 °C. Laicht im Spätsommer 50–350 Eier von ca. 4 mm Durchmesser ab. Frißt vor allem Borstenwürmer und Weichtiere.

Atlantische Hakengroppe

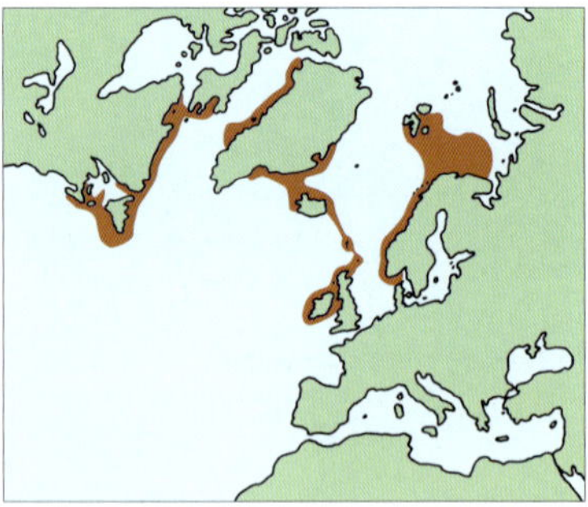

Steinpicker

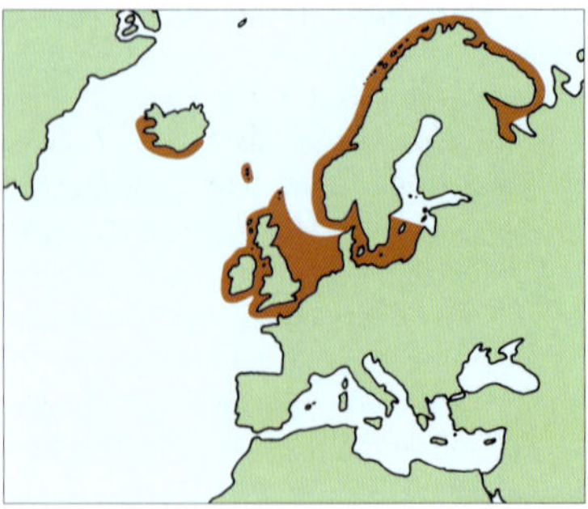

PANZERGROPPEN

Agonidae

Längliche, kleine Fische mit kurzem, breitem Kopf und Rumpf, aber stark verlängertem, schlankem Schwanzabschnitt und flacher Bauchpartie. Körper mit gekielten Knochenplatten gepanzert. Schnauzenspitze mit 4 Stacheln und 2 Barteln. Kopfunterseite mit vielen kurzen Barteln besetzt. Alle ca. 50 Arten der Familie leben in den Meeren der nördlichen Halbkugel und um die Südspitze Südamerikas.

Ohne wirtschaftliche Bedeutung.

Steinpicker

Agonus cataphractus (Linnaeus, 1758)

Hauptmerkmale: Hart- und weichstrahlige Rückenflossen dicht zusammen. Ohne Knochenstacheln auf dem Hinterkopf.

Maximale Länge 20 cm. Der Steinpicker lebt auf Weichböden in 5–270 m Tiefe. Er laicht von Februar bis April 2.500–3.000 gelbliche Eier von 2 mm Durchmesser in kleinen Klumpen zwischen

Polarquappengroppe

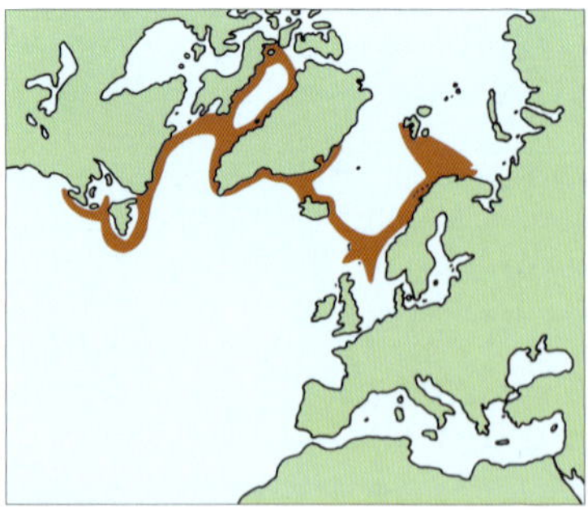

den Wurzelästen von Braunalgen ab. Nach einer sehr langen Entwicklungszeit von 10–11 Monaten schlüpfen 6–8 mm lange Larven, die bis zu einer Größe von 20 mm pelagisch leben und dann zum Bodenleben übergehen. Der Steinpicker frißt Krebse.

Steinpicker, 14 cm

Steinpicker von oben

Polarquappengroppe, 20 cm

QUAPPENGROPPEN
Psychrolutidae

Kaulquappenähnliche Gestalt mit massigem, breitem Kopf und kurzem Körper. Schuppenlos, aber die lockere Haut ist oft mit rauhstacheligen Knochenplättchen besetzt. Die 30 Arten der Familie leben in allen Ozeanen.

Ohne wirtschaftliche Bedeutung.

Polarquappengroppe
Cottunculus microps Collett, 1875

Hauptmerkmale: Haut sehr rauh, da mit stacheligen Knochenplättchen besetzt. Zwischen und hinter den Augen 4 stumpfe Knochenhöcker. Körper mit 3–4 dunklen Querbändern.

Maximale Länge 30 cm. Ein vor allem arktischer Bodenfisch in 170–1.700 m Tiefe. Laicht vermutlich im Juni und Juli gut 200 Eier von 4,5–5 mm Durchmesser ab. Frißt Borstenwürmer und Krebse.

Seehase, Weibchen, 32 cm

SEEHASEN
Cyclopteridae

Körper sehr massig, plump und oft hochrückig. Schuppenlos, die ledrige Haut einiger Arten ist aber durch viele kleine Knochenhöcker und Längsreihen großer Knochenstacheln sehr rauh. Bauchflossen sind zu einer großer Saugscheibe auf dem Bauch umgewandelt. Die Familie kommt mit ca. 25 Arten nur in den kalten Meeren der Nordhalbkugel vor.

Seehase
Cyclopterus lumpus Linnaeus, 1758

Hauptmerkmale: Erste Rückenflosse von dickfleischiger, ledriger Haut überwachsen. Weibchen mit höherem Rückenflossenkamm und kleineren Brustflossen als die Männchen. Zur Laichzeit zeigen die Männchen eine rötliche Bauchpartie, die Weibchen eine grünliche Färbung.

Maximale Länge bei den Weibchen selten mehr als 50 cm, Gewicht bis 5 kg, Männchen 30–40 cm lang. Ein zwergwüchsiger Bestand kommt auch in der Ostsee vor. Dessen Weibchen werden nur 20 cm, die Männchen ca. 15 cm lang.

Der Seehase lebt auf harten, steinigen Böden in 20–200 m Tiefe, bisweilen auch pelagisch im offenen Meer.

In den Monaten von Februar bis Mai laichen die Weibchen 100.000–350.000 gelbrote Eier von 2,5 mm Durchmesser auf steinigen Böden im flachen Algengürtel ab. Die Eier werden später grünlich. Das Männchen bewacht das Gelege hervorragend gegen Laichräuber wie Groppen, Kabeljau und Krebse. Selbst bei Ebbe und schon halb trockenliegend wird das Männchen,

Seehase

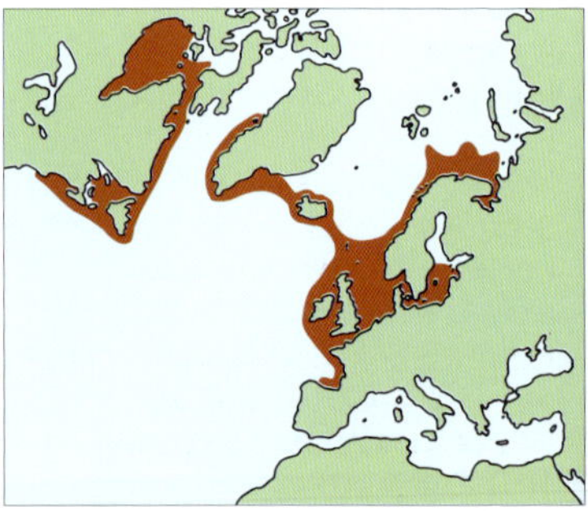

Seehase, Männchen, 34 cm

festgesaugt an einem Stein, das Gelege nicht im Stich lassen. Nach einigen Wochen schlüpfen die 6–7 mm langen, kaulquappenähnlichen Larven, die den Sommer über in der flachen Bewuchszone bleiben. Dort kann man sie oft angesaugt an Algen und mit seitlich gekrümmtem Schwanz beobachten. Nach einem Jahr haben sie 15–30 cm Länge erreicht und die Gestalt der Elterntiere angenommen. Während sie weiter wachsen, wandern sie in tieferes Wasser, bis sie mit 3–5 Jahren geschlechtsreif werden.

Seehasen fressen als Jungtiere kleine Planktontiere, die älteren Exemplare Krillkrebse, kleine Quallen und Stücke von Wasserpflanzen.

Man fängt Seehasen im Frühjahr in Bundgarnen und Treibnetzen. Sie werden frisch oder geräuchert angeboten. Das Fleisch der Männchen wird bevorzugt. Ihr Fleisch ist etwas wäßrig und gelatineartig. Seehasen werden vor allem in nordischen Ländern als Speisefisch geschätzt. Der Rogen wird frisch oder gesalzen und mit Geschmacks- und Farbstoffen behandelt als eine Art „Kaviar“ gehandelt.

Der europäische Jahresfang liegt um 10.000 Tonnen.

Nahrung

Flohkrebse

Quallen

Verwendung

Kaviarersatz

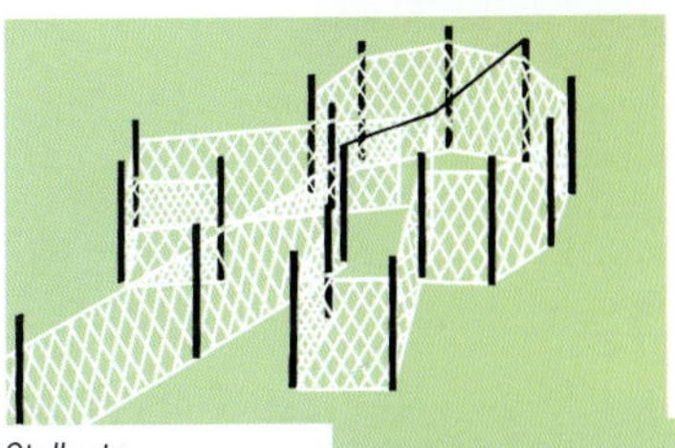

Stellnetz

Treibnetz

SCHEIBENBÄUCHE
Liparidae

Bauchflossen wie bei den Seehasen zu einer Saugscheibe auf dem Bauch umgewandelt. Rücken- und Afterflossen als lange Säume. Die lockere, gelatineartige Haut ist schuppenlos. Gut 200 Arten der Familie leben in allen Ozeanen von der Arktis bis in die Antarktis, viele in großer Tiefe.

Wirtschaftlich unbedeutend.

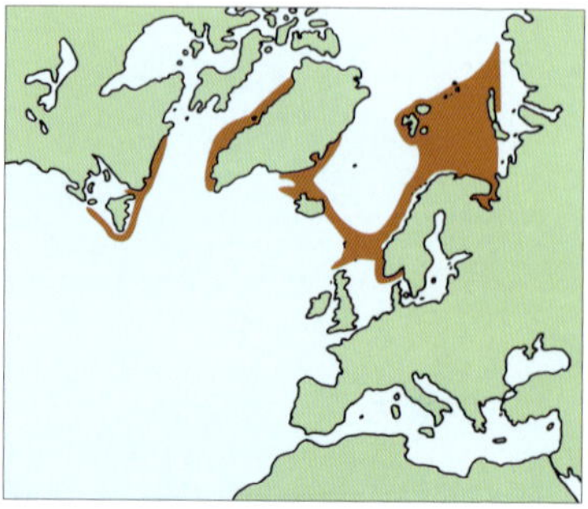

Spitzschwänziger Scheibenbauch

Bestimmungsschlüssel Scheibenbäuche

1 Durchmesser der Saugscheibe gleich dem Augendurchmesser ....
Spitzschwänziger Scheibenbauch, S. 182
Durchmesser der Saugscheibe größer als der Augendurchmesser **2**

2 Enden von Rücken- und Afterflossen überlappen mit dem Ansatz der Schwanzflosse ....
Großer Scheibenbauch, S. 183
Ende von Rücken- und Afterflossen reichen nur bis zum Ansatz der Schwanzflosse ....
Kleiner Scheibenbauch, S. 183

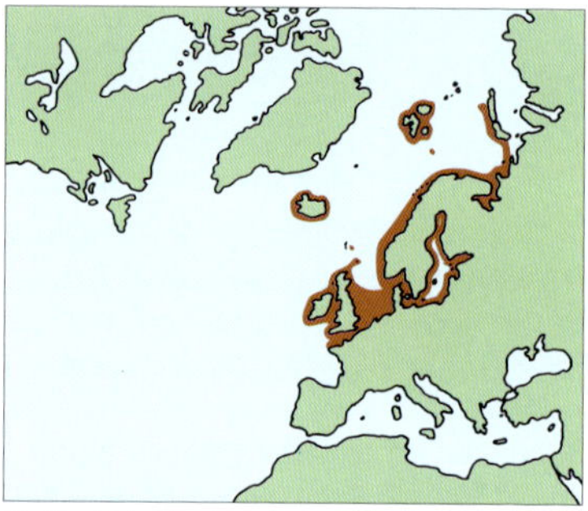

Großer Scheibenbauch

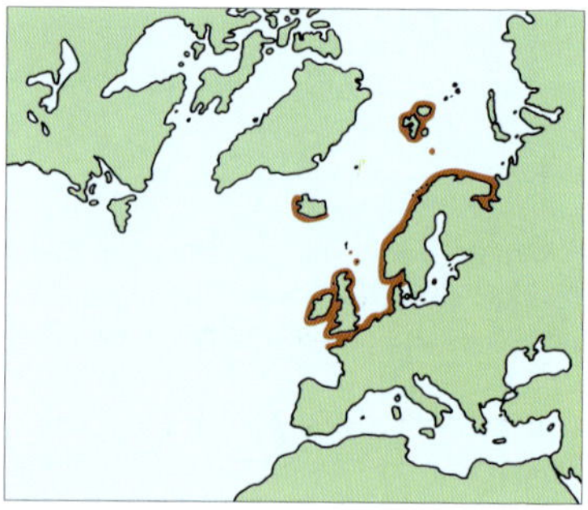

Kleiner Scheibenbauch

Spitzschwänziger Scheibenbauch
Careproctus reinhardti Krøyer, 1862

Hauptmerkmale: Saugscheibe klein, ihr Durchmesser ist höchstens gleich dem Augendurchmesser. Nur 1 Nasenöffnung auf jeder Schnauzenseite.

Maximale Länge 30 cm. Der Spitzschwänzige Scheibenbauch lebt auf oder nahe dem Boden in 150–1.200 m Tiefe im Temperaturbereich von –2 bis 4 °C. Er kann recht häufig auftreten. Die Weibchen laichen ca. 300 Eier von 4,5 mm Durchmesser ab. Er ernährt sich von Krebsen und kleinen Fischen.

Spitzschwänziger
Scheibenbauch, 14 cm

Großer Scheibenbauch, 14 cm

Kleiner
Scheibenbauch,
10 cm

Großer Scheibenbauch

Liparis liparis (Linnaeus, 1758)

Hauptmerkmale: Saugscheibe ist größer als der Augendurchmesser. Zwei Nasenöffnungen auf jeder Schnauzenseite. Enden von Rücken- und Afterflossen überlappen mit dem Ansatz der Schwanzflosse.

Maximale Länge 15 cm. Lebt vom Flachwasser bis in 300 m Tiefe. Laichzeit ist im Winter, wenn die Weibchen die 1,5 mm großen Eier auf dem Boden ablegen. Nach 6–8 Wochen schlüpfen die pelagischen Larven. Frißt hauptsächlich Krebse. Kommt auch in der Ostsee vor.

Kleiner Scheibenbauch

Liparis montagui (Donovan, 1804)

Hauptmerkmale: Anders als beim Großen Scheibenbauch überlappt das Ende der Rückenflosse nie die Schwanzflosse, und nur selten überlappt das Ende der Afterflosse den Schwanzflossenansatz.

Maximale Länge 10 cm. Lebt vom extremen Flachwasser in der Bewuchszone bis in ca. 30 m Tiefe. Biologie entspricht der der vorgenannten Schwesterart. Beide Arten als Jungfische auch im Wattenmeer zu finden. Der Kleine Scheibenbauch fehlt in der Ostsee.

WOLFSBARSCHE
Moronidae

Fische mit anteilig stachelstrahligen Flossen, von den nahe verwandten Zackenbarschen durch die getrennte stachelstrahlige 1. und weichstrahlige 2. Rückenflosse und durch zwei kräftige Stacheln am Hinterrand des Kiemendeckels zu unterscheiden. Die 6 Arten der Familie leben vor der ostamerikanischen Küste und in europäischen Meeren, einzelne von ihnen kommen auch im Brack- und sogar Süßwasser vor.

Wolfsbarsch
Dicentrarchus labrax (Linnaeus, 1758)

Hauptmerkmale: Beide Rückenflossen etwa gleich lang und getrennt. Große, silbrige Schuppen. Großer schwarzer Fleck auf den Kiemendeckeln.

Maximale Länge ca. 80 cm, Gewicht 5–7 kg. Gefräßiger Raubfisch, der in kleineren Gruppen in Küstengewässern und Flußmündungen lebt. Laicht im Sommer bei den Britischen Inseln, die Eier sind pelagisch. Der Wolfsbarsch jagt Fische. In Südeuropa eine geschätzte Speise- und Sportfischart. Häufiger Besucher in dänischen Gewässern; auch in Warmwasserteichen von Kraftwerken gehalten.

SÄGEBARSCHE ODER ZACKENBARSCHE
Serranidae

Die verwachsene Rückenflosse hat einen stachelstrahligen vorderen und einen weichstrahligen hinteren Abschnitt. Kiemendeckel mit 3 kräftigen Stacheln am Hinterrand. Seitenlinie durchlaufend bis auf den Schwanzflossenansatz. Etwa 450 Arten, von denen viele wirtschaftlich wichtig sind. Hauptverbreitung in tropischen und subtropischen Küstengewässern.

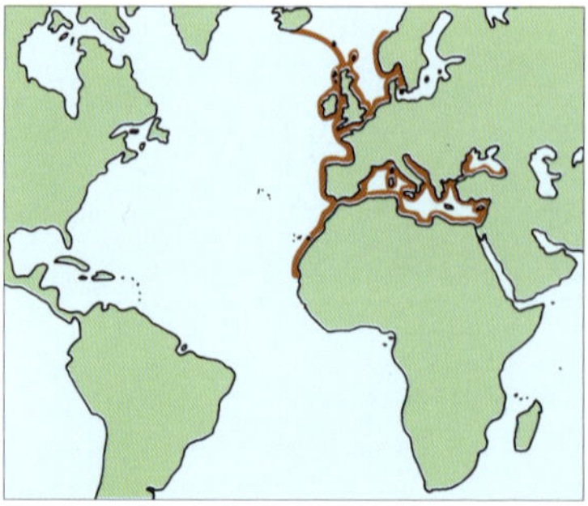

Wolfsbarsch

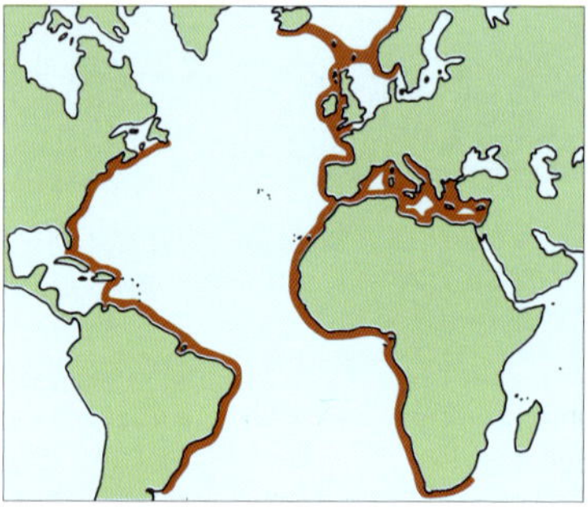

Wrackbarsch

Wrackbarsch
Polyprion americanus (Schneider, 1801)

Hauptmerkmale: Körper hochrückig und seitlich zusammengedrückt, Kopf und Maul groß. Mit einem kräftigen Knochengrat über den oberen Kiemendeckeln. Färbung

Schiffshalter

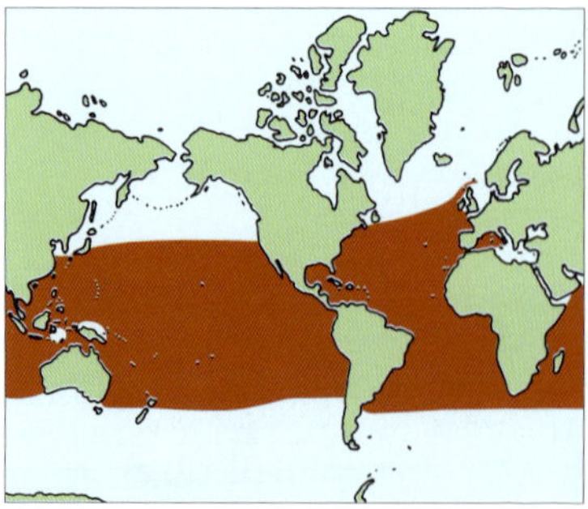

Wolfsbarsch, 33 cm

Wrackbarsch, 40 cm

unterschiedlich, meist aber mit schwarzen Seitenflecken.

Maximale Länge ca. 200 cm, Gewicht bis 100 kg. Erwachsene Wrackbarsche leben in 40–600 m Tiefe über steinigen Böden und in der Nähe von Schiffswracks, Jungfische dagegen pelagisch im Schwarm. Die Art laicht in der Sommerzeit. Sie frißt Krebse, Weichtiere und Fische und ist ein guter Speisefisch.

Saugscheibe

SCHIFFSHALTERFISCHE

Echeneidae

Die stachelstrahlige erste Rückenflosse ist umgewandelt zu einer großen, ovalen, quergerippten Saugscheibe auf der Kopfoberseite. Die 8 Arten der Familie leben in allen Meeren zusammen mit großen Hai- und Rochenarten, großen Knochenfischarten, Seeschildkröten und Walen.

Schiffshalter

Remora remora (Linnaeus, 1758)

Hauptmerkmale: Erwachsene Tiere dunkel und schlank mit einer sehr wirkungsvollen Saugscheibe auf der Kopfoberseite, die mit

Schiffshalter, 25 cm

dem Wachstum aus der bei Jungfischen noch normalen 1. Rückenflosse entsteht.

Maximale Länge ca. 60 cm. Der Schiffshalter ernährt sich vor allem von den Hautparasiten seiner Wirtsfische, die er begleitet und die ihn angesaugt transportieren. Über die genauere Biologie des Schiffshalters ist nichts bekannt. Einzelne Exemplare wurden aus dänischen Gewässern gemeldet.

Holzmakrele, 28 cm

STACHEL-, SCHILD- ODER **PFERDEMAKRELEN**
Carangidae

Fische sehr unterschiedlicher Gestalt mit stachelstrahliger 1. und weichstrahliger 2. Rückenflosse. Meist 3 Stachelstrahlen vor der Afterflosse; die vorderen zwei Stachelstrahlen stehen weit vor dem dritten Stachelstrahl; letzter ist mit der restlichen, weichstrahligen Afterflosse verwachsen. Bei vielen Arten sind die Schuppen der Seitenlinie z. T. schildartig vergrößert und gekielt. Die meisten der 140 Arten dieser Familie sind wichtige Speisefische, die vor allem in tropischen und subtropischen Gewässern vorkommen. Ihre Jungfische suchen oft Schutz unter den Schirmen von Quallen.

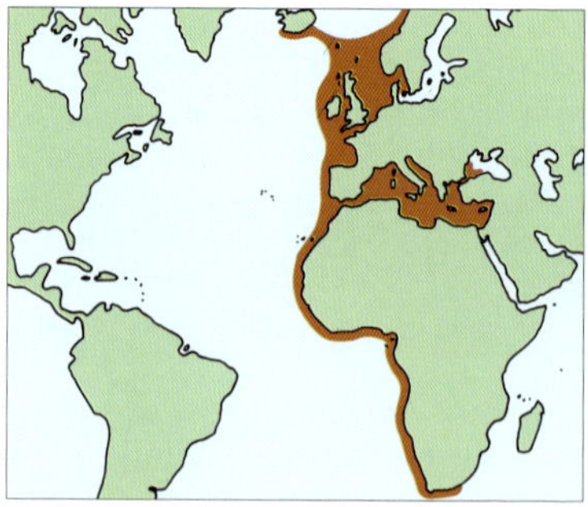
Holzmakrele

Stöcker oder **Holzmakrele**
Trachurus trachurus (Linnaeus, 1758)

Hauptmerkmale: Erste Rückenflosse kurz und hoch. Kiemendeckel mit kräftig schwarzem Fleck.

Maximale Länge 60 cm. Der Stöcker ist ein pelagischer Schwarmfisch der Küstengewässer. Im nördlichen Teil des Verbreitungsgebiets gibt es zwei getrennte Bestände des „westlichen" und des „Nordsee-Stöckers".

Der westliche Bestand laicht im beginnenden Frühjahr in einem Gebiet von der Biskaya bis Irland und zieht anschließend auf Freßwanderung um die Britischen Inseln herum nord- und ostwärts nach Südnorwegen und in die nördliche Nordsee. Der Nordsee-Bestand laicht im Sommer in der südlichen Nordsee und zieht dann in die mittlere Nordsee, Skagerrak und Kattegat. Ein Weibchen laicht bis zu 140.000 pelagische Eier, aus denen 5 mm lange Larven schlüpfen. Jungfische sind oft unter den Schirmen von Quallen zu beobachten, wo sie sowohl Plankton als auch Stücke der Tentakel und Geschlechtsorgane der Quallen fressen. Die Tiere werden mit 3–4 Jahren und einer Länge von ca. 25 cm geschlechtsreif.

Stöcker haben in den vergangenen Jahren zunehmend an Bedeutung für die Fischerei gewonnen. Während der 90er Jahre stieg der europäische Jahresfang auf etwa 500.000 Tonnen an. Fänge aus der Nordsee gehen vor allem in die industrielle Fischmehlverarbeitung. In Südeuropa sind Stöcker Speisefische, die als Frischfisch, geräuchert und als Konservenware angeboten werden.

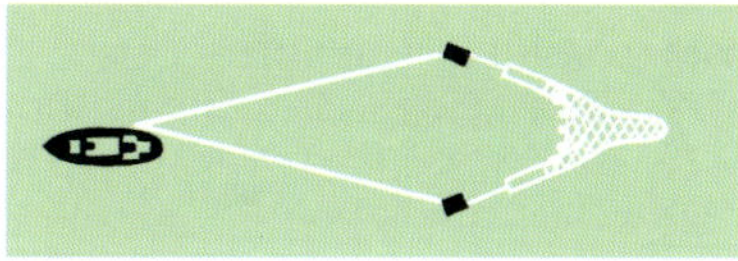
Schleppnetz

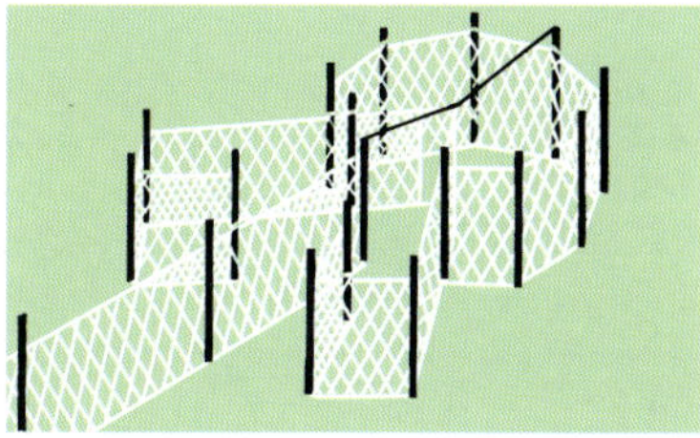
Stellnetz

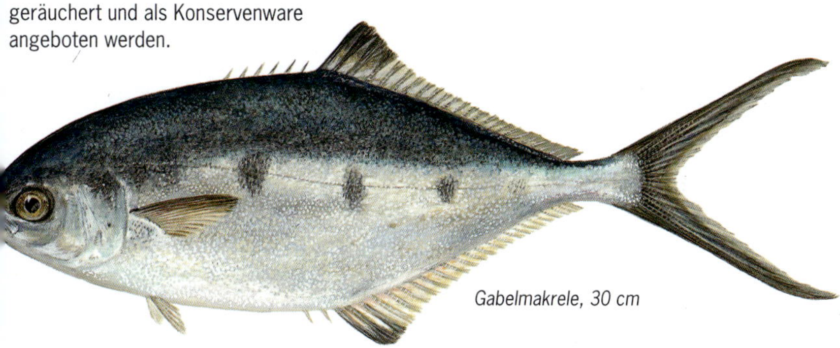
Gabelmakrele, 30 cm

Gabelmakrele

Trachinotus ovatus (Linnaeus, 1758)

Hauptmerkmale: Die 1. Rückenflosse besteht aus 6 kurzen Stachelstrahlen ohne Verbindungsmembran. Zweite Rückenflosse und Afterflosse etwa gleich lang. Schwanzflosse sehr lang und tief gegabelt. Körperseiten mit 3–5 dunklen Flecken.

Maximale Länge 70 cm. Die Gabelmakrele lebt in Küstengewässern nahe der Oberfläche und frißt Krebse, Weichtiere und kleine Fische. Ein seltener Irrgast in nordeuropäischen Gewässern, dort ohne wirtschaftliche Bedeutung.

Gabelmakrele

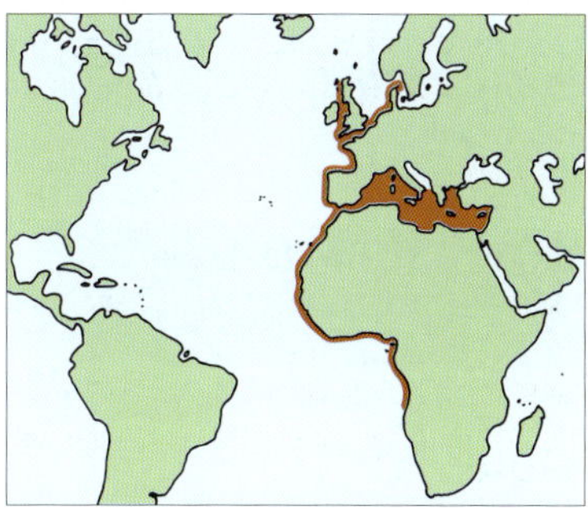

Lotsenfisch, 35 cm

Lotsenfisch

Naucrates ductor (Linnaeus, 1758)

Hauptmerkmale: Die 1. Rückenflosse besteht aus 3–5 kurzen, freistehenden Stachelstrahlen ohne Verbindungsmembran. Basis der 2. Rückenflosse weitaus länger als die der Afterflosse. Körper durch 5–6 breite, schwarze Querbänder gemustert.

Maximale Länge ca. 70 cm. In allen Meeren als regelmäßiger Begleiter großer Fische, speziell Haie, zu beobachten.

Der Lotsenfisch lebt von den Beuteresten und den Hautparasiten der begleiteten Haie. Er ist ein seltener Irrgast in der Nordsee und hat keine wirtschaftliche Bedeutung.

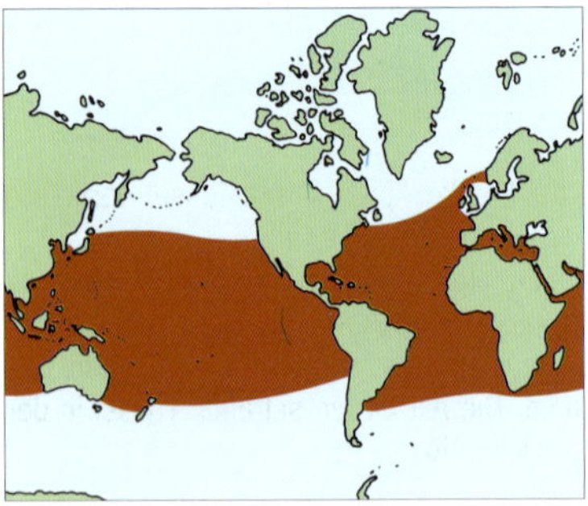

Lotsenfisch

BRACHSENMAKRELEN

Bramidae

Stachelstrahliger Vorder- und weichstrahliger Hinterabschnitt zu einer Rükkenflosse verwachsen. Körper hochrückig und seitlich abgeflacht. Schuppen groß und fest. Die 18 Arten dieser Familie leben in allen wärmeren Teilen der Weltmeere.

Bestimmungsschlüssel Brachsenmakrelen

1 Strahlen der Rücken- und Afterflossen unbeschuppt; Ansatz der Afterflosse unterhalb des Ansatzes der Brustflosse **Silberbrassen**, S. 190

Strahlen der Rücken- und Afterflossen beschuppt; Ansatz der Afterflosse unterhalb der Spitze der Brustflosse **2**

2 Kopfprofil zwischen den Augen gerade bis konkav; Rückenflosse vorne so hoch wie Kopf lang .... **Segelflossen-Brachsenmakrele**, S. 189

Kopfprofil zwischen den Augen konvex gerundet; Rückenflosse vorne nicht so hoch wie Kopf lang .... **Gemeine Brachsenmakrele**, S. 188

Gemeine Brachsenmakrele

Brama brama (Bonnaterre, 1788)

Hauptmerkmale: Rücken- und Afterflossen beschuppt und mit steifen Flossenstrahlen. Augendurchmesser etwas kleiner als Schnauzenlänge. Kopfprofil zwischen den Augen konvex gerundet. Rückenflosse ist vorne nicht so hoch wie der Kopf lang.

Maximale Länge 70 cm, Gewicht bis 6 kg. Pelagischer Schwarmfisch; kommt von der Oberfläche bis in etwa 400 m Tiefe bei Temperaturen von 12–24 °C in allen Meeren vor. Eier und Larven driften pelagisch nahe der Oberfläche. Nahrung sind vor allem Fische, Kopffüßer und Krebse. In jedem Jahr in der Nordsee anzutreffen. Ein guter Speisefisch.

Gemeine Brachsenmakrele, 58 cm

Segelflossen-Brachsenmakrele, 30 cm

Segelflossen-Brachsenmakrele

Taractes asper Lowe, 1843

Hauptmerkmale: Rücken- und Afterflossen beschuppt und mit steifen Flossenstrahlen. Augendurchmesser gleich Schnauzenlänge. Kopfprofil zwischen den Augen gerade bis konkav. Rückenflosse vorne so hoch wie der Kopf lang.

Maximale Länge 50 cm. Lebt pelagisch bis in wenige hundert Meter Tiefe. Über die Biologie und die Verbreitung ist wenig bekannt. Die Art ist ein seltener Irrgast in der nördlichen Nordsee.

Gemeine Brachsenmakrele

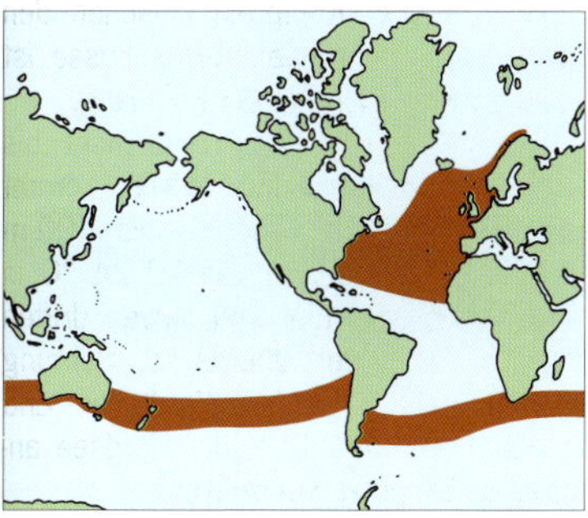

Segelflossen-Brachsenmakrele

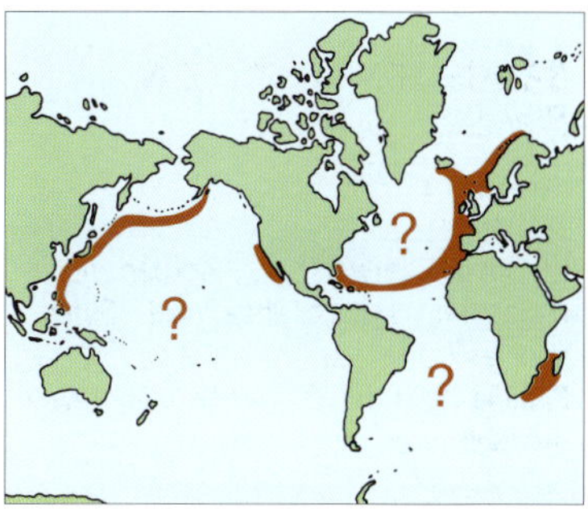

Silberbrassen, 35 cm

Silberbrassen

Pterycombus brama Fries, 1837

Hauptmerkmale: Rücken- und Afterflossen unbeschuppt, mit weichen Strahlen und in eine Längsrinne zwischen vergrößerten Schuppen entlang den Flossenbasen einfaltbar. Augendurchmesser deutlich größer als die Schnauzenlänge. Afterflosse setzt unterhalb des Ansatzes der Brustflosse an.

Maximale Länge 40 cm. Der Silberbrassen lebt bis in 400 m Tiefe im Atlantik. Über die Biologie ist kaum etwas bekannt. Die Art ist regelmäßig in der nördlichen Nordsee zu finden, hat aber keine wirtschaftliche Bedeutung.

Silberbrassen

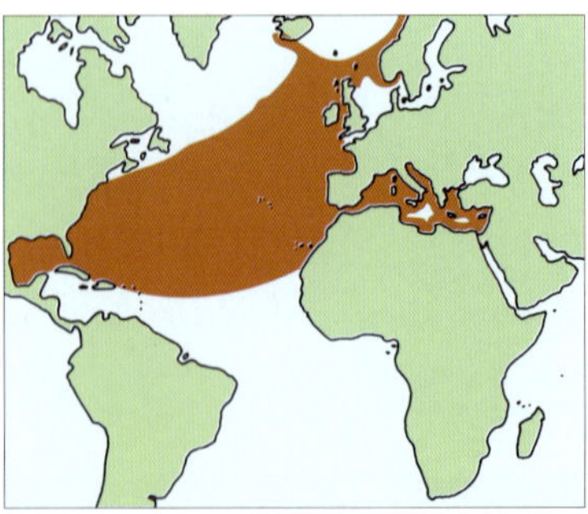

MEERBRASSEN

Sparidae

Stachelstrahliger Vorder- und weichstrahliger Hinterabschnitt der Rückenflosse verwachsen. Schuppen fest und rauh. Obwohl das Maul recht klein ist, tragen die Kiefer, je nach bevorzugter Nahrung, kräftige Fang-, Schneide- oder Kauzähne. Viele der Arten sind Zwitter. Etwa 100 Arten dieser Familie kommen in allen tropischen, subtropischen und gemäßigt temperierten Gewässern der Weltmeere vor. Sie treten oft in großen Schwärmen in Bodennähe auf. Einige Arten sind regelmäßige Sommergäste in der Nordsee. Meerbrassenarten sind auch in Südeuropa von großer wirtschaftlicher Bedeutung. Dort werden sie häufig mit Schwimmschleppnetzen gefangen.

Bestimmungsschlüssel Meerbrassen

1 Schnauze kürzer als der Augendurchmesser **2**
Schnauzenlänge gleich oder länger als der Augendurchmesser **4**

2 Körper gestreckt und schlank . . . . **Gelbstriemenbrasse**, S. 194
Körper gedrungen und hochrückig **3**

3 Mit großem schwarzem Fleck auf der vorderen Seitenlinie .... **Rote Fleckbrasse**, S. 194
Kleiner schwarzer Fleck auf dem oberen Ansatz der Brustflosse .... **Marokko-Meerbrasse**, S. 192

4 Körper recht schlank mit ca. 10 goldfarbenen Längsstreifen .... **Goldstriemenbrasse**, S. 192
Gestalt und Färbung anders **5**

5 Körper mit 9 dunklen Querbändern ...... **Große Geißbrasse**, S. 196
Anders gemustert **6**

6 Mit großem schwarzem Fleck auf dem vorderen Körper **7**
Ohne Fleck oder anders gemustert **8**

7 Kiemendeckel mit großem schwarzem Fleck; gelber Streifen zwischen Augen .. **Goldbrasse**, S. 196
Großer schwarzer Fleck auf oberer Brustflossenbasis; ohne gelben Streifen **Achselfleck-Meerbrasse**, S. 195

8 Körper rot und ohne Streifenmuster ..... **Rotbrasse**, S. 192
Körper silbergrau mit schwachen Längsstreifen .... **Brandbrasse**, S. 191

Brandbrasse, 42 cm

Brandbrasse

Spondyliosoma cantharus (Linnaeus, 1758)

Hauptmerkmale: Körper hochrückig, silbergrau mit schwach gelben Längsstreifen und ohne schwarze Flecken. Schnauzenlänge gleich oder länger als der Augendurchmesser. Rückenflosse mit 11 Stachel- und 11–13 Weichstrahlen.

Maximale Länge 50 cm. Lebt in Bodennähe in 50–100 m Tiefe. In der südwestlichen Nordsee recht häufig.

Brandbrasse

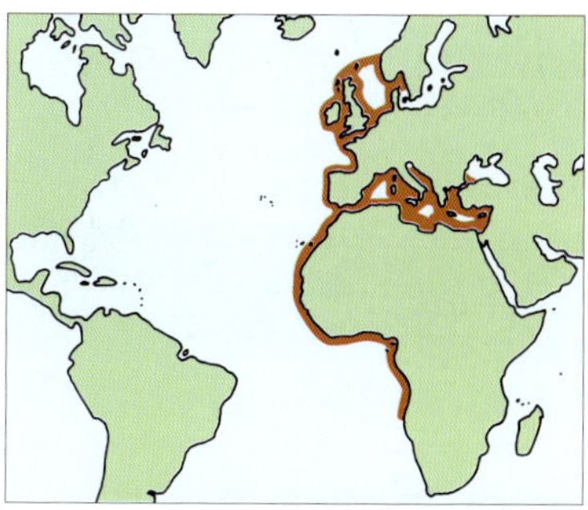

Goldstriemenbrasse

Sarpa salpa (Linnaeus, 1758)

Hauptmerkmale: Körper recht schlank, silbrig graublau und mit etwa 10 goldgelben Längsstreifen genau entlang den Schuppenreihen. Kleiner schwarzer Fleck am oberen Brustflossenansatz. Schnauzenlänge gleich oder länger als der Augendurchmesser. Rückenflosse mit 11–12 Stachel- und 14–17 Weichstrahlen. Afterflosse mit 3 Stachel- und 13–15 Weichstrahlen.

Maximale Länge ca. 40 cm. Die Goldstriemenbrasse ist ein Schwarmfisch, der vom Flachwasser bis in etwa 70 m Tiefe lebt.

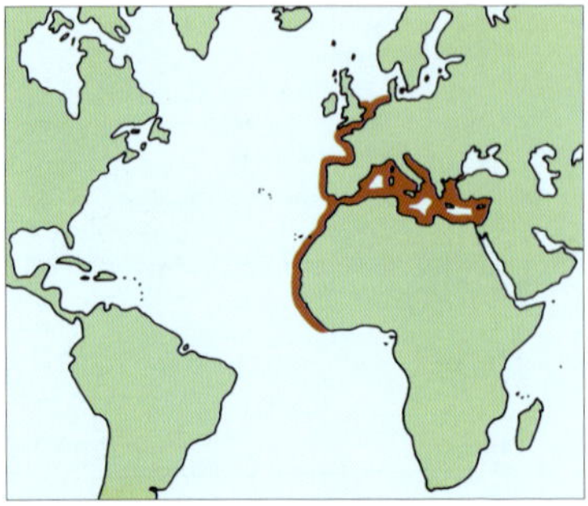

Goldstriemenbrasse

Marokko-Meerbrasse

Dentex maroccanus Valenciennes, 1830

Hauptmerkmale: Körper hochrückig, ohne Längsstreifen oder Querbänder. Kleiner schwarzer Fleck auf dem oberen Ansatz der Brustflosse. Schnauzenlänge kürzer als der Augendurchmesser. Rückenflosse mit 12 Stachel- und 10–11 Weichstrahlen. Afterflosse mit 3 Stachel- und 8–9 Weichstrahlen.

Maximale Länge ca. 40 cm. Die Marokko-Meerbrasse lebt in 20–500 m Tiefe. Sie wurde bisher eher selten nördlich des Ärmelkanals und nur einmal in der dänischen Beltsee gefangen.

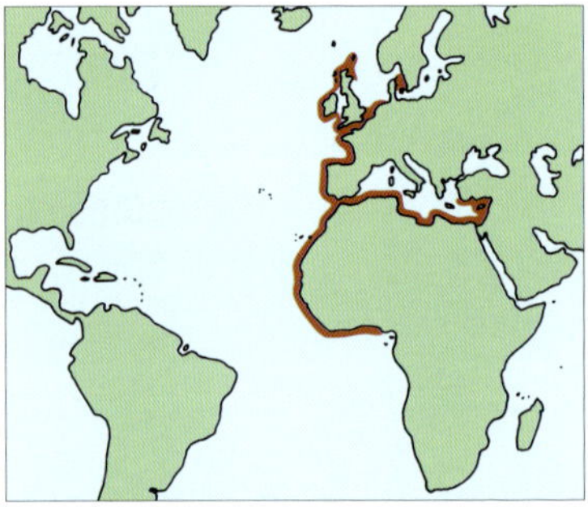

Marokko-Meerbrasse

Rotbrasse

Pagellus erythrinus (Linnaeus, 1758)

Hauptmerkmale: Körper rot, ohne Längsstreifen und Querbänder. Schnauze mindestens doppelt so lang wie der Augendurchmesser. Rückenflosse mit 12 Stachel- und 10–11 Weichstrahlen. Afterflosse mit 3 Stachel- und 8–9 Weichstrahlen.

Maximale Länge 50 cm. Häufigstes Vorkommen in 20–100 m Tiefe.

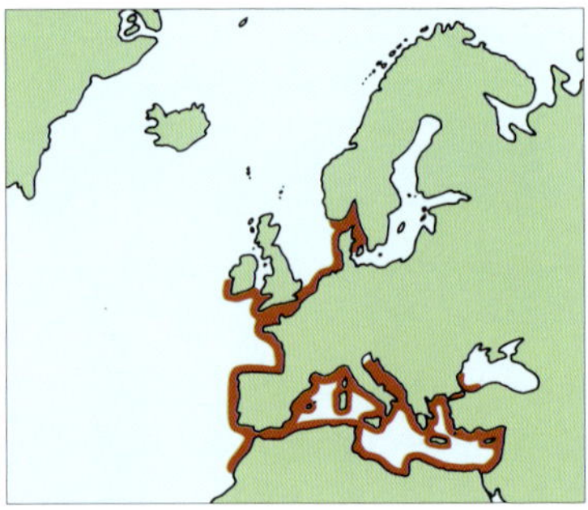

Rotbrasse

Goldstriemenbrasse, 25 cm

Marokko-Meerbrasse, 22 cm

Rotbrasse, 34 cm

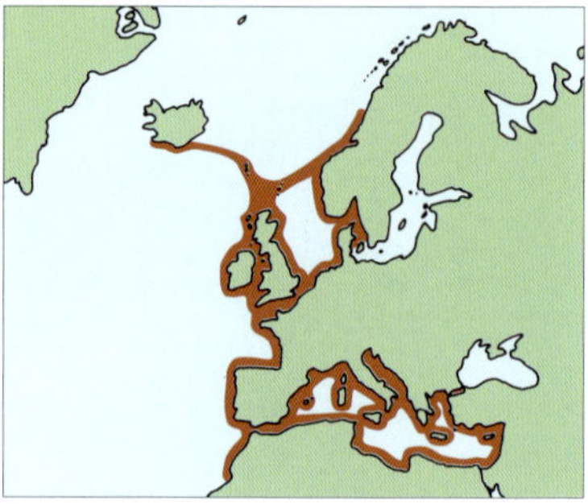

Rote Fleckbrasse

Gelbstriemenbrasse

Boops boops (Linnaeus, 1758)

Hauptmerkmale: Körper gestreckt und schlank, mit 3–5 schwach goldgelben Längsstreifen, einem kleinen schwarzen Fleck am oberen Brustflossenansatz und schwarzer Seitenlinie. Schnauze kürzer als der Augendurchmesser. Rückenflosse mit 13–15 Stachel- und 12–16 Weichstrahlen, Afterflosse mit 3 Stachel- und 14–16 Weichstrahlen.

Maximale Länge ca. 35 cm. Die Gelbstriemenbrasse lebt bis in 300 m Tiefe, steigt nachts aber zur Oberfläche auf.

Rote Fleckbrasse, 37 cm

Rote Fleckbrasse

Pagellus bogaraveo (Brünnich, 1768)

Hauptmerkmale: Ein großer schwarzer Fleck auf dem Vorderende der Seitenlinie. Schnauze kürzer als der Augendurchmesser. Rückenflosse mit 12–13 Stachel- und 11–13 Weichstrahlen. Afterflosse mit 3 Stachel- und 11–12 Weichstrahlen.

Maximale Länge 70 cm. Die erwachsenen Tiere sind am häufigsten in 150–300 m Tiefe zu finden, Jungfische halten sich unter der Küste auf.

Achselfleck-Meerbrasse

Pagellus acarne (Risso, 1826)

Hauptmerkmale: Körper ohne Streifenmuster, aber ein großer schwarzer Fleck auf dem oberen Brustflossenansatz. Schnauze länger als der Augendurchmesser. Rückenflosse mit 12–13 Stachel- und 12–13 Weichstrahlen. Afterflosse mit 3 Stachel- und 9–10 Weichstrahlen.

Maximale Länge 35 cm. Die Achselfleck-Meerbrasse ist am häufigsten in 40–100 m Tiefe zu finden.

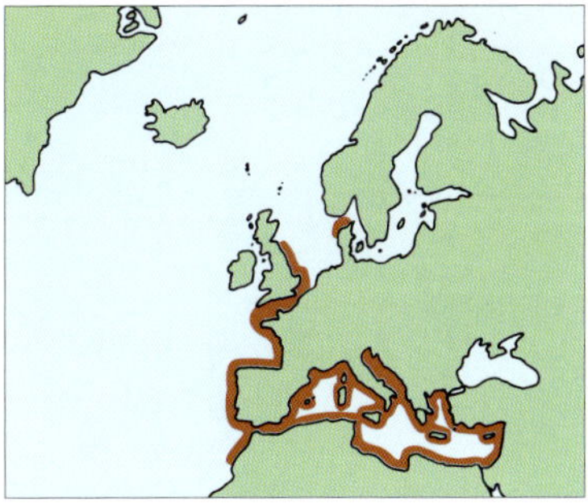

Achselfleck-Meerbrasse

Achselfleck-Meerbrasse, 25 cm

Gelbstriemenbrasse

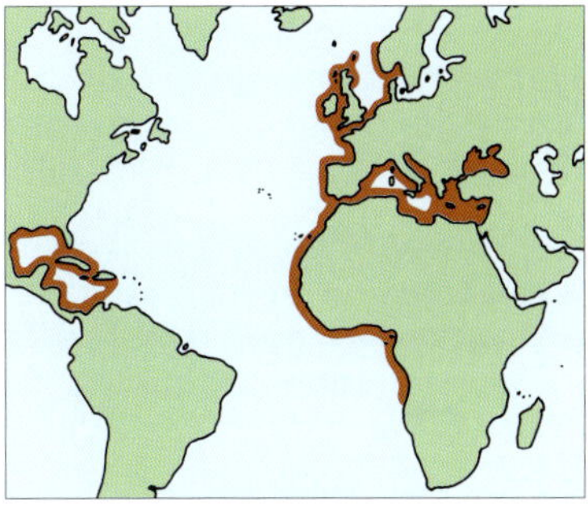

Gelbstriemenbrasse, 26 cm

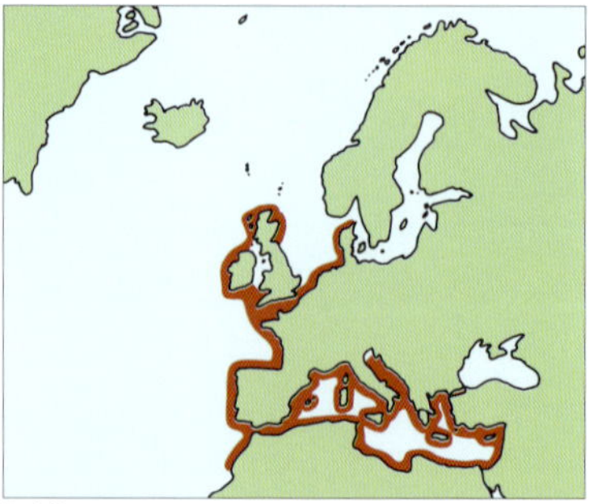

Goldbrasse

Goldbrasse

Sparus aurata Linnaeus, 1758

Hauptmerkmale: Körper mäßig hochrückig mit großem schwarzem Fleck auf dem Kiemendeckel. Schnauze 2–3mal so lang wie der Augendurchmesser. Zwischen den Augen ein goldgelber Querstreifen. Rückenflosse mit 11 Stachel- und 13–14 Weichstrahlen. Afterflosse mit 3 Stachel- und 11–12 Weichstrahlen.

Maximale Länge ca. 70 cm. Lebt vom Flachwasser bis in 150 m Tiefe, auch im Brackwasser.

Große Geißbrasse, 20 cm

Große Geißbrasse

Diplodus sargus (Linnaeus, 1758)

Hauptmerkmale: Körper hochrückig, abwechselnd 5 lange, schwarze und 4 kürzere, graue Querbänder sowie großer schwarzer Fleck auf dem Schwanzstiel. Rückenflosse mit 11–12 Stachel- und 12–15 Weichstrahlen. Afterflosse mit 3 Stachel- und 12–14 Weichstrahlen. Schnauze länger als Augendurchmesser.

Maximale Länge 45 cm. Lebt von der Algenzone des Flachwassers bis 50 m tief. Jungfische suchen das Brackwasser auf.

Große Geißbrasse

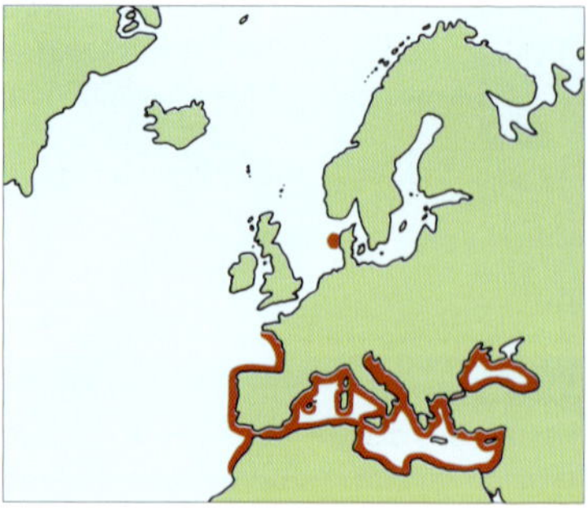

Goldbrasse, 27 cm

Adlerfisch, 120 cm

ADLERFISCHE
Sciaenidae

Hartstrahliger Vorder- und weichstrahliger Hinterabschnitt der Rückenflosse sind durch eine tiefe Einkerbung getrennt. Seitenlinie läuft bis zum Hinterrand der Schwanzflosse. Vor allem Männchen können mittels besonderer Muskeln die Schwimmblase vibrieren lassen und so trommelnde Laute erzeugen. 270 Arten der Familie in allen warmen Gewässern der Welt. Sie sind sowohl im Salz- als auch im Süßwasser zu finden.
Viele Arten sind wirtschaftlich wichtig.

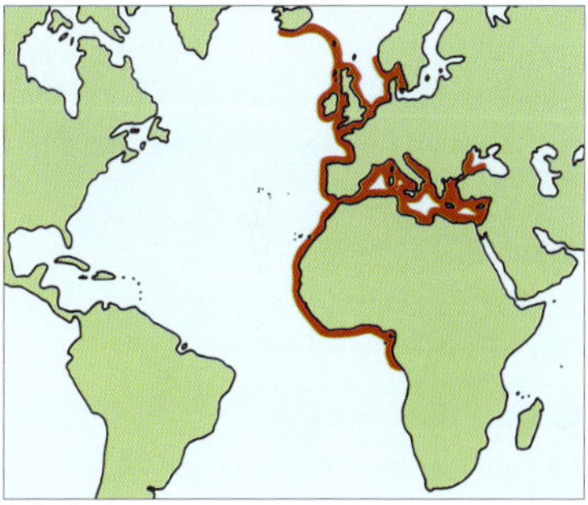

Adlerfisch

Adlerfisch
Argyrosomus regius (Asso, 1801)

Hauptmerkmale: Körper überwiegend mit rauhen Stachelschuppen bedeckt. Weichstrahliger hinterer Teil der Rückenflosse doppelt so lang wie der hartstrahlige vordere Teil.

Maximale Länge 200 cm, Gewicht bis 65 kg. Der Adlerfisch lebt in Küstengewässern bodennah wie auch pelagisch und frißt Fische und Krebse.

Er ist ein guter Speisefisch und beliebt bei Sportanglern.

MEERBARBEN
Mullidae

Stachelstrahlige erste und weichstrahlige zweite Rückenflosse weit getrennt und etwa gleich groß. Relativ kleine Fische mit abgeflachter Bauchseite und zwei kräftigen, langen Tastbarteln an der Kinnspitze, die in eine Mittelgrube entlang der Kehle versenkt werden können. Die großen Bauchflossen sitzen unterhalb der Brustflossen. Die Schuppen sind groß und schwach bestachelt. Die 55 Arten der Familie leben in warmen Küstengewässern aller Meere, überwiegend im Salzwasser, aber auch im Brackwasser von Flußmündungen. Die meisten Meerbarben-Arten sind wirtschaftlich wichtig.

Rote Meerbarbe
Mullus barbatus Linnaeus, 1758

Hauptmerkmale: Stirn sehr steil abfallend. Kinnbarteln gleich lang oder kürzer als die Brustflossen. Ohne Flecken oder Streifen auf dem Körper.

Maximale Länge 30 cm. Die Rote Meerbarbe lebt meist in großen Schwärmen. Sie bevorzugt weiche Böden in 100–300 m Tiefe und frißt bodenlebende Wirbellose, die sie mit ihren Tastbarteln aufspürt. Das Laichen findet von April bis August im Flachwasser statt. Die Larven und die Jungfische leben pelagisch, bis sie 30 mm Länge erreicht haben.

Streifenbarbe und Rote Meerbarbe

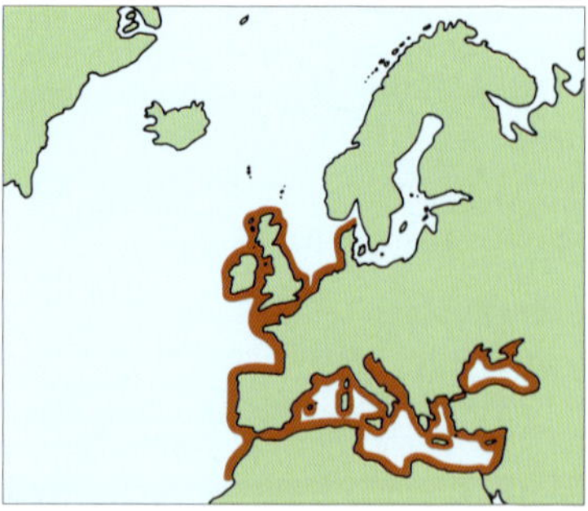

Streifenbarbe, 24 cm

Rote Meerbarbe, 20 cm

Streifenbarbe
Mullus surmuletus Linnaeus, 1758

Hauptmerkmale: Stirnpartie flacher abfallend als bei der Roten Meerbarbe. Kinnbarteln länger als die Brustflossen. Körper durch rote und goldbraune Längsstreifen gemustert. Erste Rückenflosse mit dunklem Hinterrand.

Maximale Länge 40 cm, Gewicht bis ca. 1 kg im Alter von etwa 10 Jahren. Die Streifenbarbe lebt vor allem auf grobem Boden in weniger als 100 m Tiefe. Zur Laichzeit von Mai bis Juli wandern diese Meerbarben aus ihrem weiter südlich gelegenen Hauptverbreitungsgebiet in den Ärmelkanal. Die Eier und die Brut sind pelagisch und driften oft weit nach Norden in die Nordsee und das Skagerrak. Sie werden im Alter von 2 Jahren geschlechtsreif. Die Nahrung besteht aus kleinen bodenlebenden Wirbellosen.

LIPPFISCHE
Labridae

Nur eine Rückenflosse mit Stachelstrahlen im langen Vorderabschnitt und Weichstrahlen im kürzeren Hinterabschnitt. Lippen der meisten Arten auffallend wulstig. Sehr bunt gefärbte und oft schwer bestimmbare Arten, weil ihre Vertreter unterschiedliche Farb- und Musterungsstadien durchlaufen. Sogar Geschlechtswechsel desselben Individuums kommt bei einigen Arten vor. Sehr große Familie, deren etwa 500 Arten bevorzugt an Felsenküsten und Korallenriffen in wärmeren Meeresgewässern leben. Wenn Felsküsten fehlen, findet man sie meist bei Hafenmolen oder nahe Schiffswracks. Viele Arten sind wichtige Speisefische.

Bestimmungsschlüssel Lippfische

1 Höchstens 10 Stachelstrahlen in der Rückenflosse . . . .

Meerjunker, S. 204

Mehr als 10 Stachelstrahlen in der Rückenflosse **2**

2 Afterflosse mit 3 Stachelstrahlen **3**

Afterflosse mit 4–6 Stachelstrahlen **6**

3 Körper schlank, Schnauze spitz; 3 dunkle Flecken auf der hinteren Rückenhälfte . . . .

Kuckuckslippfisch, S. 201

Merkmale anders **4**

4 Schwanzstiel mit schwarzem Fleck **5**

Schwanzstiel ohne schwarzen Fleck . . . . .

Gefleckter Lippfisch, S. 202

5 Je 1 schwarzer Fleck oben auf dem Schwanzstiel und auf dem Ansatz der Rückenflosse . . . .

Klippenbarsch, S. 202

Schwarzer Fleck auf der Mitte des Schwanzstiels und hinter dem Auge

Goldmaid, S. 202

6 Je 1 schwarzer Fleck auf dem Schwanzstiel und am Ende der Rückenflosse . . . . .

Brauner Lippfisch, S. 204

Ohne schwarze Flecken . . . .

Kleinmäuliger Lippfisch, S. 204

Kuckuckslippfisch

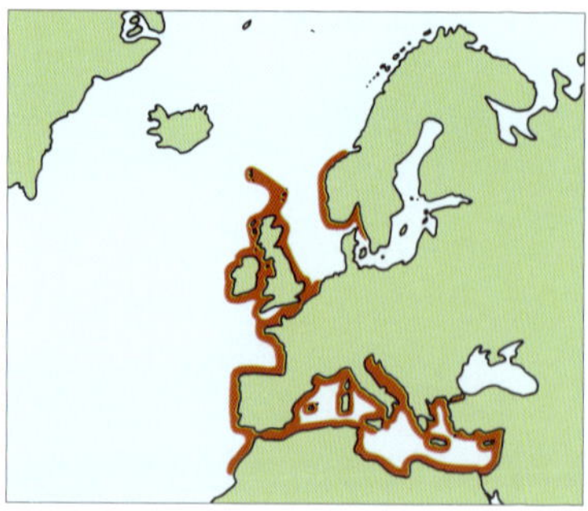

Nahrung der Lippfische

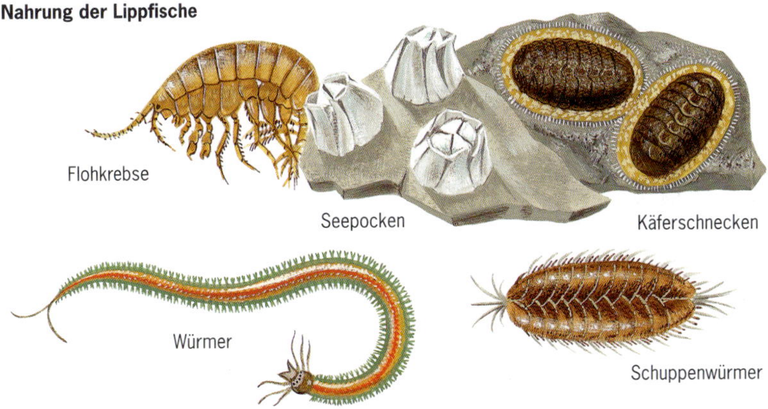

Kuckuckslippfisch

Labrus bimaculatus Linnaeus, 1758

Hauptmerkmale: Körper schlank, Schnauze spitz. Am Rückenende 0–3 dunkle Flecken. Färbung beider Geschlechter so verschieden und variabel, daß sie lange für 2 Arten gehalten wurden. Kuckuckslippfische sind Zwitter (Hermaphroditen). Zunächst sind sie weiblich, werden aber nach 7–13 Jahren zu Männchen und nehmen deren Färbung an. Nur wenige sind sofort Männchen, haben dann aber die rötliche Färbung der Weibchen ohne deren dunkle Rückenflecken.

Maximale Länge 35 cm für Männchen und 30 cm für Weibchen. Lebensdauer etwa 20 Jahre. Sie leben in der Algenzone felsiger Küsten. Zur Laichzeit im Sommer legen die Weibchen einen Klumpen aus ca. 1.000 Eiern in ein Algennest, das vom Männchen 1–2 Wochen lang bis zum Schlüpfen der Larven bewacht wird. Nahrung sind Flohkrebse, Muscheln und Würmer.

Kuckuckslippfisch, Blaues Männchen, 33 cm

Kuckuckslippfisch, Weibchen, 26 cm

Gefleckter Lippfisch

Labrus bergylta Ascanius, 1767

Hauptmerkmale: Körper gedrungen. Maul klein, dicklippig mit großen, kegelförmigen Vorderzähnen. Färbung und Musterung sehr variabel, vorwiegend Grün- und Brauntöne.

Maximale Länge 60 cm und 3,5 kg Gewicht mit ca. 25 Jahren. Lebt in der Algenzone von Felsküsten und Felsriffen in 2–30 m Tiefe. Zwitterart, deren Tiere zunächst weiblich sind und mit 4–14 Jahren zu Männchen werden. Die Weibchen laichen im Sommer 500–3.000 Eier in ein Algennest, das vom Männchen 1–2 Wochen bis zum Schlupf der Larven bewacht wird. Nahrung sind Krebs- und Weichtiere. Beliebte Fischart bei Sportanglern.

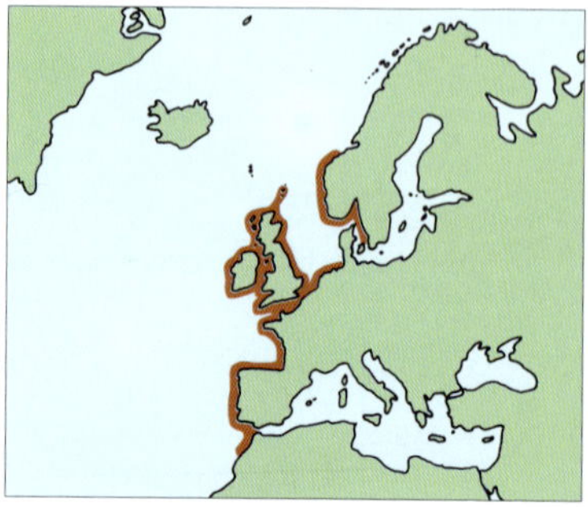

Gefleckter Lippfisch

Goldmaid

Symphodus melops (Linnaeus, 1758)

Hauptmerkmale: Je ein schwarzer Fleck auf der Mitte des Schwanzstiels und hinter dem Auge. Färbung sehr variabel, aber Grundtönung bei Männchen grünlich oder blau, bei Weibchen bräunlich bis gelblich.

Maximale Länge 25–30 cm. Häufig in der Algenzone von Felsküsten und Felsriffen in 1–30 m Tiefe. Zur Laichzeit im Sommer bilden die Weibchen eine kurze Legeröhre aus. Oft legen mehrere Weibchen ihre Eier in ein Algennest, das bis zum Schlupf der Larven nach 1–2 Wochen vom Männchen bewacht wird. Larven sind pelagisch. Die Goldmaid frißt Krebse, junge Muscheln und Würmer.

Klippenbarsch

Ctenolabrus rupestris (Linnaeus, 1758)

Hauptmerkmale: Je ein schwarzer Fleck oben auf dem Schwanzstiel und dem Beginn der Rückenflosse.

Maximale Länge 18 cm. Sehr häufige Art in der Algenzone in 1–20 m Tiefe. Laichzeit ist im Sommer, wenn das Männchen ein Brutrevier besetzt und verteidigt. Die Eier haben ca. 1 mm Durchmesser und sind pelagisch. Nach 1–2 Wochen schlüpfen die pelagischen Larven. Die Tiere sind mit 2 Jahren bei einer Länge von 10–12 cm geschlechtsreif. Der Klippenbarsch frißt alle kleinen wirbellosen Tiere.

Goldmaid

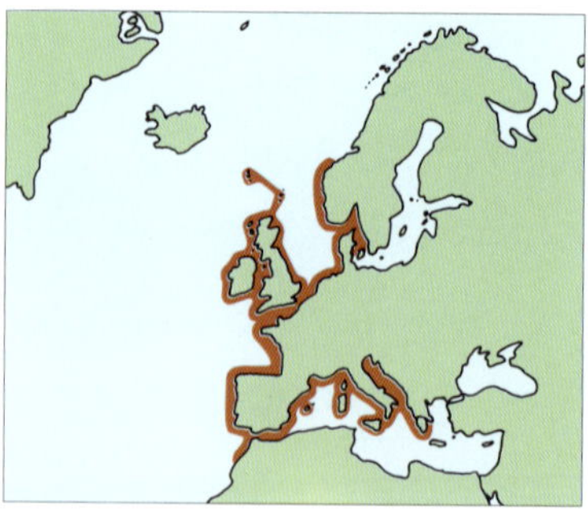

Klippenbarsch

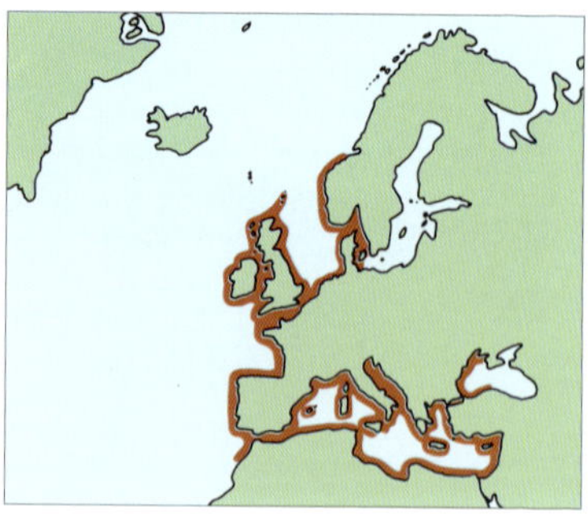

Gefleckter Lippfisch, 36 cm

Goldmaid, 17 cm

Klippenbarsch, 14 cm

Kleinmäuliger Lippfisch

Ctenolabrus exoletus (Linnaeus, 1758)

Hauptmerkmale: Afterflosse mit 4–6 Stachelstrahlen. Ohne schwarze Flecken auf dem Körper oder den Flossen.

Maximale Länge 18 cm. Der Kleinmäulige Lippfisch lebt in der Algenzone. Er laicht im Sommer. Die an Tang und Algen festklebenden Eier werden vom Männchen bewacht. Die Larven sind pelagisch. Die Art frißt alle kleinen wirbellosen Tiere.

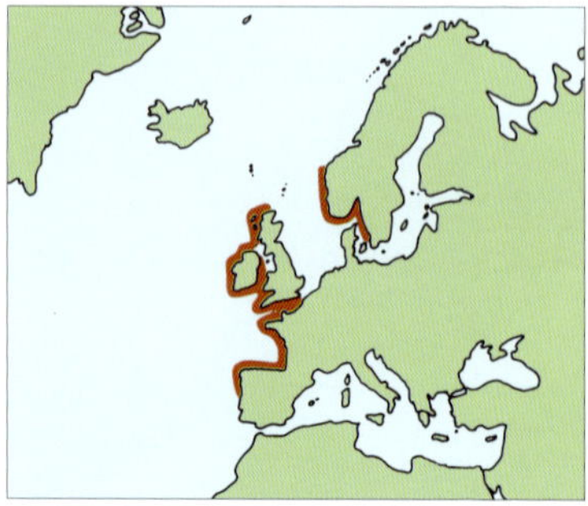

Kleinmäuliger Lippfisch

Brauner Lippfisch

Acantholabrus palloni (Risso, 1810)

Hauptmerkmale: Afterflosse mit 4–6 Stachelstrahlen. Je ein schwarzer Fleck oben auf dem Schwanzstiel und am Ende der Rückenflosse.

Maximale Länge 25 cm. Der Braune Lippfisch lebt auf felsigen und sandigen Böden. Über die Biologie ist nichts bekannt. Es handelt sich um eine eher südliche Lippfischart, die aber bis zur Küste Südnorwegens vorkommt.

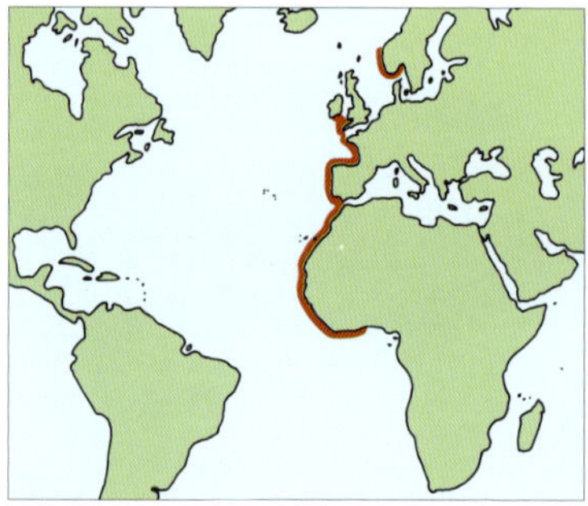

Brauner Lippfisch

Meerjunker

Coris julis (Linnaeus, 1758)

Hauptmerkmale: Körper sehr schlank. Weniger als 10 Stachelstrahlen in der Rückenflosse. Bei den Männchen ist das Vorderende der Rückenflosse höher als deren Rest.

Maximale Länge 25 cm. Der Meerjunker lebt an Felsküsten und im Algengürtel in 1–120 m Tiefe. Es handelt sich um eine Zwitterart. Die Tiere treten zunächst als Weibchen und später als Männchen auf. Individuen ab ca. 18 cm Länge sind ausschließlich Männchen.

Der Meerjunker laicht im Sommer in der Biskaya und im Mittelmeer. Eier und Junge sind pelagisch. Die Nahrung besteht aus Krebsen und jungen Muscheln.

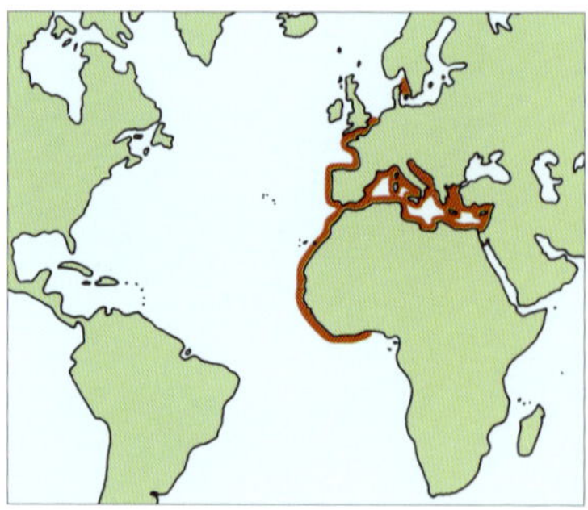

Meerjunker

Kleinmäuliger Lippfisch, 15 cm

Brauner Lippfisch, 15 cm

Meerjunker, 22 cm

WOLFSFISCHE
Zoarcidae

Langgestreckte, schlanke, fast aalähnliche Bodenfische, deren Rücken- und Afterflossen mit der Schwanzflosse zu einem umlaufenden Saum verwachsen sind. Schuppen winzig oder fehlend. Bauchflossen sehr klein und vor der Höhe der Brustflossen stehend. Die Mehrzahl der 220 beschriebenen Arten kommt im Salz- und Brackwasser des nördlichen Pazifiks und Atlantiks vor, einige Vertreter aber auch im Tiefwasser aller Ozeane und bis in die Antarktis.

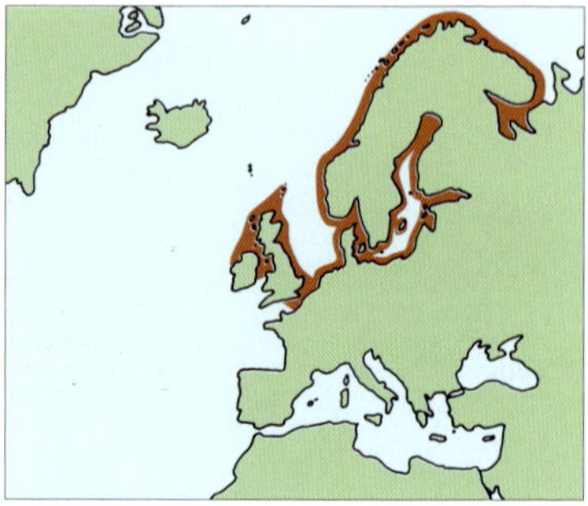

Aalmutter

Bestimmungsschlüssel Wolfsfische

1 Ende der Rückenflosse mit flacher Einkerbung vor der Schwanzflosse . . . . **Aalmutter**, S. 206
Rückenflosse ohne Einkerbung **2**

2 Ober- und Unterkiefer mit großen Poren besetzt . . . . **Sars' Wolfsfisch**, S. 208
Ober- und Unterkiefer mit kleinen Poren besetzt . . . . **Vahls Wolfsfisch**, S. 206

Aalmutter
Zoarces viviparus (Linnaeus, 1758)

Hauptmerkmale: Ende der weichstrahligen Rückenflosse mit einer kurzen Einkerbung infolge verkürzter Strahlen vor der Schwanzflosse. Skelettknochen durch einen harmlosen Farbstoff (Vivianit) grün. Schuppen winzig, die ledrige Haut ist sehr schleimig. Färbung variabel.

Maximale Länge ca. 50 cm, Höchstalter etwa 10 Jahre. Eine häufige Fischart in der Algenzone in 2–20 m Tiefe im Salz- wie auch im Brackwasser. Aalmuttern sind sehr ortstreu und bilden lokale Rassen.

Die Art ist lebendgebärend. Die Paarung findet im August und September statt. Die Befruchtung der Eier erfolgt im Inneren des Körpers. Nach etwa 4 Monaten werden, je nach Größe des Weibchens, 30–400 vollentwickelte Junge von 35–55 mm Länge geboren, die sofort zum Bodenleben übergehen. Sie erreichen nach ca. 2 Jahren bei einer Länge von 16–18 cm Geschlechtsreife. Die Nahrung sind Flohkrebse, Würmer und Weichtiere, im Brackwasser auch Insektenlarven.

Aalmuttern sind Zufallsbeifänge in Reusen und feinmaschigen Wadennetzen. Trotz ihres schmackhaften Fleisches werden sie selten gegessen.

Vahls Wolfsfisch
Lycodes vahli Reinhardt, 1831

Hauptmerkmale: Rückenflosse ohne Einkerbung, aber vorne mit 0–3 schwarzbraunen Flecken. Brustflossen klein. Seitenlinie verläuft tief, nahe der Bauchkante.

Maximale Länge 50 cm weit im Norden, z. B. vor Grönland, weiter südlich nur 25–30 cm. Der Vahls Wolfsfisch lebt am Boden in 65–540 m Tiefe bei niedrigen Wassertemperaturen von 0–5 °C. Die großen Eier von 6 mm Durchmesser werden am Boden abgelegt. Die frisch geschlüpften Larven und kleine Jungtiere zeigen 8–10 schwarze Körperbänder, die mit dem Wachstum verschwinden. Die Nahrung sind Krebse, Würmer und Weichtiere.

Ohne wirtschaftliche Bedeutung.

Aalmutter, 32 cm

Nahrung

Weichtiere

Flohkrebse

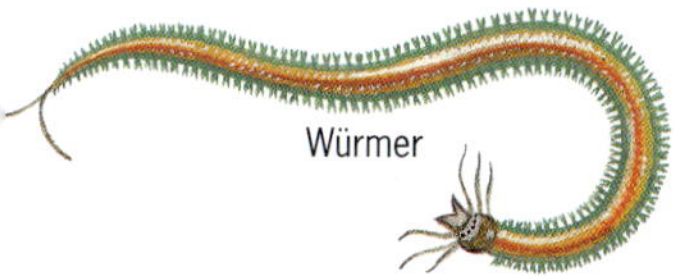

Würmer

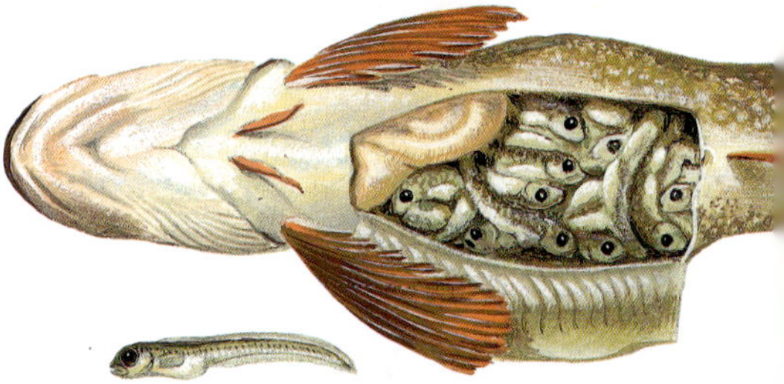

Trächtiges Weibchen

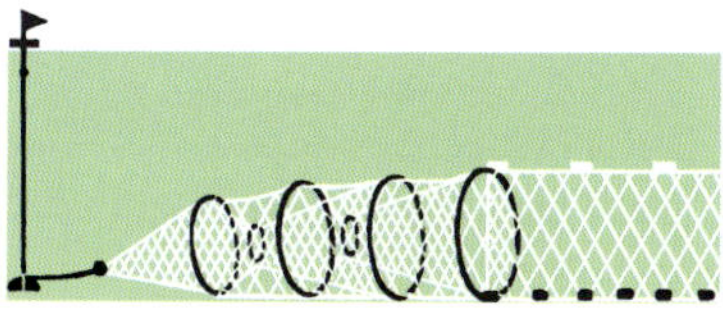

Reuse

Vahls Wolfsfisch, 23 cm

Wolfsfische sind Beute vieler Speisefischarten

Heilbutt

Schwarzer Heilbutt

Leng

Lumb

Vahls Wolfsfisch

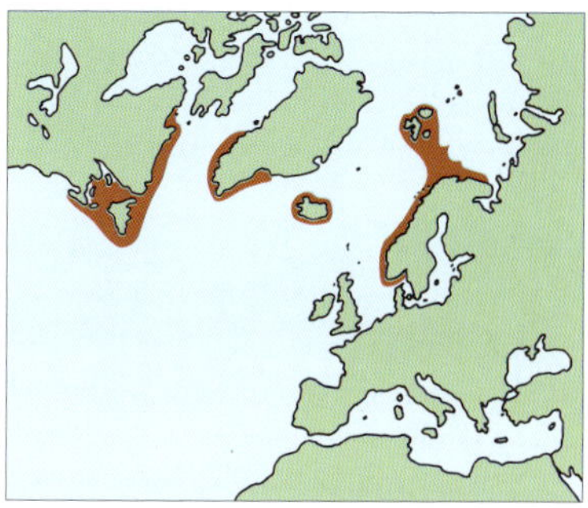

Sars' Wolfsfisch, 14 cm

Sars' Wolfsfisch
Lycenchelys sarsi (Collett, 1871)

Hauptmerkmale: Ähnlich dem Vahls Wolfsfisch, aber Gestalt länger und schlanker und mit deutlichen Reihen großer Sinnesporen an den Kiefern.

Maximale Länge knapp 20 cm. Der Sars' Wolfsfisch lebt in 150–600 m Tiefe auf weichen Schlammböden und frißt Borstenwürmer, Krebse und Muscheln.

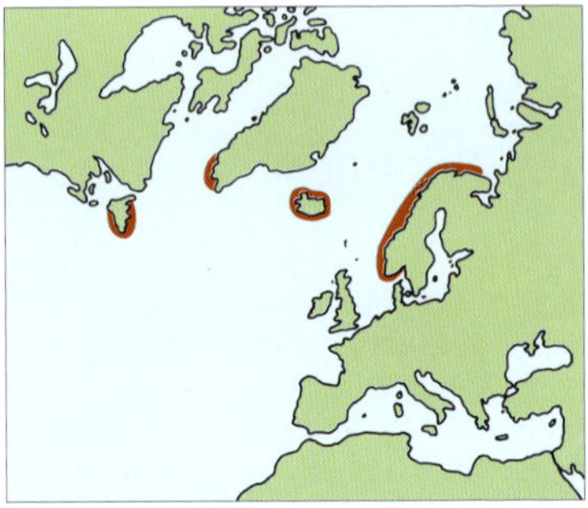

Sars' Wolfsfisch

STACHELRÜCKEN
Stichaeidae

Schlanke, langgestreckte Fische mit langem Rückenflossensaum, der nur von Stachelstrahlen gestützt wird, und mit einer langen, weichstrahligen Afterflosse. Bauchflossen winzig. Über jedem Auge ein gefranster, bäumchenartiger Hautauswuchs. Die meisten der 65 beschriebenen Arten der Familie kommen nur auf der Nordhalbkugel im Nordpazifik und Nordatlantik vor.

Stachelrücken
Chirolophis ascanii (Walbaum, 1792)

Hauptmerkmale: Lange Rückenflosse nur mit Stachelstrahlen. Schuppen winzig. Zwei Paare schwarzer oder gelbroter, fransig bäumchenartiger Hautauswüchse über den Augen.

Maximale Länge 25 cm. Die Art lebt auf Felsen und Felsklippen in der Algenzone in 10–30 m Tiefe, im Winter tiefer. Laichzeit von Oktober bis Dezember, Eiablage in Klumpen am Boden. Die Larven und Jungfische leben pelagisch. Die Tiere fressen Würmer und Krebse.

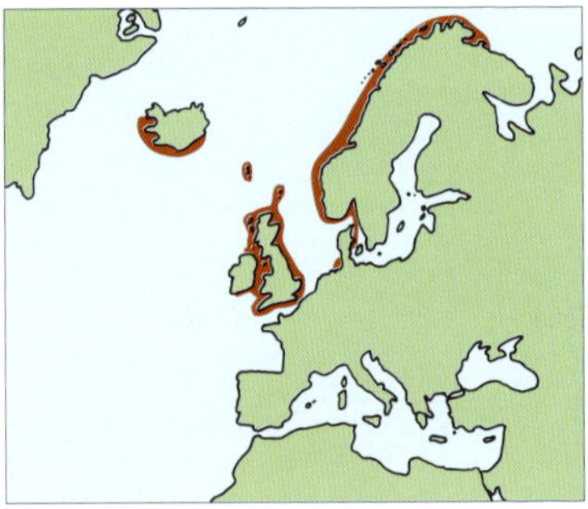

Stachelrücken

Stachelrücken, 14 cm

Spitzschwanz-Schlangenstachelrücken, 33 cm

SCHLANGENSTACHEL-RÜCKEN
Lumpenidae

Sehr schlanke und langgestreckte Fische mit einer langen Rückenflosse, die aber vor der Schwanzflosse endet. Schuppen und Bauchflossen klein. Ohne Hautauswüchse und Seitenlinie auf dem Kopf. Die zahlreichen Arten der Familie finden sich nur in kalten Gewässern der Nordhalbkugel und sind ohne direkte wirtschaftliche Bedeutung. Allerdings stellen sie eine wichtige Nahrungsquelle für den Kabeljau dar.

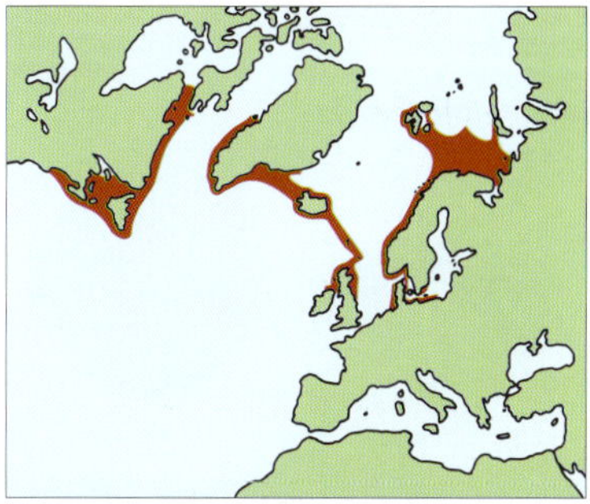

Spitzschwanz-Schlangenstachelrücken

Spitzschwanz-Schlangenstachelrücken
Lumpenus lampretaeformis (Walbaum, 1792)

Hauptmerkmale: Schwanzflosse schmal und spitz. Afterflossenlänge etwa 2/3 der Gesamtlänge des Fisches. Gelblich braun mit unregelmäßig verteilten braunen Flecken.

Maximale Länge ca. 50 cm. Lebt 50–200 m tief in Y-förmigen Röhren im Weichboden. Laichzeit Dezember bis Januar, ca. 1.000 Eier werden am Boden abgelegt. Larven pelagisch. Geschlechtsreif mit 3 Jahren und etwa 20 cm. Frißt Würmer und Krebstiere.

Isolierter Bestand in der Ostsee ist vermutlich ein Überbleibsel der letzten Eiszeit.

Gefleckter Schlangenstachelrücken, 14 cm

Gefleckter Schlangenstachelrücken

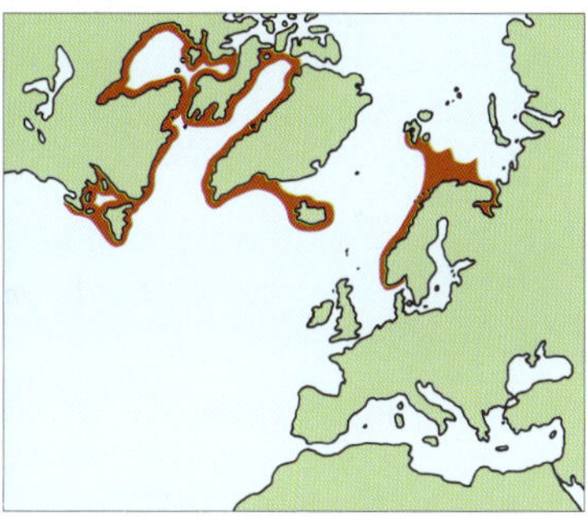

Gefleckter Schlangenstachelrücken
Leptoclinus maculatus (Fries, 1837)

Hauptmerkmale: Schwanzflosse fächerförmig. Länge der Afterflosse beträgt etwa die Hälfte der Gesamtlänge des Fisches. In den Brustflossen sind die unteren Strahlen am längsten. Farbe graugelb mit unregelmäßig verteilten, z. T. großen schwarzbraunen Flecken.

Maximale Länge etwa 20 cm. Eine arktische Fischart im gleichen Lebensraum wie die vorgenannte.

Nahrung der Seewölfe

Einsiedlerkrebse

Muscheln

Schnecken

Seeigel

BUTTERFISCHE
Pholidae

Langgestreckte, schlanke Fische mit seitlich zusammengedrücktem Körper, winzigen Bauchflossen und kleinem Kopf. Rücken- und Afterflossen als lange Säume, aber nicht mit der Schwanzflosse verwachsen. Die 14 Arten der Familie leben im nördlichen Atlantik und Pazifik.

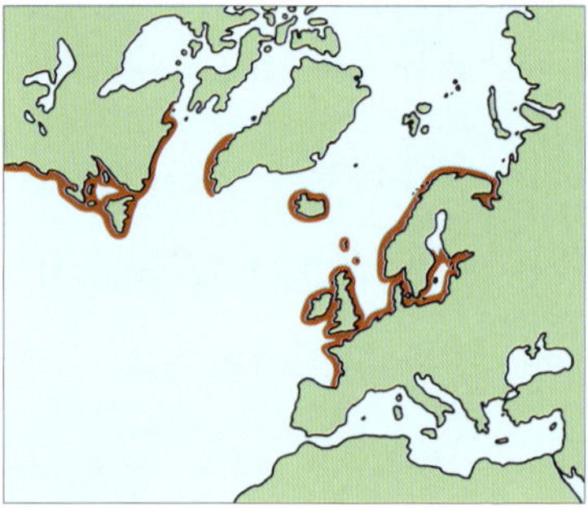

Butterfisch

Butterfisch

Butterfisch
Pholis gunellus (Linnaeus, 1758)

Hauptmerkmale: Der bandförmige Körper ist mit 9–13 „Augenflecken", die jeweils aus einem schwarzen Zentrum mit weißem Außenring bestehen, entlang der Basis der Rückenflosse besetzt.

Maximale Länge 25 cm. Lebt vom Flachwasser der Gezeitenzone bis in 30 m Tiefe im Algen- und Seegrasgürtel, im Winter tiefer. Bevorzugt steinige Böden mit vielen Versteckmöglichkeiten.

Butterfische werden mit 3 Jahren und ca. 20 cm Länge geschlechtsreif. Die Laichzeit fällt in die Monate November bis Januar. Die Weibchen legen 80–200 Eier in einem Ballen unter Steinen oder in leere Muschelschalen ab. Die Männchen bewachen das Gelege bis zum Schlupf der 9 mm langen Larven, die bis zur Länge von ca. 3 cm pelagisch leben.

Die Nahrung der Butterfische besteht aus kleinen Bodentieren.

Gestreifter Seewolf, 51 cm

Angelhaken

SEEWÖLFE ODER KATFISCHE
Anarhichadidae

Großwüchsige Fische mit länglichem Körper, großem Kopf, breit gerundeter Schnauze und massiven, kräftigen Zähnen. Die langen Rücken- und Afterflossensäume sind nicht mit der Schwanzflosse verwachsen. Die winzigen Schuppen sind tief in die Haut eingebettet. Alle 5 Arten der Familie, von denen zwei wertvolle Speisefische sind, leben im Meer und werden über 1 m lang.

Bestimmungsschlüssel Seewölfe

1 Färbung einheitlich blauschwarz; Fleisch sehr weich und wäßrig .... **Blauer Seewolf**, S. 212
Farbmuster aus Streifen oder Flecken; Fleisch fest **2**

2 Körper mit 10-15 dunklen Streifen von der Rückenflosse abwärts .... **Gestreifter Seewolf**, S. 211
Körper und Rückenflosse mit deutlicher Fleckung .... **Gefleckter Seewolf**, S. 212

Kopfskelett eines Seewolfs

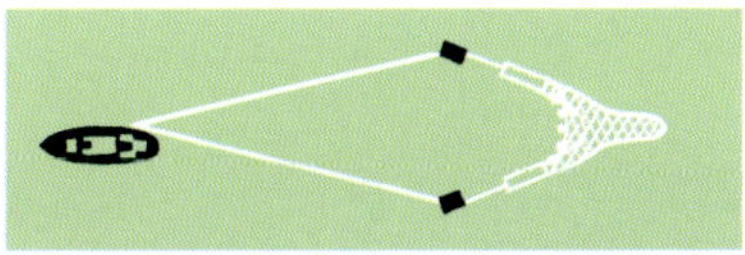

Grundschleppnetz

Gestreifter Seewolf
Anarhichas lupus Linnaeus, 1758

Hauptmerkmale: Körper mit 10–15 dunklen Streifen von der Rückenflosse abwärts. Grundfarbe meist graugrün, aber auch fast schwarze oder rötlichbraune Exemplare treten auf.

Maximale Länge ca. 125 cm. Der Gestreifte Seewolf lebt auf harten und steinigen Böden in 20–500 m Tiefe. Er wird mit 6–7 Jahren bei einer Länge von 50–60 cm und einem Gewicht von 1–3 kg geschlechtsreif. Die Laichzeit ist von Oktober bis Januar. Dann legen die Weibchen, je nach Größe, bis zu 25.000 Eier von 5–6 mm Durchmesser in Ballen am Meeresboden ab. Das Gelege wird vom Männchen bewacht, bis nach 2 Monaten die ca. 10 mm langen Larven schlüpfen. Ihr Dottersack ernährt sie für 3–4 Monate. Im Anschluß verlassen sie den Meeresboden und leben pelagisch, bis sie mit 5–6 cm Länge wieder zum Bodenleben übergehen.

Gestreifte Seewölfe fressen am Boden hartschalige Wirbellose wie Krebse, Muscheln und Seeigel, deren Gehäuse sie mit ihrem kraftvollen Gebiß aufbrechen.

Dadurch nutzen sich die Zähne schnell ab und werden im Winter ausgewechselt.

Wertvoller Beifang der Schleppnetz- und Leinenfischerei. Vor der Vermarktung werden sie wegen ihres etwas furchterregenden Aussehens geköpft, enthäutet und frisch auf Eis oder tiefgefroren angeboten. Sie kommen als „Karbonadenfisch“, „Katfisch“ oder „Steinbeißer“ in den Handel.

Der europäische Jahresfang, der vor allem durch Island erzielt wird, beträgt 20.000–25.000 Tonnen.

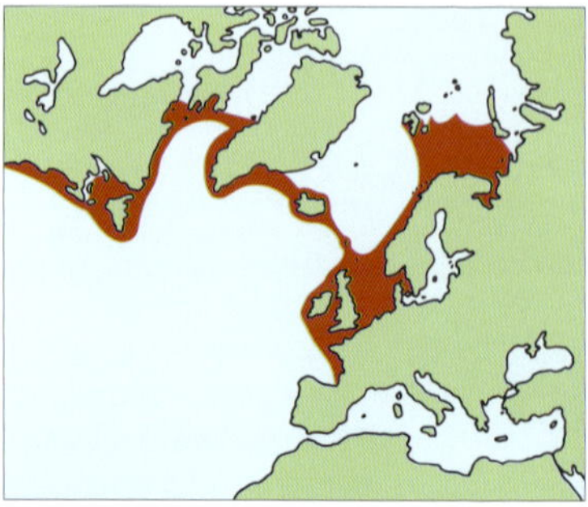

Gestreifter Seewolf

Gefleckter Seewolf, 95 cm

Blauer Seewolf, 100 cm

Gefleckter Seewolf

Anarhichas minor Olafsen, 1772

Hauptmerkmale: Grundfarbe graubraun mit Muster aus zahlreichen, unregelmäßigen Flecken auf Körper und Rückenflosse.

Maximale Länge ca. 150 cm. Bodenfisch in 25–600 m Tiefe. Lebensraum, Lebensweise und Nahrung dem Gestreiften Seewolf sehr ähnlich. In der Barentssee erreichen Gefleckte Seewölfe mit 9 Jahren eine Länge von 80 cm.

Wertvoller Beifangfisch aus Schleppnetz- und Leinenfängen vor den Färöerinseln, Island und Grönland.

Blauer Seewolf oder Wasserkatze

Anarhichas denticulatus Krøyer, 1845

Hauptmerkmale: Einfarbig blauschwarz, mit blassen Seitenflecken. Körper wegen des weichen, wäßrigen Fleisches schwammig.

Maximale Länge 140 cm. Bodenlebend in 60–900 m Tiefe. Lebensraum, Lebensweise und Nahrung wie beim Gestreiften Seewolf, aber auch Quallen und kleine Fische werden gefressen.

Wegen des weichen Fleisches von geringem wirtschaftlichem Wert und eher unerwünscht. Rußland fängt den Blauen Seewolf neuerdings mit Langleinen in der Barentssee.

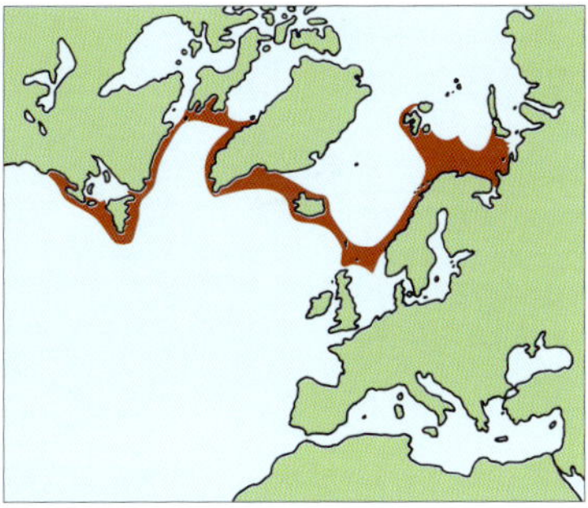

Gefleckter Seewolf

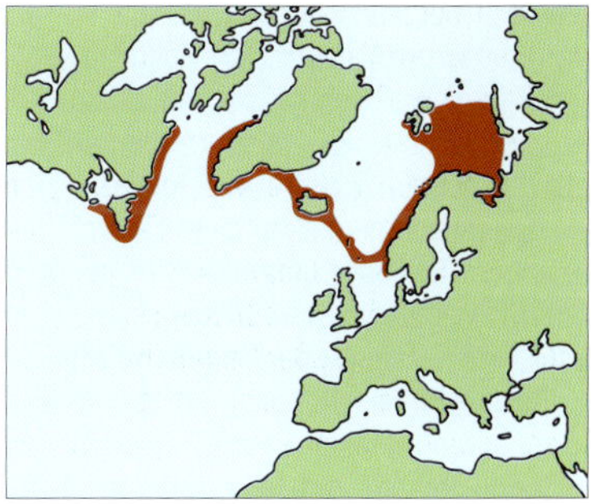

Blauer Seewolf

SANDAALE

Ammodytidae

Diese kleinen, schlanken Fische mit spitzer Schnauze und vorstehendem Unterkiefer zählen trotz ihres Namens nicht zu den Aalen. Die lange Rücken- und Afterflosse sind nicht mit der Schwanzflosse verwachsen. Ohne Bauchflossen und Schwimmblase. Die Kiefer sind unbezahnt; einige Arten haben aber große spitze Zähne auf den äußeren Gaumenknochen. Der Oberkiefer ist bei einigen Arten weit ausstülpbar. Die 18 Arten der Familie leben am Sandboden im Flachwasser aller Meere. Einige sind wichtige Zielarten der Industriefischerei und Hauptnahrung vieler Speisefischarten, z. B. des Kabeljaus und des Lachses. Auch viele Seevogelarten hängen stark von diesen Beutefischen ab.

Bestimmungsschlüssel Sandaale

1 Zwei spitze Zähne auf dem Gaumen **2**
Gaumen ohne Zähne **3**

2 Schwarzer Fleck auf jeder Schnauzenseite
Gefleckter Großer Sandaal, S. 214
Ohne diese schwarzen Flecken . . . .
Ungefleckter Großer Sandaal, S. 214

3 Seitenlinie mit kurzen Seitenästen; nur das hintere Körperdrittel beschuppt; Rand der Rücken- und Afterflosse gewellt . . . .

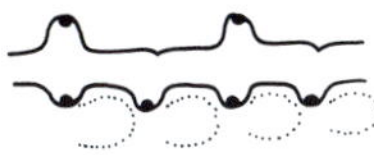

Nacktsandaal, S. 216

Seitenlinie unverzweigt; ganzer Körper beschuppt; Rand der Rücken-

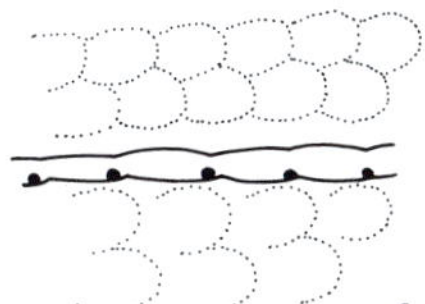

und Afterflosse gerade **4**

4 Schwanzflossenansatz unbeschuppt; Bauchschuppen unregelmäßig angeordnet . . . .

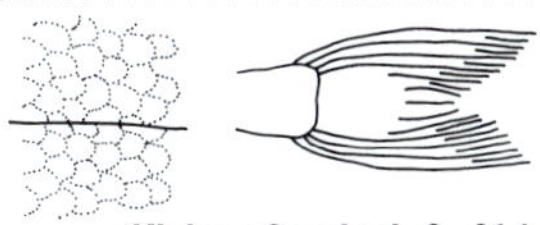

Kleiner Sandaal, S. 214

Schwanzflossenansatz beschuppt; Bauchschuppen in winkeliger Anordnung dicht überlappend . . . .

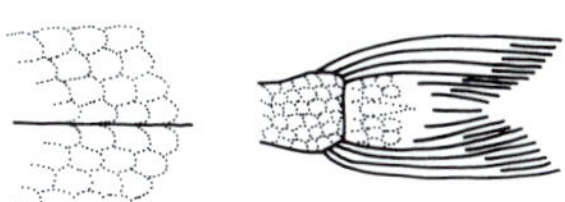

Tobiasfisch, S. 216

Gefleckter Großer Sandaal

Hyperoplus lanceolatus (Le Sauvage, 1824)

Hauptmerkmale: Ein schwarzer Fleck auf jeder Schnauzenseite. Zwei spitze Zähne am Gaumen. Oberkiefer nicht ausstülpbar wie beim Kleinen Sandaal und Tobiasfisch. Spitze der angelegten Brustflosse reicht bis auf Höhe des Rückenflossenansatzes.

Maximale Länge ca. 40 cm. Hält sich im Sommer in flachem und im Winter in tieferem Wasser auf. Tagsüber im Sand vergraben; tritt nachts und bis zur Morgendämmerung aber in großen Schwärmen auf. Laicht in der Nordsee von April bis September in 20–100 m Tiefe. Laichende Weibchen kleben bis zu 35.000 Eier an den Sand, aus denen nach 3 Wochen die Larven schlüpfen. Geschlechtsreif mit Ende des 2. Lebensjahres.

Die Larven und erwachsenen Tiere bis etwa 10–15 cm Länge fressen Plankton, größere Exemplare Jungheringe und andere Sandaale.

Wichtige Zielart der Industriefischerei.

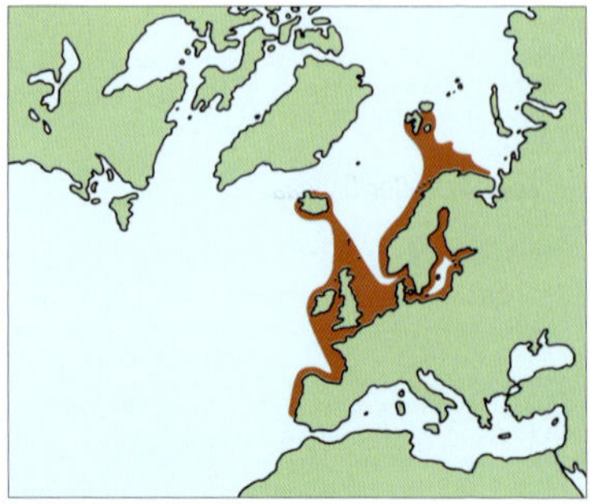

Gefleckter Großer Sandaal

Ungefleckter Großer Sandaal

Hyperoplus immaculatus (Corbin, 1950)

Hauptmerkmale: Ohne schwarze Flecken auf den Schnauzenseiten, weitere Kennzeichen wie beim Gefleckten Großen Sandaal.

Maximale Länge ca. 35 cm. Biologie wie die vorstehende Schwesterart. Laicht allerdings im Winter und ist nicht so weit nach Norden verbreitet.

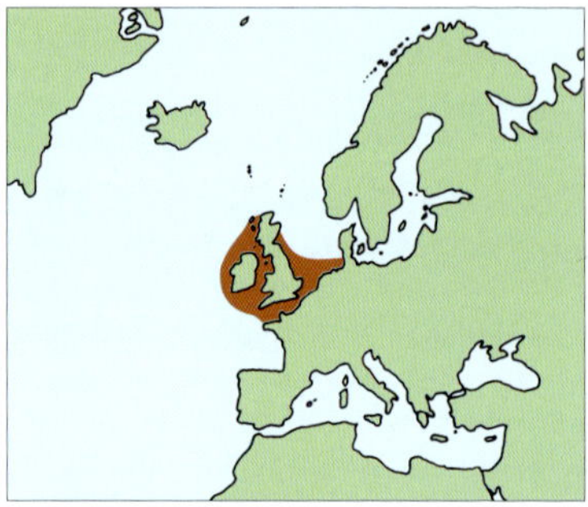

Ungefleckter Großer Sandaal

Kleiner Sandaal

Ammodytes marinus Raitt, 1934

Hauptmerkmale: Gaumen ohne Zähne. Außer dem Schwanzflossenansatz ist der ganze Körper beschuppt. Bauchschuppen unregelmäßig und locker angeordnet. Spitze der angelegten Brustflosse reicht etwas über die Höhe des Rückenflossenansatzes hinaus. Oberkiefer ist ausstülpbar.

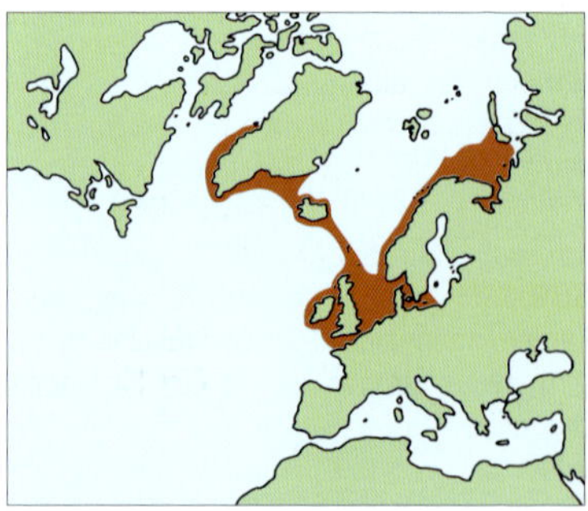

Kleiner Sandaal

Kleiner Sandaal mit vorgestülptem Maul

Gefleckter Großer Sandaal, 25 cm

Ungefleckter Großer Sandaal, 20 cm

Kleiner Sandaal, 20 cm

Maximale Länge 25 cm, Lebensdauer ca. 10 Jahre. Die weitaus häufigste Sandaalart der Nordsee. Lebt in 10–150 m Tiefe vor allem auf Bänken und an Hängen mit Kiesböden und starken Gezeitenströmungen. Weniger häufig in Küstennähe, sondern eher weiter draußen im offenen Meer zu finden. Kleine Sandaale verbringen den größten Teil des Winterhalbjahrs im Sand eingegraben, außer zur Laichzeit von November bis Februar. Die Weibchen laichen portionsweise 4.000–25.000 Eier ab, die an Sand und Kies angeklebt werden. Das Schlüpfen der 4–8 mm langen, pelagischen Larven kann sich bis ins Frühjahr verzögern, wenn Strömungen die Eier für längere Zeit mit Sand bedeckt haben. Bis zur Länge von ca. 5 cm leben die Jungfische pelagisch. Geschlechtsreif mit etwa 2 Jahren.

Der Kleine Sandaal ernährt sich von Plankton. Die Aktivitätszeit liegt in Perioden mit starker Gezeitenströmung. Dann verlassen sie ihre Verstecke im Sandboden und schließen sich zu gewaltigen Schwärmen zusammen. Während der Nächte und im Winterhalbjahr graben sie sich im Boden ein.

Kleine Sandaale sind wichtige Nahrungsquelle für Kabeljau, Schellfisch und Seelachs. Man fängt sie mit feinmaschigen Schleppnetzen. Sie machen den größten Teil der Industriefischerei auf Sandaale aus. Der europäische Jahresfang von ca. 700.000 bis 1 Million Tonnen wird hauptsächlich von Dänemark gefischt.

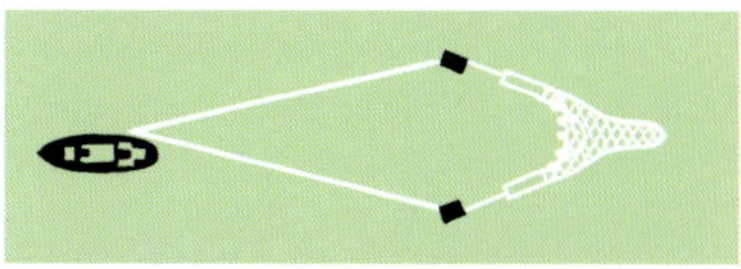

Sandaale werden mit kleinmaschigen Grundschleppnetzen gefangen.

Sandaale fressen tierisches Plankton und sind Beute für viele Speisefischarten.

Lachs Kabeljau Makrele Steinbutt

Tobiasfisch

Ammodytes tobianus (Linnaeus, 1758)

Hauptmerkmale: Der Ansatz der Schwanzflosse ist beschuppt. Die Bauchschuppen stehen dicht überlappend in regelmäßigen Winkeln anordnet. Andere Merkmale wie beim Kleinen Sandaal.

Maximale Länge ca. 20 cm. Der Tobiasfisch tritt am häufigsten im küstennahen Flachwasser auf und ist bei Ebbe oft im trockengefallenen Watt im Sand vergraben zu finden. Tobiasfische verstecken sich im Winter in 20–50 m Tiefe im Sand. Die Biologie entspricht der des Kleinen Sandaals, außer daß es bei Tobiasfischen Frühjahrs- und Herbstlaicher gibt.

Man verwendet Tobiasfische als Köder in der Leinenfischerei. Außerdem werden sie bei der Industriefischerei auf den Kleinen Sandaal mitgefangen.

Tobiasfisch

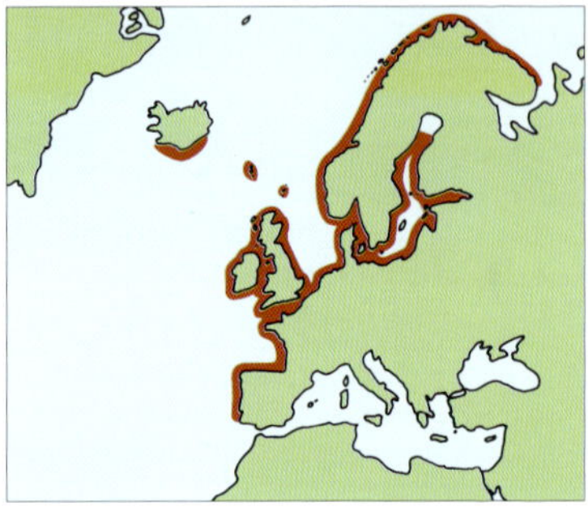

Nacktsandaal

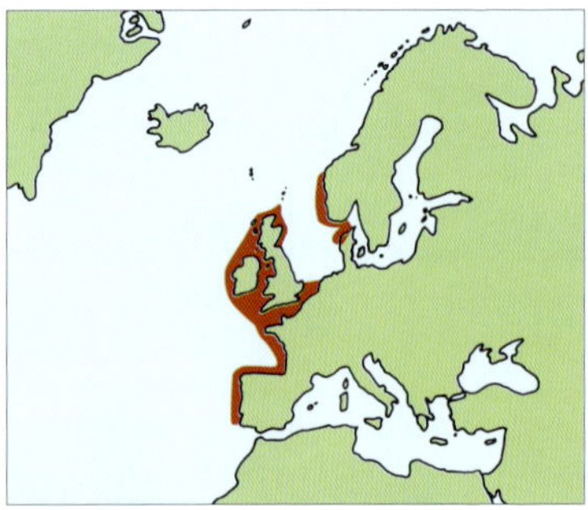

Nacktsandaal

Gymnammodytes semisquamatus (Jourdain, 1879)

Hauptmerkmale: Rand der Rücken- und Afterflosse gewellt. Ohne Gaumenzähne. Seitenlinie mit kurzen Seitenästen. Nur das hintere Körperdrittel ist beschuppt.

Maximale Länge 25–30 cm. Lebt vor allem auf Muschelschillbetten. Frißt Plankton und laicht in der Nordsee im Sommer, in südlicheren Verbreitungsgebieten jedoch schon früher. Wird bei der Industriefischerei auf Sandaale mitgefangen.

Tobiasfisch, 15 cm

Nacktsandaal, 18 cm

Petermännchen, 32 cm

PETERMÄNNCHEN
Trachinidae

Bodenfische mit langgestrecktem Körper sowie langer 2. Rücken- und Afterflosse. Augen auf der Kopfoberseite. Stachelstrahlen der 1. Rückenflosse und der kräftige Stachel oben am Kiemendeckel haben Seitengruben, die giftiges Drüsengewebe enthalten. Petermännchen finden sich oft im Sand vergraben im Flachwasser. Ihre Giftstacheln sind gefährlich für Badende, die auf die Fische treten, und Sportangler, die sich stechen können. Die Wunden sind äußerst schmerzhaft. Meist sind Krämpfe und Entzündungen die Folge, aber das Gift ist für Menschen nicht tödlich. Alle vier Arten der Familie leben in europäischen Gewässern und sind schmackhafte Speisefische.

Nahrung

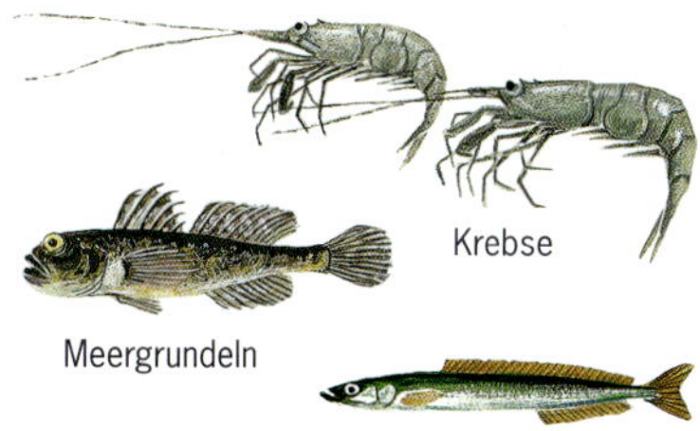

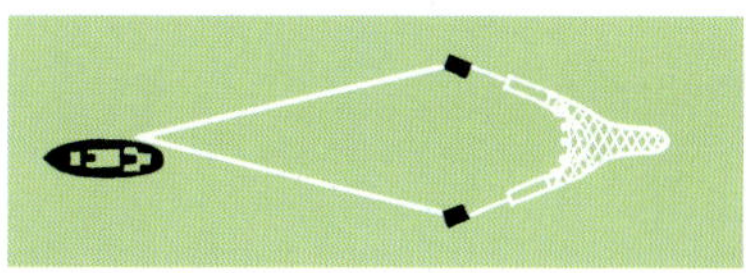

Grundschleppnetz

Angelhaken

Petermännchen
Trachinus draco Linnaeus, 1758

Hauptmerkmale: Der Körper ist gestreckt und über sechsmal länger als hoch. Rücken grünlich, Seiten mit gelbweißen Schrägstreifen. Vor jedem Auge sitzen 2–3 kurze Stacheln.

Maximale Länge 40–45 cm. Im Sommer sind Petermännchen in nur 1–30 m Tiefe anzutreffen, im Winter in etwas tieferem Wasser. Tagsüber sind sie völlig im losen Sand vergraben, so daß nur die Augen-

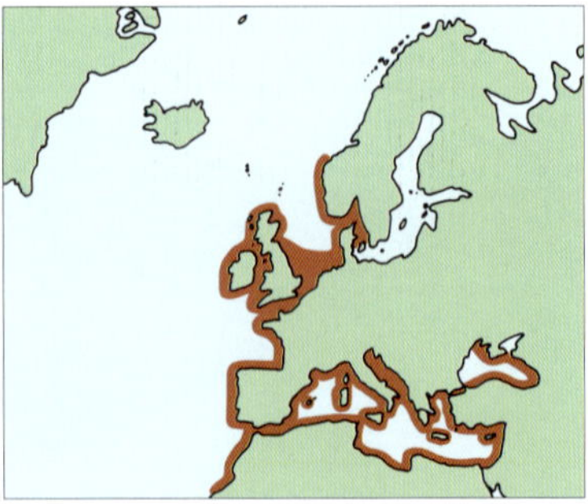

Petermännchen

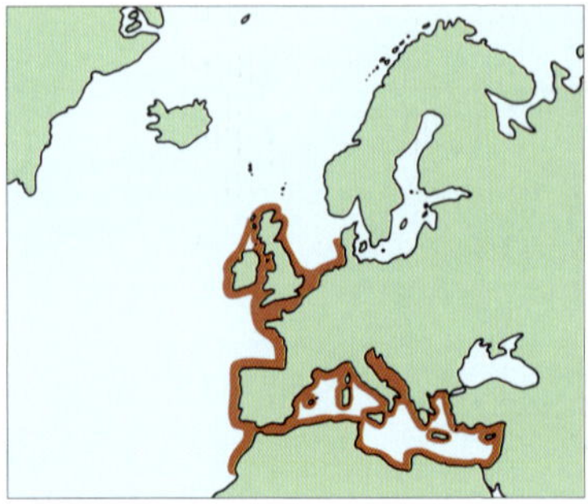

Vipernqueise

hügel herausschauen. Nachts schwimmen sie selbst im Freiwasser aktiv umher. Von Juni bis August werden 1 mm große Eier pelagisch abgelaicht. Die Larven leben auch im Freiwasser. Die Art frißt Garnelen, Meergrundeln, Sandaale und Würmer.

Petermännchen werden meist als Beifang in Schleppnetzen gefangen. Ihr trokkenes, aber schmackhaftes Fleisch wird besonders in Südeuropa geschätzt, wo sie nach Entfernen des Kopfes und der 1. Rückenflosse angeboten werden. Der europäische Jahresfang liegt um 1.000 Tonnen.

Vipernqueise

Echiichthys vipera (Cuvier, 1829)

Hauptmerkmale: Körper kürzer und gedrungener als der des Petermännchens. Rücken graubraun, Seiten silbrig gefärbt. Ohne Stacheln vor den Augen.

Maximale Länge ca. 15 cm. Biologie und Verhalten ähnlich dem Petermännchen. Die Vipernqueise kommt aber bis in extrem flaches Wasser vor. Ihr Gift ist stärker, weshalb sie als die gefährlichste Art unter den Petermännchen Europas gilt.

SCHLEIMFISCHE

Blenniidae

Kleine Fische mit gestrecktem Körper und schleimiger, schuppenloser Haut. Stachel- und weichstrahliger Abschnitt sind in einer Rückenflosse vereint. Die kleinen Bauchflossen stehen vor der Höhe der Brustflossen. Die ca. 350 Arten der Familie leben im Flachwasser aller Meere und sind ohne wirtschaftliche Bedeutung.

Vipernqueise, 11 cm

Schan, 12 cm

Gestreifter Schleimfisch, 16 cm

Schan

Lipophrys pholis (Linnaeus, 1758)

Hauptmerkmale: Haut nackt und schleimig. Ohne bäumchenförmige Kopfanhänge. Oberrand der Rückenflosse am Übergang vom hart- zum weichstrahligen Teil deutlich eingekerbt. Färbung sehr variabel.

Maximale Länge ca. 20 cm, Lebensdauer bis zu 10 Jahre. Der Schan ist entlang felsiger Küsten in der Gezeitenzone, bei Niedrigwasser oft in Gezeitentümpeln sowie unter Seegras und Tang zu finden. Im Winter lebt er in tieferem Wasser. Die Laichzeit fällt in die Monate April bis August. Dann legen mehrere Weibchen ihre 1,5 mm großen Eier im Gebiet eines Männchens ab, das die Gelege bis zum Schlupf bewacht. Frißt Kleintiere der Algenzone.

Gestreifter Schleimfisch

Parablennius gattorugine (Brünnich, 1768)

Hauptmerkmale: Haut nackt und schleimig. Über jedem Auge ein bäumchenartiger Hautauswuchs. Rückenflossenoberrand gerade, ohne Einkerbung. Farbe bräunlich, Körper mit 6–7 dunkelbraunen, senkrechten Binden.

Maximale Länge ca. 30 cm. Ausgewachsene Tiere leben zwischen Felsklippen in 3–30 m Tiefe, die Jungtiere dagegen im Flachwasser der Algenzone. Die Laichzeit liegt in den Monaten März bis Mai. Auch bei dieser Art bewachen die Männchen die Gelege mehrerer Weibchen bis zum Schlupf der Larven nach etwa einem Monat.

Schan

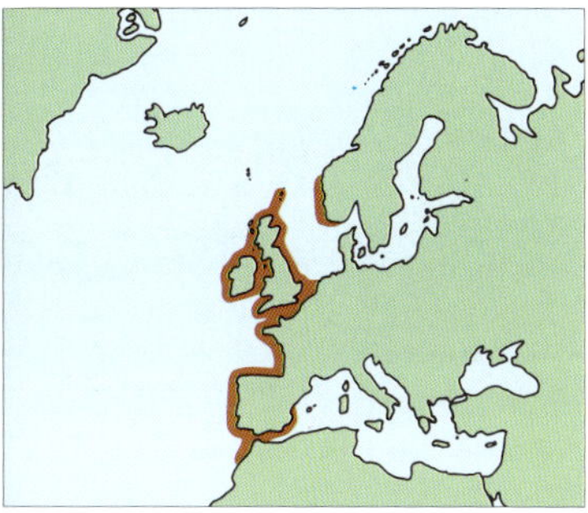

Gestreifter Schleimfisch

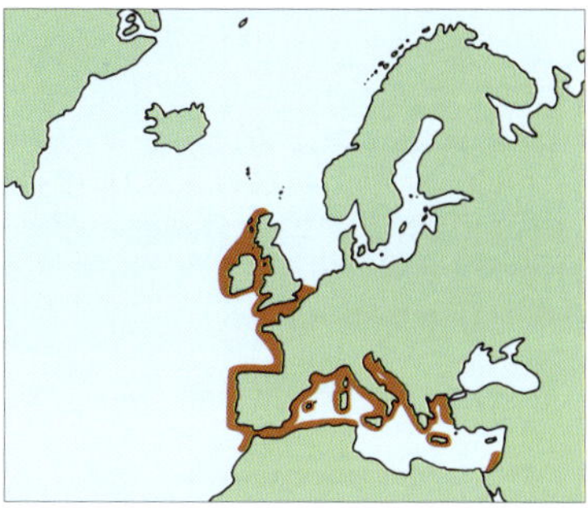

Doppelfleckiger Haftfisch, 4 cm

SCHILDFISCHE
Gobiesocidae

Kleine, abgeflachte, schuppenlose Fische mit einer zweiteiligen Saugscheibe aus den umgewandelten Bauchflossen. Die kurzen Rücken- und Afterflossen stehen weit hinten nahe der Schwanzflosse. Etwa 120 Arten der Familie leben in allen Meeren und sind ohne wirtschaftliche Bedeutung.

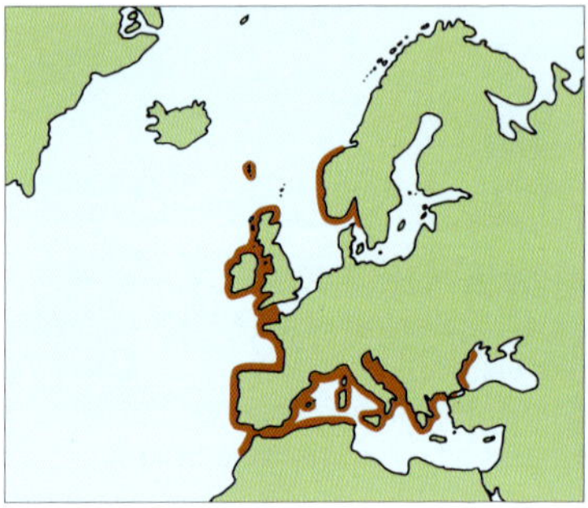

Doppelfleckiger Haftfisch

Doppelfleckiger Haftfisch
Diplecogaster bimaculatus
(Bonnaterre, 1788)

Hauptmerkmale: Körper länglich abgeflacht, meist mit einem großen roten Fleck unter der Spitze jeder Brustflosse. Rücken- und Afterflossen jeweils mit 4–7 Weichstrahlen. Kiemenöffnung sehr klein.

Maximale Länge 5–6 cm. Der Doppelfleckige Haftfisch lebt im Flachwasser auf harten Böden und Muschelbänken. Durch die Saugscheibe und den stromlinienförmigen Kopf können diese Fische sich selbst in der Brandungszone aufhalten. Die Laichzeit fällt in die Monate Juni und Juli. Dann legen die Weibchen ihre 1,5 mm großen Eier in leere Muschelschalen ab, wo die Männchen sie bewachen. Die Larven und Jungtiere leben pelagisch.

Doppelfleckige Haftfische fressen Kleintiere.

LEIERFISCHE
Callionymidae

Kleine, schlanke, schuppenlose Bodenfische mit anteiligen Stachelstrahlen in den Flossen und ohne Schwimmblase. Augen an der Oberkante des breiten Kopfes, Oberkiefer vorstreckbar. Unterer Hinterrand des Kiemendeckels mit gegabeltem bis mehrspitzigem Knochenstachel. Kiemenöffnung ist nur eine winzige Pore. Erste Rückenflosse mit Stachel-, zweite mit Weichstrahlen. Männchen sind meist viel bunter gefärbt als Weibchen und haben eine stark verlängerte 1. Rückenflosse. Leierfische zeigen komplizierte Paarungsspiele vor dem Laichakt. Etwa 130 Arten kommen in tropischen bis gemäßigten Gewässern aller Meere vor. Wirtschaftlich unbedeutend.

Bestimmungsschlüssel Leierfische

1 Augendurchmesser halb bis ein Drittel so lang wie die Schnauzenlänge; Männchen mit blauen Längsstreifen auf der ungefleckten 2. Rückenflosse ....
Gestreifter Leierfisch, S. 221
Augendurchmesser etwa gleich der Schnauzenlänge; Männchen mit gefleckter 2. Rückenflosse **2**

2 Männchen mit 4 Längsreihen von Flecken auf der 2. Rückenflosse, Weibchen mit 2 Reihen; Stachel am Kiemendeckel vierspitzig ....

Gefleckter Leierfisch, S. 222
Männchen mit 4 Längsreihen von Flecken und ca. 4 blauen Bändern auf der 2. Rückenflosse, diese bei den Weibchen ungemustert; Stachel am Kiemendeckel dreispitzig ....

Ornament-Leierfisch, S. 223

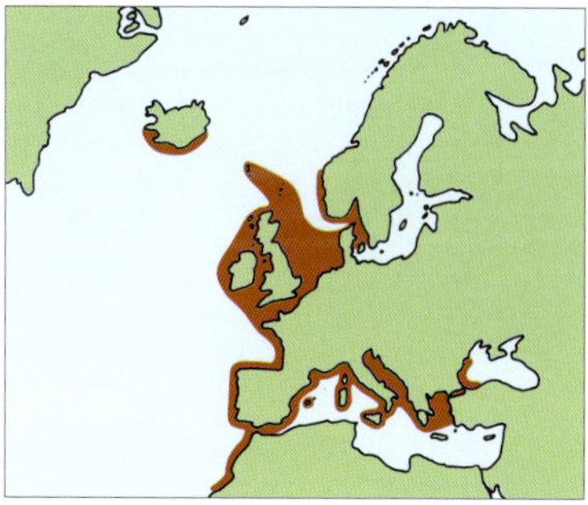

Gestreifter Leierfisch

Gestreifter Leierfisch

Callionymus lyra Linnaeus, 1758

Hauptmerkmale: Erwachsene Männchen mit blauen Streifen auf der 2. Rückenflosse und blauen Flecken auf Kopf und Körper. Erste Rückenflosse der Männchen viel höher als die zweite. Schnauze 2–3 mal so lang wie der Augendurchmesser.

Maximale Länge der Männchen 30 cm, der Weibchen 20 cm, Höchstalter ca. 6 Jahre. Lebt auf gemischten Böden vom Flachwasser bis in über 400 m Tiefe und frißt kleine wirbellose Bodentiere. Laichzeit in der Nordsee von April bis August. Mit gespreizten Flossen und Farbenspiel prä-

Gestreifter Leierfisch, Weibchen 20 cm

Männchen 22 cm

Gestreifter Leierfisch von oben

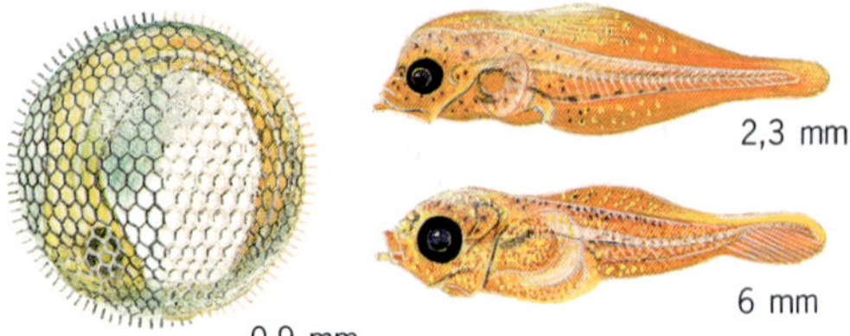

Gestreifter Leierfisch, Ei und Larvenstadien

sentiert sich das Männchen mit einem „Werbetanz“ vor dem Weibchen, ehe beide Bauch an Bauch geschmiegt langsam beim Laichen zur Oberfläche aufsteigen. Die Eier und Larven sind pelagisch. Erst mit Erreichen von ca. 10 cm Länge gehen die Jungen zum Bodenleben über.

Nahrung

Gefleckter Leierfisch

Callionymus maculatus
Rafinesque-Schmaltz, 1810

Hauptmerkmale: Vier Längsreihen dunkler Flecken auf der 2. Rückenflosse der Männchen, nur zwei Reihen bei den Weibchen. Erste Rückenflosse der Männchen nur wenig höher als die zweite. Stachel am Kiemendeckel vierspitzig (3 Spitzen aufwärts, 1 abwärts). Schnauze nur etwas länger als der Augendurchmesser.

Maximale Länge 16 cm bei den Männchen und 10 cm bei den Weibchen. Der Gefleckte Leierfisch lebt in 45–600 m Tiefe. Die Lebensweise und das Verhalten entsprechen dem Gestreiften Leierfisch.

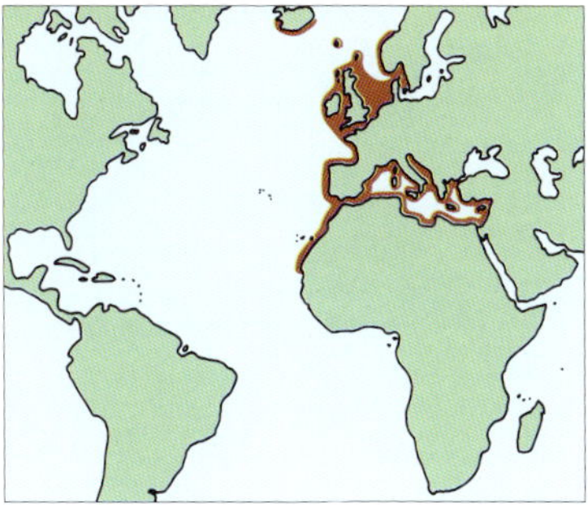

Gefleckter Leierfisch

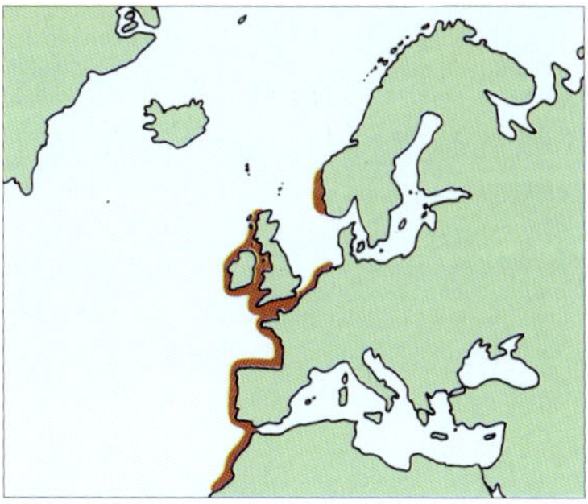

Ornament-Leierfisch

Gefleckter Leierfisch, 12 cm

Ornament-Leierfisch

Callionymus reticulatus Valenciennes, 1837

Hauptmerkmale: Je 4 blaue Streifen und Reihen dunkler Flecken längs auf der 2. Rückenflosse der Männchen, die bei den Weibchen ungemustert ist. Erste Rückenflosse der Männchen nur wenig höher als die zweite. Stachel am Kiemendeckel dreispitzig. Schnauze nur etwas länger als der Augendurchmesser.

Maximale Länge der Männchen 11 cm, der Weibchen 6,5 cm. Der Ornament-Leierfisch lebt vom Flachwasser der Gezeitenzone bis in 110 m Tiefe und kommt auch im Brackwasser vor. Lebensweise und Verhalten wie beim Gestreiften Leierfisch.

Ornament-Leierfisch, 8 cm

GRUNDELN
Gobiidae

Kleine, meist bodenlebende Fische des Flachwassers. Stachelstrahlige, kurze erste Rückenflosse getrennt von weichstrahliger, längerer zweiten. Bauchflossen verwachsen und oft zu flacher Saugscheibe umgewandelt. Die klebrigen Eier haften an Algen, Seegras und Schalen und werden oft von den Männchen bewacht. Zwar haben nur wenige Arten direkte wirtschaftliche Bedeutung, viele sind aber eine wichtige Nahrung für Speisefischarten. Im Flachwasser sind Meergrundeln Nahrungskonkurrenten der Plattfischbrut. Die Grundeln sind mit ca. 1.900 Arten eine der größten Fischfamilien. Viele Arten der Familie leben auch im Brack- und Süßwasser.

Bestimmungsschlüssel Meergrundeln
Wegen ihrer geringen Größe und Geschlechtsunterschiede schwer zu bestimmende Fischarten. Die Verwendung einer Lupe wird empfohlen.

1 Lebende Exemplare mit glasklar durchsichtigem Körper und nur einer Zahnreihe im Unterkiefer **2**
Körper undurchsichtig, mehr als eine Zahnreihe im Unterkiefer **3**

2 Ohne Schuppen; 0–2 Strahlen in der 1. Rückenflosse . . . .
Kristallgrundel, S. 230
Mit Schuppen; 5 Strahlen in der 1. Rückenflosse . . . .
Glasgrundel, S. 232

3 Ohne querlaufende Hautmembran über dem Ansatz der verwachsenen

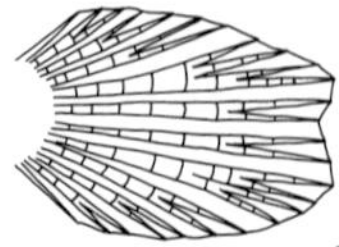

Bauchflossen **4**
Mit querlaufender Hautmembran über dem

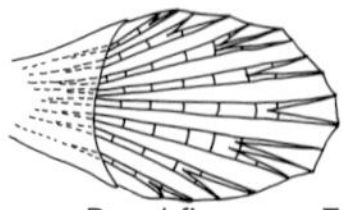

Ansatz der verwachsenen Bauchflossen **5**

4 Afterflosse mit 7–8 Strahlen . . . .
Skorpiongrundel, S. 231
Afterflosse mit 5–6 Strahlen . . . .
Zwerggrundel, S. 232

5 Große Sinneswarzen zwischen den Augen; Schwanzflosse spitz . . . .
Spitzschwänzige Grundel, S. 225
Ohne Sinneswarzen zwischen den Augen; Schwanzflosse rund **6**

6 Schwanzstiel kurz und hoch, seine Länge 1/2 bis 3/4 der Kopflänge . . . **7**
Schwanzstiel lang und niedrig, seine Länge 3/4 bis gleich der Kopflänge . . **8**

7 Nacken beschuppt; ein schwarzer Fleck vorne auf jeder Rückenflosse . . . .
Schwarzgrundel, S. 226
Nacken unbeschuppt; ohne schwarzen Fleck vorne auf jeder Rückenflosse . . . .
Felsgrundel, S. 227

8 Kopf und Körper mit Muster aus großen schwarzen Flecken . . . .
Leopardengrundel, S. 227
Anders gemustert **9**

9 Schwarzer Fleck auf dem Schwanzstiel, bei den Männchen zusätzlich einer unter der Brustflosse . .
Zweifleckengrundel, S. 228
Keine oder nur schwache Flecken auf den Körperseiten **10**

10 Zweiter Strahl der 1. Rückenflosse verlängert . . . . **Jeffreys Grundel**, S. 232
Zweiter Strahl der 1. Rückenflosse nicht verlängert **11**

11 1–2 Reihen schwarzer Flecken auf beiden Rückenflossen . . . . **Fleckengrundel**, S. 230
Zweite Rückenflosse ohne Flecken **12**

12 Rücken erst hinter der 1. Rückenflosse beschuppt; 39–52 Schuppen in der Seitenlinie . . . . **Schlammgrundel**, S. 229
Rücken schon vor der 1. Rückenflosse beschuppt; 55–75 Schuppen in der Seitenlinie **13**

13 Brust unbeschuppt; Brustflosse mit 16–18 Strahlen . . . . **Norwegergrundel**, S. 230
Brust beschuppt; Brustflosse mit 18–21 Strahlen **14**

14 Schwarzer Fleck am Ende der 1. Rückenflosse . . . . **Sandgrundel**, S. 228
Weibchen ohne schwarzen Fleck am Ende der 1. Rückenflosse, Männchen mit Fleck und dazu dunklen Längsstreifen auf der 1. Rückenflosse . . . . . . **Lozanos Grundel**, S. 229

Spitzschwänzige Grundel, 10 cm

Spitzschwänzige Grundel

Lesueurigobius friesi (Malm, 1874)

Hauptmerkmale: Schwanzflosse spitz. Deutliche Sinneswarzen zwischen den Augen. Gelblichbraune Flecken auf Körper und Rückenflossen.

Maximale Länge 13 cm, Lebensdauer wenigstens 10 Jahre. Spitzschwänzige Grundeln leben in Bodenröhren, die sie oft mit Kaisergranatkrebsen teilen, in 10–130 m Tiefe. Für ihre Eiablage graben sie Löcher in den Boden. Sie werden mit zwei Jahren geschlechtsreif.

Spitzschwänzige Grundel

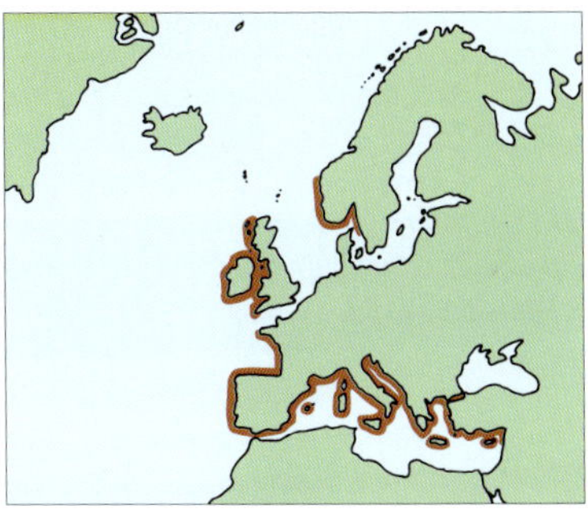

Meergrundeln sind Beute vieler Fischarten

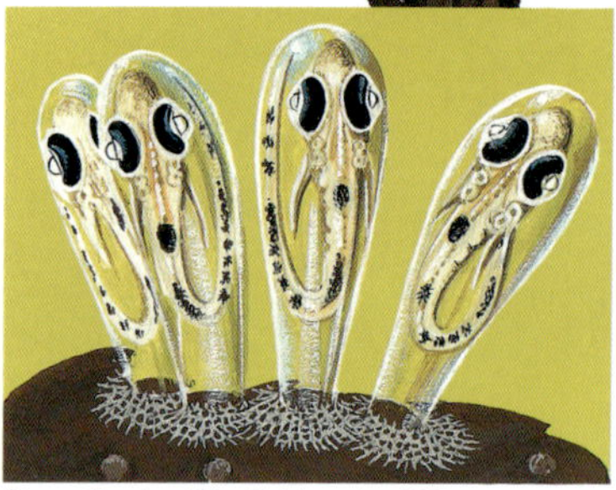

Birnenförmige Eier (1,5 mm) auf Blasentang

Schwarzgrundel

Gobius niger Linnaeus, 1758

Hauptmerkmale: Schwanzstiel kurz und hoch. Nacken beschuppt. Ein schwarzer Fleck am Beginn beider Rückenflossen. Ausgewachsene Tiere nahezu schwarz.

Maximale Länge 18 cm, Lebensdauer mindestens 4 Jahre. Die Schwarzgrundel lebt auf weichen Böden in 1–50 m Tiefe. Von Mai bis August laichen die Weibchen 1.000–6.000 Eier von 0,8 mm Länge ab, die an Steine und Aufwuchs angeheftet und vom Männchen bewacht werden. Erst sind die Eier rund; die äußere Eihülle platzt aber sofort auf, und die Eier nehmen Birnenform an. Die frisch geschlüpften Larven sind 3 mm lang und leben zunächst pelagisch. Erst ab 9 mm Länge gehen sie zum Bodenleben über. Geschlechtsreif mit ca. 2 Jahren. Schwarzgrundeln fressen Würmer und Kleinkrebse. Gelegentlich Verwendung als Lebendköder.

Schwarzgrundel

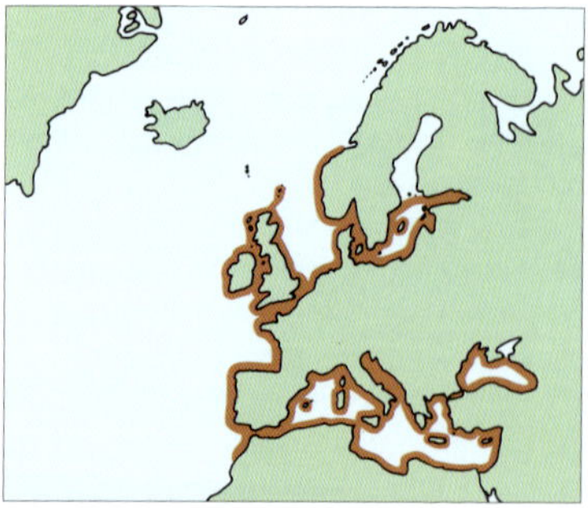

Felsgrundel

Gobius paganellus Linnaeus, 1758

Hauptmerkmale: Schwanzstiel kurz und hoch. Nacken unbeschuppt. Ohne schwarze Flecken am Beginn der Rückenflossen. Erste Rückenflosse mit hellem Außensaum.

Maximale Länge 12 cm, Lebensdauer 10 Jahre. Die Felsgrundel lebt im Flachwasser von Felsküsten, frißt kleine Wirbellose und wird mit 2–3 Jahren geschlechtsreif.

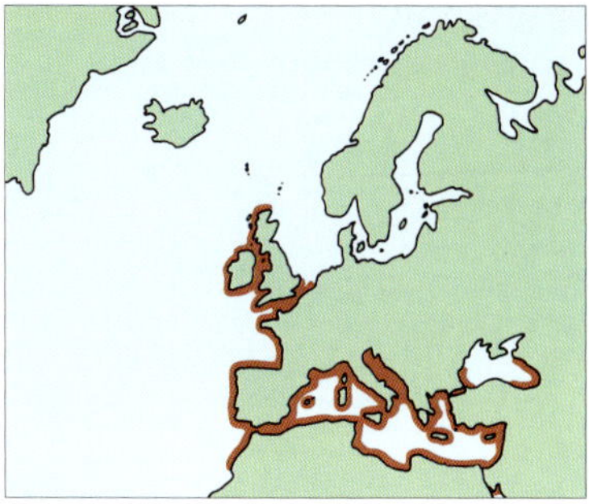

Felsgrundel

Felsgrundel, 9 cm

Leopardengrundel, 10 cm

Leopardengrundel

Thorogobius ephippiatus (Lowe, 1839)

Leopardengrundel

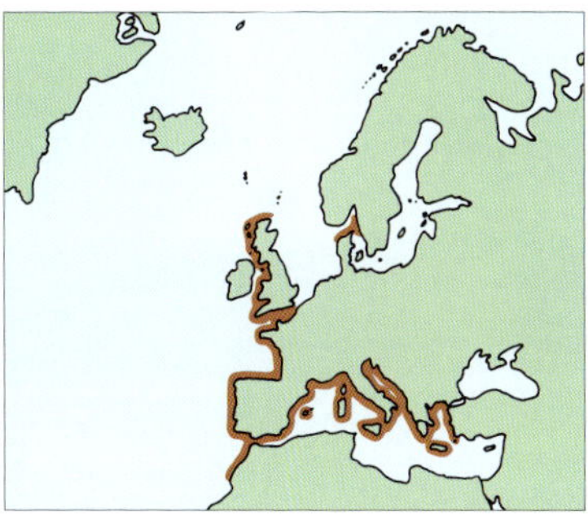

Hauptmerkmale: Viele große schwarze Flecken auf Kopf und Körper, dazu ein großer schwarzer Fleck am Ende der 1. Rückenflosse.

Maximale Länge 13 cm, Lebensdauer 9 Jahre. Lebt an Felsküsten in 5–40 m Tiefe in Spalten versteckt. Biologie und Verbreitung dieser Grundelart sind erst durch die Beobachtungen von Sporttauchern besser bekannt geworden. Nahrung sind Krebse, Borstenwürmer, Schnecken und Algen. Geschlechtsreif mit 3–4 Jahren. Bis zu 12.000 Eier werden abgelaicht.

Zweiflecken- oder **Schwimmgrundel**

Gobiusculus flavescens (Fabricius, 1779)

Hauptmerkmale: Ein großer schwarzer Fleck auf jeder Seite des Schwanzstiels. Männchen zusätzlich mit einem schwarzen Fleck hinter jeder Brustflosse. Erste Rückenflosse meist mit 7 Strahlen.

Maximale Länge 6 cm, Lebensdauer selten mehr als 2 Jahre. Die Zweifleckengrundel lebt im Algengürtel. Oft kann man große Schwärme nahe der Oberfläche beobachten. Die Art wird mit Ende des 1. Lebensjahres geschlechtsreif. Die 1 mm langen, birnenförmigen Eier haften an Seegras und Algen bis zum Schlüpfen der 2,5 mm langen Larven.

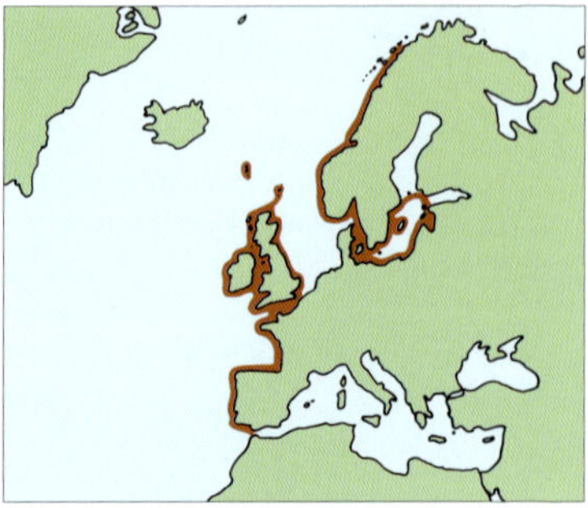

Zweifleckengrundel

Zweifleckengrundel, 5 cm

Sandgrundel

Pomatoschistus minutus (Pallas, 1770)

Hauptmerkmale: Schwarzer Fleck am Ende der 1. Rückenflosse. Brustflossenansatz nicht oder nur schwach schwarz markiert. 55–75 Seitenlinienschuppen. Rücken schon vor der 1. Rückenflosse beschuppt.

Maximale Länge 11 cm. Manchmal in kleinen Schwärmen in 2–200 m Tiefe am Boden. Laichen im Sommer im Flachwasser, nachdem das Männchen das Weibchen in eine leere Muschelschale gelockt hat. Letzteres legt nur einen Teil der Eier ab. Nach ca. 10 Tagen schlüpfen 3 mm lange Larven, vom Männchen bewacht. Die pelagischen Larven gehen erst mit 17–18 mm Länge an den Boden. Geschlechtsreif mit einem Jahr. Sehr häufige Art.

Sandgrundelei (1 mm) auf einer Muschelschale

Sandgrundel, 8 cm

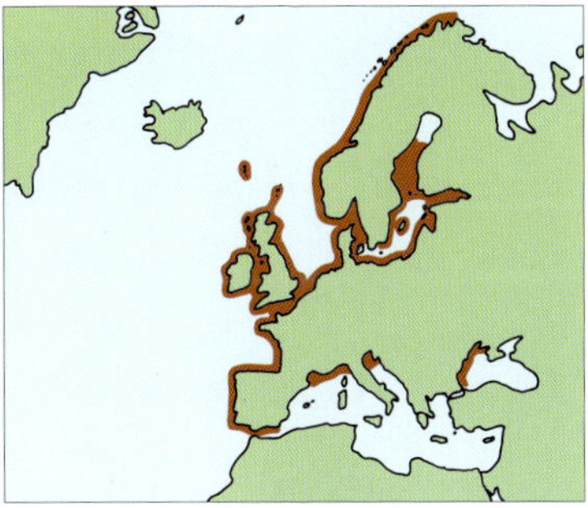

Sandgrundel

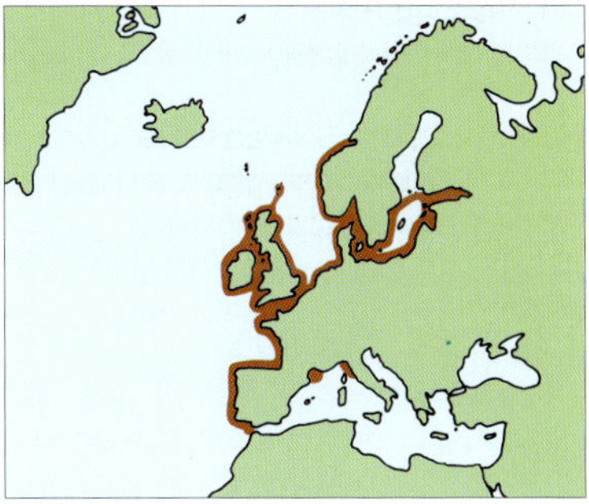

Schlammgrundel

Lozanos Grundel, 6 cm

Lozanos Grundel

Pomatoschistus lozanoi (de Buen, 1923)

Hauptmerkmale: Im Gegensatz zur sehr ähnlichen Sandgrundel haben die Weibchen keinen schwarzen Fleck am Ende der 1. Rückenflosse. Die Männchen besitzen aber diesen Fleck und dazu noch schwarze Längsstreifen in der 1. Rückenflosse.

Maximale Länge 8 cm. Lebt am Boden vom Flachwasser bis in 70 m Tiefe. Geschlechtsreif mit einem Jahr. Eiablage unter leeren Muschelschalen. Diese recht seltene Grundelart kreuzt sich mit der Sand- und der Norwegergrundel.

Lozanos Grundel

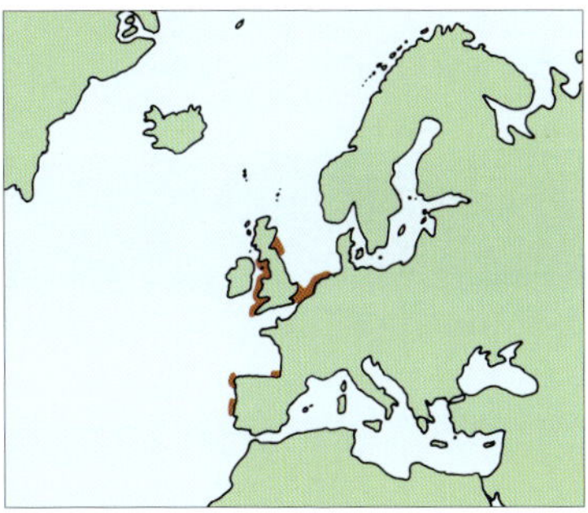

Schlammgrundel, 5 cm

Schlammgrundel

Pomatoschistus microps (Krøyer, 1838)

Hauptmerkmale: Schwarzer Fleck am Ende der 1. Rückenflosse und schwarzer Winkelfleck auf dem Ansatz der Brustflossen. 39–52 Seitenlinienschuppen. Rücken erst hinter der 1. Rückenflosse beschuppt.

Maximale Länge 6–7 cm, Lebensdauer ca. 1,5 Jahre. Die Schlammgrundel lebt im Brackwasser von der Oberfläche bis in 12 m Tiefe. Die Eier werden im Sommer unter leeren Muschelschalen abgelegt und vom Männchen bewacht. Die zunächst pelagischen Larven gehen erst als 11–12 mm lange Jungfische zum Bodenleben über und werden bei einer Körperlänge von etwa 4 cm geschlechtsreif. Die Schlammgrundel frißt Flohkrebse und kleine Borstenwürmer.

Norwegergrundel

Pomatoschistus norvegicus (Collett, 1903)

Hauptmerkmale: Schwarzer Fleck am Ende der 1. Rückenflosse. Brust unbeschuppt, Rücken jedoch schon vor der 1. Rückenflosse beschuppt. Brustflosse mit 16–18 Strahlen.

Maximale Länge 6–8 cm. Die Norwegergrundel lebt in 18–325 m Tiefe auf Schlammböden und Muschelschillfeldern. Sie kreuzt sich mit der Sandgrundel und wurde früher für eine Zwergform der Sandgrundel gehalten. Die Art ist auch von einigen Stellen des Mittelmeers bekannt.

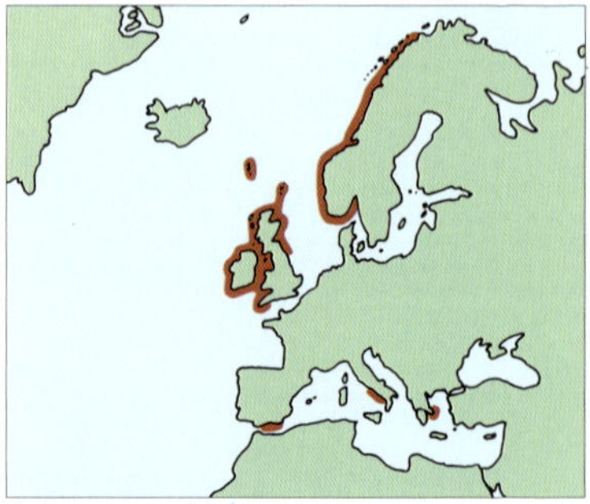

Norwegergrundel

Fleckengrundel

Pomatoschistus pictus (Malm, 1865)

Hauptmerkmale: Rückenflossen dicht zusammenstehend und mit 2 Reihen schwarzer Flecken gemustert. Entlang der Mittellinie jeder Körperseite 4–5 oft paarige Braunflecken.

Maximale Länge ca. 6 cm. Die Fleckengrundel lebt in 1–50 m Tiefe auf harten Böden und frißt besonders kleine Krebse. Die Fortpflanzungsbiologie entspricht der der Sandgrundel.

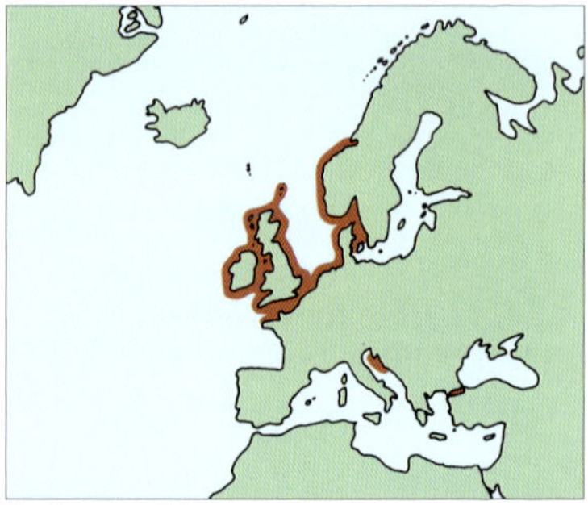

Fleckengrundel

Kristallgrundel

Crystallogobius linearis (von Düben, 1845)

Hauptmerkmale: Der schuppenlose Körper lebender Exemplare ist nahezu durchsichtig. Erste Rückenflosse der Männchen mit nur 2 Strahlen, ohne Strahlen bei den Weibchen. Männchen haben zwei große Zähne auf der Unterkieferspitze.

Maximale Länge 4–5 cm. Die Kristallgrundel lebt in kleinen Schwärmen vom Flachwasser bis in 400 m Tiefe. Sie wird mit einem Jahr geschlechtsreif, die Elterntiere sterben nach dem Laichen. Die Eier werden in die leeren Behausungen von Röhrenwürmern abgelegt und vom Männchen bewacht.

Kristallgrundel, Männchen, 4,5 cm, und Weibchen, 3,6 cm

Kristallgrundel, Kopf des Männchens

Norwegergrundel, 6 cm

Fleckengrundel, 5 cm

Skorpiongrundel, 3 cm

Skorpiongrundel

Lebetus scorpioides (Collett, 1884)

Hauptmerkmale: Ohne querlaufende Hautmembran über dem Ansatz der verwachsenen Bauchflossen. Afterflosse mit 7–8, zweite Rückenflosse mit 9–10 Strahlen.

Maximale Länge 4 cm, Lebensdauer wenigstens 2 Jahre. Die Skorpiongrundel lebt am Boden in 30–375 m Tiefe und frißt kleine Krebse, Würmer und Weichtiere. Über die Biologie dieser Grundelart ist wenig bekannt.

Kristallgrundel

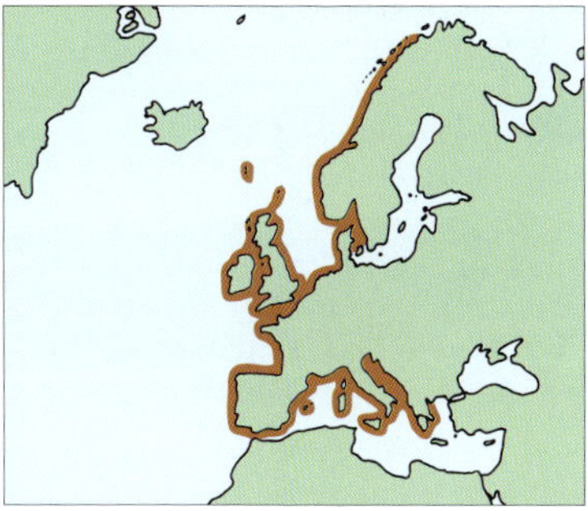

Skorpiongrundel

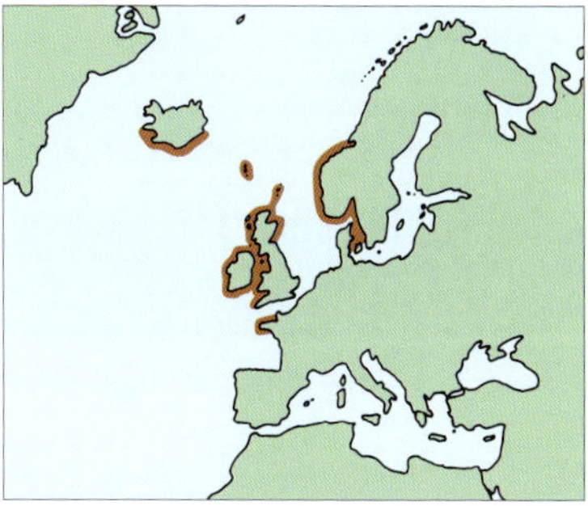

Zwerggrundel

Lebetus guilleti (Le Danois, 1913)

Hauptmerkmale: Ohne querlaufende Hautmembran über dem Ansatz der verwachsenen Bauchflossen. Afterflosse mit 5–6, zweite Rückenflosse mit 7–9 Strahlen.

Maximale Länge 2,5 cm. Eine der kleinwüchsigsten Fischarten europäischer Gewässer. Die Zwerggrundel lebt in Bodennähe bis in etwa 30 m Tiefe und wird wegen ihrer geringen Größe oft übersehen. Über ihre Biologie ist wenig bekannt.

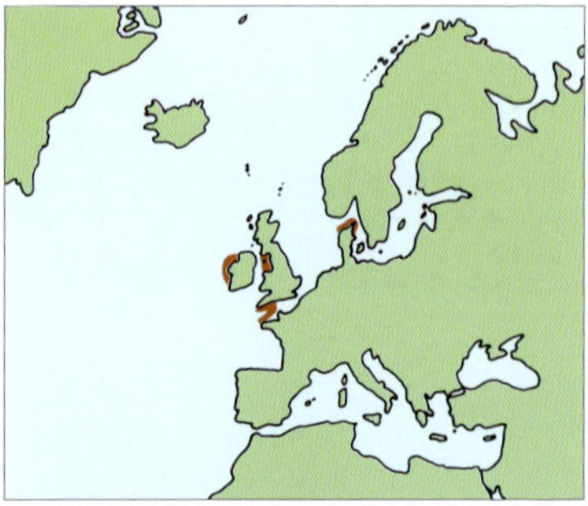

Zwerggrundel

Zwerggrundel, 2 cm

Jeffreys Grundel

Jeffreys Grundel

Buenia jeffreysi (Günther, 1867)

Hauptmerkmale: Große schwarze Flecken entlang Körperseiten. Rücken erst hinter der 1. Rückenflosse beschuppt. Deren zweiter Strahl ist bei den Männchen verlängert.

Maximale Länge 6 cm. Lebt in 5–330 m Tiefe. Biologie fast unbekannt.

Jeffreys Grundel

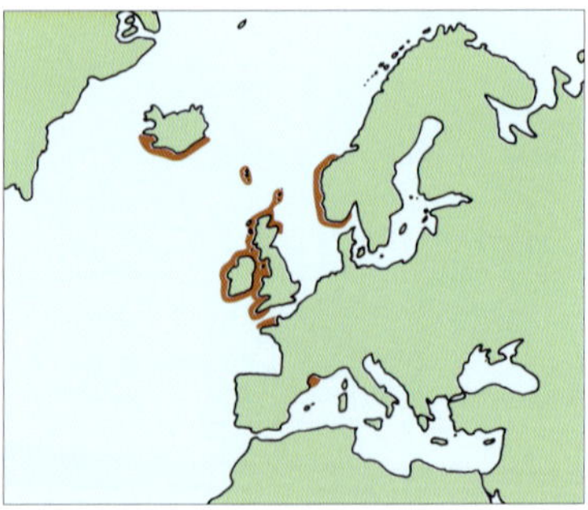

Glasgrundel

Aphia minuta (Risso, 1810)

Hauptmerkmale: Der beschuppte Körper lebender Exemplare ist fast durchsichtig. Erste Rückenflosse mit 5 Strahlen. Zweite Rücken- und Afterflossen bei den Männchen länger als bei den Weibchen.

Maximale Länge 5–6 cm, Lebensdauer nur 1 Jahr. Die Glasgrundel lebt pelagisch in Schwärmen meist im Flachwasser, ist aber auch bis in 70 m Tiefe anzutreffen. Die Eier werden im Sommer in leeren Muschelschalen abgelegt.

Kopf einer Glasgrundel

Glasgrundel, Männchen, 5,5 cm, Weibchen, 4,6 cm

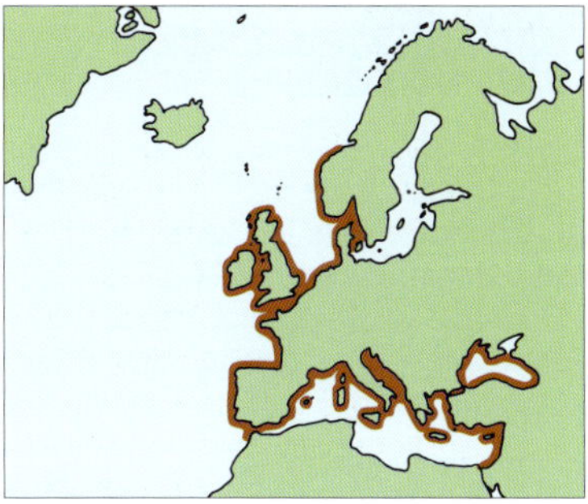

Glasgrundel

Schwarzer Hechtkopf, 55 cm

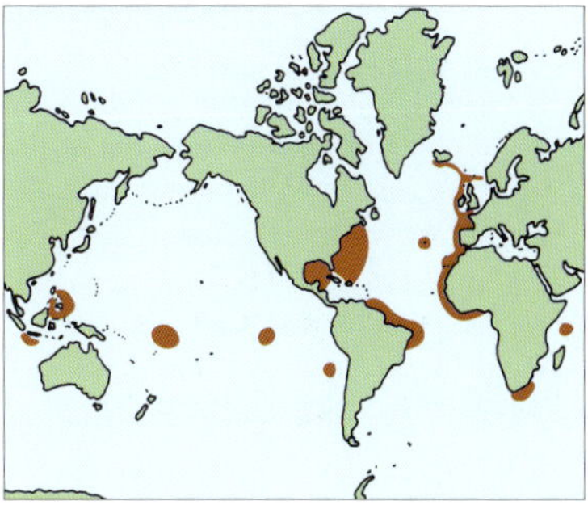

Schwarzer Hechtkopf

SCHLANGENMAKRELEN
Gempylidae

Langgestreckte, schlanke Fische mit seitlich zusammengedrücktem Körper. Das große Maul ist mit langen, spitzen Fangzähnen besetzt. Zwei Nasenöffnungen liegen auf jeder Schnauzenseite. Die erste, stachelstrahlige Rückenflosse ist länger als die zweite, weichstrahlige. Etwa 25 Arten der Familie leben in allen Meeren oft bis in mehrere hundert Meter Tiefe.

Schwarzer Hechtkopf
Nesiarchus nasutus Johnson, 1862

Hauptmerkmale: Unterkiefer länger als Oberkiefer; Spitzen beider Kiefer mit knorpeligen, konischen Anhängen. Je zwei Flössel auf dem Schwanzstiel hinter den Rücken- und Afterflossen. Seitenlinie über der Brustflosse schwach aufgebogen. Schuppen sehr klein. Färbung schwarzbraun bis schwarz.

Maximale Länge ca. 130 cm. Ein schneller, aktiver Raubfisch, der Fische und Kopffüßer frißt. Er lebt pelagisch bis in 1.200 m Tiefe aller Ozeane in tropischen und subtropischen Breiten. Die Art ist ein seltener Irrgast in der Nordsee, im Skagerrak und vor Norwegen. Ohne fischereiwirtschaftliche Bedeutung.

HAARSCHWÄNZE ODER **DEGENFISCHE**

Trichiuridae

Körper lang und sehr schlank, seitlich zusammengedrückt. Das große Maul ist mit langen, spitzen Fangzähnen besetzt. Langer Rückenflossensaum mit größerem Anteil weicher als stacheliger Flossenstrahlen. Nur eine Nasenöffnung auf jeder Schnauzenseite. Etwa 35 Arten der Familie leben in allen Meeren, seltene Irrgäste in der Nordsee.

Bestimmungsschlüssel Degenfische

1 Seitenlinie fällt von oberhalb der Kiemenöffnung steil zur Bauchkante ab; ohne abgesetzte Schwanzflosse . . . **Haarschwanz**, S. 234
Gerade Seitenlinie in der Körpermitte; deutliche Schwanzflosse **2**

2 Stachel- und weichstrahlige Abschnitte der Rückenflosse verwachsen . . . . **Silberner Degenfisch**, S. 235
Stachel- und weichstrahlige Abschnitte der Rückenflosse durch Kerbe voneinander abgesetzt . . . . **Schwarzer Degenfisch**, S. 234

Schwarzer Degenfisch

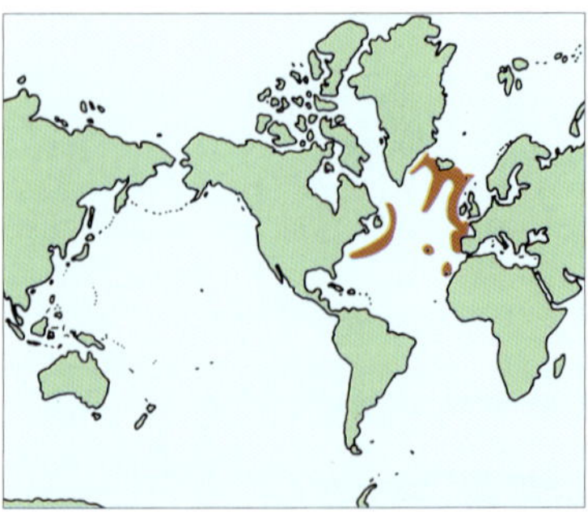

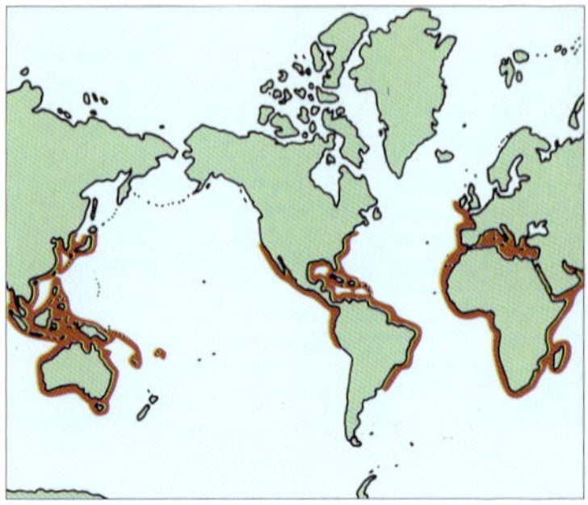

Haarschwanz

Haarschwanz

Trichiurus lepturus Linnaeus, 1758

Hauptmerkmale: Körper und Schwanz laufen in einen dünnen Fortsatz anstelle einer Schwanzflosse aus. Danach benannt.

Maximale Länge 150 cm. Lebt als Schwarmfisch in Bodennähe 100–350 m tief. Geschlechtsreif mit 2 Jahren und 30 cm Länge. Eier driften pelagisch. Der Haarschwanz frißt Fische, Kopffüßer und Krebse. Der Jahresfang liegt bei 500.000–800.000 Tonnen, wovon der Großteil in Fernost gefangen wird.

Schwarzer Degenfisch

Aphanopus carbo Lowe, 1839

Hauptmerkmale: Stachelstrahliger vorderer Abschnitt der Rückenflosse vom weichstrahligen hinteren durch Einkerbung getrennt. Seitenlinie gerade entlang der Körpermitte. Deutliche Schwanzflosse, aber ohne Bauchflossen. Farbe schwarz.

Maximale Länge ca. 110 cm. Lebt bodennah in 200–1.600 m Tiefe. Geschlechtsreif mit etwa 80 cm. Laicht im Winter westlich der Britischen Inseln in 700–900 m Tiefe. Frißt vor allem Kopffüßer und Fische. Sehr begehrter Speisefisch, der bei Madeira mit Langleinen in etwa 1.000 m Tiefe gefangen und als „Espada" vermarktet wird. Vor allem Portugal trägt zur Anlandung von jährlich 5.000–10.000 Tonnen in Europa bei.

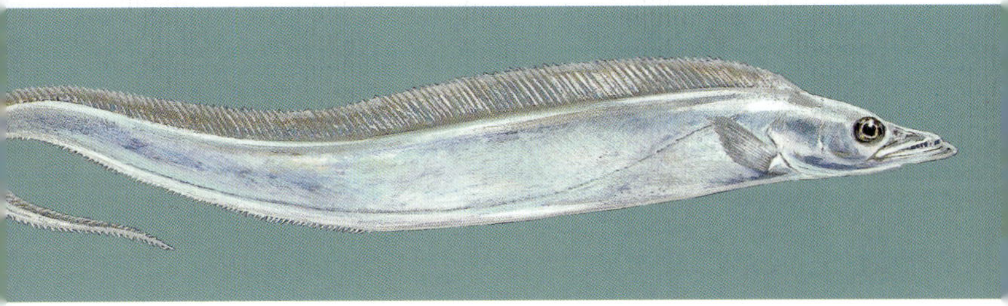

Haarschwanz, 60 cm

Schwarzer Degenfisch, 65 cm

Silberner Degenfisch, 105 cm

Silberner Degenfisch

Lepidopus caudatus (Euphrasen, 1788)

Hauptmerkmale: Der kurze stachelstrahlige Abschnitt der Rückenflosse ist ohne Absetzung gleichmäßig mit dem weichstrahligen Abschnitt verwachsen. Deutliche Schwanzflosse, aber winzige Bauchflossen. Körperseiten silberfarben.

Maximale Länge ca. 200 cm. Die Art erreicht im Nordostatlantik im Alter von 13 Jahren eine Länge von etwa 160 cm. Der Silberne Degenfisch lebt in Schwärmen bodennah in 100–250 m Tiefe. Er laicht mit Beginn des Frühjahrs vor Nordafrika.

Der Jahresfang im Nordostatlantik, vor allem durch Portugal und Marokko, liegt bei etwa 10.000 Tonnen.

Silberner Degenfisch

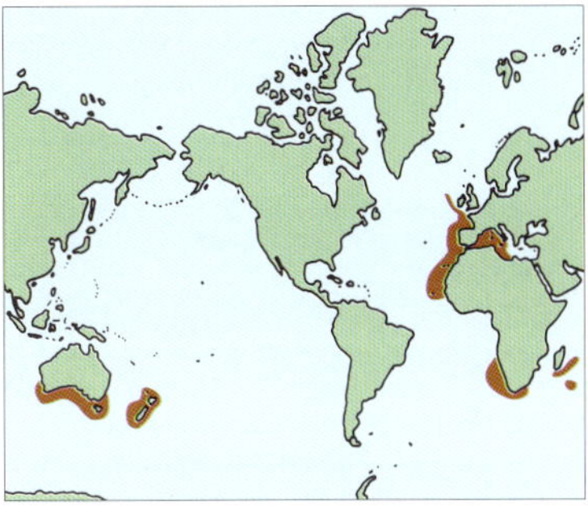

MAKRELENFISCHE

Scombridae

Fische mit anteilig stachelstrahligen Flossen, typisch torpedoförmigem Körper und zusätzlichen kleinen Flossen (Flösseln) hinter der 2. Rücken- und der Afterflosse auf dem schlanken Schwanzstiel. Die Schwanzflosse ist meist charakteristisch sichelförmig. Makrelenfische leben als schnelle Schwimmer oberflächennah in den tropischen bis gemäßigten Teilen aller Ozeane. Die meisten Arten treten in großen Schwärmen auf und unternehmen weitreichende Wanderzüge. In diesen Schwärmen sind oft mehrere Arten von Makrelenfischen vereinigt. Überwiegend sind die eleganten Schwimmer Raubfische, einige Arten ernähren sich aber nur von Plankton. Man fängt sie mit Langleinen und Netzen. Alle etwa 50 Arten der Familie sind hoch begehrte Speisefische in allen Teilen der Welt.

Bestimmungsschlüssel Makrelenfische

1 Rückenflossen weit getrennt ....

.... **2**

Rückenflossen dicht zusammen ....

.... **4**

2 7–10 Flössel auf dem Schwanzstiel ..... **Unechter Bonito**, S. 245

5 Flössel auf dem Schwanzstiel ....

.... **3**

3 Ohne Flecken unterhalb der Seitenlinie ... **Makrele**, S. 237

Mit Flecken unterhalb der Seitenlinie ..... **Mittelmeermakrele**, S. 239

4 Spitze der angelegten Brustflosse reicht bis auf Höhe der 2. Rückenflosse .....

Weißer Thun, S. 242

Spitze der angelegten Brustflosse reicht bis unterhalb der 1. Rückenflosse ... **5**

5 Körper mit dunklem Längsstreifenmuster **6**

Körper ohne dunkle Längsstreifen **7**

6 Obere Hälfte der Körperseiten mit 5–11 dunklen Längsstreifen .... **Atlantischer Bonito**, S. 245

Untere Hälfte der Körperseiten mit 4–6 dunklen Längsstreifen .... **Echter Bonito**, S. 243

7 3–7 dunkle Flecken zwischen Bauch- und Brustflossen .... **Thonine**, S. 241

Ohne solche Flecken **8**

8 Spitze der angelegten Brustflosse reicht bis auf Höhe der Hinterhälfte der 1. Rückenflosse ....

Roter Thun, S. 240

Spitze der angelegten Brustflosse reicht höchstens bis zur Mitte der 1. Rückenflosse ....

Ungestreifter Pelamide, S. 245

Makrele

Scomber scombrus Linnaeus, 1758

Hauptmerkmale: Je 5 Flössel oben und unten auf dem Schwanzstiel. Abstand der Rückenflossen zueinander größer als die Basis der 1. Rückenflosse lang. Flanken unterhalb der Seitenlinie ohne Flecken.

Maximale Länge 60 cm und bis 3 kg Gewicht. Geschlechtsreif mit 3 Jahren und ca. 30 cm Länge.

Pelagischer Schwarm- und Wanderfisch der Oberflächenzone. Im Nordostatlantik sind zwei Bestände vertreten: die „östliche" Nordseemakrele und, in den Gewässern westlich der Britischen Inseln, die „westliche" Makrele.

Den Winter verbringen Makrelen in großen Schwärmen nahe dem Meeresboden. In dieser Zeit fressen sie nicht. Makrelen des Nordseebestands überwintern in der nördlichen Nordsee und im Skagerrak. Der westliche Bestand überwintert westlich und südlich der Britischen Inseln in etwas größerer Tiefe. Im Frühjahr beginnen sie wieder zu fressen, vor allem tierisches

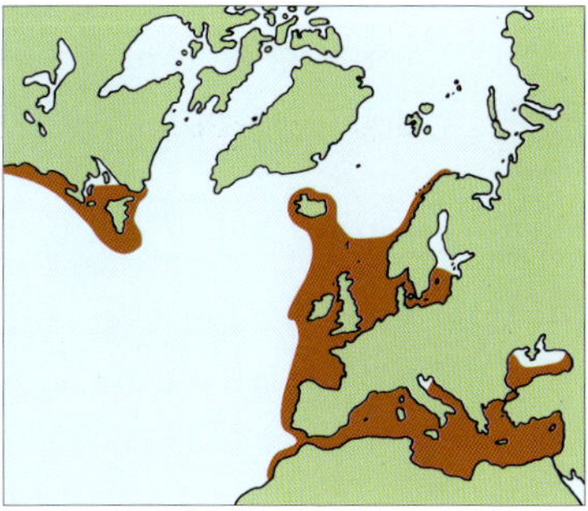

Makrele

Larve, 14 mm

Makrele, 48 cm

Plankton wie Flügelschnecken, Hüpferlingkrebse und Fischlaich, das sie beim schnellen Schwimmen mit geöffnetem Maul mit Hilfe ihrer Kiemenreusenfortsätze aus dem Wasser seihen. Zugleich steigen sie wieder in die wärmeren oberen Wasserschichten auf; im April bis Mai halten sie sich meist in Küstengewässern bei Wassertemperaturen von 11–14 °C auf. Der westliche Makrelenbestand laicht im Mai bis Juni südwestlich von Irland, der östliche im Juni bis Juli in der Nordsee, im Skagerrak und im Kattegat. Im Mittelmeer liegt die Laichzeit bereits im März bis April.

Nahe der Oberfläche laichen die Weibchen 200.000–450.000 pelagische Eier von 0,9–1,4 mm Durchmesser ab. Innerhalb von nur 6 Tagen schlüpfen die 3,5–4,2 mm langen Larven.

Nahrung

Jungkabeljau

Jungheringe

Sandaale

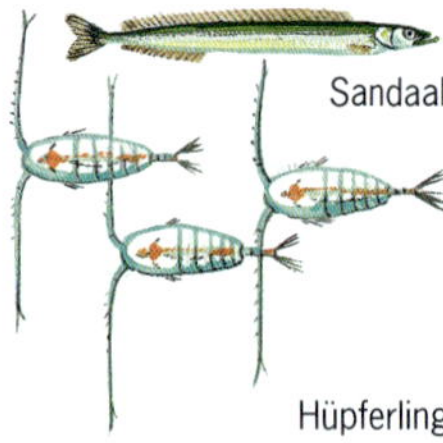

Hüpferlinge

Verwendung

Geräuchert

Konserven

Frischfisch auf Eis

Fangmethoden

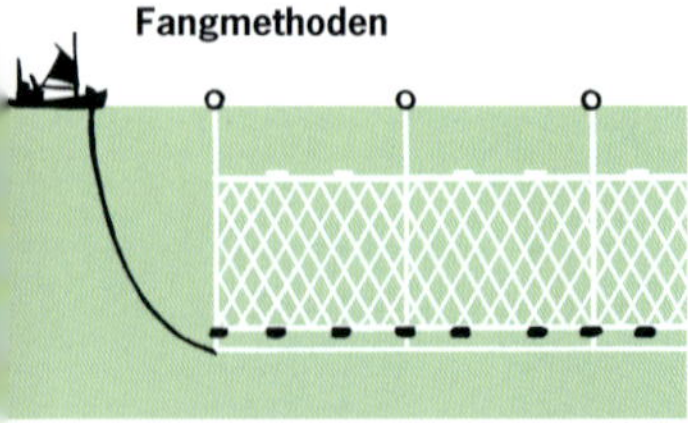

Treibnetz

Ringwade

Stellnetz

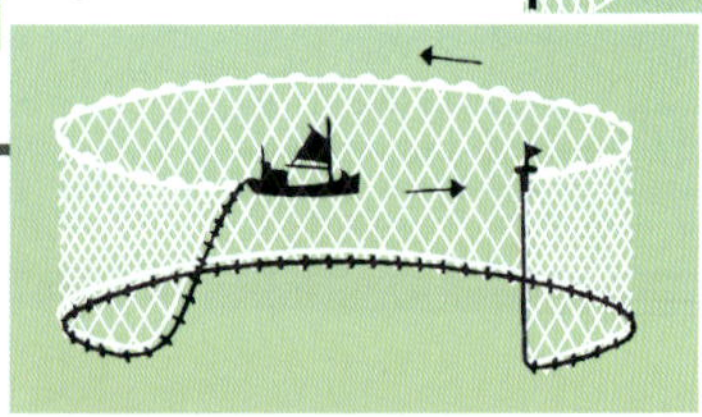

Makrelenköder an einem Schleppangelhaken

Mittelmeermakrele, 35 cm

Nach dem Laichen lösen sich die großen Makrelenschwärme in kleine Gruppen auf. Die ausgezehrten Elterntiere fressen sich an Jungheringen, Sprotten und Sandaalen satt. Bei diesen Nahrungswanderungen formieren sich die Makrelen erneut zu gewaltigen Schwärmen von bis zu 200 × 100 m Größe.

Makrelen haben nur sehr kleine Zähne und schlucken ihre Beute in einem Stück herunter. Ihnen fehlt eine Schwimmblase. Daher können sie schnell ins Tiefe und wieder nach oben ausweichen, ohne sich den Druckunterschieden anpassen zu müssen. Das ist vor allem vorteilhaft, wenn sie von ihren Freßfeinden wie Herings- und Dornhai, Thunfisch oder Delphinen gejagt werden.

Man fängt Makrelen mit Ringwaden, Treibnetzen, Stellnetzen und Angeln. Sie kommen geräuchert und als Frischfisch auf Eis auf den Markt. In den 60er Jahren ging der Nordseebestand dramatisch zurück. Das lag sowohl an direkter Überfischung als auch an Nahrungsmangel infolge Überfischung ihrer Hauptbeute, des Herings. Die Bestände erholen sich nur langsam und mit Schwankungen. Die Fangerträge aus dem Westbestand lagen aber trotz unterschiedlich starker Nachwuchsjahrgänge über einen längeren Zeitraum bei 600.000 Tonnen.

Mittelmeermakrele

Scomber japonicus Houttuyn, 1782

Hauptmerkmale: Auf den Flanken zahlreiche dunkle Flecken unterhalb der Seitenlinie. Rückenflossen deutlich getrennt, ihr Abstand ist aber geringer oder gleich der Basislänge der 1. Rückenflosse. Je 5 Flössel stehen oben und unten auf dem Schwanzstiel.

Maximale Länge ca. 50 cm. Die Mittelmeermakrele lebt küstennah in großen Schwärmen und frißt unterschiedliche Beutetiere. Sie ist auf wärmere Wassertemperaturen angewiesen als die Makrele und daher selten nördlich des Ärmelkanals anzutreffen. Die Mittelmeermakrele ist eine wichtige Zielart der Fischerei.

Mittelmeermakrele

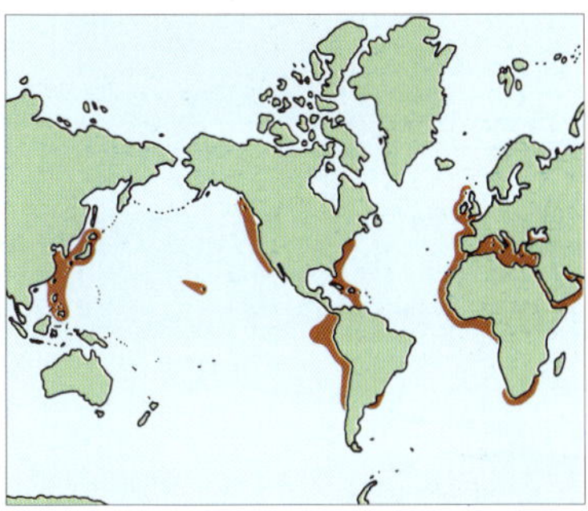

Roter Thun

Thunnus thynnus (Linnaeus, 1758)

Roter Thun, 250 cm

Hauptmerkmale: Je 8–9 Flössel oben und unten auf dem Schwanzstiel. Rückenflossen stehen sehr dicht zusammen. Körper ohne Streifen- oder Fleckenmuster. Spitze der angelegten Brustflosse reicht über die Mitte der 1. Rückenflosse hinaus.

Maximale Länge 300 cm und bis 300 kg Gewicht im Alter von ca. 15 Jahren. Rekordexemplare von über 500 kg und etwa 30 Jahren Alter sind bekannt.

Die Art lebt pelagisch und oberflächennah in kleinen Schwärmen. Der ostatlantische Bestand laicht im Juni im westlichen Mittelmeer und im Atlantik vor der Straße von Gibraltar. Je nach Größe kann ein Weibchen bis zu 10 Millionen Eier von 1 mm Durchmesser ablaichen, die dicht unter der Oberfläche driften. Schon nach 2–3 Tagen schlüpfen die Larven. Die Jungfische wachsen sehr schnell und erreichen in 3 Jahren 100 cm Länge und 16 kg Gewicht. Sie werden nach 4–5 Jahren mit 120–140 cm und 30–40 kg geschlechtsreif.

Nach dem Laichen ziehen die ausgezehrten Elterntiere auf weiträumigen Freßwanderungen umher, die sie hauptsächlich vor die schottische und norwegische Küste, in die Nordsee und bis ins Kattegat, gelegentlich sogar bis in die Ostsee führen.

Verwendung

Rotes Fleisch

Nahrung

Makrelenhechte

Heringe

Makrelen

Angelhaken

Thonine, 64 cm

Rote Thune ernähren sich von kleinen Fischen und größeren Planktontieren, die sie bei schnellem Schwimmen mit geöffnetem Maul mittels ihrer Kiemenreusenfortsätze aus dem Wasser seihen. Oft greifen mehrere Thune in koordinierter Strategie Schwärme von Makrelen, Hornhechten und Heringen an. Bei ihren blitzartigen Angriffen erreichen Rote Thune Geschwindigkeiten von bis zu 80 km/Std.

Bei ihren Wanderungen überqueren ostatlantische Rote Thune sogar den Nordatlantik, so daß ein gewisser Austausch mit dem westatlantischen Bestand besteht, der im Golf von Mexiko laicht.

Ausgewachsene, große Rote Thune sind durch erhebliche Überfischung der Bestände selten geworden. Ihr Fang geschieht mit Ringwaden, Treibnetzen und pelagischen Langleinen bei einer Schleppgeschwindigkeit von 3–7 Knoten. In Südeuropa, speziell im Mittelmeer, setzt man riesige, verankerte Schwimmreusen (Tonnaras) ein. Rote Thune sind wegen ihres roten, fetten Fleisches sehr geschätzte Speisefische. Ihre Vermarktung erfolgt als ganzer Frischfisch, auch im Ganzen tiefgefroren, und als Konservenware. Der europäische Jahresfang beträgt 10.000–20.000 Tonnen.

Thonine oder **Kleiner Thun**

Euthynnus alletteratus (Rafinesque, 1810)

Hauptmerkmale: Je 7–8 Flössel oben und unten auf dem Schwanzstiel. Rückenflossen stehen dicht zusammen. Körpermuster aus unregelmäßigen dunklen Streifen auf der Rückenpartie und über der Seitenlinie sowie aus 3–7 schwarzen Rundflecken zwischen Bauch- und Brustflossen.

Maximale Länge etwa 100 cm und bis 12 kg Gewicht. Der Kleine Thun lebt in Schwärmen in der Nähe der Küsten und frißt vor allem Heringe. Als eher zufälliger Beifang ist er wirtschaftlich nur von mäßiger Bedeutung.

Roter Thun

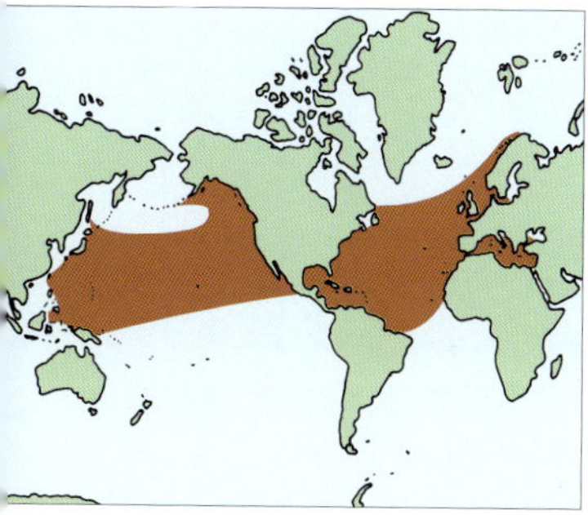

Thonine

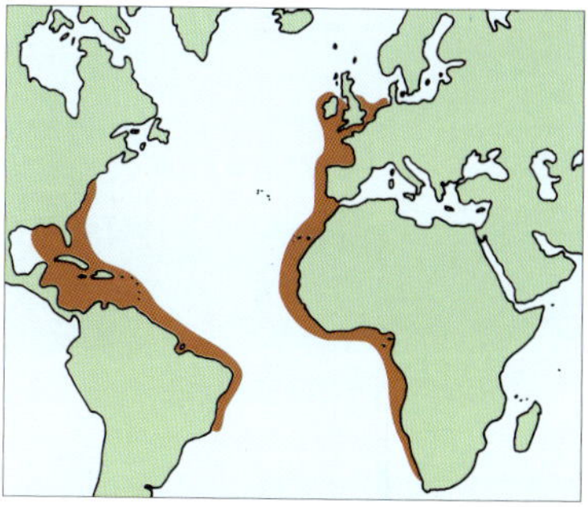

Weißer Thun oder **Albacore**

Thunnus alalunga (Bonnaterre, 1788)

Hauptmerkmale: Je 7–8 Flössel oben und unten auf dem Schwanzstiel. Rückenflossen stehen dicht zusammen. Die auffallend langen Brustflossen reichen bis weit unter die 2. Rückenflosse.

Maximale Länge etwa 125 cm und bis zu 40 kg Gewicht. Lebt als pelagischer Schwarmfisch im offenen Meer unter der Oberfläche und bevorzugt Wassertemperaturen von 15–20 °C. Geschlechtsreif mit 4–5 Jahren bei 95 cm Länge und ca. 15 kg Gewicht. Im europäischen Teil seines Verbreitungsgebiets laicht der Weiße Thun im Mai und Juni. Ein Weibchen gibt 2–3 Millionen Eier in zwei getrennten Laichphasen ab. Nach dem Laichen zieht ein Teil des nordostatlantischen Bestands in die Freßgebiete zwischen Kap Finistère und Irland. Die Nahrung besteht aus Fischen, Kopffüßern und anderen pelagischen Tieren.

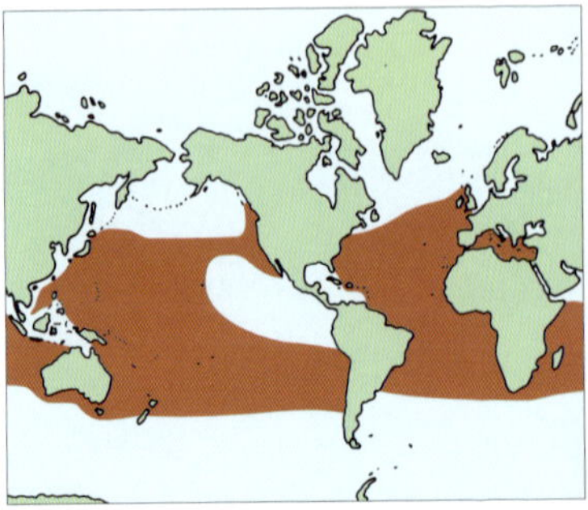

Weißer Thun

Wichtiger Speisefisch, der in der offenen Biskaya mit Schleppleinen von schnellen Booten aus und von Sportanglern gefangen wird. Frankreich, Spanien und Portugal fangen einige Tausend Tonnen jährlich, doch die größten Fänge machen Japan und Korea vor allem im westlichen Pazifik mit Langleinen, Ringwaden und Angeln.

Nahrung

Leuchtgarnelen

Sardinen

pelagische Kopffüßer

Verwendung

Konserven

Angelhaken

Fangmethoden

altes bretonisches Thunfängerboot

Weißer Thun, 60 cm

Echter Bonito, 58 cm

Echter Bonito oder **Skipjack**

Katsuwonus pelamis (Linnaeus, 1758)

Hauptmerkmale: Je 7–8 Flössel oben und unten auf dem Schwanzstiel. Rückenflossen stehen dicht zusammen. 4–6 dunkle Längsstreifen auf der Bauchhälfte des Körpers.

Maximale Länge etwa 100 cm und bis 30 kg Gewicht. Der Echte Bonito ist ein Schwarmfisch der offenen See, der sich in den oberen 100 m bei Temperaturen von über 15 °C aufhält. Er wird mit einer Länge von 45 cm geschlechtsreif. Die Art laicht das ganze Jahr über in tropischen Gewässern in mehreren Schüben. Vor Südwesteuropa und im Mittelmeer ist sie nur als Sommergast zu finden, selten auch in der Nordsee. Die Nahrung besteht aus Fischen, Kopffüßern und anderen pelagischen Tieren.

Der Echte Bonito ist ein wichtiger Speisefisch, von dem jährlich über 1 Million Tonnen angelandet werden. Hauptsächlich Frankreich und Spanien fischen einige Tausend Tonnen in Europa.

Echter Bonito

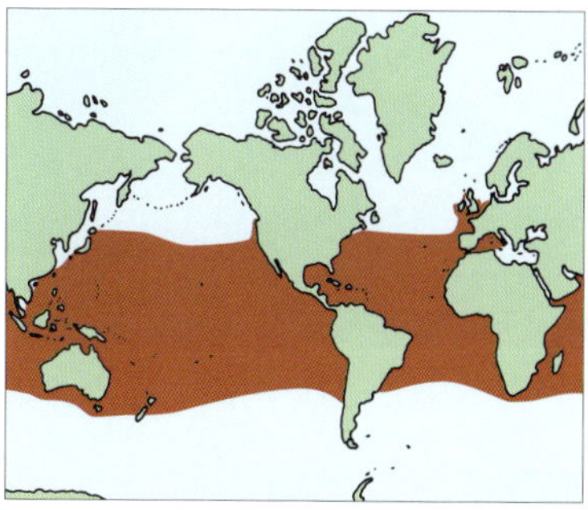

Atlantischer Bonito, 65 cm

Ungestreifter Pelamide, 90 cm

Unechter Bonito, 40 cm

Atlantischer Bonito oder **Pelamide**

Sarda sarda (Bloch, 1793)

Hauptmerkmale: Je 6–9 Flössel oben und unten auf dem Schwanzstiel. Rückenflossen stehen dicht zusammen. 5–11 dunkle Längsstreifen auf der Rückenhälfte des Körpers.

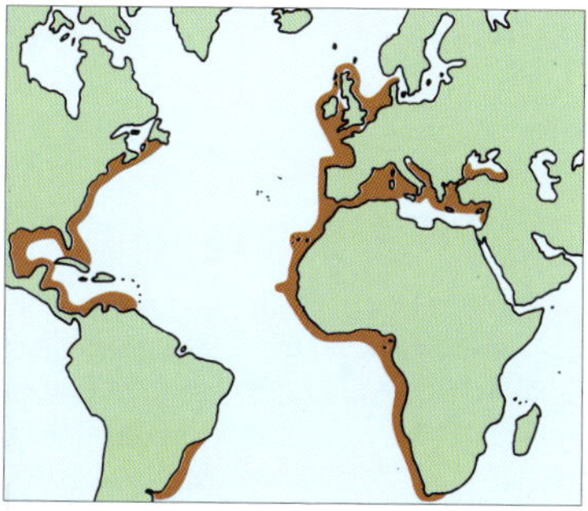

Atlantischer Bonito

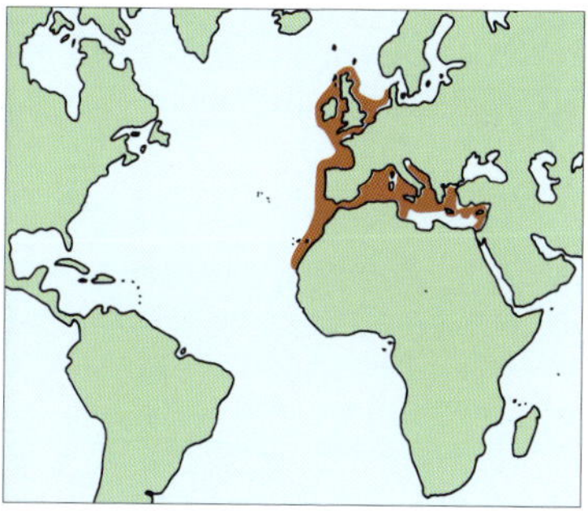

Ungestreifter Pelamide

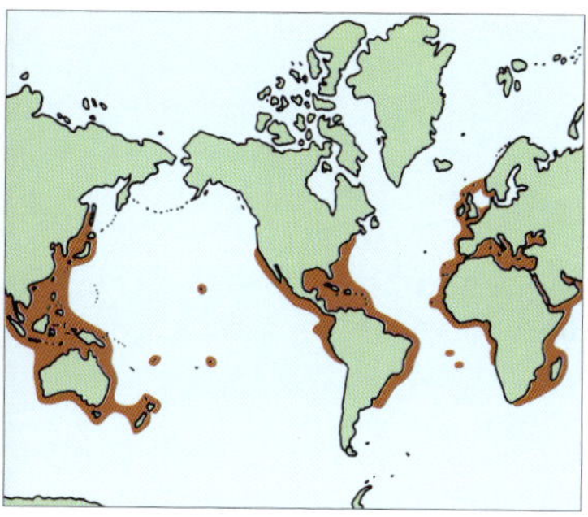

Unechter Bonito

Maximale Länge etwa 90 cm, Gewicht bis 6 kg. Schwarmfisch der Küstengewässer, der vor allem Fische frißt. Geschlechtsreif mit 40 cm. Laichzeit von Mai bis Juli im Mittelmeer und vor Marokko. Häufiger Sommergast in der Nordsee.

Diese Thunart wird hauptsächlich im Mittelmeer und Schwarzen Meer gefangen.

Ungestreifter Pelamide

Orcynopsis unicolor (G. Saint-Hilaire, 1817)

Hauptmerkmale: Je 6–9 Flössel oben und unten auf dem Schwanzstiel. Rückenflossen stehen dicht zusammen. Ohne Musterung auf dem Körper. Die kurze Brustflosse reicht höchstens bis zur Mitte der 1. Rückenflosse.

Maximale Länge 130 cm, Gewicht bis 13 kg. Lebt in kleinen Schwärmen nahe der Küste. Bei der Jagd nach kleinen Schwarmfischen schwimmt diese Thunart so dicht unter der Oberfläche, daß wie bei Haien ihre Rückenflossen aus dem Wasser ragen. Geschlechtsreif mit 70–80 cm. Im Sommer laichen die Tiere im Mittelmeer und vor Nordwestafrika, wobei die Eier portionsweise abgegeben werden.

Keine Zielart der Fischerei, sondern eher zufälliger Beifang.

Unechter Bonito oder **Makrelenthun**

Auxis rochei (Risso, 1810)

Hauptmerkmale: Je 7–10 Flössel oben und unten auf dem Schwanzstiel. Rückenflossen weit getrennt.

Maximale Länge 50 cm. Der Unechte Bonito ist ein Schwarmfisch sowohl der Küstengewässer wie der offenen See, der Fische und Planktontiere frißt. Er wird mit einer Länge von 30–35 cm geschlechtsreif.

Diese Thunart ist weltweit verbreitet und wird hauptsächlich in südostasiatischen Gewässern und im Pazifik meist mit Angeln gefangen.

SCHWERTFISCHE
Xiphiidae

Die einzige Art dieser Familie kommt in den warmen Gewässern aller Ozeane vor.

Schwertfisch
Xiphias gladius Linnaeus, 1758

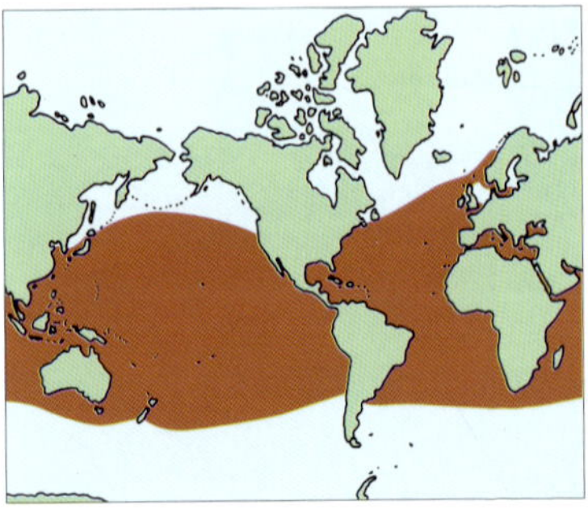

Schwertfisch

Hauptmerkmale: Oberkiefer extrem verlängert zu einem starren, spießartigen Schwertfortsatz. Erste Rückenflosse kurz und sichelartig hoch. Ohne Bauchflossen. Beidseitig ein kräftiger Längskiel auf dem Schwanzstiel im Gegensatz zu den nahe verwandten Segelfischen und Marlinen mit beidseitig 2 Kielen am Schwanzstiel.

Maximale Länge etwa 450 cm, Gewicht bis 540 kg. Bei ausgewachsenen Tieren macht das „Schwert" bis zu einem Drittel der Gesamtlänge aus. Schwertfische leben im offenen Meer und unternehmen ausgedehnte Wanderzüge. Gewöhnlich halten sie sich dicht unter der Oberfläche auf, können aber bei der Verfolgung von Fischschwärmen in tieferes Wasser bis in 800 m Tiefe vorstoßen. Hauptnahrung sind Schwarmfische wie Fliegende Fische, Makrelen- und Heringsfische sowie Kopffüßer. Man nimmt an, daß sie mit ihrem „Schwert" wild in Fischschwärmen herumschlagen, um anschließend verwundete Beutefische zu fressen.

Atlantische Schwertfische laichen im Frühjahr in der südlichen Sargassosee, einige auch im Mittelmeer von Juni bis August. Wassertemperaturen von 23–24 °C sind anscheinend Voraussetzung für ein erfolgreiches Laichen.

Die pelagisch driftenden Eier messen nur 1,6–1,8 mm, die frisch geschlüpften Larven sind gerade 4 mm lang. Bei ausreichendem Nahrungsangebot wachsen sie mit 0,5–2 mm Zuwachs pro Tag sehr schnell. Das „Schwert" ist bereits bei Jungfischen ab ca. 10 mm Länge gut entwickelt. Die Jungen werden bei ihrem pelagischen Leben in der Oberflächenschicht schnell zu gefräßigen Raubfischen. Zunächst besitzen sie noch eine lange 1. Rückenflosse, die sich mit dem Wachstum aber zur charakteristischen hohen und kurzen Flosse der Erwachsenen umbildet.

Die Weibchen wachsen schneller und erreichen innerhalb eines Jahres schon 100 cm Länge und 4 kg Gewicht. Bei dieser Größe verlieren sie ihre Schuppen und Kieferzähne. Mit 5 Jahren sind die weiblichen atlantischen Schwertfische bereits ca. 180 cm lang und 100 kg schwer.

Da ihre Gehörsteine (Otolithen) nur sehr klein sind und Schuppen bei den erwachsenen Tieren fehlen, ist ihre Altersbestimmung sehr schwierig. Alternativ lassen sich „Jahresringe" aber erfolgreich an Querschnitten ihrer Flossenstrahlen zählen.

Nach dem Laichen ziehen Schwertfische auf weiten Wanderungen umher und treten regelmäßig in der Nordsee auf. Einige ziehen sogar vor die norwegische Küste und in die westliche Ostsee.

Die höchst geschätzten Speisefische werden meist mit Schwimmlangleinen gefangen. Anderswo fängt man sie in Netzen oder mit Harpunen. Wegen ihrer Größe, Kraft und Wildheit können sie an Fanggeräten für andere Fischarten erheblichen Schaden anrichten. Außerdem sind sie eine sehr beliebte Zielart für Hochseeangler. Schwertfisch wird meist als Steak angeboten.

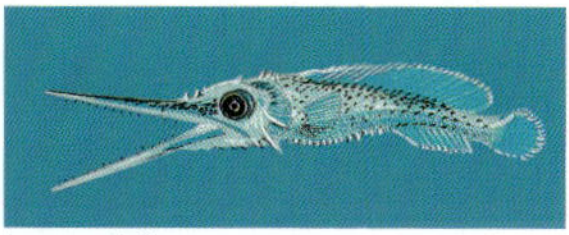

Larve, 16 mm

Nahrung

Makrelenhechte

Fliegende Fische

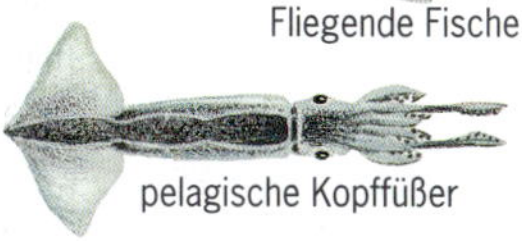

pelagische Kopffüßer

Angelhaken

Schwertfisch, ca. 3 m

MEDUSENFISCHE
Centrolophidae

Bei der sehr langen Rückenflosse ist der vordere, mit biegsamen Stachelstrahlen versehene Abschnitt mit dem weichstrahligen Hinterabschnitt verwachsen. Der seitlich zusammengedrückte Körper ist hochrückig, braun oder schwarz gefärbt und ungemustert. Am Kopf gibt es allerdings helle Stellen ohne Schuppen. Große Augen. Diese pelagischen Fische des offenen Meeres leben in etwa 200 m Tiefe, während sich ihre Jungen nahe der Oberfläche aufhalten. Etwa 25–30 Arten ohne wirtschaftliche Bedeutung umfaßt die Familie. Die Jungtiere halten sich an der Oberfläche gern unter den Schirmen von Quallen oder Medusen, unter Treibgut jeder Art und unter treibenden Tangen auf, daher der Familienname. Zwei Arten sind regelmäßig in der Nordsee zu finden.

Schwarzfisch, 40 cm

Schwarzer Medusenfresser, 45 cm

Schwarzfisch
Centrolophus niger (Gmelin, 1788)

Hauptmerkmale: Hinterrand des Vorkiemendeckels mit schwachen Stacheln besetzt. Körperhöhe weniger als 1/3 der Gesamtlänge. Schnauze etwas länger als der Augendurchmesser.

Maximale Länge ca. 150 cm. Schwarzfische ernähren sich von tierischem Plankton.

Schwarzer Medusenfresser
Schedophilus medosophagus Cocco, 1839

Hauptmerkmale: Hinterrand des Vorkiemendeckels mit deutlichen Stacheln besetzt. Körperhöhe mehr als 1/3 der Gesamtlänge. Schnauze etwas kürzer als der Augendurchmesser.

Maximale Länge ca. 50 cm. Der Schwarze Medusenfresser ernährt sich fast ausschließlich von Quallen, frißt aber auch einige Krebse. Bis zu einer Länge von 20 cm leben die Jungfische unter den Schirmen von Quallen.

Schwarzfisch

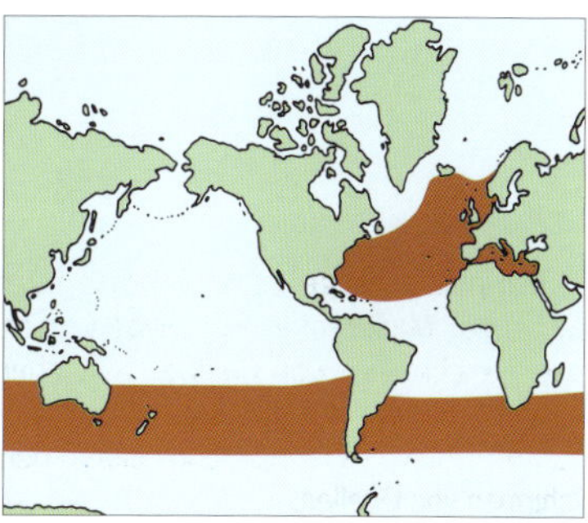

Schwarzer Medusenfresser

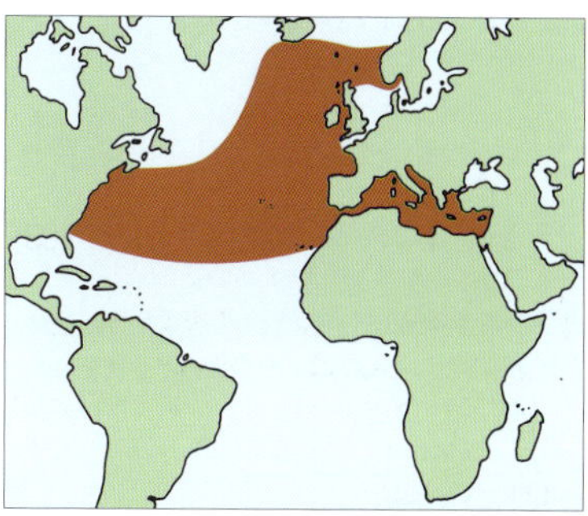

PLATTFISCHARTIGE
Pleuronectiformes

Etwa 570 Arten in 11 Familien umfaßt diese Fischordnung, deren Vertreter durch einen asymmetrisch extrem abgeflachten Körper mit langen, von Weichstrahlen gestützten Rücken- und Afterflossensäumen gekennzeichnet sind. Die meisten Arten besitzen einen Stachelstrahl zwischen After und dem Ansatz der Afterflosse.

Die frisch geschlüpften, pelagischen Larven der Plattfische zeigen noch die normale, symmetrische Fischgestalt. Je nach Art zeitlich verschieden verschiebt sich das eine Auge über die Kopfkante auf die andere Körperseite (s. Abb. S. 267). Die Jungfische beginnen dann bereits, in Seitenlage zu schwimmen und gehen nach weiterem Wachstum zum Bodenleben über. Ein Teil der Arten trägt beide Augen auf der linken, ein anderer Teil auf der rechten Körperseite. Es kommen aber auch individuelle Abweichungen bei den links- wie rechtsäugigen Plattfischen vor. Nach Umwandlung der Körpergestalt wird die pigmentierte, meist dunkle „Oberseite“ die „Augenseite“ und die meist weiße „Unterseite“ die „Blindseite“ genannt. Die pelagischen Plattfischlarven besitzen noch eine Schwimmblase, die mit dem Übergang zum Bodenleben aber rückgebildet wird. Viele Plattfischarten sind zu einer perfekten Anpassung an Farbe und Struktur des Untergrunds imstande.

Plattfische besiedeln alle Meere von der Arktis bis in die Antarktis in jeder Tiefe. In tropischen Gewässern findet man die größte Artenvielfalt. Einige Arten leben auch im Brackwasser, wenige Arten sogar in reinem Süßwasser. Plattfische sind vor allem in gemäßigt temperierten Gewässern von großer wirtschaftlicher Bedeutung. Der Weltfang liegt bei etwa 1 Million Tonnen jährlich.

Bestimmungsschlüssel Plattfischartige

1 Maulspalte gekrümmt, Oberkiefer deutlich vorspringend; Hinterrand des Vorkiemendeckels von Haut überwachsen (Seezungen) **2**

Maulspalte gerade, Unterkiefer vorspringend; Hinterrand des Vorkiemendeckels frei und gut sichtbar **5**

2 Vordere Nasenöffnung der Blindseite sehr groß und nahe bei der kleinen hinteren

Sandzunge, S. 275

Vordere Nasenöffnung der Blindseite klein und mit Abstand zur kleinen hinteren **3**

3 Brustflosse der Blindseite fast so lang wie die der Augenseite und mit 9–10 Strahlen . . . . **Seezunge**, S. 272

Brustflosse der Blindseite viel kürzer als die der Augenseite und mit nur 2–4 Strahlen **4**

4 Jeder 4. bis 7. Strahl der Rücken- und Afterflossen schwarz markiert . . . . **Glaszunge**, S. 274

Augenseite mit breiten, dunklen Querbändern, die bis auf die Rücken- und Afterflossen ziehen . . . . . . **Streifenzunge**, S. 274

5 Linksäugig; Ansatz der Rückenflosse vor den Augen **6**

Rechtsäugig; Ansatz der Rückenflosse über dem oberen Auge (Schollen und Flundern) **11**

6 Basis der linken Bauchflosse viel länger als die der rechten auf der Blindseite (Butte) ....

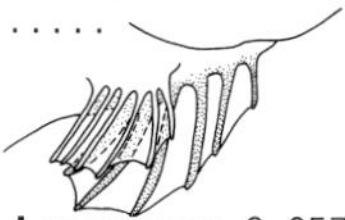

Lammzunge, S. 257

Basen beider Bauchflossen etwa gleich lang (Steinbutte) **7**

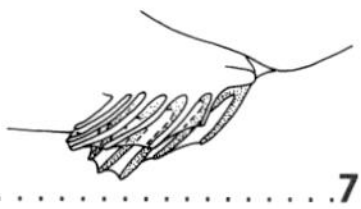

7 Rücken- und Afterflossen enden mit großem Lappen oder einigen Flossenstrahlen auf Unterseite Schwanzstiel **8**

Rücken- und Afterflossen enden nicht auf der Unterseite des Schwanzstiels **10**

8 Bauchflossen mit der Afterflosse verwachsen; Schnauze rund; Schuppen der Augenseite mit feinen Stacheln .... **Haarbutt**, S. 256

Bauch- und Afterflossen nicht verwachsen; Schnauze spitz; Schuppen der Augenseite ohne Stacheln **9**

9 Enden der Rücken- und Afterflossen weit auf die Unterseite des Schwanzstiels reichend; Ansatz der Rückenflosse über dem rechten (oberen) Auge ....

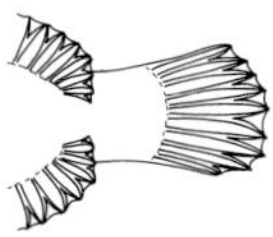

Zwergbutt, S. 255

Rücken- und Afterflossen enden mit nur wenigen Strahlen unter dem Schwanzstiel; Ansatz der Rückenflosse zwischen der Schnauzenspitze und dem Auge

Flügelbutt, S. 254

10 Große Knochenhöcker auf Augenseite .... **Steinbutt**, S. 252

Augenseite ohne Knochenhöcker und mit glatten Schuppen .... **Glattbutt**, S. 254

11 Lange Maulspalte, Oberkieferende unter dem Auge **12**

Kurze Maulspalte, Oberkieferende vor dem Auge oder unter seinem Vorderrand **14**

12 Seitenlinie mit einem hohen Bogen über der Brustflosse .... **Heilbutt**, S. 258

Seitenlinie gerade oder nur mit schwachem Bogen über der Brustflosse **13**

13 Beide Augen gänzlich auf der rechten Kopfseite .... **Doggerscharbe**, S. 260

Linkes (oberes) Auge auf der Kopfkante .. **Schwarzer Heilbutt**, S. 260

14 Seitenlinie mit deutlichem Bogen über der Brustflosse .... **Kliesche**, S. 262

Seitenlinie gerade über der Brustflosse **15**

15 Reihe von 4–7 Knochenhöckern von den Augen rückwärts entlang dem Kopf .... **Scholle**, S. 264

Ohne Knochenhöcker hinter den Augen **16**

16 Knochenhöcker entlang der Seitenlinie; Schuppen entlang den Basen von Rücken- und Afterflossen knotig rauh .. **Flunder**, S. 268

Ohne Knochenhöcker an der Seitenlinie oder knotig rauhe Schuppen an Rücken- und Afterflossen **17**

17 Schleimgruben auf der Kopfunterseite; mit Afterflossenstachel; Körper dünn und langgestreckt .... **Hundszunge**, S. 270

Ohne Schleimgruben und Stachel vor der Afterflosse; Körper dickfleischig und oval .... **Rotzunge**, S. 270

STEINBUTTE
Scophthalmidae

Linksäugige Plattfische. Ansatz der Rückenflosse vor dem oberen Auge. Bauchflossenbasen beider Seiten gleich lang. Seitenlinie mit einem kräftigen Bogen über der Brustflosse. Die etwa 20 Arten der Familie kommen nur im Nordatlantik vor.

Steinbutt
Psetta maxima (Linnaeus, 1758)

Hauptmerkmale: Körper sehr hochrückig, fast kreisförmig. Augenseite schuppenlos, aber mit großen Knochenhöckern besetzt.

Maximale Länge 100 cm, Gewicht bis 25 kg, aber im Alter von ca. 15 Jahren Männchen selten größer als 50 cm und Weibchen als 70 cm.

Der Steinbutt lebt in 20–70 m Tiefe auf sandigen, steinigen oder gemischten Böden und frißt vor allem andere bodenlebende Fische, aber auch größere Krebse sowie Muscheln. Die Tiere werden mit 3–5 Jahren geschlechtsreif. Sie laichen von April bis August in 10–40 m Tiefe im größten Teil ihres Verbreitungsgebiets. Die Eizahl pro Weibchen liegt mit 5–15 Millionen sehr hoch. Die 1 mm großen Eier entwickeln sich innerhalb von 7–9 Tagen. Die Steinbuttlarven leben zunächst pelagisch. Erst mit ca. 25 mm Länge gehen die Jungfische an den Boden. Die Männchen werden in der Nordsee innerhalb von 3 Jahren 30 cm, die Weibchen 35 cm lang. In der Ostsee wächst die Art wesentlich langsamer: Die Männchen erreichen dort schon mit 15 cm, die Weibchen mit 20 cm Länge die Geschlechtsreife. Aus unbekannten Gründen gibt es erheblich mehr Männchen als Weibchen.

Obwohl Steinbutte nicht eben häufig vorkommen, sind sie hoch bezahlte Speisefische als Beifang der Schleppnetz-, Snurrewaden- und Leinenfischerei. Die Art wurde erfolgreich in neuseeländischen Gewässern eingebürgert; außerdem wird sie in Fischfarmen erbrütet und aufgezogen.

Der europäische Jahresfang liegt bei etwa 10.000 Tonnen, einschließlich kleinerer Fangmengen aus dem Mittelmeer und dem Schwarzen Meer.

Larve, 7 mm

Nahrung

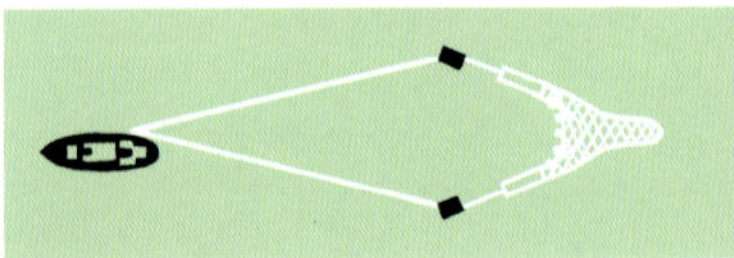

Grundschleppnetz

Steinbutt

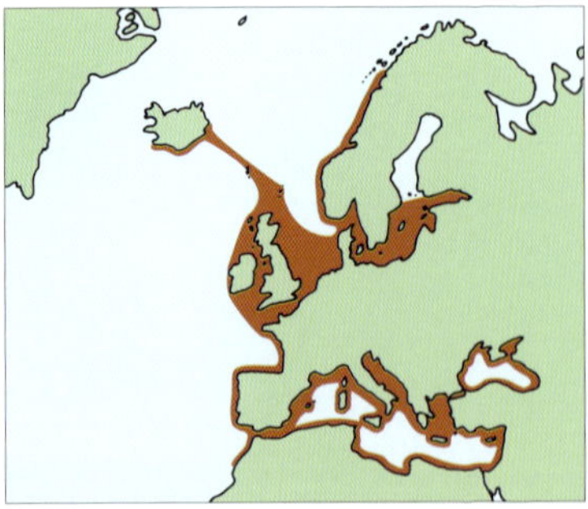

Steinbutt, 40 cm

Glattbutt

Scophthalmus rhombus (Linnaeus, 1758)

Hauptmerkmale: Körper dünner als der des Steinbutts und eher oval. Haut ohne Knochenhöcker, vielmehr mit kleinen, glatten Schuppen bedeckt. Wie der Steinbutt kann auch der Glattbutt die Färbung und Musterung seiner Augenseite dem Untergrund genau anpassen. Oft ist seine Grundfarbe olivgrün und mit hellen und dunklen Flecken gemustert.

Maximale Länge ca. 75 cm, Gewicht bis zu 8 kg im Mittelmeer, in der Nordsee aber kaum länger als 60 cm und bis 5 kg schwer. Der Glattbutt lebt in 5–50 m Tiefe auf sandigen oder gemischten Böden und ernährt sich hauptsächlich von Bodenfischen. Im Gegensatz zum Steinbutt meidet er Brackwasser. In der Ostsee ist er daher selten. Er laicht in 10–20 m Tiefe von März bis August. Am frühesten laichen die Glattbutte im Mittelmeer. Die pelagische Brut geht erst mit einer Körperlänge von 10–20 mm zum Bodenleben über. Die Jungfische halten sich dann 1–2 Jahre im Flachwasser auf. Kreuzungen zwischen Stein- und Glattbutt kommen vor.

Als Beifang anderer Plattfischarten werden in Europa 2.000–3.000 Tonnen Glattbutt gefangen.

Nahrung des Glattbutts

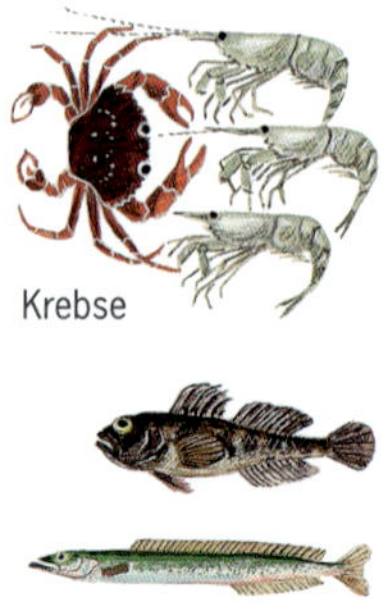

Flügelbutt

Lepidorhombus whiffiagonis (Walbaum, 1792)

Hauptmerkmale: Lange Maulspalte. Augenseite mit rauhen, Blindseite mit glatten Schuppen. Ansatz der Rückenflosse zwischen Schnauzenspitze und oberem Auge. Bauch- und Afterflossen nicht verwachsen. Körper dünn und halb durchsichtig.

Maximale Länge ca. 50 cm. Lebt in 100–400 m Tiefe auf gemischten Böden, zeitweise auch im Pelagial. Nahrung sind kleine Bodenfische, Garnelen und Krebse. Laicht von März bis Juni im tiefen Wasser vor Island und westlich der Britischen Inseln. Aus den 1 mm großen Eiern schlüpfen nach einer Woche die Larven, die bis ca. 20 mm Länge pelagisch leben, ehe sie zum Bodenleben übergehen.

Zufälliger Beifang in Schleppnetzen.

Glattbutt

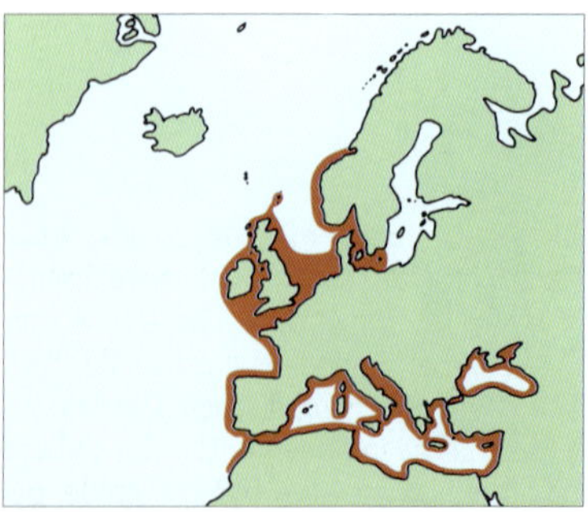

Flügelbutt

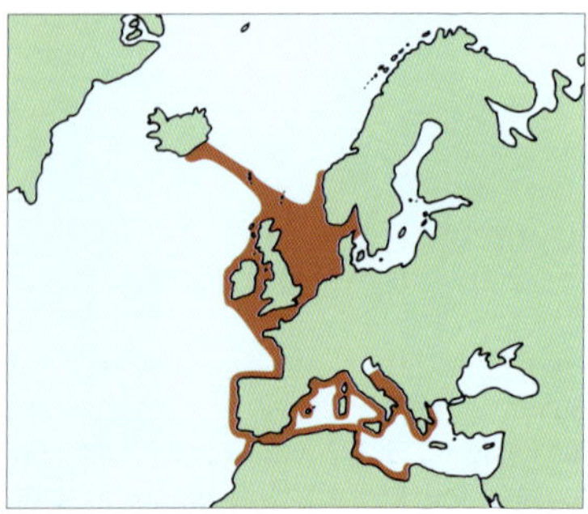

Glattbutt, 32 cm

Flügelbutt, 28 cm

Zwergbutt

Phrynorhombus norvegicus (Günther, 1862)

Hauptmerkmale: Augen- und Blindseite mit rauhen Schuppen bedeckt. Ansatz der Rückenflosse über dem oberen Auge. Augenseite mit dunklen Flecken, die in unregelmäßigen Bändern angeordnet sind. Bauch- und Afterflossen nicht verwachsen.

Mit einer maximalen Länge von ca. 12 cm ist der Zwergbutt die kleinste Plattfischart in den europäischen Meeren. Er lebt auf steinigen Böden in 10–200 m Tiefe und laicht von April-Juni 0,8 mm große, pelagische Eier ab. Nach einer Woche schlüpfen die pelagisch lebenden Larven, die nach der Umwandlung ihrer Gestalt als 10–13 mm lange Jungfische zum Bodenleben übergehen. Sie ernähren sich von kleinen Krebstieren und Würmern. Ohne wirtschaftliche Bedeutung.

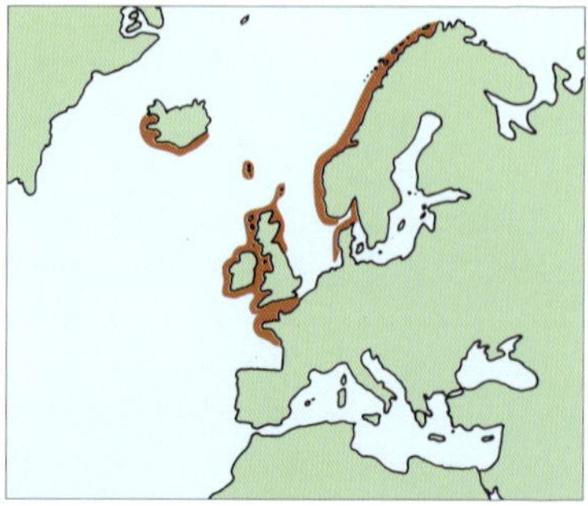

Zwergbutt

Zwergbutt, 8 cm

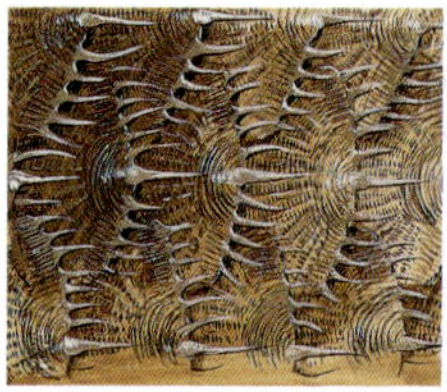

Beschuppung des Haarbutts

Haarbutt, 20 cm

Haarbutt

Zeugopterus punctatus (Bloch, 1787)

Hauptmerkmale: Schuppen der Augenseite mit feinen Haarstacheln besetzt, daher der Artname. Körper oval, Bauch- und Afterflossen mit Flossenmembranen zusammengewachsen. Körper dunkelfarbig, unterschiedlich mit dunklen Flecken oder Marmorierungen gemustert.

Maximale Länge ca. 25 cm. Der Haarbutt lebt auf Stein- oder Felsgründen in der

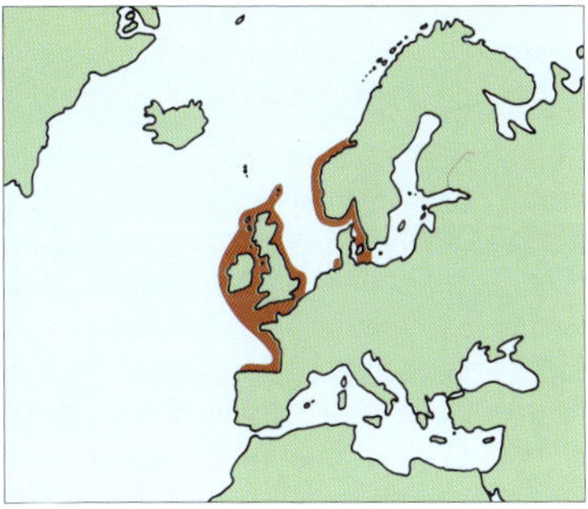

Haarbutt

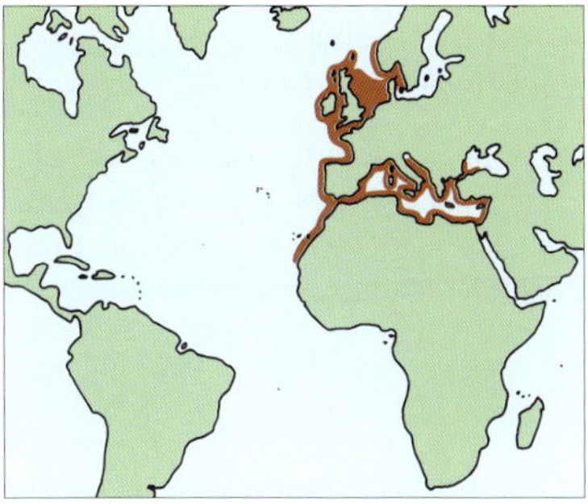

Lammzunge

Algenzone in 1–40 m Tiefe. Wie der Zwergbutt kann auch der Haarbutt den Körper aufwölben und sich so an Steinen der Brandungszone festsaugen. Die Laichzeit fällt in die Monate März bis Juni. Mit etwa 25 mm Länge gehen die pelagischen Jungen nach der Gestaltsumwandlung zum Bodenleben über. Der Haarbutt frißt kleine Fische und Krebstiere.

Ohne wirtschaftliche Bedeutung.

LINKSÄUGIGE FLUNDERN
Bothidae

Linksäugige Plattfische. Basis der linken Bauchflosse doppelt so lang wie die der rechten auf der Blindseite. Die 115 Arten dieser Familie leben hauptsächlich in tropischen Gewässern.

Lammzunge
Arnoglossus laterna (Walbaum, 1792)

Hauptmerkmale: Der dünne, halb durchsichtige Körper ähnelt in der Form dem der Seezungen. Die Seitenlinie beschreibt einen deutlichen Bogen über der Brustflosse. Hinter den Bauchflossen sind zwei rückwärts gerichtete Stacheln fühlbar.

Maximale Länge 25 cm, die Tiere in der Nordsee werden kaum länger als 20 cm. Die Lammzunge lebt in 10–100 m Tiefe auf Sand- oder Mudböden. Die Laichzeit fällt in die Monate Mai bis August. Die pelagischen Eier von 0,7 mm Durchmesser entwickeln sich in 5–6 Tagen. Nach der Larvenphase und der Umwandlung gehen die Jungtiere mit 16–30 mm Länge zum Bodenleben über. Als Nahrung dienen kleine Fische und Krebse.

Ohne wirtschaftliche Bedeutung.

Lammzunge, 15 cm

SCHOLLEN UND FLUNDERN
Pleuronectidae

Rechtsäugige Plattfische. Eine Ausnahme bildet vor allem die Flunder mit ca. einem Drittel linksäugiger Exemplare. Ansatz der Rückenflosse über dem oberen Auge. Hinterrand des Vorkiemendeckels frei und erkennbar. Unterkiefer länger als Oberkiefer und vorstehend.

Heilbutt
Hippoglossus hippoglossus
(Linnaeus, 1758)

Hauptmerkmale: Körper schlank und gestreckt. Die lange Maulspalte endet unterhalb des unteren Auges. Die Seitenlinie beschreibt einen markanten Bogen über der Brustflosse. Glatte Schuppen.

Maximale Länge 3–4 m und bis zu 300 kg Gewicht. Allerdings werden selten Weibchen von mehr als 200 cm und Männchen von mehr als 150 cm Länge gefangen, die dann etwa 30 Jahre alt sind.

Der Heilbutt ist ein aktiv umherstreifender Bodenfisch, der bei 3–8 °C Wassertemperatur in 50–1000 m Tiefe lebt. Dieser riesige Plattfisch wird auf weichen wie harten Böden angetroffen, aber auch im Freiwasser schwimmend.

Heilbutte laichen von Dezember bis April nahe dem Boden in tiefen Fjorden und an Kontinentalabhängen. Die wichtigsten Laichplätze liegen vor der norwegischen Küste, am Südhang der unterseeischen Rücken von Schottland bis Grönland, in der südlichen Davisstraße und vor Neufundland.

Die Eizahl ist mit 1,3–3,5 Millionen sehr hoch. Die ca. 4 mm großen Eier driften für 9–16 Tage in ziemlich tiefem Wasser bis zum Schlüpfen der 6–7 mm langen Larven. Diese ernähren sich von Plankton, bis mit etwa 35 mm Länge die Umwandlung beginnt. Mit 5–7 cm gehen die Jungfische zum Bodenleben in 30–100 m Tiefe über. Ihre ersten Jahre verbringen sie in recht flachem Wasser und gehen erst allmählich in größere Tiefe.

Anfangs ernähren sich junge Heilbutte von kleinen Bodentieren. Halbwüchsige Tiere fressen Tiefengarnelen, andere Krebse, Sandaale, Lodden, Groppen und Scheibenbäuche. Große Heilbutte sind gefräßige Raubfische, die in tieferen Abschnitten der Fischgründe Kabeljau, Schellfisch und Rotbarsche jagen. Diese erbeuten sie sowohl am Boden, als auch weit im Pelagial.

Die Wachstumsgeschwindigkeit hängt stark von der Bestandsdichte und damit sowohl vom Konkurrenzdruck als auch vom Nahrungsangebot ab. Im Schnitt erreichen Heilbutte nach 1 Jahr 8–15 cm und nach 2 Jahren 18–33 cm Länge. Weibchen wachsen aber erheblich schneller als Männchen. Die Geschlechtsreife setzt mit 7–18 Jahren ein. Männchen sind dann 110 cm lang und 18 kg schwer, Weibchen dagegen bereits ca. 135 cm lang und 35 kg schwer.

Nach dem Laichgeschäft ziehen die Elterntiere in flacheres Wasser mit reichlichem Nahrungsangebot. Sie unternehmen auch weite Wanderungen, z. B. entlang der norwegischen Küste bis hinauf in die Barentssee. Markierungen haben einen beachtlichen Austausch zwischen den Heilbuttbeständen vor Neufundland, Westgrönland, Island und Westeuropa erwiesen.

Heibutt wird mit Langleinen, aber auch mit Schleppnetzen als wertvoller Beifang gefangen. Die Norweger fischen ihn mit speziellen Netzen im tiefen Wasser.

Heilbutt

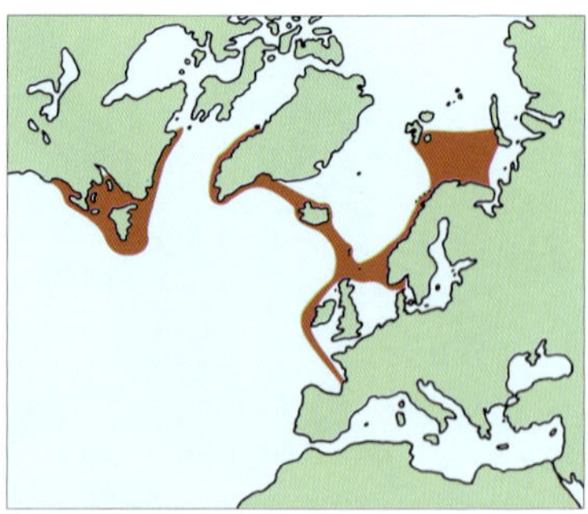

Heilbutt, 45 cm

Nahrung

Verwendung

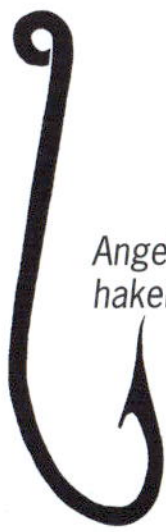

Angelhaken

Frischfisch auf Eis

Grundschleppnetz

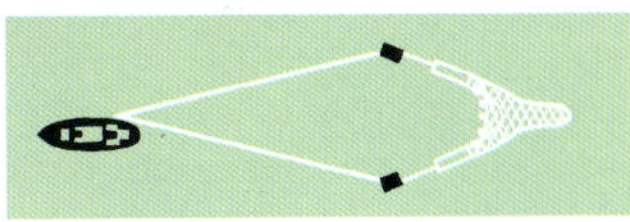

Larve, 22 mm

Wegen langsamen Wachstums und später Geschlechtsreife sind Heilbuttbestände schnell überfischt, wie der erhebliche Fangrückgang gezeigt hat.

Heilbuttfleisch kommt frisch auf Eis, tiefgefroren, gesalzen oder geräuchert auf den Markt. Große Exemplare werden in Streifen geschnitten. In Island kommen sie getrocknet als Spezialität namens „rækling“ in den Handel.

Der europäische Jahresfang an Heilbutt liegt bei 5.000–7.000 Tonnen.

Schwarzer Heilbutt

Reinhardtius hippoglossoides (Walbaum, 1792)

Hauptmerkmale: Körper schlank und gestreckt. Maulspalte lang. Ansatz der Rückenflosse hinter dem linken, oberen Auge, das auf der Kopfkante liegt. Blindseite des Körpers dunkel. Seitenlinie nahezu gerade und Beschuppung glatt.

Maximale Länge 120 cm und bis zu 45 kg Gewicht. Nur selten werden heute Weibchen mit mehr als 100 cm Länge und 15–20 kg Gewicht und Männchen mit mehr als 80 cm und 6–8 kg gefangen.

Arktische Plattfischart, die auf weichen Böden in 200–1.500 m Tiefe bei Wassertemperaturen von –1,5–4,5 °C lebt. Vor allem Jungtiere schwimmen oft pelagisch.

Im Winter ziehen die erwachsenen Fische zu ihren Laichplätzen in der Davisstraße, der östlichen Dänemarkstraße und vor Nordwestnorwegen. Das Laichgeschäft findet im freien Wasser bei Temperaturen von 4 °C in 800–1.200 m Tiefe statt. Die Eier von 4 mm Durchmesser treiben pelagisch im tiefen Wasser, bis die 10–15 mm langen Larven schlüpfen. Meeresströmungen verdriften die Larven, die nach einem Jahr mit 6–8 cm Länge zum Bodenleben in 100–300 m Tiefe übergehen. Mit dem weiteren Wachstum ziehen die Fische in größere Tiefe. Die Männchen werden mit 7–8 Jahren bei 55–65 cm Länge geschlechtsreif, die Weibchen mit 9–11 Jahren, 65–80 cm Länge und 3–5 kg Gewicht.

Schwarze Heilbutte fressen Wolfsfische, Lodden, Rotbarsche, Tiefengarnelen und andere bodenlebende Wirbellose.

Man fängt sie vor allem mit Langleinen. In der Schleppnetzfischerei sind sie ein wertvoller Beifang an den Bankhängen vor Westgrönland, Islands und Norwegens vor Tromsø und der Finnmark. Die Jahresfänge schwanken stark, liegen im Schnitt aber bei 100.000 Tonnen.

Island, Norwegen und Grönland fangen die Art hauptsächlich. Verwendung und Vermarktung entsprechen denen des Heilbutts.

Doggerscharbe

Hippoglossoides platessoides (Fabricius, 1780)

Hauptmerkmale: Körper gestreckt und schlank, Maulspalte lang. Ansatz der Rückenflosse über dem linken Auge. Seitenlinie fast gerade, rauhe Beschuppung.

Maximale Länge etwa 50 cm, doch selten größer als 40 cm, wenn 10 Jahre alt und etwa 0,7 kg schwer. Die Doggerscharbe lebt auf Weichböden in 10–400 m Tiefe bei Temperaturen von –0,5 bis 10 °C. Fast im gesamten Verbreitungsgebiet laichen die Tiere im Frühjahr in 100–200 m Tiefe 50.000–300.000 pelagische Eier von 2–3 mm Größe. Nach ca. 2 Wochen schlüpfen die etwa 5 mm langen pelagischen Larven. Nach der Umwandlung gehen sie mit 20–30 mm Länge zum Bodenleben in 40–100 m Tiefe über. Doggerscharben des Nordseebestands werden nach 2–3 Jahren mit 15–20 cm Länge geschlechtsreif. Im arktischen Bestand der Barentssee, bei Island und Grönland wachsen Doggerscharben viel langsamer.

Sie fressen Seeigel, Schlangensterne, Würmer, Krebse und Fischbrut. Doggerscharben sind häufig und werden selbst von Kabeljau, Heilbutt, Leng und Rochen gefressen.

Mit ihrem dünnen Körper und oft wässrigen Fleisch gelten sie als eher unerwünschter Beifang und werden allenfalls zu Fischmehl verarbeitet.

Doggerscharbe

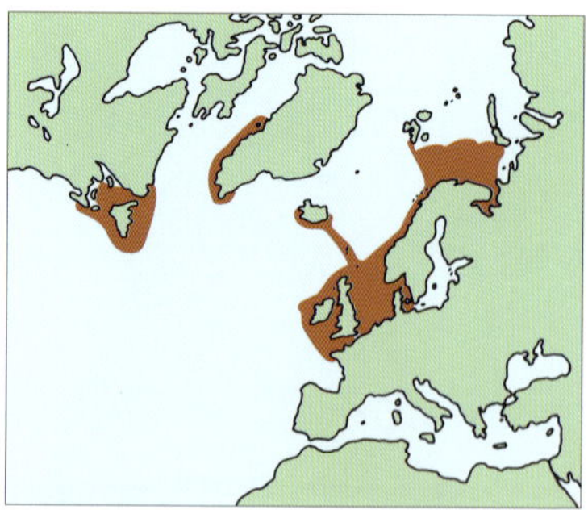

Schwarzer Heilbutt, 60 cm

Dunkle Blindseite

Larve, 36 mm

Nahrung

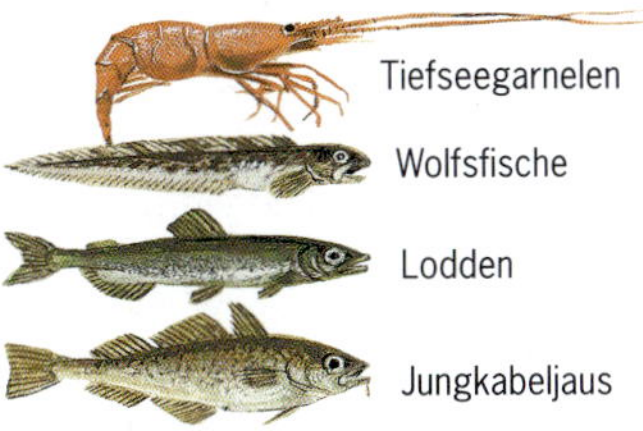

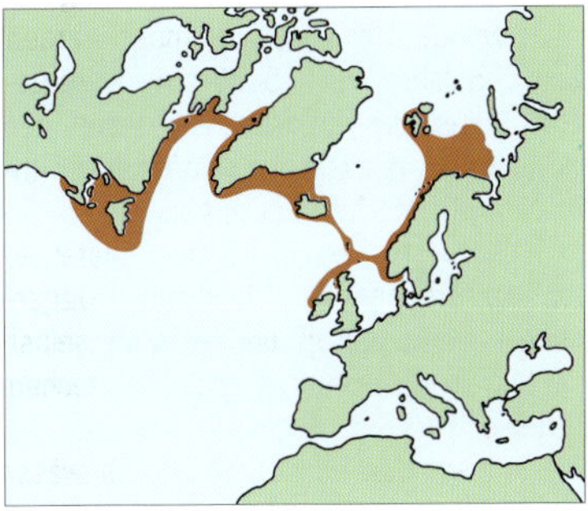

Schwarzer Heilbutt

Angelhaken

Doggerscharbe,
32 cm

Dänischer Nordseekutter

Kliesche

Limanda limanda (Linnaeus, 1758)

Hauptmerkmale: Kleines Maul, Seitenlinie mit einem markanten Bogen über der Brustflosse. Schuppen der Augenseite etwas rauh.

Maximale Länge ca. 40 cm und bis zu 1 kg Gewicht, doch selten größer als 30 cm. Die Kliesche lebt in 5–150 m Tiefe auf sandigen und weichen Böden. Klieschen sind die häufigste Plattfischart, deren Nordseebestand allein auf etwa 1,5 Millionen Tonnen geschätzt wird.

Die Tiere laichen von Januar bis August, am frühesten in den Gewässern vor der Bretagne und vor Südengland, später von April bis Juni in der Nordsee und erst im Juni und Juli in der Barentssee. Der Ostseebestand laicht über eine längere Periode von April bis August. Das Laichgeschäft findet im gesamten Verbreitungsgebiet der Art in 20–40 m Tiefe statt, in größerer Tiefe laichen die Tiere nur in der Ostsee.

Ein Weibchen laicht jedes Jahr 50.000–150.000 Eier ab. Je nach Wassertemperatur schlüpfen die ca. 2,5 mm langen pelagischen Larven nach 3–12 Tagen, und erst nach ihrer Umwandlung mit etwa 14 mm Länge gehen sie zum Bodenleben in 6–70 m Tiefe über. Die Wachstumsgeschwindigkeit ist je nach Gebiet sehr unterschiedlich, grundsätzlich aber langsam. Die Männchen in der Nordsee werden nach 2–3 Jahren mit 15–20 cm Länge geschlechtsreif, die Weibchen nach 3–5 Jahren mit 20–25 cm.

Klieschen ernähren sich von Würmern, Krebsen, Schlangensternen, kleinen Seeigeln, Schnecken, Muscheln und in geringem Maße auch von Grundeln und jungen Sandaalen. Sie fressen fast die gleichen Beutetiere wie die wirtschaftlich viel wichtigere Scholle. Da Klieschen viel häufiger sind, gelten sie als ernsthafte Nahrungskonkurrenten der Scholle. Allerdings ist das Beutespektrum der Kliesche breiter als das der Scholle. Auch vermehrt sie sich schneller, weil sie bereits mit einer Größe geschlechtsreif wird, mit der sie noch nicht in die Netze geht. Auf einigen Fangplätzen hat der Klieschenbestand im gleichen Maße zugenommen wie der Schollenbestand zurückgegangen ist, z. B. in der Beltsee.

Klieschen werden meist als Beifang in Schleppnetzen, Snurrewaden und Stellnet-

Kliesche

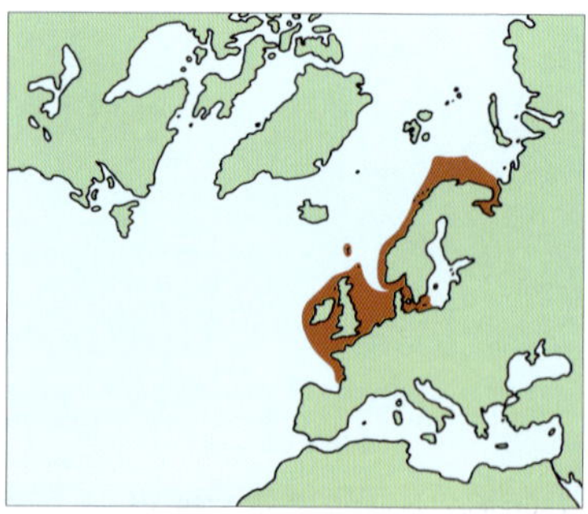

zen gefischt. Weil sie nur schwer lebend zu transportieren sind, kommen sie meist tiefgefroren, frisch auf Eis oder häufiger als Filet auf den Markt. Schnellrestaurants verwenden die Filets am meisten.

Der europäische Jahresfang liegt bei etwa 10.000–15.000 Tonnen.

Kliesche, 27 cm

Nahrung

Muscheln

Würmer

Schlangensterne

Verwendung

Frischfisch auf Eis

Frostfilet

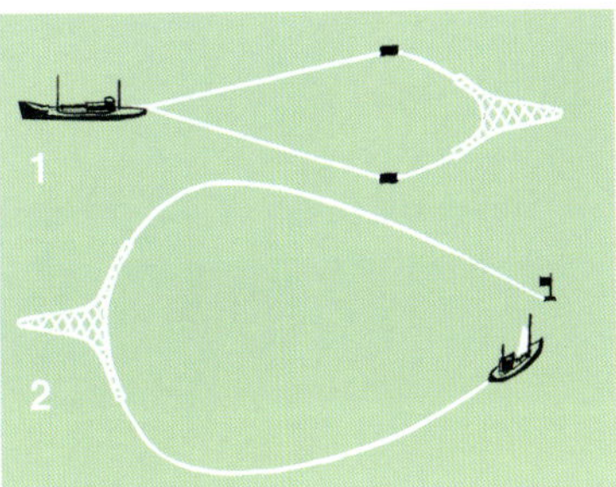

1. Grundschleppnetz, 2. Snurrewade

Scholle

Pleuronectes platessa Linnaeus, 1758

Hauptmerkmale: Reihe von 4–7 Knochenhöckern vom Auge rückwärts entlang der Kopfmitte. Maulspalte klein. Körper ziemlich hochrückig, Breite der Körperscheibe ohne Flossen entspricht etwa der halben Körperlänge. Augenseite stets mit rötlichen Flecken gemustert.

Maximale Länge 90–100 cm und bis zu 7 kg Gewicht, allerdings wird die Scholle selten mit mehr als 50 cm Länge und 2–3 kg Gewicht im Alter von ca. 15 Jahren gefangen. Durch die intensive Schleppnetzbefischung sind große Schollen äußerst selten geworden.

Schollen leben auf sandigen und gemischten Böden von der Küste bis in 200 m Tiefe. Die Masse der erwachsenen Fische hält sich in 10–50 m Tiefe auf, jüngere Fische im flacheren Wasser.

Die Laichzeit der Scholle liegt im Winter. Die wichtigsten Laichplätze liegen vor der belgisch-holländischen Küste, in der Helgoländer Bucht und in der mittleren südlichen Nordsee. Schollen laichen aber auch vor der dänischen Küste im Skagerrak, im östlichen und südlichen Kattegat, in der Beltsee, der westlichen Ostsee, entlang der norwegischen Küste und vor Südisland. Bei den Färöerinseln kommen Schollen weniger häufig vor.

Das Laichen findet in der Nordsee bei etwa 6 °C Wassertemperatur von Januar bis April in 20–40 m Tiefe statt, bei Island von März bis April und in der südlichen Barentssee von März bis Mai. In der Ostsee ist das Laichen von November bis März zeitlich länger ausgedehnt, weil dort beständig niedrige Temperaturen in der Tiefe mit genügend salzhaltigem Wasser zum Laichen herrschen.

Im Brackwasser ist das Laichen nicht erfolgreich, wenn nicht mindestens 10–12 ppm Salzgehalt den Eiern das pelagische Driften und so eine erfolgreiche Befruchtung ermöglichen. Bei geringerem Salzgehalt sinken die Eier zu Boden und sterben ab.

Je nach Größe des Weibchens schwankt die Zahl der 1,6 mm großen, durchsichtigen und pelagischen Eier zwischen 50.000 und 500.000. Nach 10–20 Tagen, abhängig von der Wassertemperatur, schlüpfen die 5 mm langen pelagischen Larven. Sobald diese ihren Dottersack aufgezehrt haben, beginnen sie, Jagd auf winzige Planktonorganismen zu machen. In dieser Lebensphase sind die Larven sehr empfindlich.

Stürmisches Wetter, Massenauftreten von Quallen oder Nahrungsmangel können zu hoher Larvensterblichkeit führen. Gleichermaßen können Kälteperioden einen Nachwuchsjahrgang schädigen, weil sich durch sie das Wachstum verlangsamt und diese gefährliche, pelagische Lebensphase verlängert.

Nach 1–2 Monaten und mit einer Länge von ca. 10 mm setzt die körperliche Umwandlung der Larven ein. Das linke Auge wandert über die Kopfkante zur anderen Seite, und die Jungfische beginnen, horizontal mit der linken Körperseite nach unten zu schwimmen. Mit 12–14 mm Länge beenden die Jungfische ihre freischwimmende Lebenszeit und gehen im flachen Küstenwasser zum Bodenleben über. Erst dann färbt sich die Oberseite dunkel, während die Blindseite farblos oder weiß bleibt.

Scholle

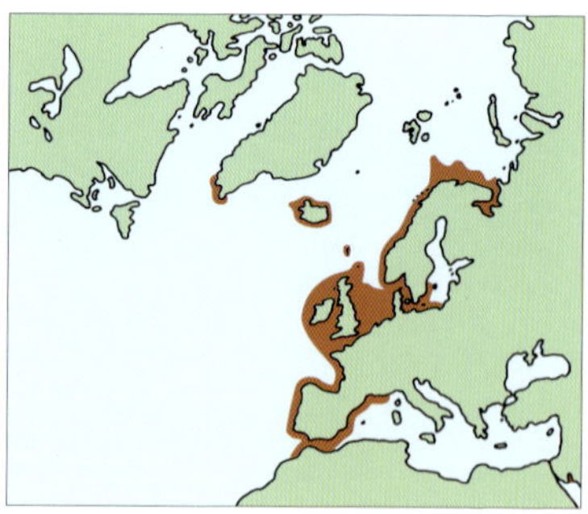

Scholle, 36 cm

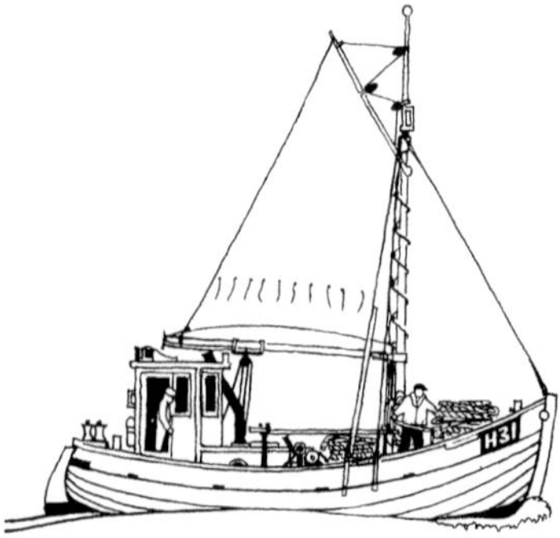

Alter dänischer Snurrewadenkutter

Jungschollen fressen nun winzige Würmer und kleine Bodenkrebse. Etwa 70 % der Nordseeschollen wachsen im Wattenmeer vor Holland, Deutschland und Dänemark auf. Im Brackwasser können sie sich nur bei niedrigen Temperaturen aufhalten, weshalb sie brackige Fjorde und Buchten meiden, deren Wasser im Sommer zu warm wird.

Die Wachstumsgeschwindigkeit kann von Jahr zu Jahr unterschiedlich sein, je nach Dichte des Bestands und demzufolge herrschender Nahrungskonkurrenz. Während ihres ersten Sommers erreichen die Jungschollen 7–12 cm Länge und beginnen, sich langsam für den Winter in tieferes Wasser zurückzuziehen. Im Winter fressen sie kaum und stellen das Wachstum nahezu ein.

Schollen fressen bodenlebende Wirbellose, und zwar vor allem dickschalige Muscheln, aber auch Würmer und Krebse. Wie die Flundern sind Schollen besonders nachtaktiv. Man kann sie dann auch im sehr flachen Wasser finden, während sie den Tag im Sand eingegraben verbringen. Über lange Zeiträume können sie sehr ortstreu sein. Durch Markierungen hat man Wanderungen über große Entfernungen mit Tagesstrecken von 18–30 km zur Laichzeit nachgewiesen.

In der Nordsee, im Kattegat und in der westlichen Ostsee werden die Männchen im Alter von 2–4 Jahren mit einer Länge von 18–26 cm geschlechtsreif, die Weibchen mit 3–6 Jahren und 30–35 cm. In norwegischen Gewässern setzt die Geschlechtsreife mit 3–7 Jahren ein, und zwar zuerst bei den Männchen.

Veränderte Umweltbedingungen haben sich an vielen Stellen sehr nachteilig auf die Schollen ausgewirkt. Im Kattegat und der dänischen Beltsee gingen die Bestände in den 80er und frühen 90er Jahren dramatisch zurück. Das war vor allem auf eine Kette unglücklicher Umstände zurückzuführen: Starke Überdüngung führte zu verstärkten Bodenablagerungen von Algen und damit zu einer starken Sauerstoffzehrung. Dadurch wurden nicht nur die Schollen direkt geschädigt, sondern auch die Bestände der bevorzugten Schollennahrung reduziert, vor allem die Muschelbestände. Außerdem nahmen Krankheiten und Parasitenbefall erheblich zu. Viele Aufwuchsgebiete der Jungschollen im Flachwasser sind durch Überdüngung und Einleitung anderer Giftstoffe stark beeinträchtigt.

Nach wie vor ist aber das Wattenmeer eine ausgezeichnete „Kinderstube", und fast widersinnigerweise haben dort Nährsalzeinleitungen zu einer Zunahme der Bestände von Nahrungstieren geführt. Als Folge hat sich das Wachstum der Schollen beschleunigt.

Man fängt Schollen mit Snurrewaden, regulären Schleppnetzen, Baumkurren und auch in Stellnetzen. Schwere Baumkurren werden vor allem von den Holländern verwendet; diese Geschirre sind jedoch schädigend für alle Bodentiere und auch die Jungschollen. Eine sogenannte „Schollenbox" wurde daher als Schutzgebiet entlang der holländischen, deutschen und dänischen Küsten eingerichtet.

Die Schollenfänge in der Nordsee lagen in den vergangenen Jahren auf hohem Niveau, der europäische Jahresfang an Schollen betrug 150.000–200.000 Tonnen.

Scholle

Ei, ca. 2 mm, mit fast schlupfreifem Embryo

Larve, 7 mm

8,5 mm

11 mm

Jungfisch, 12,5 mm

Nahrung

Muscheln

Borstenwürmer

Otolith einer 4jährigen Scholle

Verwendung

Frostfilet

Frischfisch auf Eis

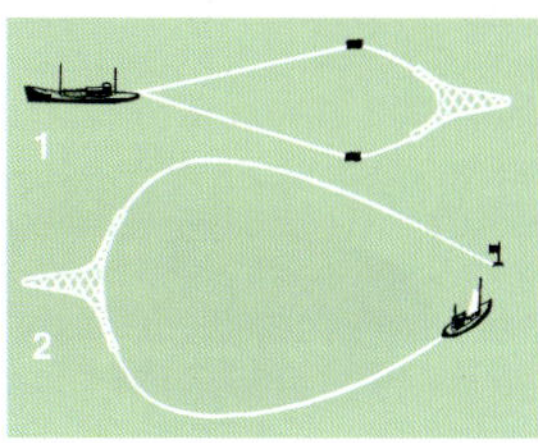

1. Grundschleppnetz, 2. Snurrewade

Flunder

Platichthys flesus (Linnaeus, 1758)

Hauptmerkmale: Maulspalte klein. Knochenhöcker sitzen entlang der Seitenlinie und knotig rauhe Schuppen entlang den Basen der Rücken- und Afterflossen. Körperhöhe ohne Flossensäume geringer als die halbe Körperlänge. Oft mit blaß rötlichen, unregelmäßigen Flecken, ähnlich denen der Scholle, auf der Augenseite.

Maximale Länge ca. 60 cm und bis zu 2,5 kg Gewicht, aber selten größer als 40 cm und mehr als 1 kg Gewicht. Dann sind Flundern 7–8 Jahre alt.

Der Lebensraum der Flunder reicht von der flachen Gezeitenzone bis in 100 m Tiefe. Die Jungtiere leben im flachsten Wasser. Brackwasser wird von Flundern bevorzugt, weshalb sie sich gerne in Flußmündungen, Buchten, Fjorden und vor allem in der Ostsee aufhalten. Sie vertragen auch reines Süßwasser. Manche Exemplare steigen weit in die Flüsse auf.

Sand- und Weichböden werden bevorzugt. Dort graben sich die Flundern ein.

Männliche Flundern werden im Alter von 2–3 Jahren mit einer Länge von 20–25 cm geschlechtsreif, Weibchen mit 3–4 Jahren und 25–30 cm. In den nördlichsten Teilen ihres Verbreitungsgebiets verzögert sich das Einsetzen der Geschlechtsreife um 1–2 Jahre.

Das Laichen findet in der südlichen und südöstlichen Nordsee von Februar bis Mai in 20–50 m Tiefe statt, vor Nordnorwegen und der Kolahalbinsel von April bis Juni. Der Laichplatz in der Ostsee ist das sogenannte „Bornholmtief" in 40–100 m Tiefe, wo das Wasser mindestens 10 ppm Salzgehalt aufweist. Bei geringerem Salzgehalt sinken die Eier zu Boden und gehen aus Sauerstoffmangel zugrunde. Im Finnischen Meerbusen, wo das Meerwasser kaum noch Salz enthält, laicht die Flunder auf sandigen Bänken, und die Eier entwickeln sich am Boden im sauerstoffreichen Wasser.

Ein Weibchen laicht bis zu 2 Millionen Eier von 0,8–1,4 mm Durchmesser ab. Die Eier der Brackwasserbestände sind die größten. Bei etwa 10 °C Wassertemperatur schlüpfen die 3 mm langen Larven innerhalb einer Woche. Für einige Woche leben sie pelagisch und fressen winzige Planktonorganismen, bis mit 7–10 mm Länge ihre körperliche Umwandlung einsetzt. Diese ist noch nicht abgeschlossen, wenn sie im sehr flachen Wasser zum Bodenleben übergehen. In den ersten paar Lebenswochen ernähren sie sich von winzigen Krebstieren wie Harpacticiden und Ostracoden.

Die Wachstumsgeschwindigkeit ist sehr unterschiedlich. Durchweg sind die Jungflundern vom Schlüpfen im Frühjahr bis zum November 7–10 cm lang geworden. Im Winter ziehen sie sich bei fallender Wassertemperatur in 5–10 m Tiefe in salzhaltigeres und wärmeres Wasser zurück. Während des Winters nehmen sie kaum Nahrung auf. Erst im Frühjahr steigen sie wieder ins Flachwasser auf und beginnen zu fressen.

Flundern ernähren sich von Würmern, Flohkrebsen, Asseln, Garnelen und Muscheln. In sehr brackigem und vor allem im Süßwasser fressen sie auch Insektenlarven wie Zuckmücken (Chironomiden) und Köcherfliegen (Trichopteren). Wie auch die Schollen verbringen die Flundern den Tag im Sand vergraben und werden erst nachts aktiv, wenn sie im Flachwasser nach Nahrung suchen. Jungflundern leben in kleinen Schwärmen.

Lokal beschränkte Fänge von Flundern werden mit Reusen und Stellnetzen erzielt. Der europäische Jahresfang liegt bei ca. 10.000 Tonnen.

Flunder

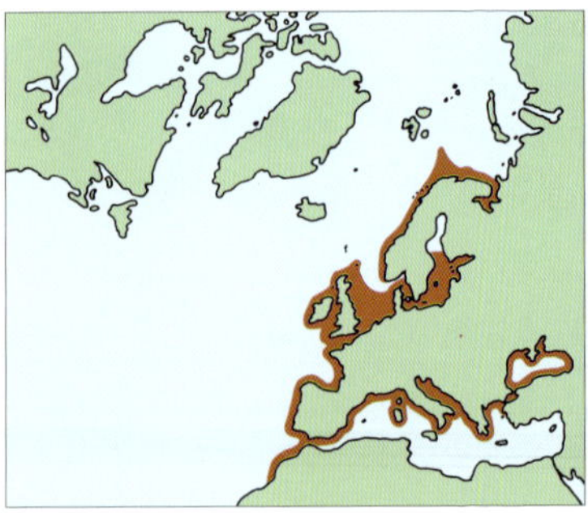

Flunder, 30 cm

ahrung

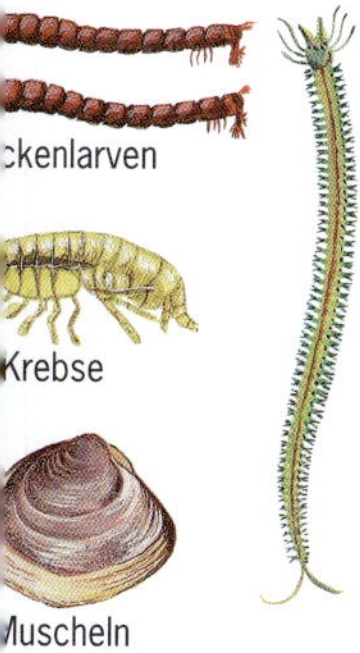

ckenlarven

Krebse

Iuscheln

Borsten-
würmer

Larve, 9 mm

Reuse

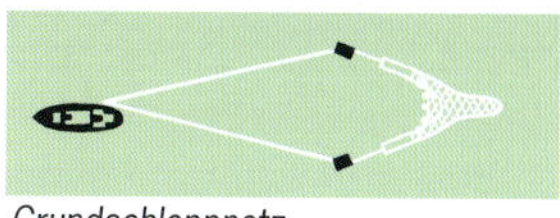

Grundschleppnetz

Rotzunge

Microstomus kitt (Walbaum, 1792)

Hauptmerkmale: Kopf und Maul klein. Ohne Stachelstrahl vor der Afterflosse. Körperscheibe oval. Haut mit marmoriertem Muster und sehr glatt. Seitenlinie weitgehend gerade, über der Brustflosse nur ein schwacher Bogen.

Maximale Länge ca. 60 cm und bis zu 2 kg Gewicht, doch selten größer als 40 cm und älter als 10 Jahre.

Rotzungen sind am häufigsten auf harten Böden und auf Betten von Schalenresten in 10–150 m Tiefe. Sie werden mit 3–6 Jahren und einer Länge von 20–30 cm geschlechtsreif, die Männchen früher als die Weibchen. Sie laichen im größten Teil ihres Verbreitungsgebiets von April bis August in 50–150 m Tiefe. Aus den 1–1,5 mm großen, pelagischen Eiern schlüpfen nach einer Woche die 4–5 mm langen Larven. Mit 15–20 mm Länge setzt die körperliche Umwandlung ein. Dann gehen die Jungfische in recht tiefem Wasser zum Bodenleben über.

Die Nahrung besteht aus Krebsen, Borstenwürmern, Käferschnecken (*Chiton*), Schlangensternen und Muscheln.

Rotzungen werden hauptsächlich im Winter mit Schleppnetzen als wertvoller Beifang gefischt.

Vermarktet werden sie frisch auf Eis. Der europäische Jahresfang beträgt ca. 10.000 Tonnen.

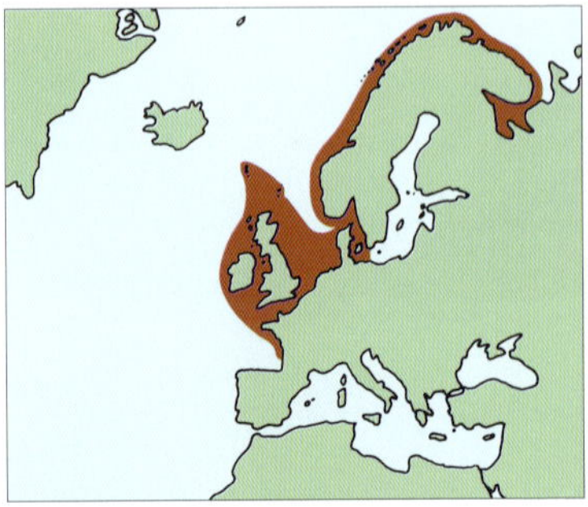

Rotzunge

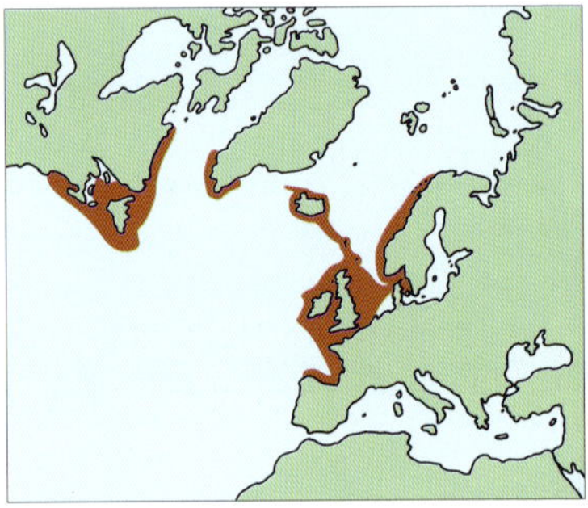

Hundszunge

Hundszunge

Glyptocephalus cynoglossus (Linnaeus, 1758)

Hauptmerkmale: Körper schmal langgestreckt, mit völlig gerader Seitenlinie, das Maul klein. Einfarbig und mit rauhen Schuppen bedeckt. Spitze der schwärzlichen Brustflossen oft weiß. Kopfunterseite mit großen, schleimgefüllten Gruben.

Maximale Länge ca. 60 cm und bis zu 2,5 kg Gewicht, doch selten größer als 40 cm und älter als 10–12 Jahre. Die Hundszunge lebt auf Weichböden in 50–1.500 m Tiefe. Sie ist eine typische Art tiefer Fjorde, der nördlichen Nordsee und der Kontinentalabhänge westlich der Britischen Inseln. Hundszungen laichen von März bis September in 50–150 m Tiefe. Aus den pelagischen, etwa 1 mm großen Eiern schlüpfen nach einer Woche die 4–5 mm großen Larven. Erst mit ca. 4 cm Länge und nach der Umwandlung gehen sie zum Bodenleben in tiefem Wasser über. Sie werden mit 4–7 Jahren bei einer Länge von 25–35 cm geschlechtsreif, die Männchen früher als die Weibchen. Sie fressen Borstenwürmer, Krebse, Muscheln und Schlangensterne.

Beifang in Schleppnetzen und bei der Fischerei auf Kaisergranat und Tiefengarnelen. Der europäische Jahresfang liegt bei etwa 20.000 Tonnen.

Rotzunge, 27 cm

Larve, 14 mm

Nahrung

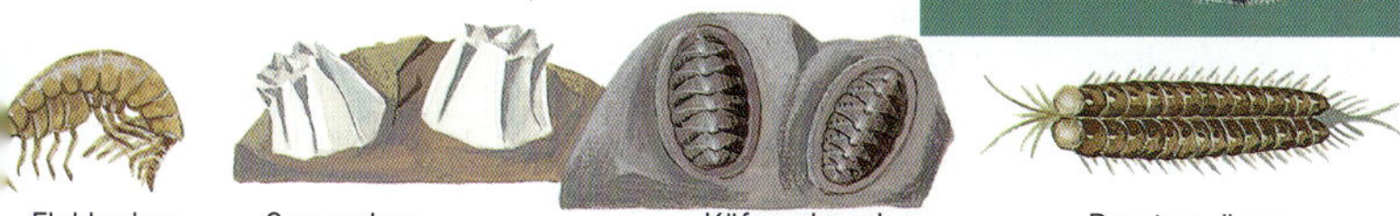

Flohkrebse Seepocken Käferschnecken Borstenwürmer

Hundszunge, 24 cm

1. Grundschleppnetz, 2. Snurrewade

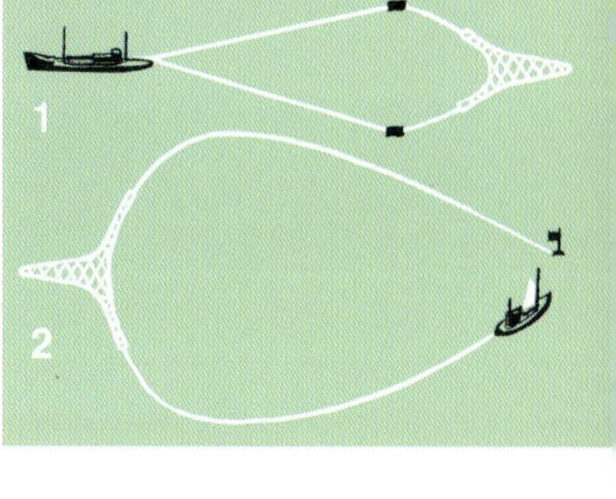

Nahrung

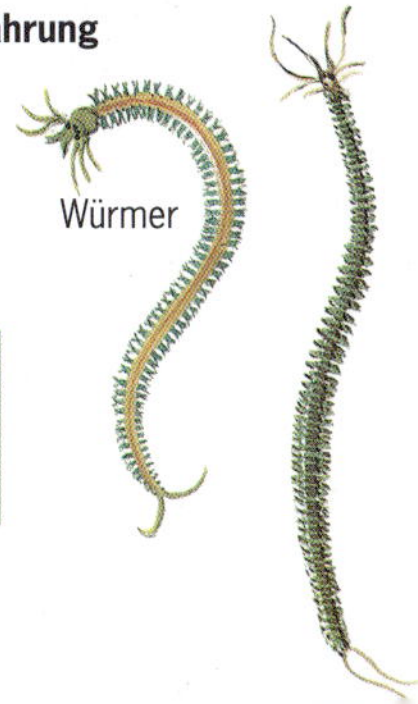

Würmer

Larve, 15 mm

SEEZUNGEN
Soleidae

Rechtsäugige Plattfische mit runder Schnauze und vorspringendem Oberkiefer. Hinterrand des Vorkiemendeckels von Haut überwachsen und nicht erkennbar. Nasenöffnungen und Kieferflächen der Blindseite umgeben und besetzt von kleinen, fädchenartigen Sinneswarzen. Etwa 90 Arten dieser Familie leben vor allem in tropischen Gewässern.

Seezunge

Solea solea (Linnaeus, 1758)

Hauptmerkmale: Nasenöffnungen der Blindseite klein und weit voneinander getrennt. Brustflosse der Augenseite mit 9–10 Strahlen, ihre Außenhälfte ist rußig schwarz und ebenso lang wie die Brustflosse der Blindseite.

Maximale Länge ca. 60 cm, bis zu 3 kg Gewicht und Lebensdauer über 20 Jahre, wird aber selten mit mehr als 50 cm Länge gefangen. Die Seezunge lebt vor allem auf weichen und sandigen Böden bis in 150 m Tiefe.

Die Laichzeit fällt in der südlichen Nordsee sowie im Skagerrak und Kattegat in die Monate von April bis Juni, vor den Küsten Irlands und Südenglands in die Monate Mai bis Juni und im Mittelmeer bereits in den Februar. Das Laichgeschäft findet in flachem Wasser in 20–50 m Tiefe bei 6–12 °C Wassertemperatur statt. Während ihrer Laichwanderungen findet man Seezungen auch pelagisch.

Die Weibchen laichen 100.000–150.000 pelagische Eier von 3–4 mm Größe ab, aus denen nach etwa 10 Tagen die 3,5 mm langen Larven schlüpfen. Nach 4–6 Wochen setzt bei einer Länge von 12–14 mm die körperliche Umwandlung ein, und die Jungfische gehen in flachen Küstengewässern auf den Boden. Das Wattenmeer ist in der Nordsee die wichtigste „Kinderstube" der Seezungen. Zum Winter ziehen sie in tieferes Wasser und stellen die Nahrungsaufnahme ein.

Seezungen werden mit 3–5 Jahren und einer Länge von 25–35 cm geschlechtsreif, wobei die Männchen etwas kleiner als die Weibchen bleiben.

Die nachtaktiven Seezungen fressen Würmer, kleine Krebse und dünnschalige Muscheln, die sie mit Hilfe ihrer fadenartigen Sinnesknospen um das Maul an der Blindseite aufspüren.

Die Nordsee ist die Nordgrenze des Verbreitungsgebiets der Seezunge, die durch lange, kalte Winter leicht geschädigt werden kann. Ihr Bestand im Kattegat, der von dem der Nordsee getrennt lebt, ist

Seezunge

Seezunge, 28 cm

Larve, 5 mm

Nahrung

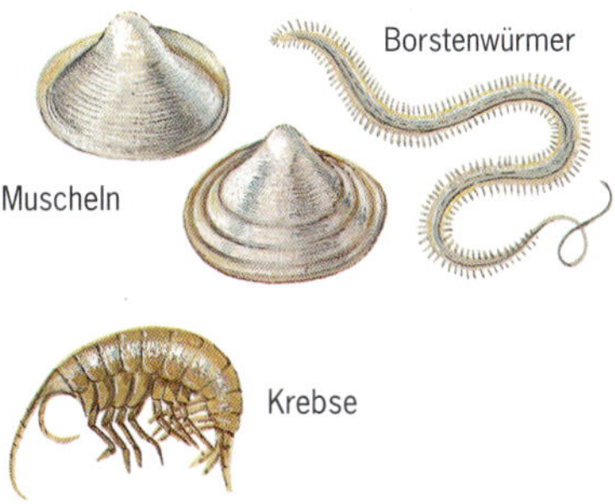

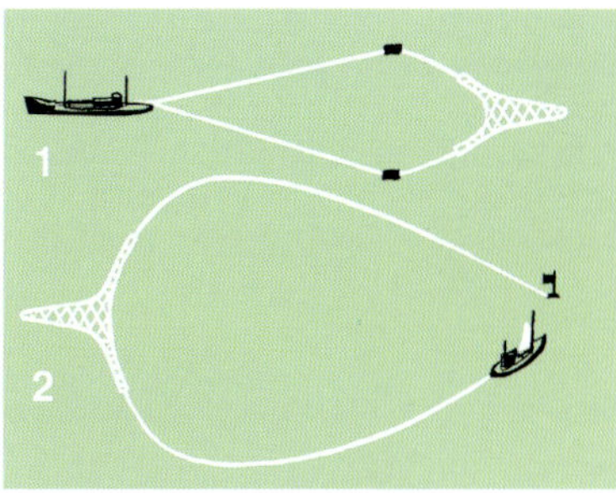

1. Schleppnetz, 2. Snurrewade

besser an harte Winter angepaßt. Nachwuchsjahrgänge variieren sehr stark, aber seit den 60er Jahren hat die Wachstumsgeschwingkeit durch die Zufuhr von Nährsalzen in die südliche Nordsee allgemein zugenommen.

Die Seezunge ist ein wertvoller Speisefisch, der mit Baumkurren, normalen Schleppnetzen und Snurrewaden sowie speziellen Zungenstellnetzen gefangen wird. Sie sind ein geschätzter Beifang auch in der Fischerei auf Schollen und Kaisergranat und kommen frisch oder als Filet auf den Markt.

Der Jahresfang im Nordostatlantik liegt bei 25.000–50.000 Tonnen, einschließlich 10.000 Tonnen aus dem Mittelmeer.

Glaszunge, 9 cm

Glaszunge

Buglossidium luteum (Risso, 1810)

Hauptmerkmale: Jeder 4.–7. Strahl der Rücken- und Afterflossen ist schwarz gefärbt. Nasenöffnungen der Blindseite klein und weit voneinander getrennt. Brustflosse der Blindseite mit 2–3 Strahlen und wesentlich kürzer als die der Augenseite.

Maximale Länge 12–13 cm. Die Glaszunge lebt in 5–450 m Tiefe auf Sandböden und kann in der südlichen Nordsee und im Ärmelkanal sehr häufig auftreten. Männchen mit 6–7 cm Länge geschlechtsreif, Weibchen mit 7–8 cm. Die Laichzeit ist von März bis Juli. Nahrung sind kleine Bodentiere. Ohne wirtschaftliche Bedeutung.

Streifenzunge

Microchirus variegatus (Donovan, 1808)

Hauptmerkmale: Augenseite mit dunklen Querbändern, die sich bis auf die Rücken- und Afterflossen ziehen. Nasenöffnungen der Blindseite klein und weit voneinander getrennt. Brustflosse der Blindseite kürzer als die der Augenseite.

Maximale Länge 30–35 cm. Die Streifenzunge lebt auf unterschiedlichen Böden in 20–400 m Tiefe. Sie laicht im Mittelmeer im Februar und im Ärmelkanal im März und im April. Die Nahrung besteht aus kleinen Bodentieren. Sie ist ein guter Speisefisch, der für eine wirtschaftliche Nutzung aber zu selten ist.

Streifenzunge, 18 cm

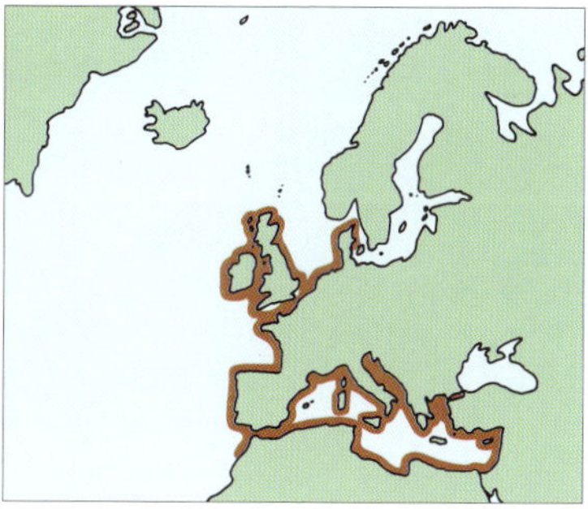

Glaszunge

Sandzunge

Solea lascaris (Risso, 1810)

Hauptmerkmale: Nasenöffnungen der Blindseite groß und dicht beisammen. Brustflosse der Augenseite mit einem schwarzen Fleck, der nicht die Flossenspitze erreicht.

Maximale Länge ca. 40 cm. Die Sandzunge lebt auf unterschiedlichen Böden in 5–350 m Tiefe. Im westlichen Ärmelkanal laichen die Tiere von Mai bis Juli, weiter südlich schon früher. Sie frißt kleine bodenlebende Wirbellose. Die Art ist im Süden des Verbreitungsgebietes von begrenzter wirtschaftlicher Bedeutung.

Sandzunge, 25 cm

Streifenzunge

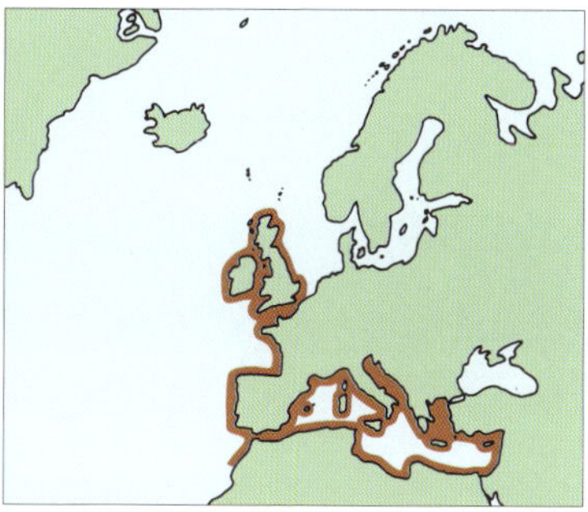

Sandzunge

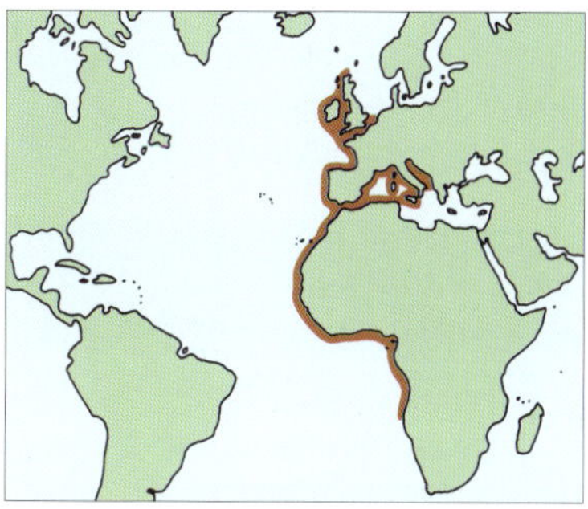

Grauer Drückerfisch, 30 cm

DRÜCKERFISCHE
Balistidae

Hochrückige, seitlich zusammengedrückte Fische mit kleinem Maul und plattenartigen Schuppen. Erste Rückenflosse mit 3 massiven Stachelstrahlen. Der 1. Strahl kann zur Verteidigung mit Hilfe des 2. Strahls aufrecht verankert werden. Nach dem Einklappen des 3. Strahls, des sogenannten „Abzugs“ oder „Drückers“, kann der Fisch den 1. Strahl wieder bewegen und niederlegen. Etwa 40 Arten der Familie leben in den Küstengewässern und über den Riffen aller warmen Meere.

Grauer Drückerfisch

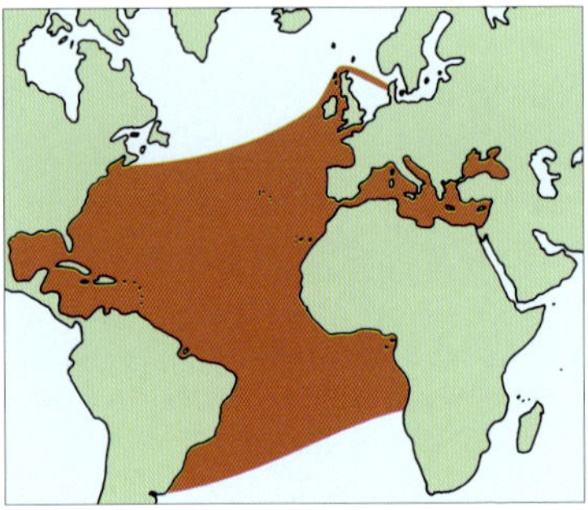

Kurzer Mondfisch

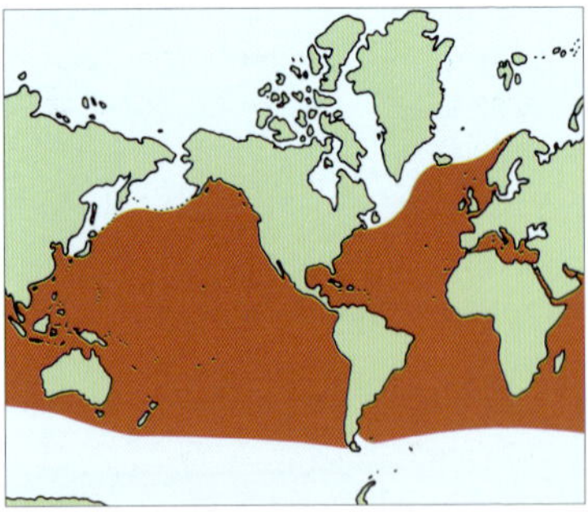

Grauer Drückerfisch
Balistes carolinensis Gmelin, 1789

Hauptmerkmale: Siehe Familienkennzeichen.

Maximale Länge bis 40 cm. Einziger Vertreter der Familie in westeuropäischen Gewässern, wird ab und zu auch in der Nordsee gefangen.

Die Biologie des Grauen Drückerfisches ist weitgehend unbekannt.

Mondfisch, Larve, 17 mm

Kurzer Mondfisch, 65 cm

Langer Mondfisch, 65 cm

MONDFISCHE
Molidae

Körper hochrückig und seitlich zusammengedrückt. Haut lederartig und schuppenlos. Bauchflossen fehlen. Kurze, saumartige Schwanzflosse. Rücken- und Afterflossen sehr hoch und paddelartig; sie werden, dem „Wriggen" vergleichbar, beim Schwimmen seitlich bewegt. Durch das kleine Maul können knirschende Laute produziert werden. Zähne in jedem Kiefer zu einer großen Zahnplatte verwachsen. Große Mondfische leben pelagisch im offenen Meer und lassen sich mit den Meeresströmungen treiben. Die Nahrung besteht u. a. aus Aallarven und Quallen. Drei Arten der Familie leben in allen Ozeanen und sind ohne fischereiwirtschaftliche Bedeutung. Englisch „Sonnenfische".

Langer Mondfisch
Ranzania laevis (Pennant, 1776)

Hauptmerkmale: Körper langgestreckt und rechteckig, mehrfach länger als hoch. Maulspalte fast senkrecht.

Maximale Länge etwa 1 m. Tritt oft in großen Schwärmen auf. Biologie wenig bekannt. Seltener Irrgast in der nördlichen Nordsee. Geographische Verbreitung wie beim folgenden Kurzen Mondfisch.

Kurzer Mondfisch
Mola mola (Linnaeus, 1758)

Hauptmerkmale: Körper recht kurz, kaum länger als hoch. Gleichmäßig gerundeter, deutlich gewellter Schwanzflossensaum. Maulspalte waagerecht.

Maximale Länge bis 3 m, Gewicht bis 1.500 kg. Kommt weltweit in offenen warmen bis gemäßigten Meeren vor. Treibt häufig an der Oberfläche, so daß die Rückenflosse aus dem Wasser ragt.

Laicht u. a. in der Sargassosee. Eizahlen dieser Art mit bis zu 300 Millionen pro Laichvorgang sind weit höher als die aller anderen Fischarten. Die frisch geschlüpften, 3 mm großen Larven besitzen noch einen normalen Schwanz und zum Schutz vor Freßfeinden 5 lange Stacheln. Schwanz und Stacheln werden während der weiteren Entwicklung zurückgebildet.

Kurze Mondfische fressen trotz ihrer beachtlichen Größe nur Aallarven, Quallen und die Larven von Kopffüßern.

Im Herbst häufig in der Nordsee, im Skagerrak und bis in die Beltsee.

Süßwasserfischarten im Brackwasser

Eine Reihe von Süßwasserfischarten ist imstande, in schwächer salzigem Brackwasser zu leben. Umgekehrt können übrigens einige Meeresfischarten auch Brack- und sogar Süßwasser vertragen.

Wie auf S. 23 dargestellt, ist die Ostsee ein Brackwassermeer, in das große Flüsse Süßwasser zuführen.

Im Westteil der Ostsee beträgt der Salzgehalt etwa ein Drittel (ca. 12 ppm) des Nordseewassers.

Nach Osten hin und dann weiter in Richtung Norden nimmt der Salzgehalt bis auf nur noch ein Sechstel (ca. 6 ppm) im Finnischen und Bothnischen Meerbusen ab.

Einige Süßwasserfischarten können den niedrigen Salzgehalt des Brackwassers vertragen. Manche dieser Arten kommen in der Ostsee vor. Im nun folgenden Kapitel werden die wichtigsten beschrieben.

Hecht, 60 cm

HECHTE
Esocidae

Hecht
Esox lucius Linnaeus, 1758

Hauptmerkmale: Maulspalte lang und breit, Kiefer mit kräftigen Zähnen besetzt. Rücken- und Afterflosse sitzen auf gleicher Höhe kurz vor der Schwanzflosse. Farbe grünlich-gelb.

Maximale Länge etwa 150 cm und bis zu 25 kg Gewicht. Kommt entlang den Küsten in der gesamten Ostsee vor.

Larve mit Dottersack

LACHSFISCHE
Salmonidae

Ostseeschnäpel
Coregonus lavaretus Linnaeus, 1758

Hauptmerkmale: Kleines Maul mit leicht überhängendem Oberkiefer. Bauchflossen und Rückenflosse auf gleicher Höhe bei etwa halber Körperlänge. Fettflosse auf Oberseite des Schwanzstiels. Körper silbrig.

Maximale Länge ca. 70 cm, Gewicht bis zu 10 kg. Steigt zum Laichen in Flußmündungen auf.

Die nahe verwandte Kleine Maräne *(Coregonus albula)* ist vom Ostseeschnäpel durch ihren vorspringenden Unterkiefer unterscheidbar.

KARPFENFISCHE
Cyprinidae

Brassen, Brachsen oder **Blei**
Abramis brama (Linnaeus, 1758)

Hauptmerkmale: Körper hochrückig und seitlich zusammengedrückt. Afterflossenbasis doppelt so lang wie Rückenflossenbasis. Flossen erwachsener Fische schwärzlich.

Maximale Länge 75 cm, Gewicht bis 6 kg. Lebt in der östlichen Ostsee und in Flußmündungen.

Ziege, 25 cm

Ziege oder **Sichling**
Pelecus cultratus (Linnaeus, 1758)

Hauptmerkmale: Schräge Maulspalte. Gewellte Seitenlinie verläuft tief, nahe der scharf gekielten Bauchkante.

Maximale Länge bis 60 cm, Gewicht bis 2 kg.

Kommt in der gesamten Ostseeregion vor, allerdings eher selten. Die Ziege ist eine osteuropäische Fischart, die z. B. im Schwarzen Meer häufig auftritt.

Aland, Nerfling oder **Orfe**
Leuciscus idus (Linnaeus, 1758)

Hauptmerkmale: Weist ein ähnliches Erscheinungsbild wie die Plötze auf, unterscheidet sich von dieser aber durch gelbe Augen und eine höhere Zahl an Seitenlinienschuppen (Aland 55–61, Plötze 41–47).

Maximale Länge 60 cm, Gewicht bis 4 kg. Die Art lebt vor den Küsten der gesamten Ostsee.

Ostseeschnäpel, 50 cm

Brassen, 35 cm

Aland, 40 cm

DORSCHFISCHE
Gadidae

Quappe, 32 cm

Quappe, Rutte oder **Trüsche**
Lota lota (Linnaeus, 1758)

Hauptmerkmale: 1. Rückenflosse kurz, 2. saumartig, beide mit Weichstrahlen. Kopf breit, eine Kinnbartel, eine Bartel an jeder Nasenöffnung. Marmoriertes Farbmuster.

Maximale Länge in der Ostsee 50 cm, Gewicht bis 1 kg. Kommt im gesamten Ostseegebiet vor.

BARSCHE
Percidae

Flußbarsch, 22 cm

Flußbarsch
Perca fluviatilis Linnaeus, 1758

Hauptmerkmale: Körper hochrückig. Farbe grünlich, schwarze Querbänder. Stacheln auf den Kiemendeckeln.

Maximale Länge 50 cm, Gewicht bis 3,5 kg. Vorkommen in der gesamten Ostseeregion.

Zander oder **Schill**
Stizostedion lucioperca (Linnaeus, 1758)

Hauptmerkmale: Körper gestreckt, ohne Querbänder. Kiemendeckel stachellos.

Maximale Länge 1 m, Gewicht 10–12 kg. Kommt überall in der Ostseeregion vor.

Kaulbarsch, 12 cm

Kaulbarsch

Gymnocephalus cernuus (Linnaeus, 1758)

Hauptmerkmale: Beide Rückenflossen im Gegensatz zum Flußbarsch zusammengewachsen. Körper bräunlich und mit dunklen Flecken gemustert.

Maximale Länge 25 cm, Gewicht bis 0,4 kg. Kommt in den meisten Gebieten des Ostseeraums vor.

Zander, 60 cm

Krebse, Weichtiere

Sandgarnele oder **„Nordseekrabbe“**

Crangon crangon (Linnaeus, 1758)

Hauptmerkmale: Farbe grau, gekocht rotbraun mit hellen Flecken, ohne Stirnstachel.

Maximale Länge 9,5 cm. Meist getrenntgeschlechtlich, Männchen mit max. etwa 50 mm deutlich kleiner als Weibchen. Lebensdauer selten über 3–4 Jahre.

Lebt in 0–30 m Tiefe, im Sommer oft in großen Mengen im Flachwasser. Weibchen produzieren jährlich 2–3mal 2.000–14.000 Eier, die sie 1–2 Monate unter ihrem Hinterleib tragen. Larven bis zu 10 mm Länge pelagisch. Fressen bodenlebende Organismen und Aas. Werden hauptsächlich im Wattenmeer mit Baumkurren in 2–3 m Tiefe gefangen, bei Niedrigwasser auch mit Schiebehamen von Hand. Große Tiere werden gekocht und ihr Schwanzfleisch zum Verzehr herausgeschält. Kleine Tiere werden für Tierfutter getrocknet.

Jahresfang in Europa, vor allem durch Deutschland, Holland und Dänemark, schwankt zwischen 13.000 und 28.000 Tonnen.

Ostseegarnele

Leander adspersus (Ratke, 1837)

Hauptmerkmale: Farbe graubraun, gekocht rot. Mit kräftigem Stirnstachel.

Maximale Länge 8 cm, Männchen erheblich kleiner. Lebt in der flachen Algenzone geschützter Buchten und Fjorde. Weibchen produzieren 1–2mal jährlich 300–2.500 Eier, die sie ca. 1 Monat unter ihrem Hinterleib tragen. Larven bis 7–8 mm Länge pelagisch. Geschlechtsreif mit 1 Jahr und ca. 4 cm. Kalte Winter reduzieren Bestand stark. Nahrung sind kleine Würmer und Krebse. Fang mit Schiebehamen oder in Reusen. Der dänische Jahresfang liegt bei 200–300 Tonnen.

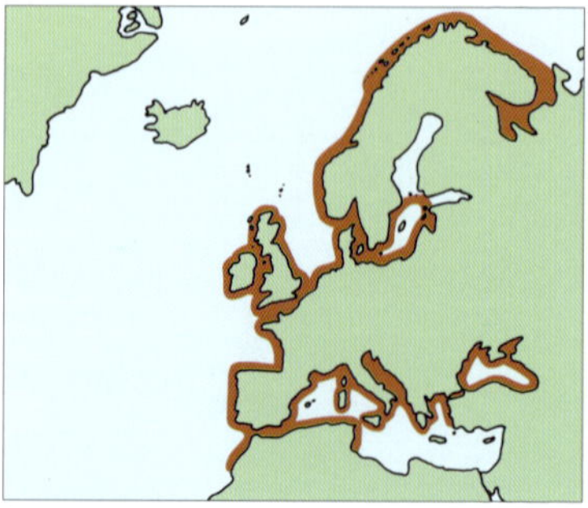

Sandgarnele

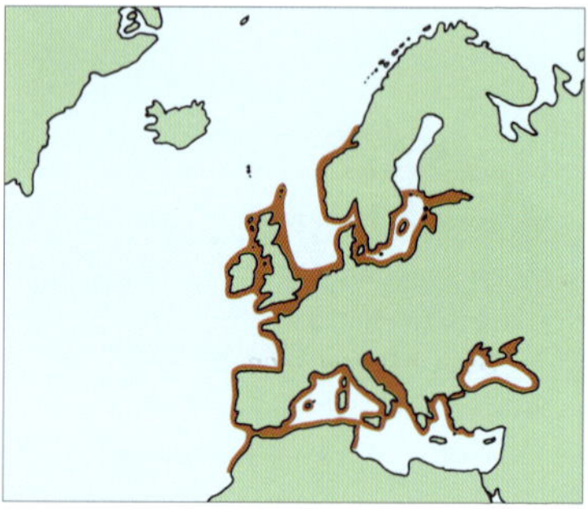

Ostseegarnele

Tiefsee- oder **Grönlandgarnele**

Pandalus borealis Krøyer, 1838

Hauptmerkmale: Farbe rot, auch nach dem Kochen. Mit langem Stirnstachel.

Maximale Länge 16–17 cm. Lebt auf weichen Böden in 50–500 m Tiefe bei 0–8 °C, steigt nachts zur Oberfläche auf. Sind als Zwitter im Skagerrak 2 Jahre, vor Grönland und Spitzbergen 4 Jahre zunächst Männchen und werden anschließend weiblich. Paarung im Herbst. Weibchen trägt seine 1.000–3.000 Eier während des Winters – unter Grönland sogar für 9 Monate – unter dem Hinterleib, bis die pelagischen Larven im Frühjahr schlüpfen. Nahrung sind kleine Krebstiere und Würmer. Sind für viele Fischarten selbst wichtige Beutetiere.

Tiefseegarnelen werden mit großen Schleppnetzen gefischt.

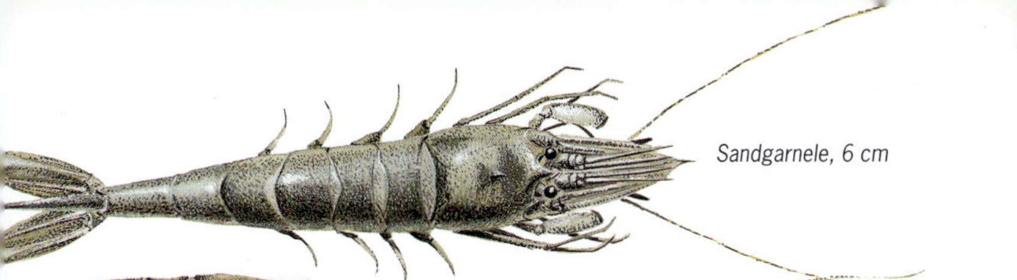

Sandgarnele, 6 cm

Gekochte Sandgarnele

Ostseegarnele, 6 cm

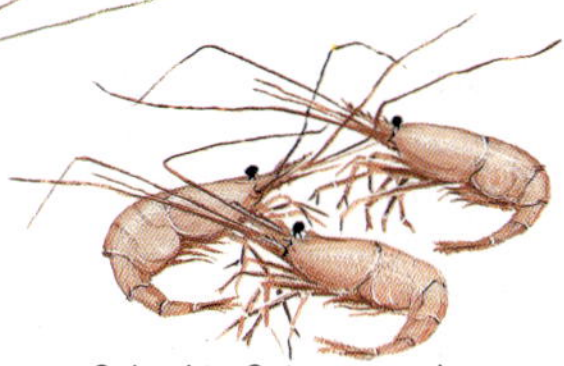

Gekochte Ostseegarnelen

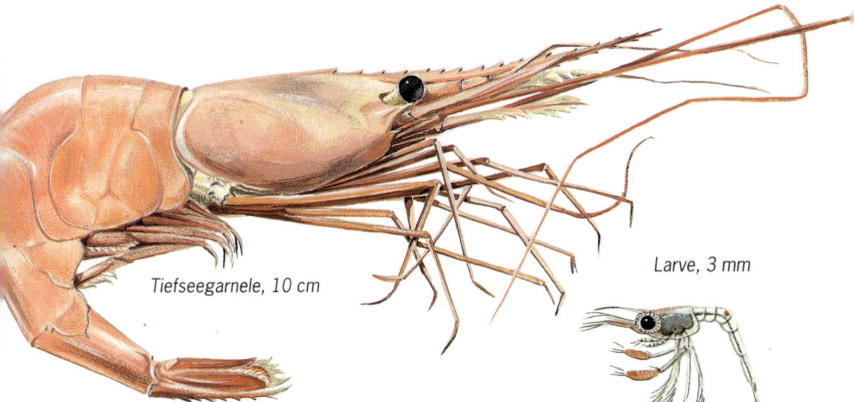

Tiefseegarnele, 10 cm

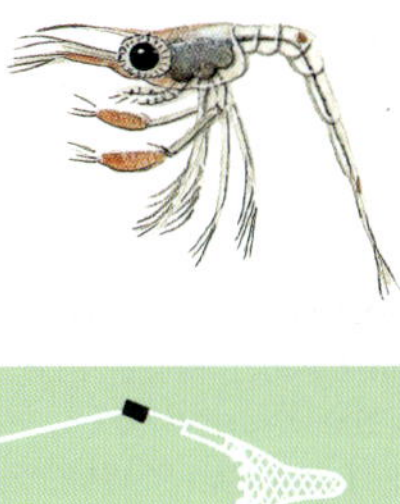

Larve, 3 mm

Garnelenschleppnetz

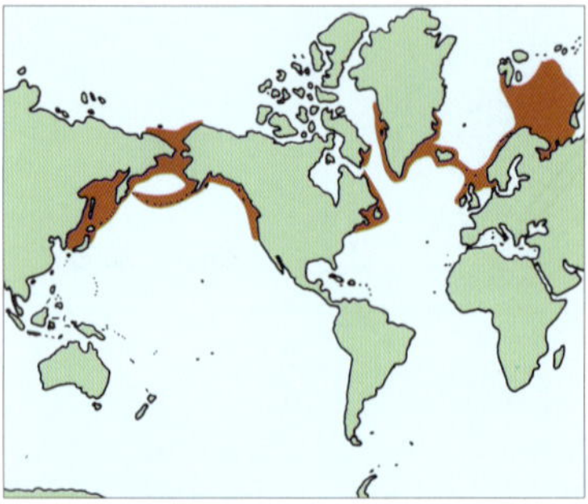
Tiefseegarnele

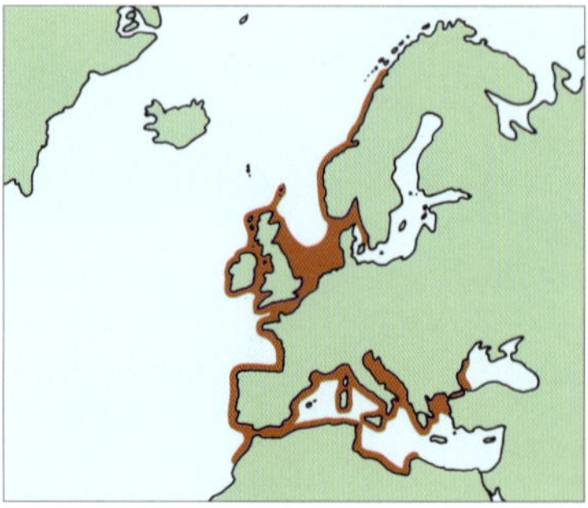
Hummer

Die Verarbeitung erfolgt gekocht, gefroren und in Konserven.

Grönland, Island und Norwegen fangen jährlich mehr als 200.000 Tonnen.

Hummer

Homarus gammarus (Linnaeus, 1758)

Hauptmerkmale: Körper blauschwarz. Ein Paar langer, massiger Scheren.

Maximale Länge 75 cm, Gewicht bis 4 kg, heute aber selten mehr als 30 cm und 1 kg. Lebt in 2–40 m Tiefe auf steinigem Grund und algenbewachsenen Steinriffen. Hummer haben eine fest begrenzte Temperaturtoleranz: Unter 5 °C Wassertemperatur stellen sie das Fressen ein, bei 20–22 °C sterben sie. Sie können sich auch nur bei hohem Salzgehalt und wenigstens 15 °C Wassertemperatur fortpflanzen.

Die Paarung erfolgt im Herbst, wenn das Männchen dem Weibchen unmittelbar nach dessen Häutung seine Samenpakete (Spermatophoren) überträgt. Das Weibchen bewahrt die Spermien während des Winters in einer Samentasche auf, bis sie im Sommer die Eier befruchtet und abgibt. Dabei legt sich das Weibchen auf den Rücken und heftet ihre Eier auf die Unterseite ihres Hinterleibs.

Je nach Weibchengröße können 5.000–40.000 blauschwarze Eier produziert werden. Nach 10–12 Monaten schlüpfen die 7–8 mm langen Larven. Sie leben für etwa 14 Tage pelagisch und gehen erst nach drei Häutungen zum Bodenleben über. Hummer sind typisch nachtaktive Krebse, die alle Bodentierarten, tote Fische und sogar schwächere Artgenossen fressen. Wiederfänge markierter Hummer im Umkreis von maximal 4–5 km um den Markierungsort belegen die ausgeprägte Ortstreue.

Das Wachstum der Hummer verläuft langsam und ist abhängig von der Wassertemperatur. Im Skagerrak werden Männchen mit 16–17 cm Länge, Weibchen mit 22–23 cm Länge und 5–7 Jahren bei etwa 350 g Gewicht geschlechtsreif. Erwachsene Tiere häuten sich 1–2mal im Jahr mit jeweils 1–2 cm Längenzuwachs.

Fang erfolgt im Sommer mit Hummerkörben. Als Köder verwendet man nicht ganz frischen Fisch. Norwegen betreibt Farmen zur Aufzucht und späteren Auswilderung von Junghummern. Zum Schutz der natürlichen Bestände vor Überfischung gelten örtlich Mindestmaße von meist 20–21 cm Länge. In Europa werden jährlich etwa 2.000 Tonnen Hummer gefangen.

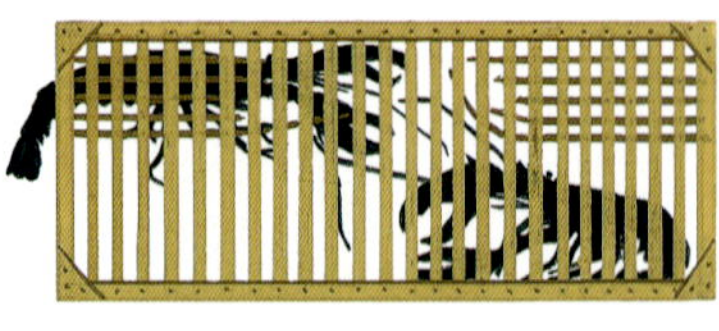
Hummerkorb

Konserven

Hummer, 34 cm

Larve, 12 mm

Nahrung

Borstenwürmer

Muscheln

Artgenossen

Aas

Kaisergranat

Nephrops norvegicus (Linnaeus, 1758)

Hauptmerkmale: Lange, schlanke Scheren. Farbe auch gekocht orange bis rosa.

Maximale Länge (von der Spitze des Stirnstachels bis Ende Schwanzfächer) Männchen 24 cm, Weibchen 20 cm, heute selten über 15 cm. Lebt in 40–250 m Tiefe auf weichen Böden in Löchern, oft vergesellschaftet mit Fries' Meergrundel. Deckung wird nur nachts zur Nahrungssuche am Boden verlassen. Jedes zweite Jahr produzieren Weibchen von März bis November bis zu 4.000 Eier, die erst beim Anheften unter dem Hinterleib befruchtet und anschließend 8–9 Monate herumgetragen werden. Ca. 7 mm lange, garnelenähnliche Larven 2–3 Wochen pelagisch, nach der 3. Häutung mit 11 mm Länge Übergang zum Bodenleben. Nach langsamem Wachstum geschlechtsreif im 3.–5. Jahr bei 8–10 cm Länge. Fressen vor allem Schlangensterne und andere kleine Bodentiere.

Kaisergranate werden nachts mit Schleppnetzen gefangen, sind auch wertvoller Beifang der Garnelenfischerei. In einigen Ländern gelten Mindestmaße von 11–16 cm. Kaisergranate lassen sich – anders als Hummer – nicht lebend transportieren und gelangen daher frisch, gekocht oder als Konserven an den Markt. Den europäischen Jahresfang von 50.000–60.000 Tonnen erzielt vor allem Großbritannien.

Nahrung

Krebse

Würmer

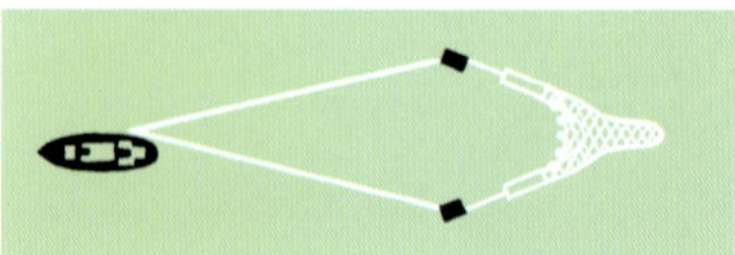

Grundschleppnetz

Kaisergranat, 18 cm

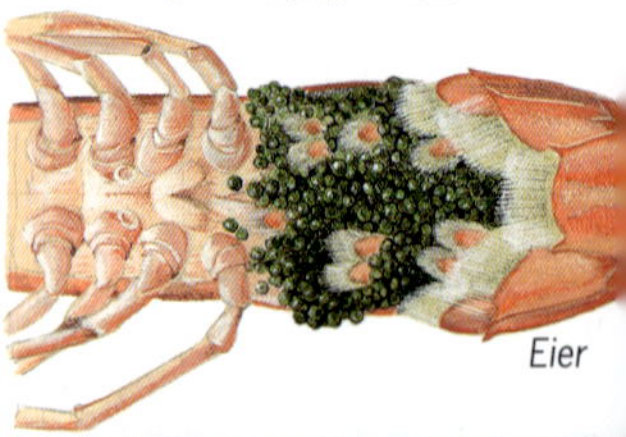

Eier

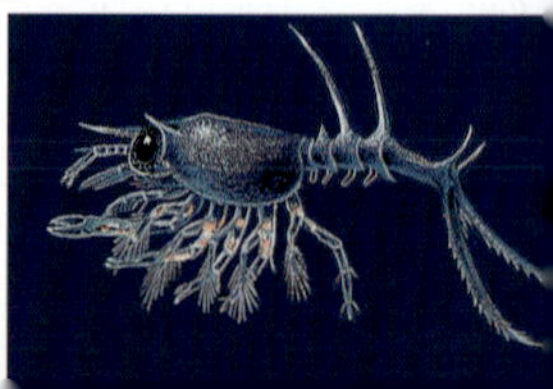

Larve, 7 mm

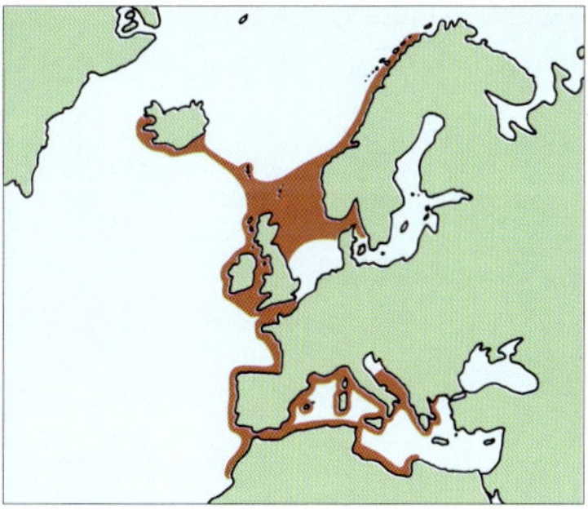

Kaisergranat

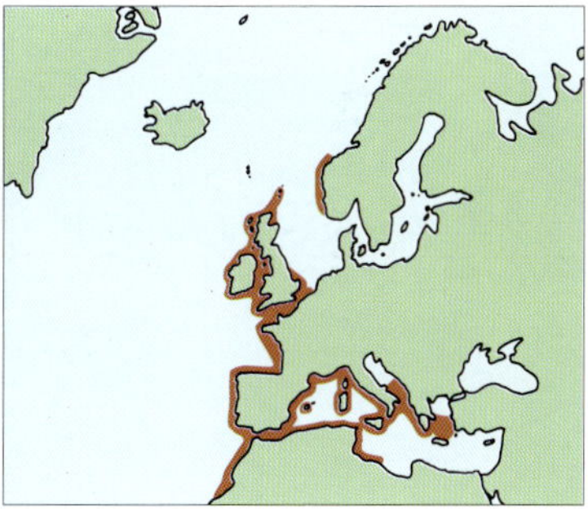

Languste

Languste

Palinurus elephas (Fabricius, 1787)

Hauptmerkmale: Ohne großes Scherenpaar.

Maximale Länge 50 cm, meist nicht über 30–40 cm lang und 2–4 kg schwer. Lebt auf steinigen Böden in 50–100 m Tiefe, im Winter auch tiefer. Das Weibchen trägt die bis zu 15.000 Eier unter dem Hinterleib den ganzen Winter über mit sich. Im Frühjahr schlüpfen die 3 mm großen, sehr eigentümlich aussehenden Larven. Diese leben während der ersten beiden Monate pelagisch, bis sie etwa 20 mm Länge erreicht haben. Nahrung sind vor allem Weichtiere.

Langusten werden in Korbreusen gefangen und wie Hummer lebend vermarktet. Europäischer Jahresfang 2.000–3.000 Tonnen.

Verwandte Arten der europäischen Languste gibt es in allen tropischen Meeren.

Languste, 26 cm

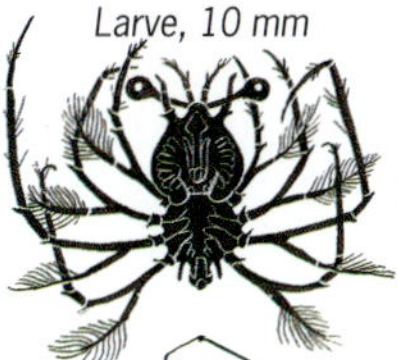

Larve, 10 mm

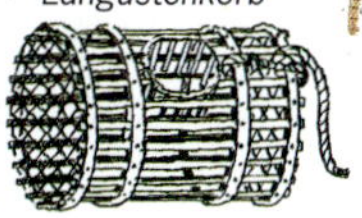

Langustenkorb

Bretonisches Langustenboot

Taschenkrebs, 17 cm breit

Taschenkrebs

Cancer pagurus Linnaeus, 1758

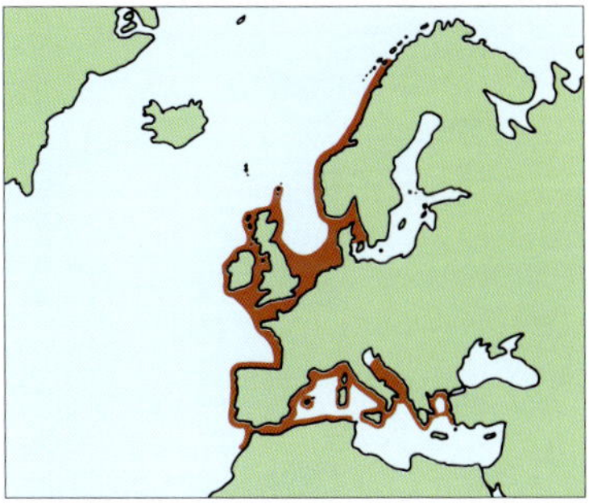

Taschenkrebs

Hauptmerkmale: Der seitwärtigen Fortbewegungsweise entsprechend ist der Körperpanzer oval, seine Seitenkanten sind wellig gezähnt. Ein Paar langer, kräftiger Scherenbeine.

Maximale Schalenbreite 30 cm, aber selten über 20 cm, Gewicht 4–6 kg. Der unter den Panzer geklappte Schwanz der Weibchen ist breit mit rundem Ende, bei Männchen schmal und spitz. Lebt im Sommer 1–30 m tief auf felsigen und steinigen Böden, im Winter Rückzug auf 30–50 m Tiefe. Weibchen speichern den Samen mehrere Jahre im Körper und produzieren so nach der Paarung 2–3mal befruchtete Eier. Im Herbst erzeugt das Weibchen 500.000–3 Millionen Eier und trägt sie während des Winters unter dem Hinterleib. 0,9 mm große pelagische Larven schlüpfen im folgenden Sommer. Nach zwei Monaten und mehreren Häutungen Übergang zum Bodenleben bei 4 mm Größe. Einjährig messen die Jungkrebse etwa 3 cm. Geschlechtsreif mit 5–6 Jahren bei ca. 12 cm Schalenbreite. Nahrung sind Muscheln und andere Bodentiere.

Taschenkrebse sind sehr aktiv und wanderfreudiger als Hummer. Englische Markierungsversuche belegten Wanderdistanzen von bis zu 100 km.

Taschenkrebse werden auch in Korbreusen unter Verwendung von frischem Fisch als Köder oder als Beifang in Schleppnetzen gefangen.

Sie kommen frisch oder gefroren, z. T. auch als Konservenware an den Markt. Oft werden auch nur die großen Scheren verwertet. Ein 10 cm breiter Taschenkrebs enthält etwa 100 g verwertbares Fleisch. Verschiedene Länder haben wegen Überfischungsgefahr Schutzmaßnahmen und Mindestmaße festgelegt.

In Europa liegt die Fangmenge bei 20.000–25.000 Tonnen jährlich und wird hauptsächlich von Großbritannien, Frankreich und Island erzielt.

Pelagische Larve, 3 mm *Junges Bodenstadium, 5 mm*

KOPFFÜSSER ODER **„TINTENFISCHE“**
Cephalopoda

Im Nordostatlantik kommen etwa 40 Arten zehnarmiger Kopffüßer vor. Sie sind wie Muscheln und Schnecken Weichtiere (*Mollusca*), entsprechen in der Lebensweise aber eher den Fischen. Viele Arten leben in großen Schwärmen, unternehmen weite jahreszeitliche Wanderungen und produzieren pelagische Eier. Sie ernähren sich räuberisch von Schwarmfischen und sind selbst Beute für z. B. Thunfische und Wale. Die kleinsten Arten sind nur 3 cm lang, die größten erreichen Mantel-, d. h. Körperlängen von 2–4 m und Armlängen von bis zu 10 m. In Pottwalmägen wurden Augenlinsen von Tiefseekalmaren gefunden, die mit 40 cm Durchmesser die größten im Tierreich bekannten sind.

In wärmeren Meeren ist die Fischerei auf zehnarmige Kopffüßer (Kalmare) und achtarmige Arten (Kraken) von hoher wirtschaftlicher Bedeutung. Weltweit werden jährlich ca. 2–3 Millionen Tonnen gefangen.

Nordischer Kalmar
Loligo forbesi Steenstrup, 1856

Hauptmerkmale: 8 kurze Arme und 2 deutlich längere Fangarme.

Maximale Mantellänge (ohne Kopf und Arme) Weibchen 60 cm, Männchen 35 cm. Im Sommer in großen Schwärmen in der Nordsee. Große Eikapseln werden an Steine und Algen geheftet. Jungkalmare fressen Planktontiere und Fischlarven, ältere kleine Heringe, Sprotten und Sandaale. Mittels Giftdrüse wird beim Biß ein lähmendes oder tödliches Sekret abgesondert. Lebensdauer nur 1,5–2 Jahre.

In der Nordsee meist nur Beifang; europaweiter Jahresfang an Nordischem Kalmar und südlichem Verwandten, *Loligo vulgaris*, aber 10.000–20.000 Tonnen.

Kleiner Krake
Eledone cirrosa (Lamarck, 1798)

Hauptmerkmale: Nur 8 Arme, jeweils mit nur einer Reihe Saugnäpfe besetzt.

Maximale Mantellänge 50 cm, bis 3 Jahre alt. Häufige Nordseeart in 5–200 m Tiefe. Von Juli bis Oktober werden rd. 800 ovale, gestielte Eikapseln (8×3 mm) in Paketen zwischen Steinen abgelegt. Larven ca. 1 Monat pelagisch. Alte Tiere leben am Boden vor allem von Krebsen und Muscheln. Beute für Kabeljau und Meeraal. Ohne wirtschaftliche Bedeutung.

Die Gemeine oder Große Krake (*Octopus vulgaris*), ist vom Ärmelkanal bis ins Mittelmeer verbreitet. Mit Kopf und Armen bis zu 1 m lang, 2–3 kg schwer. 8 Arme mit je 2 Saugnapfreihen. Wird zum Verzehr gefangen, gilt aber auch als schädlich, weil er Hummer- und Langustenkörbe plündert.

Nordischer Kalmar

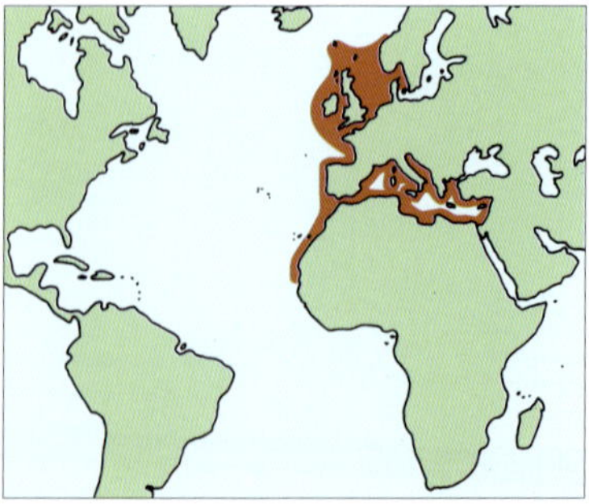

Kleiner Krake

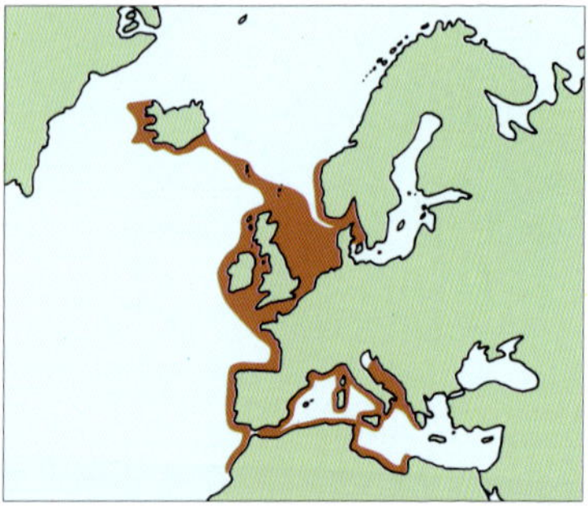

Nordischer Kalmar, ca. 50 cm

Nahrung

Jungfische

Garnelen

Verwendung

Konserven

Kalmarblinker

Kleiner Krake, ca. 30 cm

Europäische Auster

Ostrea edulis Linnaeus, 1758

Austern leben angeheftet an Felsen, festem Bodensubstrat und anderen harten Unterlagen vom flachen Küstenwasser bis in 20 m Tiefe. Die Biologie ist hochinteressant: Austern wechseln je nach Wassertemperatur und Nahrungsangebot mehrfach das Geschlecht. Bei wenigstens 12 °C Temperatur werden sie mit 8–10 Monaten zuerst männlich. Bei Sommertemperaturen von 15–16 °C werden sie dann alle 3–4 Jahre (bei 20–22 °C sogar jährlich) zu Weibchen und nur in kälteren Zwischenphasen wieder Männchen. Nach dem Samenausstoß der Männchen im Sommer werden die Eier in den Kiemenhöhlen der Weibchen befruchtet und aufbewahrt. Die 0,1 mm großen Larven schlüpfen nach einer Woche, driften dann 10–20 Tage lang mit dem Plankton und setzen sich anschließend mit ihrer linken Schalenseite an geeigneten Unterlagen, z. B. im Bereich von Hafenanlagen, fest. Die Schalen erhalten mit dem Wachstum eine zunehmend unregelmäßige Struktur und rundliche Form. Öffnet man eine Auster, ist der kräftige Schließmuskelstiel, umgeben von der Leber, den Geschlechtsorganen und 4 dunklen Kiemen („Bart") erkennbar. Die Nahrung (Kleinplankton) seihen Austern mittels ihres Kiemenfilters aus dem Atemwasser.

Zur Austernzucht werden gesammelte Jungtiere auf Naturbänken ausgesetzt oder in speziellen Körben in die planktonreiche Oberflächenschicht gehängt.

In der Bretagne bringt man Dachziegel, Pfähle und Reisigbündel als Unterlage für die Austernbrut aus und sammelt sie dann für die Aufzucht ein.

Die Produktion Europäischer Austern ist dramatisch auf ca. 10.000 Tonnen gefallen. Die Aufzucht erfolgt heute mehr mit anpassungsfähigeren pazifischen Austernarten der Gattung *Crassostrea*, die aus Japan über Amerika importiert wurden. Sie unterscheiden sich von der Europäischen Auster durch eine unregelmäßigere, ovale Schale und eine erheblich stärker gewölbte linke Schalenseite.

An einigen Küsten Europas, so auch im Wattenmeer der Nordsee, haben sich natürliche Bestände der Pazifischen Auster, *Crassostrea gigas*, selbst angesiedelt.

Europaweit werden 100.000–150.000 Tonnen Austern jährlich produziert. Führend ist dabei Frankreich.

Miesmuschel

Mytilus edulis Linnaeus, 1758

Schalenlänge selten über 80 mm. Kommt in der Gezeitenzone in 0–10 m Tiefe vor, bevorzugt an stark durchströmten Stellen. Meist zweigeschlechtlich. Eier und Samen werden gleichzeitig ins Wasser abgegeben. Aus den 5–12 Millionen Eiern einer weiblichen Miesmuschel entwickeln sich nach 1–2 Tagen winzige Larven. Nach 2–3 Wochen pelagischer Lebensweise setzen sich die Larven an Steinen und anderen festen Unterlagen mittels körpereigener klebriger, sogenannter „Byssusfäden" fest.

Für die Kulturen werden junge Muscheln mit Schlepprahmen oder „Dredgen" gesammelt und auf Muschelbänken ausgesetzt oder an Pfählen oder Floßtauen aufgezogen. Die marktfähige Größe ist mit 3–4 Jahren erreicht. Miesmuscheln werden frisch angeboten oder zu Konserven verarbeitet. Die jährliche Produktion Europas liegt bei gut 250.000 Tonnen.

Miesmuschel

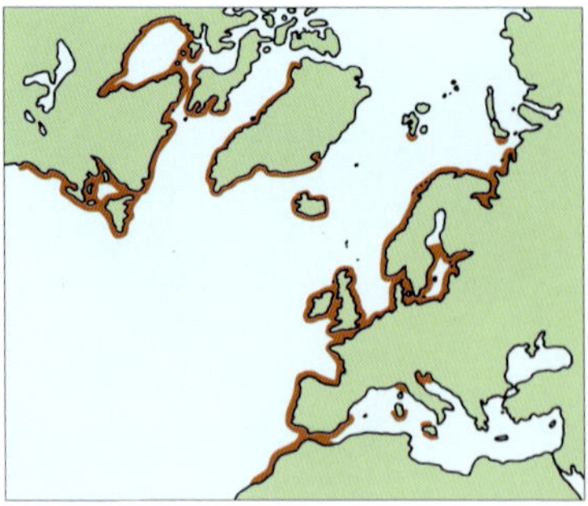

Europäische Auster, 7 cm

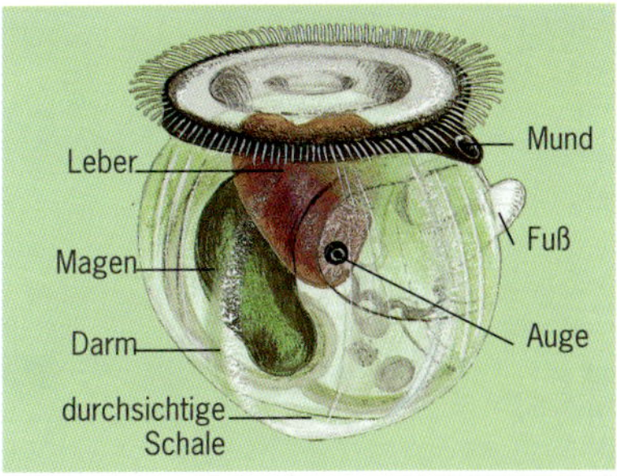

Pelagische Larve, 0,25 mm

Austernbrut-Sammelgestell (s. Text)

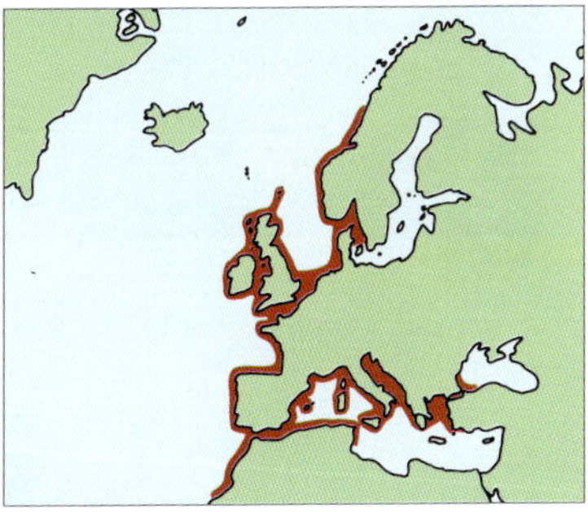
Europäische Auster

Austerndredge

Miesmuscheln, 5–7 cm

Geschichte der Fischerei

Galionsfigur des Dampfers „Finmarken" von 1864, Seefahrtsmuseum Bergen

Die Frühzeit: Die Fischerei zählt zweifellos zu den ältesten Formen menschlicher Nahrungsbeschaffung. Sie war zunächst aber nur eine von vielen vorgeschichtlichen Sammeltätigkeiten. Im Binnenland trugen die Menschen der Urzeit vor allem Insekten, Frösche, Wurzeln und Früchte zusammen. Küstenbewohner sammelten bei Niedrigwasser aber auch Krebse, Muscheln und kleine Fische ein. Schon bald lernten die Menschen, Fische an Binnenseen, Flüssen und auch an der Meeresküste mit Pfeil und Bogen sowie dem Speer als den üblichen Jagdwaffen zu erbeuten.

Der Fischerei gingen vorwiegend die Männer nach, während Frauen und Kindern das Sammeln von Nahrung überlassen blieb. Wie wir von Höhlenzeichnungen wissen, spielten im Zusammenhang mit dem Fischfang magische Bräuche eine große Rolle.

Spitze, spindelförmige Knebel stellten die Vorläufer der Angelhaken dar. Aber schon in der Steinzeit kamen auch Haken heutiger Form zum Einsatz, später jedoch als Pfeile und Speere. Sie wurden aus Stein, Horn, Knochen oder Holz geschnitzt. Allerdings waren sie nicht in allen Teilen der Welt schon zu jener frühen Zeit bekannt. Nach Australien und in große Bereiche Afrikas gelangten sie erst durch die Europäer und Araber. Die uns heute vertraute Idealform des Angelhakens wurde bereits zur Bronze- und frühen Eisenzeit entwickelt.

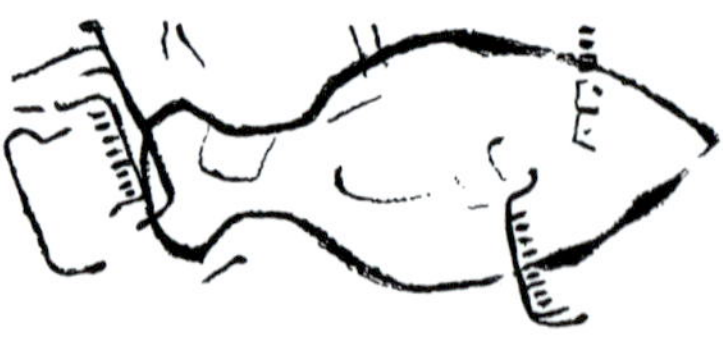

Heilbutt, Steinritzung bei Stavanger, Norwegen

Schon sehr früh fertigten die Menschen auch Fallen aus geflochtenen Zweigen und

Angelhaken aus Knochen und Stein

Bastnetz aus der Steinzeit

Röhricht an. Diese Fangmethode hat sich mit den Aal- und Hummerkörben bis heute erhalten. In Flüssen und kleinen Buchten legten die Frühmenschen Fischsperren an und lenkten die Fische damit in speziell konstruierte Fallen.

Im Binnenland wurden Netze zunächst zum Fang von Vögeln und Hirschen benutzt. Schnell lernten die Menschen, solche Netze auch beim Fischfang einzusetzen, sie durch das Wasser zu ziehen oder auszuwerfen.

Gefangene Fische wurden aufgeschnitten und aufgeklappt in der Sonne getrocknet oder über dem Feuer geräuchert, um ihre Haltbarkeit zu erhöhen.

Zur Bronze- und frühen Eisenzeit machte der Bootsbau große Fortschritte. Angefangen bei Booten, die mit Tierhaut bespannt wurden, führte er über Flöße und aus Baumstämmen gefertigte Einbäume bis hin zu Segelbooten mit Bretterbeplankung. Hiermit bestand die Möglichkeit, weite Entfernungen auf dem Wasser zurückzulegen. Der Handel begann zu blühen. Die Landwirtschaft entwickelte sich, und die Menschen entdeckten die Konservierungseigenschaft des Salzes. Schon vor etwa 3.000 Jahren waren im Mittelmeerraum Salz und gesalzene Fische wichtige Handelsgüter. Es dauerte allerdings noch mehr als 1.000 Jahre, bis das Wissen um die Möglichkeit der Salzkonservierung in die Länder Nordeuropas gelangte.

Das Mittelalter: Auch im Mittelalter war es noch nicht möglich, frischen Fisch über große Entfernungen zu transportieren. Nur an den Anlandeplätzen und in küstennahen Städten konnte Meeresfisch auf dem Markt feilgeboten werden. Im Landesinneren war man auf die Binnenfischerei angewiesen, die im damaligen Europa eine bedeutendere Rolle spielte als gegenwärtig.

Wie auch heute noch waren Hering und Kabeljau schon zu jener Zeit die wirtschaftlich wichtigsten Fischarten.

Salz wurde zu einem äußerst begehrten Rohstoff. Zu dessen Gewinnung leitete man an den Mittelmeerküsten Meerwasser in seichte Tümpel, Salinen oder Salzpfannen genannt, in denen Wind und Sonne das Wasser verdunsten ließen. In Nordeuropa kochte man das Meerwasser in Salzpfannen aus Metall über Holz- oder Holzkohlefeuern, um Salz zu gewinnen.

Schon um 1.000 n. Chr. setzte entlang der Ostküste Englands die gewerbliche Fischerei auf Heringe ein. Yarmouth wurde zu einem bedeutenden Fischereihafen.

Im Ärmelkanal sowie in der südlichen Nordsee vor Dieppe, Calais und Holland war die Fischerei zur damaligen Zeit auch schon von Bedeutung.

Ab dem 13. Jahrhundert lag das wichtigste Versorgungszentrum Europas für Salzhering im Gebiet des südlichen Öresunds; die wichtigsten Handelsplätze waren Falsterbo und Skanör. Der Handel mit

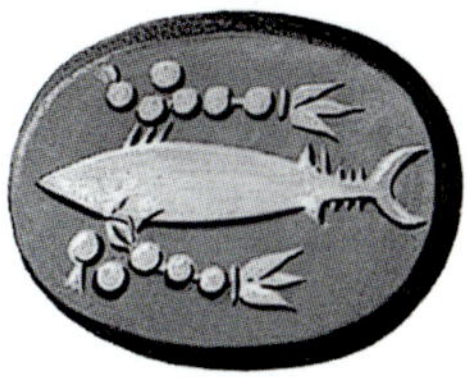

Thunfisch mit geweihtem Schmuckband, Ionische Münze 600 v. Chr.

Great Yarmouth, England

Enkhuizen, Holland

Skagen, Dänemark

Marstrand, Schweden

Hansestadt Bergen, Norwegen

Beispiele einiger Städte, die aufgrund der großen Bedeutung ihrer Fischerei Fischmotive in ihre Stadtwappen aufnahmen

Salzhering lag in den Händen der norddeutschen Hansestädte. Sie erkauften sich weitreichende Privilegien vom dänischen König und kontrollierten den Export länger als 400 Jahre. Um das Jahr 1.500 setzte auf dem Markt die Konkurrenz durch flämischen Hering und der Niedergang des Hanse-Monopols ein. Im Jahre 1537 waren allerdings in Falsterbo und Skanör noch etwa 37.000 Menschen mit der Herstellung von 96.000 Fässern Salzhering beschäftigt. Weitere 264.000 Fässer kamen aus anderen Fischereigebieten des dänischen Königreichs.

Ursprünglich wurde dänischer Hering nur unausgenommen eingesalzen. Später jedoch wurden Qualität und Lagerdauer der Heringe durch Ausnehmen und sorgfältige Säuberung verbessert. Die Holländer übernahmen um das Jahr 1375 diese Methode von den Kaufleuten der Hanse und entwickelten sie weiter.

Zahllose Gesetze und Bestimmungen zur Verarbeitung und weiteren Behandlung des Herings sicherten dessen gleichbleibende Qualität. Im Laufe der Zeit verdrängte der flämische Hering die Ware der Hanse von der führenden Marktposition und behielt diese Stellung für etwa 300 Jahre. Der Heringshandel legte das Fundament für Hollands Reichtum und ermöglichte dem kleinen Land, seinen Unabhängigkeitskrieg gegen das mächtige Spanien zu finanzieren.

In der holländischen Fischerei wurden besondere Zweimasterschiffe von 80–100 BRT (Bruttoregistertonnen), „Haringbuis“ oder „Heringsbüse“, mit 14–15 Mann Besatzung eingesetzt. Treibnetze waren das wichtigste Fanggerät. Mit Beginn der Heringssaison brachten Schnellsegler den ersten und teuren Hering nach Holland. Von dort wurde er mit leichten Pferdekarren auf dem Landweg weiter verfrachtet. Zu jener Zeit fischten etwa 2.000 holländische Heringsbüsen in der Nordsee, meist eskortiert von bewaffneten Schiffen zum Schutz gegen Freibeuter und Piraten. Schätzungsweise ein Fünftel der holländischen Bevölkerung, etwa 450.000 Menschen, bezogen ihr Einkommen direkt oder indirekt aus der Heringsfischerei. Hieraus erklärt sich die heute noch gebräuchliche Redensart, Amsterdam sei auf Heringsgräten erbaut worden.

Wind- und sonnengetrockneter Kabeljau, manchmal zerteilt, wurde ab dem frühen Mittelalter in skandinavischen Ländern zu einer sehr bedeutenden Nahrungsquelle. Diese Verarbeitungsart entwickelte sich ursprünglich in Norwegen aufgrund des dortigen Salzmangels. Der Trockenfisch war ein geeigneter Schiffsproviant und ermöglichte Fischern ihre langen Fahrten nach Island und Grönland.

Im 13.–14. Jahrhundert nahmen die Hansekaufleute den Handel mit den einheimischen Produkten Stockfisch und Fischöl, von Bergen ausgehend, auf. Die Engländer leiteten von Bristol aus einen ähnlichen Handel mit Island ein, und fischten mit ihren zweimastigen Schiffen, den sogenannten „Doggern", auch in isländischen Küstengewässern.

Lebertran wurde ein wichtiges Nebenprodukt der Kabeljaufischerei. Er fand hauptsächlich bei der Verarbeitung und Pflege von Leder Verwendung, ferner als übelriechendes und stark rußendes Lampenöl. In England wurde 1775 Kabeljau-Lebertran als vorbeugendes Mittel gegen Rachitis entdeckt; 50 Jahre später war diese Anwendungsform weit verbreitet.

Die Neuzeit: Ein bemerkenswerter Eintrag findet sich im privaten Kassenbuch des englischen Königs, datiert vom 10. August 1497: „An den Entdecker der neuen Insel – £10." Der Betrag war ein Geschenk an John Cabot für die Entdeckung Neufundlands, dessen gewaltige Bedeutung für die englische Fischerei allerdings erst einige Jahre später in vollem Umfange zutage trat.

Im frühen 16. Jahrhundert wurden die Gewässer Neufundlands vor allem von spanischen, portugiesischen und französischen Fischern genutzt.

Hansekogge, ca. 1550

Holländische Heringsbuise im 18. Jahrhundert

Bretonischer Logger, 19. Jahrhundert

Nordjütländischer Snurrewadenkutter

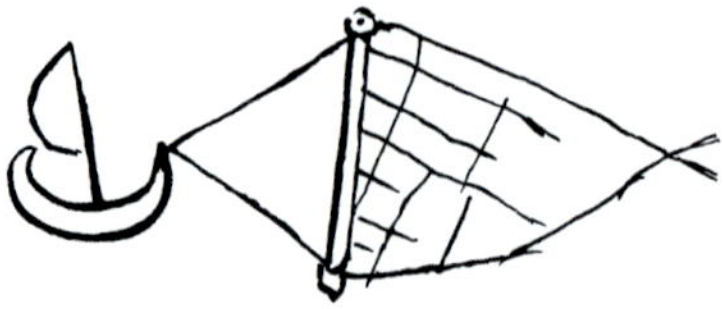

Baumkurre, englische Zeichnung von 1635

Erst nachdem Dänemark ein teures Lizenzsystem für englische Fischer in isländischen Gewässern eigeführt hatte, war für England der Zeitpunkt gekommen, seine Fischerboote in großer Zahl nach Neufundland zu schicken. Um das Jahr 1580 fischten 50 englische, 50 portugiesische, 100 spanische und 150 französische Boote vor Neufundland. Nach der Vertreibung der Spanier und Portugiesen durch englische Piraten übernahmen jedoch England und Frankreich die alleinige Kontrolle der dortigen Fischerei. Ab 1583 kolonisierte England die Insel und zwang die Franzosen, in größerer Entfernung vor der Küste zu fischen. Als Folge hieraus entdeckten die Franzosen die Neufundlandbänke, ein höchst ertragreiches Fanggebiet.

England übernahm den großen Markt für gesalzenen Kabeljau in Spanien und Portugal. Im Frühjahr segelte die englische Fischereiflotte zur Übernahme von Salz nach Portugal, dann weiter nach Neufundland und kehrte zur Anlandung des Salzfisches wieder nach Portugal zurück. Auf der Heimfahrt nach England transportierten die Boote schließlich Wein, Oliven, Öl und Salz. Während die Engländer den Fischhandel auf der Iberischen Halbinsel kontrollierten, befuhren die Holländer die Gewässer vor Englands Ostküste und verkauften gewaltige Mengen Fisch auf dem englischen Markt.

Handel mit Salz- und Trockenfisch, Olaus Magnus 1555

Um 1630 hatte sich die Tonnage der englischen Neufundlandflotte auf 27.000 BRT erhöht, und die jährlichen Fischereierlöse beliefen sich auf etwa £180.000. Die Franzosen unternahmen pro Jahr zwei Fangfahrten zu den Neufundlandbänken und fischten dort mit Langleinen. Der Fang wurde an Bord gesalzen und in Fässern verstaut. Die Schiffe der Franzosen hatten eine Besatzung von 15–20 Mann und Proviant für 6 Monate auf See. Mit Beginn des 18. Jahrhunderts zogen die Franzosen an den Engländern vorbei: Sie besaßen 4.000–8.000 Fischerboote und 16.000–30.000 Mann Besatzung, während die Engländer nur 5.000 Mann in der Fischerei vor Neufundland beschäftigten.

Im 18. Jahrhundert setzten die Franzosen Fischschoner von 200–300 BRT mit 70–80 Mann Besatzung und jeweils 14–15 Dory-Beibooten ein. Aus diesen kleinen Ruderbooten fischten die Männer mit Langleinen in der Nähe des Mutterschiffs. Der französische Salzfisch wurde allgemein qualitativ höher eingeschätzt als der englische.

Die wirtschaftliche Lage Neuenglands verbesserte sich durch die Neufundlandfischerei erheblich. In recht kurzer Zeit entwickelte sich vor allem Boston zu einem bedeutenden Fischereihafen.

Die gut organisierte holländische Heringsfischerei in der Nordsee blühte über lange Zeit. Alle Versuche der Engländer, ein ähnlich ertragreiches Handelssystem aufzubauen, schlugen fehl. Erst zur Zeit der vielen Kriege zwischen England und Frankreich im 17. und 18. Jahrhundert wurde das holländische Monopol gebrochen. Die schottische und englische Heringsfischerei konnte sich nun unter einer freigiebigen Re-

Große Heringsfänge, Olaus Magnus 1555

gierung und mit deren finanzieller Unterstützung des Bootsbaus schnell entwickeln. 1913 erreichte der britische Heringsfang seinen Höhepunkt mit etwa 600.000 t, deren größter Teil nach Rußland, Polen und Deutschland exportiert wurde.

Die Heringsfischerei vor der Westküste Norwegens richtete sich auf den großen atlanto-skandischen Bestand. Er kam im 18. Jahrhundert als Salzhering auf den Markt, nachdem Holland seine führende Rolle verloren hatte.

Mit Anfang des 17. Jahrhunderts verarbeiteten die Norweger als erste Nation Dorschfische zu Klippfisch. Zusammen mit dem Stockfisch wurde dieser ein wichtiges Produkt für den Export nach Spanien, Portugal, Italien und Südamerika. Um 1827 arbeiteten etwa 20.000 Männer in der Lofotenfischerei, die bis heute eine der bedeutendsten Europas ist.

Während der napoleonischen Kriege wurde verstärkt nach Möglichkeiten zur Nahrungskonservierung geforscht, um die gewaltigen Heere mit transportabler Verpflegung versorgen zu können. Gegen Ende des 18. Jahrhunderts unternahm man erste Versuche, Nahrungsmittel in Glasgefäßen zu konservieren. Im Jahre 1810 wurde das erste Patent für Nahrungskonserven in Blechdosen erteilt, und bereits 15 Jahre später konnte man Lachs, Sardinen und Krebse in Dosen kaufen.

Der Handel mit Frischfisch erfuhr dagegen keinen merklichen Fortschritt, bis endlich Methoden zur vorübergehenden Frischhaltung in gestückeltem Eis entwickelt wurden. Natureis wurde im Winter aus Binnenseen gewonnen oder aus Norwegen importiert und für einige Monate in gut isolierten Kellerräumen gelagert. Nach Einführung der ersten Eismaschine im Jahre 1835 waren bis 1890 alle führenden Fischereihäfen der Küsten mit eigenen Eisfabriken ausgestattet. Die Fortentwicklung der Eisenbahn ermöglichte schließlich, Frischfisch auf Eis in besonderen Fischzügen schnell in die Städte des Binnenlandes zu verfrachten. Die Nachfrage nach stark gesalzenen, getrockneten oder geräucherten Fischprodukten früherer Zeiten ging zurück; an ihre Stelle traten Frischfisch oder mild geräucherte Produkte.

Die Erfindung der Dampfmaschine löste im Fischereiwesen ebenso starke Neuerungen aus wie in der gesamten Industrie. Ab 1880 kamen die ersten britischen dampfgetriebenen Schleppnetz-Fangschiffe zum Einsatz, wenig später folgten Treibnetzdampfer. Die alte Baumkurre wurde vom Schleppnetz mit weitaus besserer Manövrierfähigkeit abgelöst. Maschineneinsatz ermöglichte die Verwendung größerer Fanggeschirre bei einer zahlenmäßig kleineren Decksmannschaft. Anker und Netze wurden nun ebenfalls maschinell eingeholt.

Funk gestattete den Schiffe den Empfang von Wettervorhersagen, die Verbin-

Aberdeens erster Fischdampfer 1882

dung mit Rettungsdiensten, lieferte die neuesten Fischmarktpreise und erlaubte den Austausch aktueller Informationen zwischen den Fischereifahrzeugen.

Als die Nordsee in diesem Jahrhundert erste offensichtliche Anzeichen von Übernutzung erkennen ließ, die Nachfrage nach Fisch jedoch weiter stieg, suchte man neue lohnende Fischgründe und entdeckte sie in der Arktis.

Die Barentssee, die Dänemarkstraße und die Gewässer vor Westgrönland sind seitdem zu wichtigen Fischereigebieten geworden.

Anfangs fischten die kleinen Dampfer in 20–200 m Tiefe, mittlerweile werden auch Bestände in Tiefen von 200–600 m genutzt. Hierdurch kamen in neuerer Zeit einige früher unbekannte Bodenarten wie Rotbarsch, Tiefengarnelen und Kaisergranat (Scampi) in großen Mengen auf den Markt.

Nach dem Zweiten Weltkrieg wurde die Hochseefischerei auf einen technischen Höchststand fortentwickelt. In Verbindung mit dem Einsatz wirkungsvollerer Fanggeschirre wuchsen die Fangflotten dramatisch an, der Fangertrag vervierfachte sich. Ende der 60er Jahre setzte die absehbare Fischereikrise ein. Die fortlaufende Überfischung der Fischbestände führte zur Einführung einer wachsenden Zahl politischer, technischer und biologischer Regelungen seitens der Fischereinationen. In vielen Küstenregionen und in der Nordsee kamen und kommen weitere Umweltprobleme in Verbindung mit der Einleitung von Nährsalzen – wie z. B. übermäßige Planktonblüten und deren schnelles, sauerstoffzehrendes Absterben –, dem Verklappen von Abfällen, der Rohstoffförderung und weiteren Verschmutzungsfaktoren hinzu. Heutzutage hat ein Fischer sicher kein leichtes Leben mehr.

Fischereimethoden

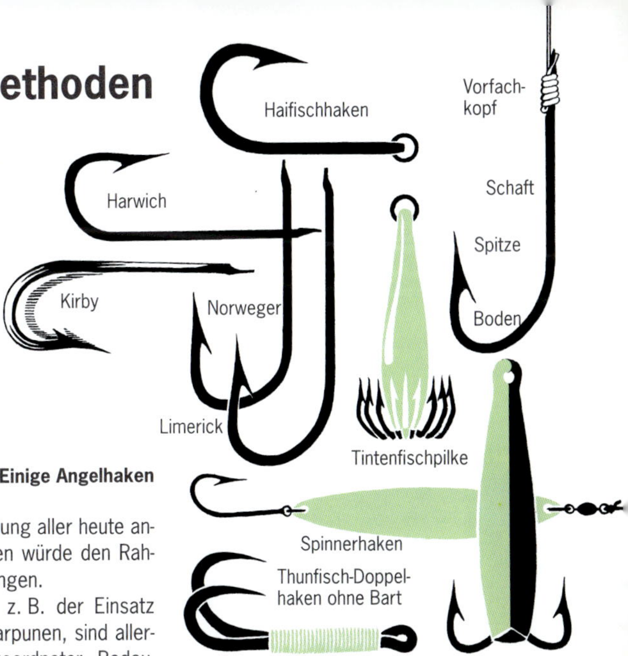

Einige Angelhaken

Eine vollständige Darstellung aller heute angewandten Fangmethoden würde den Rahmen dieses Buches sprengen.

Viele Methoden, wie z. B. der Einsatz von Fischspeeren und Harpunen, sind allerdings auch von nachgeordneter Bedeutung, da sie vornehmlich der Jagd auf Einzelfische dienen. Das folgende Kapitel befaßt sich deshalb nur mit den Geräten zweier Kategorien näher: Mit passiven wie z. B. Langleinen, Reusen und Stellnetzen, die jeweils auf die Lebensweise der Fischarten abgestellt sind, und mit aktiven wie Ringwaden und Schleppnetzen, die zur gezielten Jagd auf Fische eingesetzt werden.

HAKEN UND LEINE

Angelhaken gehören zu den ältesten Werkzeugen der Menschheit. Sie sind seit der Steinzeit in den meisten Regionen der Erde und heute in zahllosen Formen aus allen Erdteilen bekannt. Sie bestehen aus Stahl, seltener aus Messing, und sind zum Schutz gegen Rost meist verzinkt.

Ein Angelhaken hat ein „Auge“, einen Schaft, einen Bogen und eine Spitze. Das Auge ist entweder ein kleines, abgeflachtes Endstück oder weist noch einen Ring zur Befestigung an der Angel auf. An der Spitze sitzen meist Widerhaken. Diese fehlen jedoch an manchen Spezialhaken, wie sie z. B. in der kommerziellen Fischerei auf Thunfische Verwendung finden. Die gefangenen und an Deck geschleuderten Thunfische können so von selbst vom Haken gleiten.

Zu den wichtigsten Hakentypen zählen die Norweger, Harwich, Limerick und Kirby. Unter den meist 24 verschiedenen Größen bezeichnet die höchste Nummer den kleinsten Haken. So kann beim Angeln auf Kabeljau z. B. der Norweger Nr. 8, auf Heilbutt aber der Norweger Nr. 3 verwendet werden. Leider gilt das Nummernsystem nicht für alle Hakentypen einheitlich. Die Spitze des Kirby ist nach links gebogen; der Hauptunterschied zwischen den Hakentypen liegt aber in der Form ihres Bogens.

Ein „Jig“ oder Pilke hat zwei oder mehr Haken, die in einen kleinen Metallfisch eingelassen oder daran befestigt sind.

Die Pilke wird ruckweise auf und ab bewegt, um einen neugierigen Fisch zu haken. Andere Spinn- und Drehköder, wie z. B. nur ein Löffel, sind künstliche „Köderfische“,

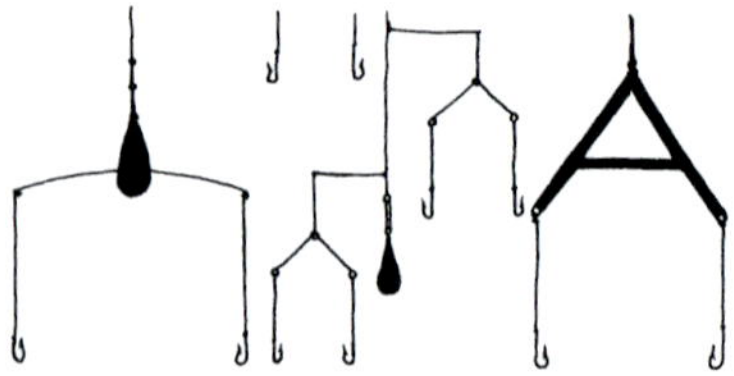

Paternoster-Fangleinen

die ausgeworfen werden und beim Einholen im Wasser durch Drehen, Schaukeln oder Blinken den Fisch zum Beißen reizen.

Das „Vorfach" ist die Verbindungsschnur zwischen Angelschnur und Haken. Es besteht meistens aus Nylon oder Draht. Auf Haie werden sogar dünne Eisenketten verwendet.

Die Fischerei mit Haken erfolgt stets über eine Leine, an der im einfachsten Fall ein Bleigewicht, eine Pilke, ein Drehköder oder ein beköderter Haken von Hand auf und nieder bewegt wird, um einen Fisch anzulocken. Eine Leine kann auch, wie bei Paternosterangeln, mit mehreren Vorfachleinen und Haken ausgestattet sein. Das alte Handangeln ist inzwischen durch andere Angelmethoden mit mechanischer Einholrolle am Dollbord der Boote fast vollständig verdrängt worden.

Beim Schleppangeln auf pelagische Fische wie z. B. die Makrelen werden natürliche oder künstliche Drehköder an Leinen hinter dem Boot durch das Wasser gezogen. Meist sind die Leinen dabei an langen Stangen befestigt und mit unterschiedlichen Gewichten versehen, damit sie beim Einholen auf Abstand zueinander bleiben.

Bei einer Schleppangelmaschine sind die Enden der Leine verbunden, so daß ein Endlosband mit beköderten Haken entsteht.

Langleinen sind Angelschüre von 100–200 m Länge, an denen in bestimmten Abständen kurze Vorschnüre (Fitte) mit Haken befestigt werden. Diese werden noch an Land oder während der Fahrt zum Fangplatz beködert und in Körben oder Kästen aufgeschossen. Die Verknüpfung mehrerer Langleinen zu einer einzigen von z. T. mehreren Kilometern Länge ist nicht selten. Langleinen kommen vor allem in Fangregionen zum Einsatz, deren Bodenbeschaffenheit die Verwendung von Schleppnetzen nicht gestattet. Wie die Abbildungen zeigen, werden Langleinen je nach Zweck auf unterschiedliche Weise gesetzt. Sie finden insbesondere beim Fang von Haien, Lachsen, Aalen, Dorschfischen, Heilbutt und Schwarzem Heilbutt Verwendung. Als Köder dienen Stücke von Hering, Sandaal, Tintenfisch usw.

Aussetzarten von Langleinen

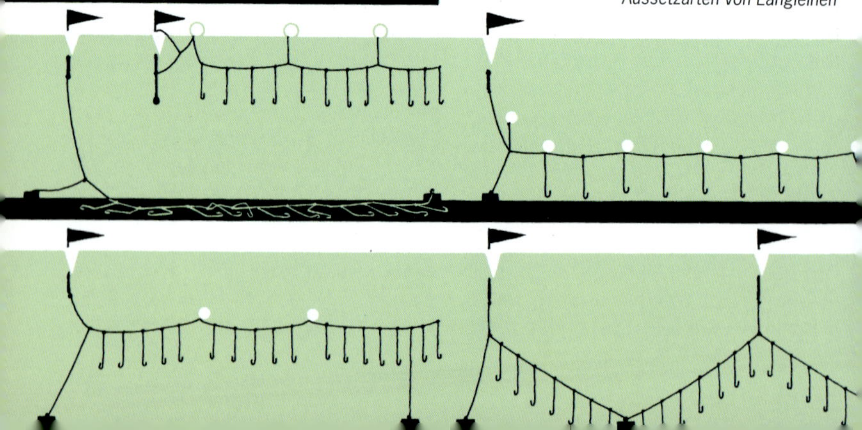

NETZE ALLGEMEIN

Die heute üblichen Fischnetze sind aus synthetischen Fasern gefertigt, insbesondere aus Nylon und Polypropylen. Sie haben die Naturfasern Manila, Sisal, Hanf und Baumwolle ersetzt. Entlang der Oberkante des Netzes läuft das Kopftau oder auch Schwimmleine mit Schwimmerkörpern aus Kork, aufgeschäumten Kunststoffen oder Hohlkörpern aus Glas, Metall oder Plastik. Das Fußtau (Grundtau, Bleileine) an der

Fischnetz

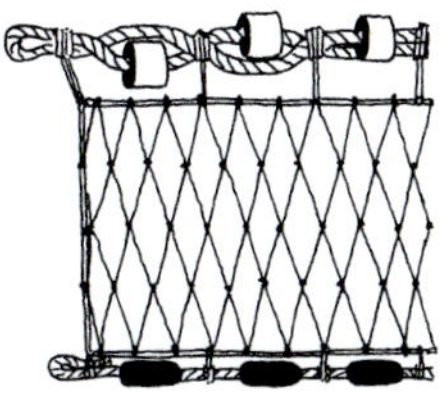

Netzunterkante ist mit Bleigewichten oder verzinkten Eisenringen beschwert.

Die Länge eines Netzes wird in dänischen Faden gemessen (1 Dänischer Faden = 1,88 m), die Höhe nach Zahl der Maschen. Als Maschengröße gilt der Abstand von einem Knoten zum nächsten, oder die Länge einer Masche in voll gedehntem Zustand. Gewöhnlich ist ein Netz mit sogenannten Schotsteks geknüpft, die bei glattem Fadenmaterial wie z. B. Nylon zweifach geknotet werden.

Netze aus synthetischen Fasern sind belastbarer und verrotten nicht, unter starker Sonneneinwirkung werden sie allerdings spröde.

Geknotetes und knotenloses Netz

TREIB- UND STELLNETZE

Unter „Netz" und „Netzfischen" sind lange, senkrecht hängende Netze zu verstehen, in denen sich die Fische verfangen. Netze sind passive Fanggeräte. Da der Fangerfolg von ihrer Erkennbarkeit beeinflußt wird, ist Nylon als Material besonders geeignet.

Netze fangen selektiv, weil ihre Maschen die Größe der gefangenen Fische bestimmen. Heringsnetze können 26 mm, Lachsnetze aber 80 mm Maschenweite haben.

Treibnetze legt man im offenen Meer zum Fang pelagischer Fische wie Hering, Seelachs und Lachs aus. Oft werden mehrere Treibnetze zu einer bis 20 km langen „Fleet" (deutsch, langes ‚e') verbunden. Schwimmer und Gewichte halten die Netze oben oder in einer bestimmten Tiefe.

Stellnetze werden zum Fang von Bodenfischen wie Kabeljau oder Plattfischen am Meeresboden als Kiemennetze ausgebracht. Auch sie werden zu langen Reihen von mehreren Kilometern Länge verbunden.

Ein besonderer Stellnetztyp, das Spiegelnetz, besteht aus einem lose eingestellten, feinmaschigen inneren Netz und einem oder zwei großmaschigen Außenblättern. Schwimmt ein Fisch gegen eine solche Netzwand, zieht er feine Maschen des Innennetzes mit sich durch die Maschen des Außennetzes und fängt sich in der so entstandenen Netztasche. Dieser Netztyp kommt oft bei der Küstenfischerei auf Lachs und Plattfische zum Einsatz, obgleich seine Handhabung etwas aufwendig ist.

Die Netze werden mit hydraulischen Winden eingeholt und hierbei über einen gummibeschichteten Rollenblock geführt.

Ausgelegte Netze sollten grundsätzlich mit Radarreflektorbojen oder, bei Nachteinsatz, mit Lampen markiert werden.

Wie leicht vorzustellen ist, führt die zeitgleiche Fischerei mit Boden- und Schleppnetzen (s. u.) auf demselben Fangplatz häufig zu Schwierigkeiten. Auf Riffen oder Wracks, wo Schleppnetze nicht einsetzbar sind, können allerdings spezielle Stellnetze verwendet werden.

Treibnetz

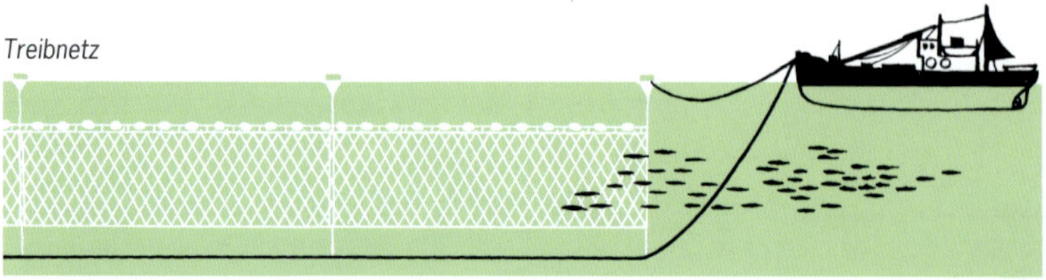

Stellnetz

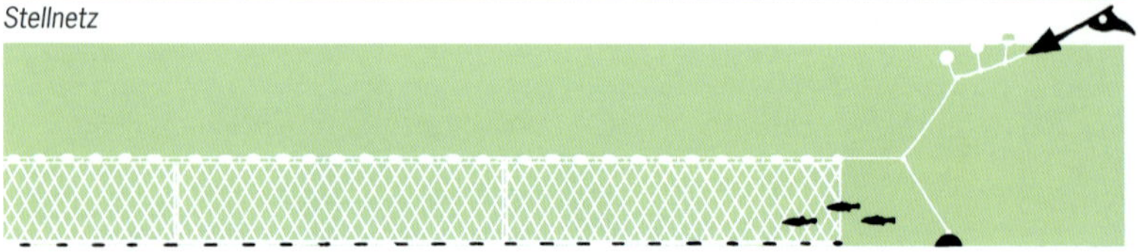

Spiegelnetz

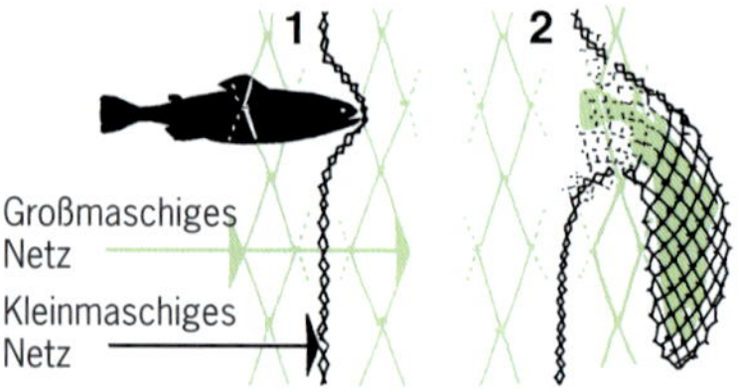

BUNDGARNE

Bundgarne sind besondere, große Reusenfallen, die in Flachwasserzonen fest am Boden aufgestellt werden. Ein langes Leitgarn zwingt die Fische zu einem trichterförmigen Eingang, der in eine Innenkammer führt. Deren Netzwände reichen bis zur Oberfläche und sind am Boden mit Netztuch verschlossen. Die Wände werden unmittelbar oder über Taue von Pfählen gehalten. Bundgarne werden besonders in der Küstenfischerei auf Hering, Lachs, Aal, Kabeljau, Hornhecht, Seehase und Makrele eingesetzt, wenn deren Schwärme auf ihren jährlichen Laich- und Freßwanderungen dicht unter Land kommen.

Läßt die Bodenhärte kein Einschlagen von Pfählen zu, werden große, an Bojen verankerte Schwimmreusen eingesetzt. In Norwegen und Schweden finden diese Reusen beim Lachsfang Verwendung.

Tonnaras sind riesige Bundgarne oder Schwimmreusen zum Fang von Thunfischen. Ihr Leitgarn ist bis zu 3–4 km lang

Beispiel für ein Bundgarn-Stellnetz

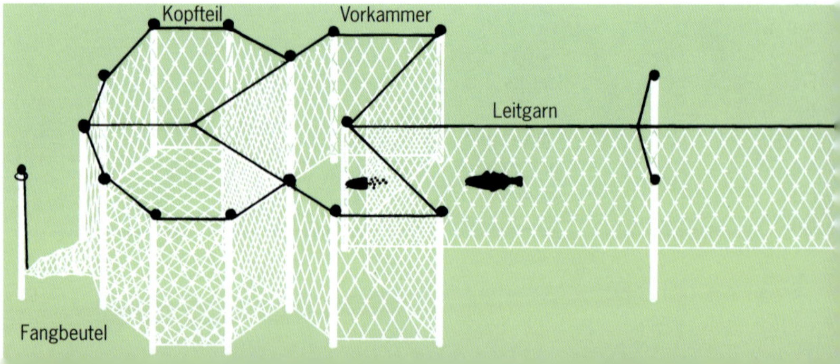

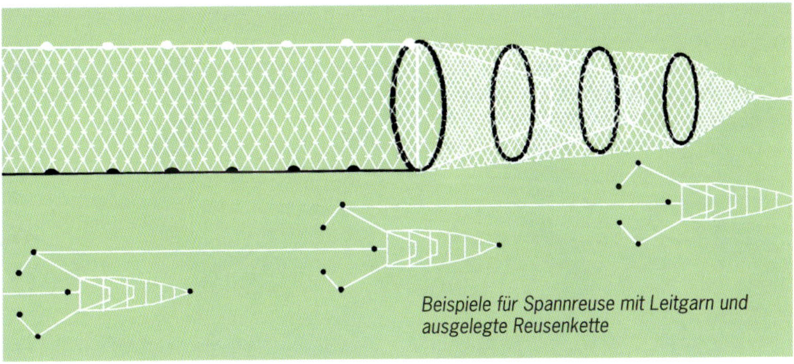

Beispiele für Spannreuse mit Leitgarn und ausgelegte Reusenkette

und führt die Fische in eine Reihe von Netzkammern in 30–40 m Tiefe hinein. Die Endkammer besitzt einen Netzboden, der nach oben gezogen werden kann. Tonnaras und ähnliche Fanggeräte werden meist in engen Kanälen und Buchten auf den Wanderwegen der Thunfische ausgebracht. Die größten Erträge erzielt mit dieser Methode Spanien in der Straße von Gibraltar.

REUSEN

Spannreusen bestehen aus Netzbeuteln, die mittels Eisenringen oder -reifen offen gehalten werden. Ein Leitgarn führt auch hier die Fische in die Fangkammer. Sie ist mit kurzen Netzflügeln oder auch einer Vorkammer ausgestattet, die ein seitliches Entweichen der Fische verhindern. Der trichterförmige Reusenzugang ermöglicht den Fischen, in die Fangkammer hineinzuschwimmen, versperrt aber den Rückweg. Üblicherweise werden mehrere solcher Reusen in langen Reihen eingesetzt.

Spannreusen finden beim Fang von Aal, Kabeljau und Garnelen im Flachwasser Verwendung.

Korbreusen haben eine zylinderartige Form und werden aus Weidenruten gefertigt. Sie besitzen eine oder zwei Trichteröffnungen. Mit einem Köder bestückt werden sie an geeigneter Stelle zum Fang von Hummern, Langusten, anderen eßbaren Krebsen, Kalmaren und Aalen ausgelegt.

RINGWADEN

Ringwaden gehören zu den wichtigsten Geräten der industriellen Fischerei. Es sind große Rechtecknetze von manchmal mehr als 500 m Länge und bis zu 150 m Höhe. Sie werden kreisförmig um einen Fischschwarm ausgebracht und nach dessen vollständiger Einschließung an der Unterkante zugezogen. Die Form von Ringwaden kann zweckgebunden unterschiedlich sein. In der Regel bestehen sie jedoch aus mehreren langen, 15–20 m breiten Netztü-

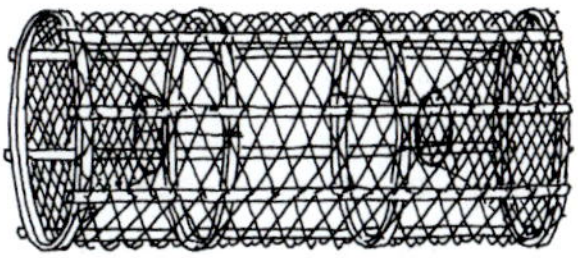

Norwegischer Hummerkorb

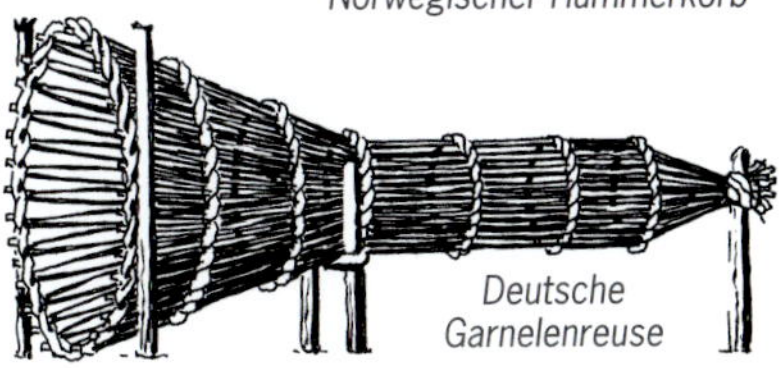

Deutsche Garnelenreuse

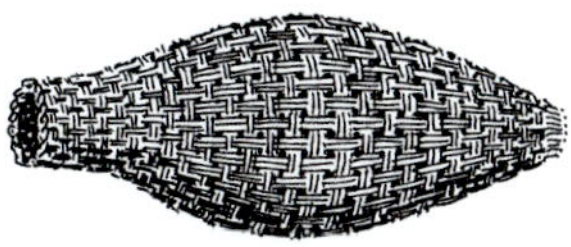

Englischer Aalkorb

chern. Die Netzkanten sind verstärkt und auf zwei Taue gezogen. Meist ist eine Ringwade genau austariert: Das obere Netztau wird durch Schwimmer an der Oberfläche gehalten, das untere von den Bronze- oder Messingringen, durch die das Schließtau läuft, und von zusätzlichen Bleigewichten auf Tiefe gezogen.

Da sich im Mittelteil des Netzes die Fische vor dem Auskeschern zusammenballen, ist dort die Maschenweite am geringsten und das Garn am stärksten.

Früher wurde dieses Fanggeschirr von zwei Booten ringförmig um den Fischschwarm ausgebracht. Mittlerweile wurde die Wirksamkeit der Ringwaden durch den Einsatz von maschinengetriebenen, sogenannten „Powerblöcken" zum Einholen des Netzes erheblich gesteigert. Hierbei ist nur noch ein Schiff für das Auslegen der Ringwade erforderlich, obwohl das Verfahren grundsätzlich gleichgeblieben ist: Nach Aufspüren eines Fischschwarms mittels Sonar wird das Schiff in eine geeignete Position manövriert und ein Netzende an einem Treibanker mit Boje ausgebracht. Anschließend umkreist das Schiff den Fischschwarm und legt dabei die gesamte Ringwade aus. Nur 10–15 Minuten nach Beginn des Manövers werden Boje und beide Netzenden aufgenommen, der Netzboden zusammengezogen und die Ringwade eingeholt. Der nun zusammengedrängte Fang wird dann entweder mit Keschernetzen an Bord geschöpft oder direkt in einen Zwischentank gepumpt und nach Abfluß des Pumpwassers in die Laderäume geleitet.

Ringwaden sind höchst wirkungsvolle Fanggeräte, erfordern aber sehr wendige Schiffe und erfahrene Schiffsführer. Die Schwimmrichtung eines Schwarms darf nicht falsch eingeschätzt werden, die Ringwade nicht zu langsam absinken, und der Schwarm darf nicht vor dem Schließen des Netzbodens entkommen.

Ringwaden werden hauptsächlich auf Schwarmfische wie Hering, Sprotte, Lodde, Makrele und Thunfisch eingesetzt.

In Norwegen und Island verwendet man lange Sperrnetze, um Heringsschwärme in Fjorden oder Buchten einzuschließen. Das Wadennetz wird anschließend um den Schwarm gelegt und landwärts eingeholt, bis seine Unterkante den Boden berührt. Entweder wird das Netz zum Entleeren an

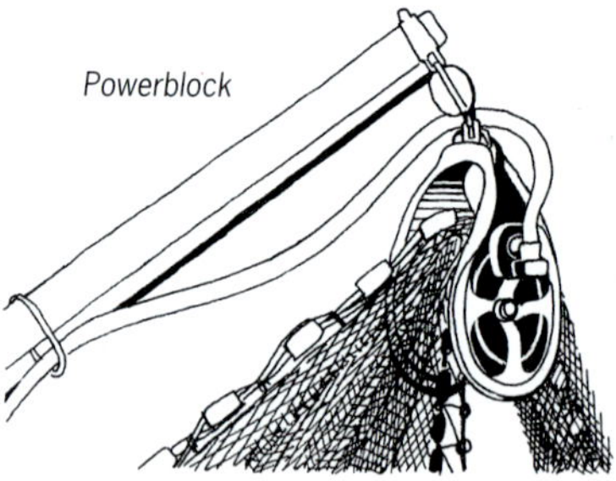

Powerblock

Land gezogen, oder man läßt es im Wasser, bis die Fische ihre Eingeweide entleert haben. Hierdurch wird ihre Qualität für die nachfolgende Verarbeitung erhöht.

Beispiel für eine Ringwade

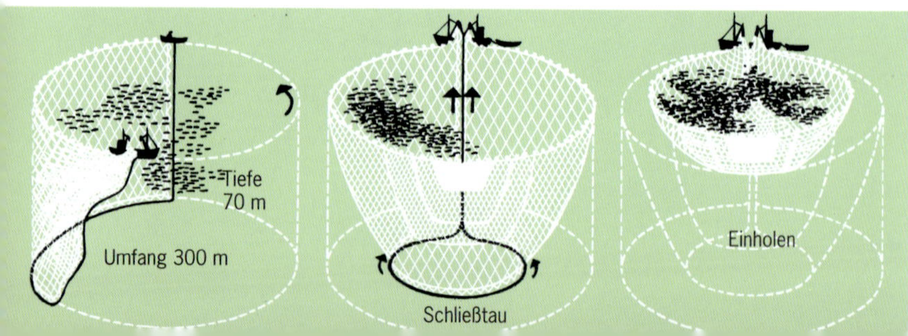

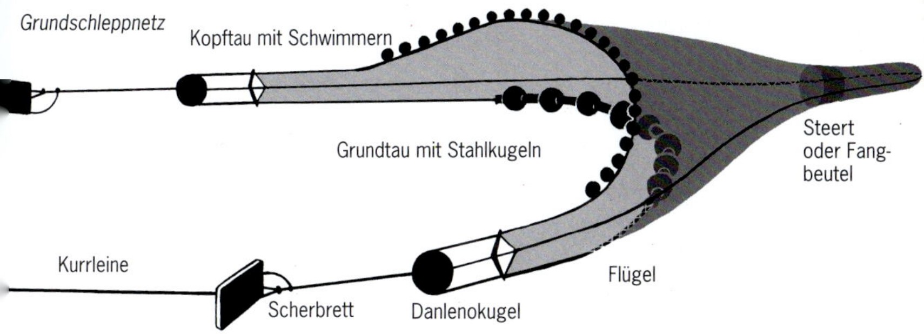

GRUNDSCHLEPPNETZE

Unter einem Grundschleppnetz versteht man einen trichterförmigen Netzsack aus zwei Flügeln, dem Netzkörper und dem Fangbeutel oder Steert. Im einfachsten Falle besteht es aus zwei seitlich verbundenen Netzblättern, dem Ober- und Unterblatt. Dem Einsatzzweck und der zu erwartenden Belastung entsprechend sind die Blätter aus Netzteilen unterschiedlicher Maschenweite und Garnstärke zusammengesetzt. Das Oberblatt überragt das Unterblatt wie ein Dach und verhindert die Flucht der Fische nach oben.

Die Vorderkante des Oberblatts wird durch das Kopftau, ein Fasertau mit Stahlseele, und daran befestigte Auftriebskörper aus Metall oder Plastik offengehalten. Das Grundtau an der Vorkante des Unterblatts ist ein Stahlseil, umwickelt mit verschiedenen Schutzmaterialien. Bei Fischerei auf rauhem Grund ist es zur Überwindung kleiner Hindernisse mit Stahlrollen oder -kugeln versehen.

Schleppnetze sind mit langen Flügeln ausgestattet. Diese sind vor allem für norwegische Netze zum Fang von Kaisergranat und Garnelen typisch. Mit Hilfe dieser Flügel wird die befischte Bodenfläche deutlich vergrößert.

Die Kopf- und Fußtauenden des Schleppnetzes sind durch Stahlleinen über sogenannte Standerleinen mit den Scherbrettern verbunden.

Hierbei handelt es sich um türähnliche Platten von 5–12 cm Stärke aus Holz oder Metall oder einer Kombination aus beidem. Ihre Größe variiert je nach Einsatzzweck. Sie sind grundsätzlich an den Schlepp- oder Kurrleinen so befestigt, daß sie beim Schleppen des Geschirrs auswärts scheren

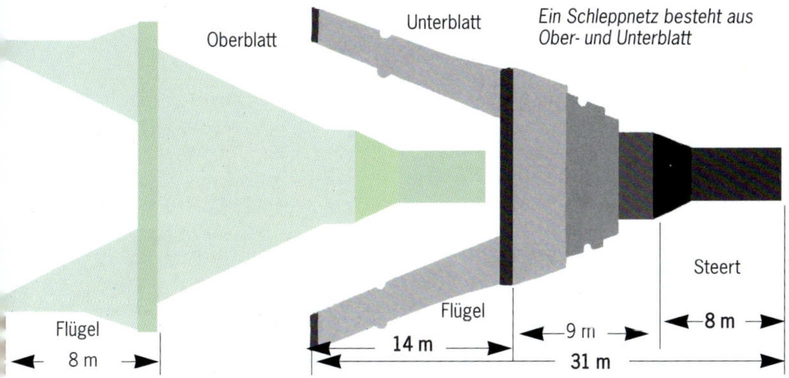

Ein Schleppnetz besteht aus Ober- und Unterblatt

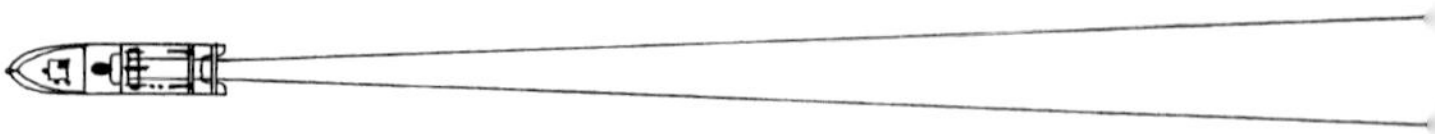

und so die Netzöffnung aufgespreizt halten. Kurrleinen bestehen aus verzinkten Stahldrähten mit einer Nylonseele.

Das Schleppnetz wird von einem oder zwei Schiffen („Trawlern“) gezogen, ohne unbedingt Bodenkontakt zu haben. Beim Schleppen mit zwei Schiffen werden die Scherbretter durch schwere Gewichte, wie z. B. Kettenbündel, ersetzt und die Weite der Netzöffnung durch den Abstand der beiden Schleppschiffe zueinander reguliert. Beim Doppel-Schleppnetzfischen zieht ein Schiff zwei miteinander verbundene Grundschleppnetze.

Da viele Fischarten einige Meter über dem Boden stehen, sind moderne Schleppnetze oft beiderseits mit Seitenblättern zwischen Ober- und Unterblatt ausgestattet. Sie steigern die Öffnungshöhe des Netzes.

Bei einer sogenannten Baumkurre hält ein an den Schleppleinen befestigter Rechteckrahmen das Netz offen. Durch den nicht seltenen Einsatz von Auslegerbäumen kann ein Boot zwei Baumkurren zugleich schleppen. Diese Methode des Schleppnetzfischens wird hauptsächlich von den Holländern beim Seezungenfang im Flachwasser eingesetzt.

Die Kurrleinenlänge entspricht normalerweise dem 3–4fachen der befischten Wassertiefe. Ein Schleppzug oder Hol dauert meist etwa 3 Stunden. In Abhängigkeit vom Schleppnetztyp und der zu fangenden Fischart liegt die Schleppgeschwindigkeit bei 2–5 Knoten.

Große, moderne Trawler besitzen eine sogenannte Heckaufschleppe, über die das Schleppnetz ausgesetzt und wieder eingehievt wird.

Beim Einholen des Netzes ballt sich der Fang im Steert zusammen. Dessen besonderer Verschlußknoten ermöglicht es, das volle Steert an Deck zu hieven und erst dort nach Öffnung des Knotens zu entleeren.

SCHWIMMSCHLEPPNETZE

Pelagische oder Schwimmschleppnetze werden im freien Wasser eingesetzt. Sie wurden in den 50er Jahren zur Befischung bislang nicht voll genutzter Bestände entwickelt.

Meist besteht ein solches Netz aus vier nahezu gleichen Blättern. Das Vornetz besitzt sehr große Maschenweiten, das Oberblatt ragt nicht dachartig über das untere vor, und die Flügel sind häufig aus Verbindungen dünner Einzelleinen anstelle von Maschen gefertigt. Schwimmer geben dem Kopftau Auftrieb, das Grundtau ist nur gering beschwert.

Schwimmschleppnetze werden gewöhnlich an ihren Laschen geschleppt und sind an den Verbindungsstellen zwischen den unteren Flügelspitzen und den Kurrleinen mit Gewichten versehen.

Meist werden solche Netze von zwei Schiffen geschleppt, die über zwei Kurrleinen jeweils mit dem oberen und unteren Flügelende einer Netzseite verbunden sind. Werden Schwimmschleppnetze nur von einem Schiff geschleppt, sind sie mit Scherbrettern ausgestattet. Nur ein Schiff wird z. B. beim Dorschfang in der Ostsee eingesetzt.

Pelagische Schleppnetze dienen grundsätzlich dem Fang von Schwarmfischen wie Hering, Sprotte, Sandaal, Makrele, Blauer Wittling und Rotbarsch.

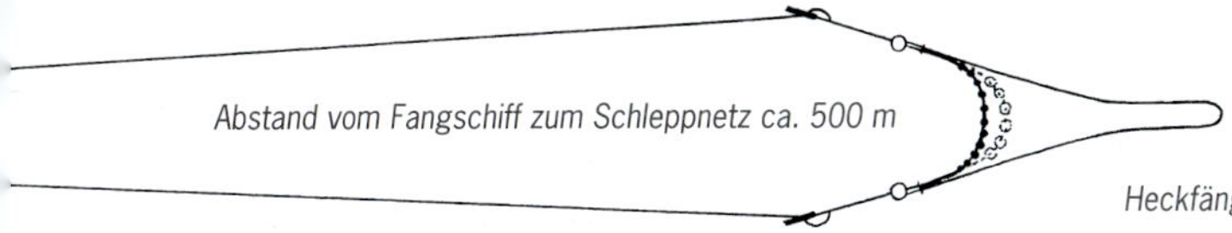

SELEKTIVE SCHLEPPNETZE

Zur Entwicklung besser sortierender Netze werden immer wieder neue Netztypen erprobt. Entsprechende Versuche berücksichtigen das unterschiedliche Verhalten der einzelnen Fischarten vor und in dem Netz. Sie zielen darauf ab, den Beifang wertvoller Fischbrut und deren Verluste zu reduzieren wie auch das Sortieren des Fangs an Bord zu erleichtern.

So werden beispielsweise schräg stehende, großmaschige Netztücher innerhalb doppelter Garnelenschleppnetze angebracht, um unabsichtlich gefangene Fische in das eine Steertende und die Garnelen in den zweiten Steert zu leiten.

Auch die bei der Garnelenfischerei im Wattenmeer eingesetzten Baumkurren haben ein „Fenster", durch das Jungschollen und Seezungen entkommen können. Etwa 80 % der unabsichtlichen Beifänge können auf diese Weise überleben.

DÄNISCHE SNURREWADEN

Dieser Wadentyp wurde ursprünglich für den Schollenfang vom dänischen Fischer Jens Væver im Jahre 1848 konstruiert. Das Netz besteht aus einem Sack mit langen Flügeln, an denen die Schleppleinen befestigt sind. Am Kopftau des Netzes sind Schwimmer aus Plastik- oder Aluminiumkugeln befestigt, das Fußtau ist mit Bleigewichten beschwert und oft mit Kokosfasertauen umkleidet. Vor der Netzöffnung sind Eisenketten lose ausgespannt. Sie scheuchen Plattfische vom Boden hoch und in das Netz hinein. Die Flügel sind jeweils mit einem senkrecht stehenden Knüppel verbunden, an dem eine Schleppleine befestigt ist.

Das Netz wird an einer verankerten Boje ausgesetzt und das Ende einer Schleppleine daran befestigt. Diese Leine wird vom Kutter weggefiert, während er sich von der Ankerboje in einem weiten Bogen 1–3 km weit entfernt. Erst nach dem Auslaufen der Schleppleine wird das eigentliche Netz ausgebracht. Auf dem Rückweg zur Ankerboje fiert das Schiff die zweite Schleppleine weg. Bis zu 1,5 Stunden können vergehen, ehe es wieder bei der Boje ist. Entweder geht der Kutter dann vor Anker oder er holt das Netz während der Fahrt ein.

Wenn das Fanggebiet also vollständig eingeschlossen ist, gleiten die im Bogen ausgelegten Leinen beim Einholen langsam über den Meeresboden und treiben die Fische immer weiter zur Mitte hin.

Gespannfischerei mit Schwimmschleppnetz

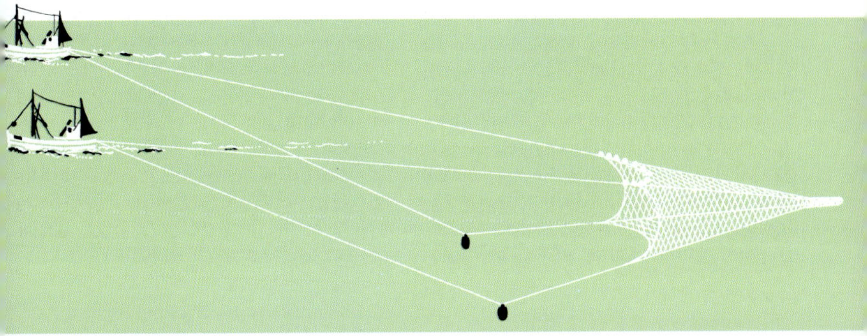

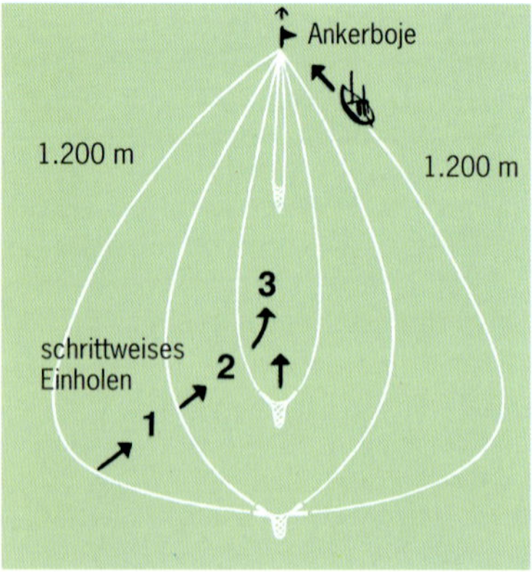

Dänische Snurrewade

Erst wenn die Schleppleinen ziemlich nahe beieinander sind, gerät das Netz selbst unter Zug und bewegt sich bei weiterem Einholen auf den Kutter zu. Die Hievgeschwindigkeit ist anfangs mit 30–50 m pro Minute recht langsam, wird dann aber auf etwa 100 m pro Minute erhöht. Entscheidend ist bei diesem Fangverfahren das gleichmäßig schnelle Einholen beider Schleppleinen.

Bei einer ähnlichen schottischen Fangmethode, „fly shooting"-Aussetzen genannt, wird auf die Verankerung der Boje und des Kutters verzichtet. Stattdessen ist die erste Schleppleine an einer Driftboje befestigt, die nach Rückkehr des Kutters leicht aufgenommen werden kann. Der Kutter setzt beim Einholen seine Fahrt mit 1–2 Knoten Geschwindigkeit fort und bestreicht auf diese Weise ein größeres Fanggebiet. Das „fly shooting" erfordert allerdings Kutter mit höherer Maschinenleistung als die traditionelle dänischen Methode.

Die Schleppleinen von 18–30 mm Stärke sind aus Synthetikfasern mit einer Bleiseele gefertigt. Je nach Art des Meeresbodens, der Maschinenkraft des Kutters und der erhofften Fangmenge setzen sich die Schleppleinen aus 12–18 Einzelrollen von je 225 m Länge zusammen. Deren Enden werden verspleißt oder zusammengeschäkelt. Normalerweise wird dieser Netztyp gegen die Strömung geschleppt. Wenn die Strömungsrichtung während des Tages wechselt, kann die Snurrewade (Dänisch „snurre" = drehen) von derselben Boje aus auch in eine neue Richtung geschleppt werden. Das Einholen der Schleppleinen geschieht mittels hydraulischer Winden; das Netz selbst wird über einen Powerblock oder von Netzwinden wie normale Schleppnetze eingeholt. Der Steert wird an Deck gehievt und nach Öffnen des Steertknotens in Deckshocken entleert. Hier schließen sich die Sortierung und Säuberung des Fanges an, bevor dieser im Laderaum auf Eis gelagert wird.

Ursprünglich wurde die dänische Snurrewade zum Fang von Plattfischen wie Kliesche und Scholle konstruiert. Rundfische können jedoch auch einen erheblichen Fanganteil ausmachen. Die Snurrewade hat gegenüber einem gewöhnlichen Schleppnetz folgende Vorteile: Sie erfordert nur einen Kutter mit geringer Maschinenleistung, ist dennoch sehr wirkungsvoll und erlaubt das Abfischen großer Bereiche. Der Fang ist außerdem von bester Qualität, weil die Fische nur kurze Zeit im Netz verbleiben und sogar noch lebend auf den Markt gebracht werden können. Auch auf schwierigem Fanggrund mit Steinen, Wracks oder Ankern vermag ein erfahrener Schiffsführer, die Schleppleinen um Hindernisse herum auszubringen. Er muß allerdings wie auch der Schleppnetzfischer wissen, in welchen Gebieten das Netz nicht einsetzbar ist.

FISCHORTUNG

Ein erfolgreicher Fischer muß wie ein guter Jäger über Erfahrungen verfügen. Heutzutage kann er daneben allerdings auf vielseitige technische Hilfsmittel zurückgreifen.

Echolotung: Ein Echolot funktioniert auf folgende Weise: Unter dem Schiffsrumpf ist ein Schwingungssender angebracht, der in kurzen Abständen einen eng gebündelten Strahl von Tonwellen aussendet. Diese werden als Echo vom Meeresboden zurückgeworfen und von einem Mikrophon (Hydrophon) am Schiff aufgefangen. Die Schallgeschwindigkeit im Wasser von etwa 1.500 m pro Sekunde ist bekannt. Mit dieser Information läßt sich die Wassertiefe aus der Laufzeit des Schalls vom Schiffssender bis zum Boden und zurück berechnen. Wird das Schallecho z. B. nach einer Sekunde aufgefangen, beträgt die Wassertiefe 1.500 : 2 = 750 m. Der Sender oder „Schwinger" strahlt in schneller Folge Ultraschallwellen im Bereich von 20–200 Kilohertz ab. Sie lassen präzise Rückschlüsse auf die Echorichtung zu und beeinflussen außerdem die Fische weniger als Langwellen.

Das Echosignal kann auf einem beschichteten, breiten Papierband dargestellt werden. Das Band bewegt sich langsam hinter einem Schreibstift, der seinerseits auf einem vertikal umlaufenden Band befestigt ist. Sobald der Stift die Nullinie des Echographenpapiers passiert – sie entspricht der Wasseroberfläche –, wird automatisch ein Schallsignal abgestrahlt. Mit gleichbleibender Geschwindigkeit bewegt sich der Stift weiter und setzt bei Empfang des Echos erneut einen Markierungspunkt. Auf einer angepaßten Tiefenskala läßt sich aus dem Abstand zwischen Nullinie und Echopunkt die Bodentiefe ablesen.

Echolot als Fischfinder

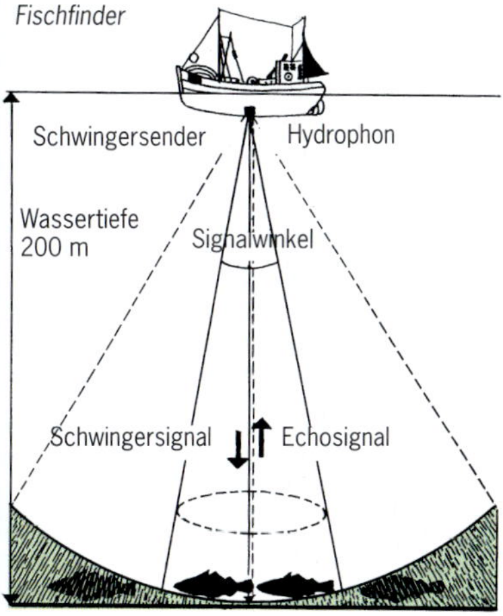

Das Papier wird gleichmäßig, langsam und quer zur Drehrichtung des Stiftes weitertransportiert. Aus der schnellen Abfolge der einzelnen Echopunkte entsteht so eine durchgehende Linie. Diese sogenannte Tiefenkurve gibt verkleinert die Konturen des überfahrenen Meeresbodens wieder.

Die Echographenpunkte geben aber nicht nur über die Tiefe, sondern auch über die Beschaffenheit des Meeresgrundes Aufschluß. Tatsächlich dringen die Schallwellen je nach Bodenart und damit Reflexionsstärke verschieden tief in den Meeresgrund ein und erzeugen so Mehrfachechos. Weicher Boden löst ein schwaches, Felsboden ein starkes Echo aus. Heute werden anstelle von Echographen und Papieraufzeichnung meist moderne Farbmonitore eingesetzt, die mit einem Computer gekoppelt sind. Die Echosignale können so als Daten gespeichert und jederzeit nachträglich dargestellt werden.

Echogramm

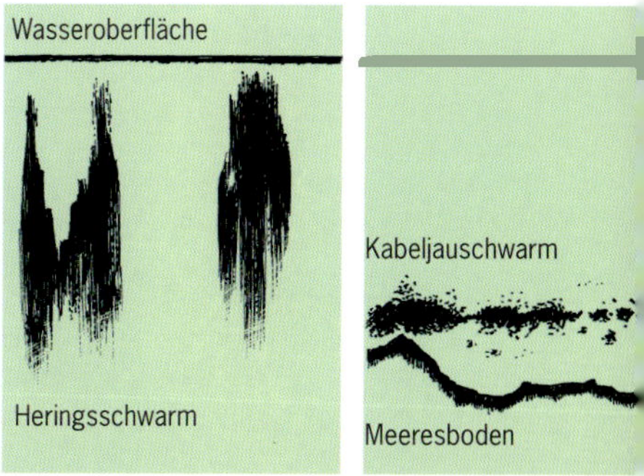

Da vor allem Fische mit Schwimmblase ebenfalls Echos erzeugen, können mittels Echolot auch Tiefe und Größe von Fischschwärmen festgestellt werden. Fischarten ohne Schwimmblase liefern nur ein schwaches Echo. Mit Spezialtechniken ist es aber sogar möglich, Fische auch unmittelbar über dem Boden aufzuspüren. Das Verfahren der horizontalen Echolotung (Sonar) wurde im Zweiten Weltkrieg zum Aufspüren von U-Booten entwickelt.

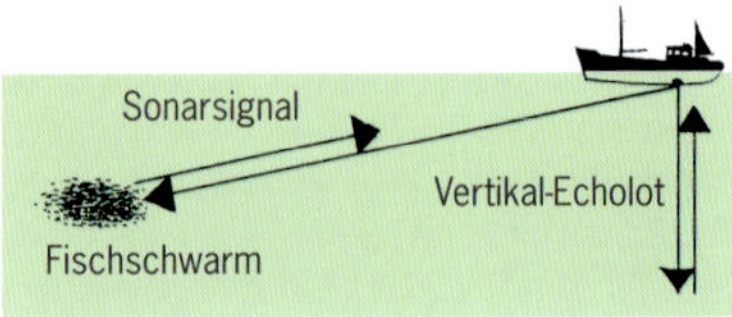

Horizontal-Echolotung

Das Verfahren wurde fortlaufend verbessert und den Bedürfnissen der Fischerei angepaßt. Heute findet es vor allem in der Ringwaden- und Schwimmschleppnetzfischerei zum Auffinden von Fischschwärmen Verwendung. Da die Schallwellen in Fahrtrichtung abgestrahlt werden, erhält man an Bord des Schiffes ein leicht verzerrtes, d. h. gestrecktes Abbild des Meeresbodens und der Fischschwärme.

Mit einem beweglichen Schwinger kann ein Fangschiff seine Umgebung sogar fächerförmig in einem Umkreis von 2–3 km rundherum absuchen. Die Echosignale werden auf einem Videomonitor visuell umgesetzt, so daß sich der wirkliche Kurs und die Geschwindigkeit des Schiffs wie auch der Fischschwärme laufend in „true motion" verfolgen lassen.

Moderne Fangschiffe sind auch direkt am Netz mit kleinen Echoloten, sogenannten „Netzsonden", ausgerüstet. Sie registrieren die Höhe der Netzöffnung zwischen Kopf- und Grundtau, bei pelagischen Fischereiverfahren auch den Netzabstand zum Boden und überdies sogar die Fischmenge in der Netzöffnung.

Ein elektronischer Fangmengenindikator informiert den Kapitän gegebenenfalls über die Fangentwicklung und gibt Alarm, sobald das Netz voll ist und eingeholt werden sollte. Hierdurch können das Aufreißen des Netzes und eine unnötige Zeitverschwendung vermieden werden.

Navigation: Da die moderne Fischerei ein sehr genaues Navigieren erfordert, wird die entsprechende elektronische Ausrüstung laufend neu- und fortentwickelt. Ein „Navigator" ist ein Gerät zur Standorts- oder Positionsbestimmung des Schiffes und funktioniert mit Hilfe von Funkwellensignalen. Die bekanntesten Systeme sind Loran, Omega, Decca, Transmit und GPS. Die ersten drei arbeiten mit landgestützten Funksendern, die beiden letztgenannten bedienen sich der Satelliten im Weltraum.

In der Nordsee war früher hauptsächlich das Decca-System gebräuchlich. Hierbei berechnete der Steuermann die Schiffsposition über die Messung der Phasenverschiebung zwischen den Funksignalen eines Hauptsenders und dreier Nebensender in 80–200 km Entfernung zum Hauptsender. Die Reichweite des Systems betrug bis zu 240 Seemeilen vom Hauptsender. Mittlerweile ist es fast völlig von satellitengestützten Navigationssystemen verdrängt worden. Viele Fischer besitzen allerdings noch viele persönliche Fanggebietsdaten, die auf Decca-Positionen beruhen.

GPS steht für „Global Positioning System" oder Globales Standortbestimmungssystem. Ursprünglich vom amerikanischen Militär entwickelt, arbeitet es mit den Signalen von 24 Satelliten, die sich auf sechs Umlaufbahnen um die Erde befinden. Ein Standort wird dabei über die Berechnungen von Entfernungen in Verbindung mit Zeitdifferenzen bestimmt. Ein GPS-Navigator kann im Armaturenbrett eingebaut oder ein Handgerät von der Größe und dem Aussehen eines Taschenrechners sein. Mit diesem leistungsfähigen System können Positionen auf 5–10 m genau bestimmt werden.

Radar (Radio detection and ranging system) wird in der allgemeinen Navigation eingesetzt und dient, insbesondere bei schlechter Sicht, der Ortung von z. B. Bojen und anderen Schiffen. Hierbei wird die Echolaufzeit von Funkwellen berechnet, die von einer rotierenden Richtantenne abgestrahlt und von Objekten auf der Meeresoberfläche reflektiert werden. Der Radarmonitor entspricht dem flachen Ende einer Kathodenstrahlröhre. Sie ist innen mit fluoreszierendem Material beschichtet, das bei jeder Berührung durch den Kathodenstrahl aufleuchtet.

Weltfänge/-produktion Fische, Krebse, Mollusken usw. 1990–1996 in Tonnen nach FAO-Statistik

	1990	1991	1992	1993	1994	1995	1996
Welt total	85 880 200	85 088 400	86 208 800	87 278 800	92 682 900	93 001 100	94 625 400
Binnengewässer	6 588 000	6 382 400	6 253 300	6 660 700	6 908 200	7 379 400	7 552 800
div. Meereskrebse	3 898 101						5 107 181
marine Kopffüßer	3 018 915						4 083 297
	Mengenmäßig wichtigste Fischgruppen (Stand 1996)						
Heringsartige	22 322 452	21 724 902	21 196 194	21 894 507	25 835 935	21 975 358	22 323 319
Stöcker, Meeräschen + Makrelenhechte	9 586 155	10 195 910	10 358 477	9 955 162	9 876 687	10 837 189	11 135 176
Dorschartige	11 583 222	10 245 407	10 434 571	9 915 489	9 640 437	10 605 744	10 711 761
Rotbarschartige, Meerbarsche + Meeraale	5 728 805	5 927 038	5 960 924	5 694 503	6 305 557	6 848 741	6 605 014
Makrelen, Königsmakrelen, Haarschwänze	3 550 999	3 473 841	3 452 290	4 008 412	4 513 931	4 688 111	5 136 599
Thune, Schwertfische	4 401 736	4 588 669	4 511 454	4 554 847	4 621 377	4 705 766	4 584 501
Lachse, Forellen, Stinte	911 198	1 048 447	822 713	978 302	993 304	1 149 775	1 029 703
Plattfischartige	1 215 100	1 082 635	1 157 521	1 092 586	976 878	907 990	920 694
Haie, Rochen, Chimären (Knorpelfische)	687 353	709 527	727 715	741 334	752 310	756 634	758 793
Maifische	657 498	673 911	693 609	656 146	634 389	684 981	723 404
div. Meeresfische	10 040 615	9 914 363	10 656 680	11 128 034	11 027 172	11 362 289	11 993 093

Obenstehende Tabelle basiert auf der aktuellsten verfügbaren Weltfischereistatistik (1998 erstellt für 1996) der Food and Agriculture Organisation of the United Nations (FAO). Sie läßt die stetige Ertragssteigerung an Fischen und anderen wasserlebenden Tieren von 1990–1996 erkennen. Der Anstieg ist jedoch nicht allein auf gestiegene Meeresfangmengen zurückzuführen. Einen erheblichen Anteil haben daran die zunehmende Aquakulturproduktion von Süß- und Brackwasserkrebsen sowie Süßwasserfischen, vor allem in Südostasien, und außerdem das sogenannte „Fischfarming", das auch mit Meeresfischen wie Lachsen und Meeräschen betrieben wird. Zur Information gibt die Tabelle auch die Fangmengen für zwei Hauptgruppen der Wirbellosen in 1990 und 1996 wieder (diverse Meereskrebse und marine Kopffüßer).

In 1996 lag die Menge der heringsartigen Fische allein über derjenigen der beiden nächstfolgenden Hauptfischgruppen zusammen. Die Heringsartigen werden allerdings zu großen Teilen der Fischmehlproduktion und weniger dem direkten menschlichen Konsum zugeführt. Dies ist bei Betrachtung der von der FAO erstellten Rangfolge der meistgefangenen Fischarten und der führenden Fischereinationen zu beachten (1998).

Von der peruanischen Sardelle *(Engraulis ringens)* allein wurde 1996 mit 9 Millionen Tonnen etwa die gleiche Menge gefangen wie vom Alaska-Pollock (*T. chalcogramma,* 4,5 Mio. t) und dem chilenischen Stöcker (*T. murphyi,* 4,4 Mio. t) auf Platz zwei und drei zusammen. Damit lag Peru in 1996 bei den Meeresfischen mit 9,5 Millionen Tonnen an der Spitze der Fangnationen, läßt man die Volksrepublik China (gut 14 Mio. t) wegen des hohen Anteils von Süßwasserarten und Wirbellosen an ihrer Gesamtfangmenge außer acht. Chile lag mit 6,7 Millionen Tonnen an zweiter Stelle, gefolgt von Japan (fast 6 Mio. t), den USA (5 Mio. t) und Rußland (4,7 Mio. t) sowie Thailand, Indonesien und Indien (jeweils gut 3 Mio. t). Ein anderes Bild ergäbe sich bei Betrachtung der Fangmengen, die dem menschlichen Konsum direkt dienen.

Die Fischindustrie

Aus dem Küstenbereich kann Fisch zumeist frisch oder sogar lebend angelandet werden. Auf längeren Fangfahrten muß er allerdings sofort getötet, ausgenommen, gewaschen und irgendwie konserviert werden. Das folgende Kapitel erläutert verschiedene Methoden der Fischbehandlung und -weiterverarbeitung.

KONSERVIERUNG DURCH KÜHLUNG

Etwa die Hälfte des weltweit gefangenen Fisches kommt frisch auf den Markt. Der Rest wird gesalzen, geräuchert, filettiert, in Dosen oder zu Fischmehl verarbeitet.

Auf längeren Fangfahrten wird der Fisch an Bord üblicherweise auf Eis im Verhältnis 1 kg Eis auf 3 kg Fisch gelagert und an Land vor der Weiterverteilung nochmals in frisches Eis gepackt. Auch die Lagerung in Behältern mit gekühltem Wasser ist gebräuchlich. Für den Transport vom Fischereihafen zu den Verbrauchern wird der Frischfisch in Plastikkisten zu je ca. 20 kg verpackt. Früher transportierte man einige Arten, wie z. B. Plattfische, Kabeljau und Aal, lebend zu den Fischgeschäften, wo sie in Wasserbecken gehältert wurden.

Viele moderne Fischereifahrzeuge verfügen über die Möglichkeit des Tiefgefrierens. Während des Gefriervorgangs bilden sich bei 0–5 °C Eiskristalle im Fischfleisch. Verläuft der Frostungsvorgang langsam, werden die Eiskristalle recht groß und verändern oder beschädigen unter Umständen das Fischfleisch. Bei schnellem Schockgefrieren bleiben die Eiskristalle jedoch klein, und das Fleisch bewahrt seine ursprünglichen Eigenschaften. Der Fisch sollte spätestens in den ersten 2–3 Tagen nach dem Fang tiefgefroren werden, auch wenn er zunächst auf Stückeis gelagert wird. Viele Fischarten werden auch zu Frostfilets verarbeitet.

TROCKENFISCH

Eine der ältesten Methoden, Fisch zu konservieren, ist die Lufttrocknung. Dorschfischarten sind vergleichsweise fettarm und eignen sich deshalb besonders gut für dieses Verfahren. Fettreiche Fische können nicht luftgetrocknet werden, weil sie zu schnell tranig werden.

In Nordeuropa werden Kabeljau und verwandte Arten seit langem zu Stockfisch verarbeitet. Voraussetzungen hierfür sind große Kabeljauvorkommen und ein geeignetes Klima. Die Fische werden geköpft, ausgenommen und für 2–3 Monate auf Holzgestelle gehängt. Dadurch reduziert sich ihr Wassergehalt von 80 % auf 10–12 %, und das Fleisch wird zäh und holzähnlich hart. Anschließend wird der Stockfisch in gut durchlüfteten Räumen kühl und trocken gelagert.

Vor dem Verzehr sollte der Stockfisch etwa 14 Tage lang in Wasser mit Soda und anderen Zusatzstoffen eingeweicht werden. Die schwedische Spezialität „spillånga“ besteht aus getrocknetem Lengfisch. Er erreicht während des Einweichens durch Quellung bis zu 700 % seines Trockengewichts, bevor er als „lutfisk“ serviert wird.

Stockfisch wird hauptsächlich in Norwegen, Island, Kanada, Japan und Korea des geeigneten Klimas wegen hergestellt. Heutzutage ist sein Verbrauch mengenmäßig aber nicht mehr von großer Bedeutung. In vielen Tropenländern sind kleine, sonnengetrocknete Fische eine bedeutende Handelsware. Auch in Europa ist Trockenfisch Bestandteil vieler Lokalspezialitäten. In Teilen Jütlands werden Kliesche und Scholle zum Verzehr als „tørrede jyder“ in Wind und Sonne gedörrt. Getrocknete Lodde wird für Hundefutter verwendet.

SALZFISCH

In kühleren Klimazonen wird Salz in Bergwerken abgebaut, in warmen, sonnenreichen Ländern auch über die Verdunstung von Meerwasser in künstlichen Flachbecken, sogenannten Salinen, gewonnen.

In einer Salzlake gedeihen nur wenige Fäulniskeime. Da Salz außerdem preiswert ist, wird es als Mittel zur Langzeitkonservierung von Nahrungsmitteln in weiten Teilen der Erde verwendet. Wenn Fische nicht frisch, auf Eis oder tiefgefroren transportiert werden, salzt man sie ein. Heringe werden ungeöffnet oder aber „gekehlt“, d. h. nach dem Entfernen von Kiemen, Eingeweiden, Leber und Herz, zwischen Salzlagen in Fässer gepackt. Für 4 Fässer Salzhering ist etwa 1 Faß Salz notwendig. Da das Volumen der Heringe beim „Reifen“ infolge des Wasserentzugs abnimmt, müssen die Fässer an Land nach einiger Zeit

Trockengestell für Stockfisch

umgepackt und neu gefüllt werden. Ein Teil des Salzherings wird in Marinaden mit Gewürzen, Zucker und anderen Substanzen weiterverarbeitet. Heutzutage werden Heringe allerdings nur noch selten gleich an Bord der Fangschiffe eingesalzen.

KLIPPFISCH

Klippfisch (skandinavisch „klippe“ = schneiden) entsteht aus aufgeschnittenem, stark gesalzenem und getrocknetem Fisch. Zum Trocknen wird der Fisch nur auf Holzgestelle gehängt oder auf flachen Felsklippen ausgelegt. Da er dann über Nacht und bei Regen zum Schutz vor Feuchtigkeit unter ein Dach gebracht werden muß, ist es heute üblich, ihn in Trockenschuppen mittels Heißluft zu dörren. Die beste Qualität wird aber dem nur freiluftgetrockneten Klippfisch zugesprochen. Salzen und Trocknen reduzieren das Fischgewicht erheblich: 100 kg geköpfter und ausgenommener Frischfisch ergeben nur etwa 40 kg Klippfisch.

Norwegen, Island, die Färöer Inseln, Kanada und Japan sind die Hauptproduzenten des Klippfisches.

RÄUCHERN

Räucherfisch ist nicht nur viel haltbarer als Frischfisch, sondern auch würzig und geschmackvoll. Der Rauch durchdringt den Fisch mit Aromastoffen, die das Bakterienwachstum erschweren und der Haut und dem Fleisch überdies eine appetitliche goldgelbe Farbe verleihen.

Diese Wirkungen können ersatzweise auch durch eine Behandlung des Fisches mit Holzrauchsubstanzen erzielt werden.

Früher wurde der Fisch in trichterartigen Schornsteinen für 2–24 Stunden über schwelenden Laubholzspänen geräuchert. Heute verwendet die Fischindustrie moderne große Räucheröfen mit automatisch geregelter Temperatur, Raucherzeugung und Durchlüftung, um eine gleichbleibend hohe Produktqualität zu gewährleisten.

Hauptsächlich zwei Räuchermethoden sind von Bedeutung: Das langsame, „kalte" Räuchern erstreckt sich bei 15–30 °C meist über mehrere Tage. Das „heiße" Räuchern bei 60–80 °C dauert zwischen 30 Minuten und einigen Stunden. Hierbei wird das Fleisch gleichzeitig gegart.

Fast jedes europäische Land hat eigene Räucherspezialitäten. Für englische und schottische „Kippers" werden Heringe oberseits gespalten, für 15 Minuten in Salzlake getaucht, getrocknet und schließlich 4–5 Stunden lang geräuchert. „Rote Heringe" sind als ganzes gesalzene Heringe, die nach dem Waschen 4–6 Wochen lang geräuchert werden. Die lange Räucherzeit läßt ein äußerst haltbares Produkt entstehen.

„Kieler Sprotten" sind unausgenommen geräucherte Jungheringe und Sprotten. „Schillerlocken" nennt man die geräucherten, dünnen Bauchlappen des Gemeinen Dornhais, dessen Rückenfilets frisch oder ebenfalls geräuchert als „Seeaal" auf den Markt kommen. Die dänischen „Bornholmere" sind eine heiß geräucherte Spezialität der gleichnamigen Ostseeinsel.

Neben Fisch ist auch die industrielle Räucherung von Kabeljauleber, Auster- und Muschelfleisch üblich. Mild gesalzener und geräucherter Rogen von Kabeljau, Hering oder Seehase gilt ebenfalls als Delikatesse.

Beim Räuchern entstehen verschiedene bekannte, aber auch unbekannte Substanzen, wie z. B. PAH (= polycyclische aromatische Kohlenwasserstoffe), die Krebs verursachen können. PAH-Stoffe kommen ebenso in anderen Nahrungsmitteln vor, um nur getoastetes Brot oder gegrillte Würste zu nennen. Durch den Einsatz moderner Verfahrenstechniken ist es jedoch möglich, den PAH-Gehalt in Räucherfisch zu reduzieren.

FISCHMEHL UND FISCHÖL

Der größte Teil der Fische, die zu Fischmehl und -öl verarbeitet werden, entstammt der unmittelbaren Industriefischerei auf Schwarmfische wie Sprotte, Sandaal, Sardelle, Lodde, Stintdorsch, Holzmakrele und – in tieferem Wasser – Goldlachs und Grenadierfisch.

Die meisten Massenkonsumfische werden geköpft und ausgeschlachtet angelandet, und die Abfälle zuvor über Bord geworfen. Die Fischreste von Filettier- und Konservenbetrieben an Land gehen allerdings ebenso in die Fischmehlproduktion wie Beifangfische und Konsumfisch, der auf Auktionen nicht das Mindestgebot erzielen konnte.

Zur Fischmehlherstellung wird das Rohmaterial zunächst zerkleinert und dann mit Dampf sterilisiert. Nach dem Auspressen von Wasser und Öl aus der so entstandenen Masse wird das verbleibende Material mittels Heißluft getrocknet und zermahlen. Das Endprodukt wird mit Hilfe starker Magnete gegebenenfalls von Angelhaken und Kennmarken befreit und besitzt noch 10–14 % Wassergehalt.

Fischmehl wird, häufig in Form von Preßkügelchen (Pellets), als eiweißreiches Futtermittel für Rinder, Geflügel, Schweine, Pelztiere und in Fischfarmen verwendet.

Das Endprodukt ist geruchs- und geschmacklos, die Vorstufen aber faulen und stinken unter Lufteinfluß. Fischmehlfabriken müssen deshalb in ausreichender Entfernung zu Wohngebieten angesiedelt werden.

Etwa 25–30 % des gesamten jährlichen Fischfangs werden zu Tierfutter verarbeitet und ein erheblicher Anteil hiervon in Form von Fischmehl und -öl.

Beide Produkte entstehen in demselben

Verarbeitungsgang. Das Öl wird entweder dem getrockneten Rohmaterial mit Lösungsmitteln entzogen und anschließend durch Destillation von diesen getrennt. Ein anderes Verfahren besteht darin, das gekochte Rohmaterial auszupressen und das Öl später von der Restflüssigkeit zu trennen.

Fischöl wird in großen Mengen von der Margarineindustrie verarbeitet, aber auch zur Herstellung von Schuhcreme, Medikamenten, Ölfarben, Kerzen und Linoleum eingesetzt. Auf dem Weltmarkt sind Soja-, Raps- und Palmöle die wichtigsten Konkurrenzprodukte. Die europäische Fischölproduktion wird vor allem durch Norwegen, Island, Deutschland und Dänemark bestimmt. Sie beträgt jährlich 250.000–400.000 Tonnen.

KONSERVEN

Ungefähr 10 % des weltweit gefangenen Fisches wird in Konserven verarbeitet. Dies gilt vor allem für die Heringsfisch- und Lachsarten wie auch für Makrelen und Thunfische. Da sie häufig in Küstennähe gefangen werden, können sie meist frisch zu den Fischfabriken gelangen. Stammt der Fang aus entfernten Fischgründen, wird er tiefgefroren angeliefert.

Nach einer sorgfältigen Reinigung werden die Fische in Öl oder unterschiedliche Marinaden eingelegt. Die im Vakuum verschlossenen Dosen werden unter Druck gekocht, danach schockartig gekühlt und schließlich gereinigt und etikettiert. Manchmal wird der Rohfisch vor der Konservenherstellung noch geräuchert.

Industrielle Fischverwertung

Fischereibiologie

Bild aus dem wissenschaftlichen Ergebnisbericht der britischen ‚Challenger'-Expedition 1885

Ziel der Fischereiforschung ist es, vernünftige Wege zu einer ausgewogenen und nachhaltigen Nutzung der Meerestiere aufzuzeigen.

Dies ist eine sehr schwierige Aufgabe, da biologische, aber auch politische und sozialwirtschaftliche Erwägungen zu berücksichtigen sind. Während die Meere noch bis vor wenigen Jahrzehnten fast „freie Jagdgründe“ für jedermann waren, ist heute ihre Bedeutung als begrenzte Quelle der Nahrungsversorgung, die sich viele Nationen teilen müssen, erkannt.

Der Internationale Rat für Meeresforschung (International Council for the Exploration of the Sea = ICES) wurde 1902 gegründet. In ihm sitzen Vertreter der 19 europäischen Anrainerstaaten des Nordatlantiks, der Nord- und Ostsee, sowie Kanadas und der USA. Auf den Jahrestagungen des Gremiums planen Wissenschaftler neue Untersuchungsvorhaben und geben Empfehlungen zur künftigen Fischereiintensität. Letztere fließen in den politischen Abwägungsprozeß der EU-Kommission zu Beschlüssen über Fischereiregulierungen ein.

Die Empfehlungen zielen vorrangig darauf ab, einer Übernutzung der Bestände durch die Regulierung des Fischereiaufwandes vorzubeugen.

ÜBERFISCHUNG

Durch den übermäßig hohen Befischungsgrad werden die Tiere zahlreicher Bestände in zu jungem Alter gefangen. Bei geringerer Fischereiintensität könnte ein größerer Teil der Bestände ein höheres Alter und damit ein größeres Individualgewicht, vor allem aber die Laichreife erreichen und letztlich der Ertrag sogar verbessert werden. Man nennt dieses Phänomen „Überfischung potentiellen Gewichtszuwachses“. Ein Bestand wird so zwar nicht ausgelöscht, in gesamtgesellschaftlicher Hinsicht aber höchst ungeschickt und unverantwortlich genutzt.

Ein Fischbestand kann aufgrund einer starken Reduktion durch Übernutzung auch in seiner Fortpflanzungs- und damit seiner Erhaltungsfähigkeit gefährdet werden, wenn die Zahl laichfähiger Fische so weit absinkt, daß es sich auf die Nachwuchsrate auswirkt. Infolge dieser „Nachwuchsüberfischung“ wachsen zukünftig wiederum nur noch wenige geschlechtsreife Fische zur Produktion neuer Nachkommen heran. Der Wiederaufbau des so geschädigten Bestandes in biologisch ausgewogenen Altersklassen kann dann Jahrzehnte dauern. Gefährdet sind hierbei besonders Fischarten, die erst in hohem Alter die Geschlechtsreife erreichen, und langsam wachsende Arten mit geringer Nachwuchsrate, wie z. B. alle Haie und Rochen.

In Rechenmodellen geht daher die fischereibiologische Forschung unter anderem der Frage nach, wie groß der Anteil laichfähiger Tiere bei den wirtschaftlich wichtigen Fischarten wie z. B. Kabeljau, Schellfisch, Seelachs und Hering sein sollte, um einen wirtschaftlich dauerhaft nutzbaren Nachwuchs zu gewährleisten.

Aufgrund zahlreicher anderer Einflußgrößen ist dies jedoch schwierig. Die Nachkommenschaft eines Fischbestandes hängt nämlich nicht nur von der Größe des Anteils laichfähiger Tiere, sondern auch von den Aufwuchsbedingungen und der Sterblichkeit der empfindlichen Fischbrut ab.

STERBLICHKEIT

Die Fischereibiologie unterscheidet zwischen fischereibedingter und natürlicher Sterblichkeit. Unter letztere fallen alle Todesursachen, die nicht auf die Fischerei zurückzuführen sind. Sie setzt unmittelbar nach dem Ablaichen der Eier ein und ist meist in der Phase sehr hoch, in der die Jungfische noch wehrlos ihrer räuberischen Umwelt ausgesetzt sind. Oft dezimieren Hunger, Parasiten, Krankheiten und Gifte den jährlichen Nachwuchs zusätzlich.

Da viele Fischarten andere Fische fressen, unterliegt die natürliche Sterblichkeit verschiedener Artenbestände dem gegenseitigen Einfluß. Heringe fressen z. B. so viele Kabeljaueier, daß die Fortpflanzungsleistung eines Kabeljauvorkommens spürbar verringert werden kann. Andererseits stellen Heringe in manchen Jahren ein Drittel der Gesamtnahrung räuberischer Kabeljaus. Es ist daher unmöglich, verläßliche Modelle zur Entwicklung eines Fischbestandes aufzustellen, ohne die gebietsgleichen Vorkommen anderer Arten zu berücksichtigen.

Ein umfassendes mathematisches Modell, das „Modell Nordsee“, wurde in den 70er Jahren vor allem von dänischen Wissenschaftlern entwickelt. Als sogenanntes „Viel-Arten“-Modell („multi-species“ model) berücksichtigte es die mengenmäßigen ökologischen Beziehungen zwischen Fischbeständen in der Nordsee.

Dieser komplexe „Vielartenansatz“ für die Analyse des Ökosystems ist jetzt in die Berechnungen der ICES-Arbeitsgruppen zu den Bestandsschätzungen eingeflossen. Diese sind aber nach wie vor sehr unsicher. Ein Hauptproblem dieser Schätzungen besteht darin, den Wegfraß durch Raubfische angemessen zu gewichten, die allgemein als Konkurrenten der Fischer gelten. In diesem Zusammenhang wurde der Mageninhalt Tausender von Kabeljaus, Schellfischen, Wittlingen, Seelachsen und Makrelen aller Größenklassen untersucht. Diese Arten machen einen erheblichen Anteil des Fangertrages in der Fischerei aus, fressen aber auch die Jungfische.

Zur Verbesserung ihrer wissenschaftlichen Empfehlungen wird die Forschung zukünftig viel genauere Kenntnisse der Freßbeziehungen zwischen Fischarten und auch des tatsächlichen Ausmaßes der Fischerei benötigen. Internationale Statistiken sind unvollständig und in vieler Hinsicht unzuverlässig. Vor allem die Beifangmenge an Jungfischen und Fischarten mit bereits ausgeschöpften Fangquoten ist nur unzulänglich bekannt. Diese Tiere werden meist weggeworfen und nur wenige überleben.

Nach Untersuchungen auf Basis von „Viel-Arten“-Modellen richtet die Industriefischerei trotz ihres schlechten Rufs grundsätzlich wenig Schaden durch Beifang an. Sie fängt vor allem kleine, kurzlebige Schwarmfische. Der Beifang anderer Arten liegt meist unter fünf Prozent.

REGULIERUNGSMASSNAHMEN

Da die Fischerei viele gegensätzliche Interessen berührt, ist ihre Steuerung durch Vorschriften eine äußerst schwierige Aufgabe. Zu berücksichtigen sind hierbei die Fischereiarten nach Schiffstypen, Fanggeräten, befischten Gewässern und Fischereizwecken wie auch wirtschaftliche und soziale Gesichtspunkte. Folgende Regelungsinstrumente stehen zur Verfügung:

Fangquoten: Auf der Grundlage fischereibiologischer Empfehlungen kann die EU politische Entscheidungen über den sogenannten TAC (Total Allowable Catch = zulässige Höchstfangmenge) für jede Fischart treffen. Die Gesamtfangmengen der Fischarten werden dann nach Quoten auf die Mitgliedsländer unter Berücksichtigung deren jeweiliger Fischereitradition aufgeteilt. Das Quotenverfahren hat sich allerdings nicht gut bewährt und zu umfangreichem Mißbrauch geführt.

Fanglizenzen: Durch Lizenzen wird hauptsächlich die Zahl der Fischereifahrzeuge begrenzt. Sie können für eine bestimmte Fangmenge erteilt werden und sind übertragbar. Fanglizenzen können sich aber auch auf den Einsatz bestimmter Fanggeräte beziehen.

Vorschriften zu Fanggeräten: Um die Fischerei ökologisch verträglich zu gestalten und unerwünschte Beifänge zu verringern, bieten sich Vorschriften zur Technik der Fanggeräte als schlüssige Möglichkeit an. Vorgaben zur Maschenweite für Fischereinetze tragen dazu bei, den unerwünschten Beifang von Jungfischen zu vermeiden. Insbesondere Treib- und Stellnetze stellen wegen ihrer hohen Selektivität hinsichtlich bestimmter Größengruppen geeignete Fanggeräte dar.

Weitaus problematischer sind dagegen Schleppnetze trotz fortlaufender Verbesserungsversuche. So haben sich z. B. quadratische Maschen als selektiver erwiesen als die üblichen rautenförmigen. In Garnelenschleppnetzen wiederum kann Jungfischen durch Sortiervorrichtungen vor dem Fangbeutel in Verbindung mit einem Fluchtfenster im Oberblatt des Netzes das Entweichen ermöglicht werden. Selektierende Schleppnetze schonen aber nicht nur die Jungfische, sondern erleichtern auch das Sortieren des Fanges an Bord erheblich.

Vorschriften zu Fanggeräten können ebenso von der EU wie auch von den verschiedenen Ländern oder auch örtlichen Behörden festgelegt werden.

Zulässige Mindestlänge: Eine der ältesten Steuerungsmaßnahmen besteht in der Festsetzung einer artbezogenen Mindestlänge für den Fang. Sie zielt darauf ab, die bestmögliche Entfaltung des natürlichen Wachstumspotentials zu gewährleisten und einen ausreichenden Anteil von Fischen eines Jahrgangs vor dem Fang geschlechtsreif werden und laichen zu lassen.

Schutzzonen: Zu Schutzgebieten werden hauptsächlich die Aufwuchszonen wirtschaftlich wertvoller Fischarten in Küstenregionen erklärt. Sie können entweder völlig oder nur jahreszeitlich begrenzt für die Fischerei gesperrt werden. Ebenso ist ein Verbot bestimmter Fangmethoden wie z. B. der Schleppnetzfischerei möglich.

Große Schutzgebiete bestehen in der nordwestlichen Nordsee vor Schottland und den Shetlandinseln, im Wattenmeer und entlang der Küste Jütlands.

Nicht selten sind auch Konflikte zwischen örtlich ansässigen Nutzergruppen eines Gebietes. Ein Beispiel hierfür ist das Wattenmeer: Im wichtigsten Aufwuchsgebiet etlicher wirtschaftlich bedeutender Fischarten ist traditionell die Muschel-, Garnelen- und Seezungenfischerei angesiedelt.

BIOLOGISCHE GRUNDLAGENFORSCHUNG ALLGEMEIN

In einem so vielschichtigen Ökosystem wie der Nordsee ist das Wissen um die Biologie der Fischarten natürlich die Voraussetzung für verläßliche wissenschaftliche Empfehlungen zu deren Nutzung. Die Nordsee ist dank etwa 200 Jahre währender Studien vieler ausgezeichneter Meeresbiologen wahrscheinlich von allen weltweiten Meeresgebieten am längsten und besten erforscht. Trotzdem werden viele Erscheinungen und Vorgänge heute erstmals untersucht. Dies erklärt sich teilweise aus Veränderungen, die sich erst durch die Intensivierung der Fischerei seit den 50er Jahren und durch zusätzliche Nutzungen dieses Randmeeres ergeben haben. Verwiesen sei hier nur auf die Öl- und Gasförderung.

Zur Erstellung eines mathematischen „Viel-Arten"-Modells (s. Seite 327) bedarf es einer Fülle von Informationen über die betroffenen Tierarten. Die folgenden Abschnitte erläutern einige Methoden der Datengewinnung.

ALTERS- UND WACHSTUMSBESTIMMUNG

Alter und Wachstum werden in der Fischereibiologie hauptsächlich anhand von Schuppen, Knochen und Gehörsteinen (Otolithen) ermittelt.

Die Fischschuppen wachsen in dem gleichen Maße wie der Körper. Ihre schmalen, kreisförmig angeordneten Wachstumsringe sind sogar unter der schwachen Vergrößerung einer Handlupe erkennenbar. Während der Winterzeit verlangsamt sich das Wachstum der Fische. In dieser Jahreszeit wird nur eine schmale Zone als dunkles Band zwischen den breiteren und helleren Zonen zweier Sommer angelegt. Ein vollständiger Jahresring besteht also jeweils aus einer Sommer- und einer Winterwachstumszone. Am besten sind die Wachstumsringe oft an dem vorderen, in der Haut steckenden Schuppenteil sichtbar.

Der Rhythmus der Ringbildung hängt sowohl von äußeren Einflußgrößen ab, wie

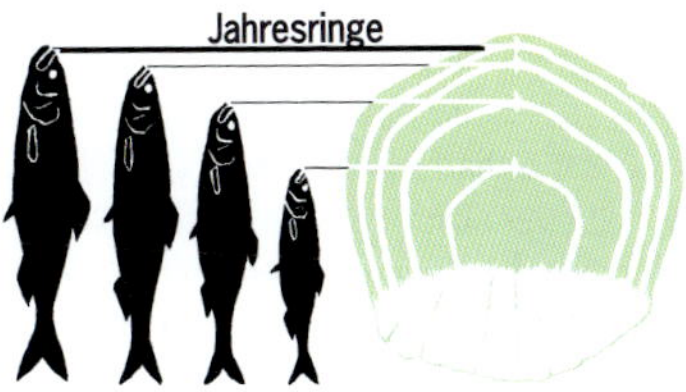

Otolithenquerschnitt

z. B. dem Klima, als auch von inneren Faktoren, wie z. B. der Ernährung und Reife des Fisches. Da das Schuppenwachstum während der Laichzeit infolge geringerer oder eingestellter Nahrungsaufnahme aufhört (s. Lachs, S. 101), kann man das Alter eines Fisches bei Erreichen der Geschlechtsreife an den Schuppen ablesen.

Über das Alter geben auch die zu Festkörpern verkalkten Ablagerungen im Gehörlabyrinth eines Fisches, die sogenannten Otolithen (s. S. 14), Aufschluß. Sie weisen oft markante, im Wechsel dunkle und helle Wachstumszonen auf. Die im Winter angelegten Zonen treten nach dem Abschleifen des Otolithen oft besonders gut hervor.

Auch die Knochen unterliegen einem periodischen Wachstum, so daß sie zur Altersbestimmung herangezogen werden können. Die Wirbelkörper und Knochen des Kiemendeckels eignen sich am besten.

Zur Bestimmung der Wachstumsrate einzelner Fischarten wird die Länge einer großen Zahl von Einzelfischen vermessen. In dem daraus erstellten Längenverteilungsdiagramm bilden besonders die jungen Altersklassen deutliche Häufungsspitzen. Die Methode eignet sich für Fischarten mit kurzer Laichzeit und gleichmäßigem Wachstum. Die Diagrammspitzen treten nämlich besonders deutlich hervor, wenn der Altersunterschied zwischen den Jahrgängen etwa 365 Tage beträgt. Wiederholt man die Messungen zu einem späteren Zeitpunkt an demselben Fischbestand, sind die Maxima dem Wachstumsfortschritt entsprechend nach rechts verschoben.

Bessere Ergebnisse zur Wachstumsrate liefert die Kombination von Längenmessungen und Altersbestimmungen an Schuppen oder Otolithen derselben Tiere.

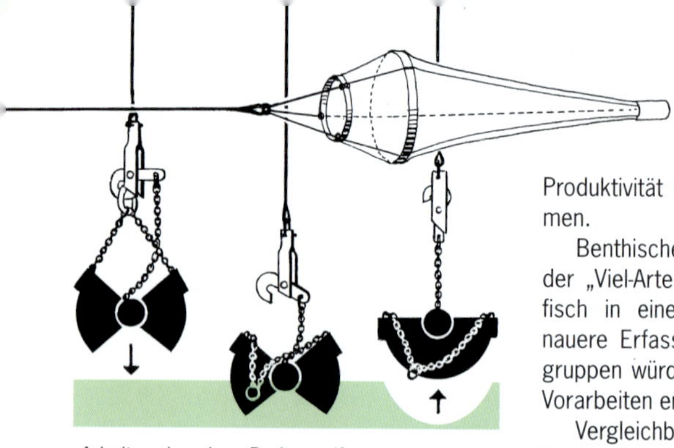

Arbeitsweise eines Bodengreifers

Dieses Verfahren ist jedoch recht zeit- und arbeitsaufwendig.

Wachstumsraten können dargestellt und mit denen anderer Bestände verglichen werden. Um den statistischen Unsicherheitsfaktor auszuschließen, werden gewöhnlich Tausende von Fischen zur Berechnung herangezogen.

NAHRUNGSUNTERSUCHUNG

Zur Ermittlung der natürlichen Sterblichkeit und des Wachstums von Fischarten sind Untersuchungen zur Nahrungsvielfalt und -menge von Bedeutung. Sie sind ein wichtiger Teil der Fischereiforschung.

Fische sind mehr oder weniger Allesfresser. Pelagische und bodenlebende wirbellose Tiere stellen meist einen wesentlichen Teil ihrer Nahrung.

Zur Untersuchung des mengenmäßigen Vorkommens an bodenlebenden oder auch benthischen Wirbellosen wurden in der Nord- und Ostsee viele Jahre lang mit Greifern Bodenproben genommen. Diese Greifer sind kleine Geräte, die zum Meeresgrund herabgelassen werden und Bodenstücke von genau festgelegter Größe mitsamt den darin enthaltenen Wirbellosen ausstechen. Die Proben werden dann an Bord konserviert und sortiert. Werden innerhalb eines Gebietes über das ganze Jahr verteilt regelmäßig Bodenproben gezogen, läßt sich über deren Auswertung die Größenordnung der Produktivität der wirbellosen Tiere bestimmen.

Benthische wirbellose Tiere werden bei der „Viel-Arten"-Modellberechnung unspezifisch in einen Topf geworfen. Eine genauere Erfassung nach Arten oder Artengruppen würde zu aufwendige Sortier- und Vorarbeiten erfordern.

Vergleichbare Untersuchungen finden für Planktonorganismen statt. Sie werden mit feinmaschigen Netzen gefangen oder aus Wasserproben herausgefiltert. Wegen ihrer Bedeutung für die Entwicklung früher Fischlarvenstadien werden für das pflanzliche und auch das tierische Plankton Produktivitätsberechnungen vorgenommen. Die Planktonforschung hat sich zu einem umfassenden eigenen Bereich in der Meeresbiologie entwickelt, der Botaniker, Zoologen, Physiologen und Hydrographen beschäftigt.

Bei den Untersuchungen werden die Mageninhalte zahlreicher Fische bestimmt und gewogen. Die Proben müssen unterschiedliche Größenklassen einer Fischart umfassen, und die Untersuchungen zu verschiedenen Jahreszeiten wiederholt werden. Die Verdauungszeit für die verschiedenen Nahrungsbestandteile wird in Aquarien ermittelt. Hierbei läßt sich modellhaft berechnen, in welchem Zeitraum ein Beuteorganismus den Verdauungstrakt passiert.

Versuche zur Bestimmung durchschnittlicher Verdauungsraten sind allerdings selbst für die häufigsten Fischarten äußerst schwierig.

Durch Nahrungsuntersuchungen wurde die ausgeprägte Konkurrenz unter Fischen nachgewiesen. Sobald ein Bestand durch die Fischerei verringert wird, wächst der Restbestand häufig schneller und erreicht früher die Geschlechtsreife. Es zeigte sich außerdem, daß die natürliche Sterblichkeit infolge der Beutebeziehungen zwischen verschiedenen Fischarten in der Nord- und Ostsee mindestens so hoch ist wie die fischereibedingte Sterblichkeit.

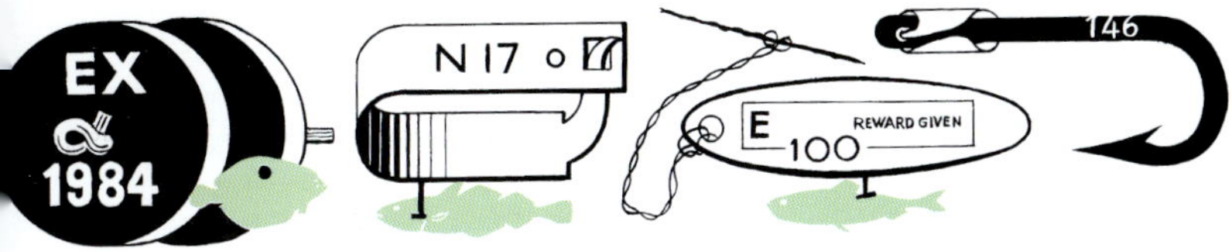

Beispiele für Fischmarken

FISCHMARKIERUNG

Fast das gesamte Wissen über Fischwanderungen basiert auf dem Wiederfang markierter Fische.

Je nach Anatomie und Verhalten der Fischarten werden zur Markierung unterschiedliche Kennzeichen verwendet.

So werden Plattfische oft mit einem Paar scheibenförmiger Rundmarken versehen, die mit einem durch die Rückenmuskulatur verlaufenden Titandraht verbunden sind. Rundfische werden manchmal mit ähnlichen Scheiben am Kiemendeckel oder am Hinterende der Rückenflosse markiert. Eine andere Methode benutzt dünne Plastikröhrchen mit eingelegtem Papierstreifen, der mit den für Finder nötigen Angaben bedruckt ist. Solche Röhrenmarken werden mit einem durch die Muskulatur gezogenen dünnen Plastik- oder Metalldraht vor der ersten Rückenflosse befestigt.

Mit kleinen Metallplättchen markiert man hauptsächlich Schwarmfische, die für die Fischmehlproduktion gefangen werden. Die Plättchen werden in die Leibeshöhle eingeführt oder unter die Haut geschoben. In den Fischmehlfabriken werden die Marken später durch starke Elektromagnete wieder eingesammelt. Dieses Verfahren wurde zur Abschätzung der Größe und fischereibedingten Sterblichkeit von Fischbeständen entwickelt. Es setzt die Kenntnis der Befischungsintensität, d. h. der Fischereizeit in Stunden pro Flächeneinheit, voraus und erfordert genaue Angaben über Ort und Zeit des jeweiligen Fangs.

Fischmarken sind mit Buchstaben und Zahlen beschriftet. Sie geben zusätzlich oft die Anschrift der zuständigen Forschungsstation an, der bei Rückgabe des markierten Fisches oder nur der Marken Zeit und Ort des Fangs mitzuteilen sind. Meist wird für die Rückgabe gefundener Marken eine Prämie bezahlt.

Eine zweckdienliche Fischmarke muß folgende Voraussetzungen erfüllen: Sie darf den Fisch nicht oder allenfalls geringfügig irritieren, in keiner Weise seine Bewegungsfreiheit beschränken und muß zugleich aus widerstandsfähigem Material sein. Dennoch müssen die Marken so auffällig sein, daß die Fischer sie nicht übersehen können.

Für Markierungsexperimente sollten nur völlig gesunde Fische benutzt und unmittelbar nach dem Fang von einer erfahrenen Person bearbeitet und gemessen werden. Besonders schwer zu markieren sind Fische wie Hering und Makrele, da sie außerhalb des Wassers schnell verenden. Dies gilt ebenso für Fische, die in großer Tiefe leben und sehr langsam an die Oberfläche gebracht werden müssen, damit sie sich der Verringerung des Wasserdrucks anpassen können. Dies ist einer der Hauptgründe dafür, daß z. B. die Wanderungen der tief lebenden Rotbarsche noch so unzureichend untersucht sind.

Die Zahl der Rückmeldungen ist oft erstaunlich hoch, wenn man bedenkt, daß eine gewisse Zahl markierter Fische trotz aller Vorsorgemaßnahmen stirbt, die Mar-

Wanderwege des Kabeljaus

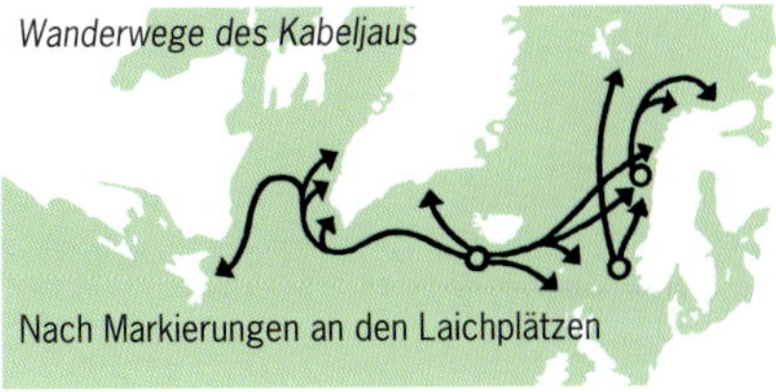

Nach Markierungen an den Laichplätzen

ken z. T. verlorengehen oder ihr Fund nicht berichtet wird. So werden über 40 % der in der Nordsee markierten Schollen rückgemeldet.

Die Wiederfangrate markierter Fische liefert nicht nur Informationen über die Wanderbewegungen der Tiere, sondern auch Anhaltspunkte zur fischereibedingten Sterblichkeit.

GEOGRAPHISCHE FISCHRASSEN

Innerhalb ihres Verbreitungsgebiets bilden viele Fischarten eine Reihe mehr oder weniger geographisch getrennter „Rassen". Eines der besten Beispiele sind die verschiedenen Heringsrassen, die sich sowohl durch ihre Laichplätze und -zeiten wie auch durch unterschiedliche Wanderwege (s. Hering, S. 87) unterscheiden. In vielen Fjorden existieren kleine, örtlich begrenzte und standorttreue Heringsbestände. Die Heringe des offenen Meeres unternehmen dagegen ausgedehnte Laich- und Nahrungswanderungen in der Nordsee und der Norwegischen See. Mit dem Vorkommen des Kabeljaus ist es ganz ähnlich. Fischereibiologen haben ein großes Interesse an der Feststellung lokaler Rassen und Bestände, weil diese im Fischereimanagement als getrennte Bestandseinheiten behandelt werden müssen. Ist ein Bestand durch Überfischung geschädigt, kann er nicht unmittelbar durch Zuwanderung aus einem anderen Bestand der Art ersetzt werden.

Fische in isolierten Beständen neigen dazu, wegen ihrer gemeinsamen Umweltbedingungen ein gleichartiges Erscheinungsbild anzunehmen. Zu diesem Effekt trägt auch ihre genetische Isolation bei.

Verbreitung der 5 Rassen der europäischen Sardelle

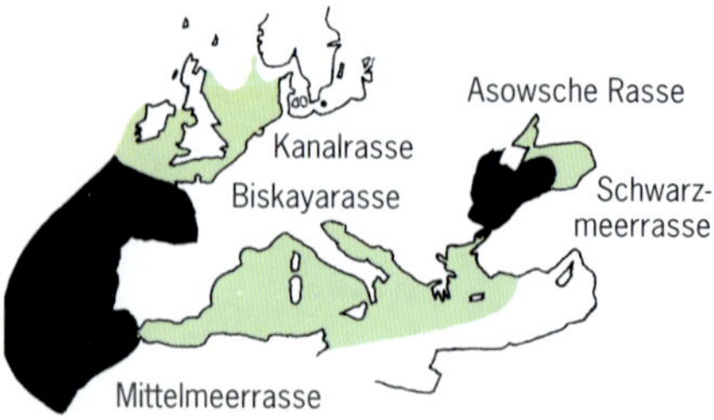

Fischer sind oft imstande, auch kleine Unterschiede im Erscheinungsbild zwischen Fischen einer Art aus verschiedenen Beständen wahrzunehmen, wie sie z. B. Schollen aus der Nordsee und der westlichen Ostsee aufweisen. Biologen versuchen meist, solche Bestandsunterschiede über zählbare, sogenannte „meristische" Merkmale greifbar zu machen. Wirbelzahlen, Flossenstrahlen, Schuppenreihen und Schlundzähne sind typische meristische Kennzeichen. Allerdings geschieht es nicht selten, daß sich die Streuungsbereiche überschneiden und z. B. Rasse A 78–81 und Rasse B 80–83 Wirbel haben kann.

Außer meristischen Merkmalen werden heute auch Unterschiede in Blutgruppen und DNA-Mustern zur Analyse genetischer Bestandsunterschiede verwendet.

FORTPFLANZUNG

Große Bedeutung haben alle Fragen im Zusammenhang mit der Nachwuchsproduktion von Fischbeständen. Es kann als erwiesen gelten, daß die Größe des Laicherbestandes oberhalb einer bestimmten kritischen Grenze nicht automatisch für die Größe eines Nachwuchsjahrgangs entscheidend ist. Dem Schicksal der Larven und der Jungfische während ihres ersten Lebensjahrs kommt in der Regel entscheidende Bedeutung zu.

Die mittlere Nachwuchsproduktion vieler Fischbestände weist jährliche Schwankungen von bis zu 50 % auf. Nur gelegentlich, vielleicht jedes 5.–15. Jahr, tritt ein besonders starker Nachwuchsjahrgang auf. Dieser wirkt sich außerdem meist erst nach 3–4 Jahren auf die Fischerei in Form von überdurchschnittlichen Fangergebnissen aus. Aus der Nordsee sind vor allem für den Schellfisch große Nachwuchsschwankungen bekannt. Seine starken Jahrgänge können bis zu 100 % höher als schwache ausfallen.

Die hohen Eierzahlen der meisten Fischarten stellen eine Anpassung an die hohen Ei- und Larvenverluste dar. Beim Hering kann die Sterblichkeitsrate der Larven bei 3–5 % pro Tag liegen. Enorme Schwankungen in der Größe eines Nachwuchsjahrgangs sind daher eine natürliche Erscheinung.

Fischbrut ist grundsätzlich empfindlich. Sowohl klimatische wie auch hydrographische und biologische Umweltbedingungen verursachen unterschiedliche Sterblichkeitsraten. Tödliche biologische Faktoren sind für Fischlarven z. B. die gelegentlichen Massenvorkommen von Quallen oder giftigen Planktonalgen, aber auch hohe Bestände von Freßfeinden, d. h. älteren Fischen der eigenen oder anderer Arten. Zu den tödlichen physikalischen Faktoren zählen z. B. Sauerstoffzehrung, langanhaltende kalte Sturmlagen und ungewöhnliche Strömungen, welche die Larven in Gebiete mit zu wenig oder überhaupt keiner Nahrung verfrachten. Niedrige Wassertemperaturen und ein damit einhergehendes langsames Wachstum verlängern die Lebensphase der Larven im offenen Wasser und erhöhen damit das Risiko, gefressen zu werden.

Wasserverschmutzung durch Chemikalien kann Fischeier und -larven schwächen oder töten. Nur in den seltenen Jahren, in denen alle diese Risikofaktoren nicht gehäuft auftreten, sind vermutlich ungewöhnlich starke Nachwuchsjahrgänge möglich.

ABSCHÄTZUNG DER FISCHBESTÄNDE

Systematische Untersuchungen der Fischbestände werden vom ICES koordiniert und mit Forschungsschiffen der Mitgliedsländer durchgeführt. Versuchsfischereien finden statt, um die Methoden zu vereinheitlichen und die Vergleichbarkeit der Ergebnisse aller Beteiligten sicherzustellen. Bestandsschätzungen können auch mit akustischen Methoden erfolgen. Hierzu werden die Fischschwärme eines bestimmten, systematisch abgefahrenen Meeresgebietes mittels Echolotdaten registriert. Um zusätzliche Information über die Fischarten, ihre Alterszusammensetzung im Bestand, etc. zu erhalten, werden außerdem Proben aus den Netzfängen der Schwarmfische genommen. Zur Verbesserung der Auflösung und optischen Darstellung werden hydroakustische Verfahren technisch laufend weiterentwickelt.

Da die wirtschaftlich wichtigen Fischbestände jährlich neu eingeschätzt werden, lassen sich die einzelnen Jahrgänge innerhalb eines Artbestands über mehrere Jahre hinweg gut verfolgen.

Zur Berechnung der „Viel-Arten“-Modelle werden die Daten zur fischereibedingten Sterblichkeit aus den offiziellen Fangstatistiken und die Auswertungen zur Alterszusammensetzung der Bestände herangezogen. Die natürliche Sterblichkeit entspricht nahezu dem Wegfraß durch räuberische Fische. Zu ihrer Berechnung dienen die Ergebnisse von Untersuchungen der Mageninhalte jeder Fischart und ihrer Jahrgänge. Ein kompliziertes, schrittweises Computerverfahren ermöglicht es, für jede Fischart und ihre Jahrgänge den Umfang der natürlichen Verluste abzuschätzen, der nicht im Widerspruch zu den Fangmengen und den Mageninhaltsbefunden steht. Wie bereits erwähnt unterliegt das Verfahren aber noch erheblichen Unsicherheiten.

WEITERE FORSCHUNGSGEBIETE

Unter „Aquakultur“ ist die Aufzucht wasserlebender Organismen wie Fischen, Muscheln, Krebsen und Pflanzen zu verstehen. Als Gegenstand unternehmerischer Wirtschaftsinteressen gewinnt die Aquakultur weltweit an Bedeutung.

Während die Teichzucht von Süßwasserfischen bereits seit Jahrhunderten betrieben wird, beschränkte sich zumindest in Europa die Aufzucht von Meerestieren bis vor kurzem noch auf die Muschel- und Austernproduktion. Seit den 70er Jahren haben Meeresfischfarmen stetig an Bedeutung gewonnen. Sie sind meist in geschützten Fjorden und Buchten angesiedelt und dienen vor allem der Lachsfischproduktion. Erfolgreich wurde insbesondere die Lachsaufzucht Norwegens.

Aufzuchtversuche werden auch mit anderen Arten wie Steinbutt, Heilbutt und Wolfsbarsch unternommen. Mit wechselndem Erfolg wurde versucht, Kabeljau, Scholle und Flunder aufzuziehen, um sie im Meer auszusetzen und so den nutzbaren Bestand für die Fischerei zu erhöhen.

Der wirtschaftliche Erfolg von Aufzuchtprojekten zur Auffüllung natürlicher Bestände blieb wegen der hohen Kosten in der Regel eher bescheiden. In der Ostsee wurden aber erfolgreiche Besatzmaßnahmen mit 1–2 jährigen Lachsen durchgeführt. Ausgesetzte Lachse machen dort heute etwa 90 % der jährlichen Lachsfänge aus.

FISCHKRANKHEITEN

Seuchenartige Krankheiten sind auch unter Fischen bekannt. Entsprechende Infektionen können von Schwämmen, Bakterien, Viren und Parasiten ausgelöst werden. Ein Beispiel ist der Algenschwamm (*Ichthyophonus*), der Hering und Scholle befallen und hohe Ausfälle verursachen kann. Durch Bakterien und Schwämme verursachte Wunden werden an allen Fischarten festgestellt. Sie finden sich im Herbst oft an Kabeljau als sogenanntes „Ulcer-Syndrom" (Geschwüre) oder im Frühjahr bei Aalen als „Rotseuche". In der Aquakultur werden sowohl Impfstoffe als auch Antibiotika zur Bekämpfung von Krankheiten eingesetzt. Einige Krankheiten werden durch einen schlechten Allgemeinzustand der Fische infolge von Wasserverschmutzung oder natürlichem Streß begünstigt.

UMWELTFORSCHUNG

Küstengewässer und Nebenmeere, wie die Ostsee und das Mittelmeer, sind durch Wasserverunreinigungen aus Landwirtschaft und Industrie der angrenzenden Länder besonders gefährdet.

Überdüngung oder „Eutrophierung" entsteht durch die künstliche Zufuhr von Nährsalzen aus Flüssen und Bächen ins Meer. Das Ergebnis dieser Anreicherung ist eine gewaltige „Blüte" der Planktonalgen und, im Flachwasser, auch einjähriger Fadenalgen. In bestimmten Zeiten wird totes oder absterbendes organisches Material in hohem Maße abgesetzt oder „sedimentiert". Die bakterielle Zersetzung dieser Ablagerungen verzehrt sehr viel Sauerstoff. Bei warmen und ruhigen Wetterlagen stabilisiert sich die Schichtung des Wassers, so daß es in den tieferen Lagen unterhalb der Übergangsschicht (Thermokline oder Temperatursprungschicht) zu Sauerstoffmangel kommen kann. Sauerstoffdefizit oder auch „Hypoxie" tötet die meisten Bodenorganismen. In großen Teilen der Ostsee, des Kattegats und der südlichen Nordsee tritt diese Erscheinung leider mit zunehmender Häufigkeit auf.

Weitere Forschungsbereiche befassen sich mit der Wasserverschmutzung durch Schwermetalle und andere umweltschädigende Substanzen. Selbst in sehr geringer Konzentration sind ihre negativen Auswirkungen auf den allgemeinen Gesundheitszustand der Fische und auch auf die Ausfallsrate von Eiern und Larven bekannt. Zudem reichern sich solche Schadstoffe in den Lebewesen der Nahrungskette in steigenden Konzentrationen an und erreichen letztlich auch den „Endverbraucher" Mensch.

Auch die Fischerei selbst verändert das Ökosystem des Meeres. Sie verschiebt das natürliche Gleichgewicht der Arten und schädigt durch den Einsatz schwerer Bodenfanggeschirre unmittelbar die Benthosfauna. Anders ausgedrückt: Nahezu jeder Quadratmeter des Nordseebodens wird pro Jahr mehrfach durch Fischerei umgepflügt.

Register der deutschen und lateinischen Namen

Lateinische Namen kursiv, Familien und höhere Gruppen halbfett

Literatur

Die große Enzyklopädie der Fische. Mosaik, 1992.
Fishes of the North-Eastern Atlantic and the Mediterranean. Hrsg. Whitehead et al. UNESCO, Band 1–3, 1984–1986
Nelson, J. G.: Fishes of the World. Wiley & Sons, 3. Auflage 1994.

Illustrationen

Bente Olesen Nyström zeichnete folgende Arten:

Achselfleck-Meerbrasse, Adlerrochen, Aland, Arktische Seequappe, Arktischer Laternenfisch, Atlantische Hakengroppe, Bandfisch, Blattschuppiger Schlingerhai, Blauhai, Blaumäulchen, Blondrochen, Brassen, Brauner Lippfisch, Brombeerhai, Chagrinrochen, Doppelfleckiger Haftfisch, Dreibärtelige Seequappe, Dunkler Zitterrochen, Eberfisch, Eingeweidefisch, Eislaternenfisch, Faltenknurrhahn, Felsgrundel, Fleckrochen, Flußbarsch, Franzosendorsch, Fyllarochen, Gabeldorsch, Gabelmakrele, Gefleckte Meersau, Gefleckter Großer Sandaal, Gefleckter Leierfisch, Gefleckter Schlangenstachelrücken, Gemeiner Hammerhai, Glasauge, Glaszunge, Glattrochen, Goldbarsch, Goldbrasse, Goldstriemenbrasse, Granatbarsch, Graue Meersau, Grauer Drückerfisch, Großäugige Seequappe, Großäugiger Ährenfisch, Große Geißbrasse, Großer Grauhai, Großer Schwarzer Dornhai, Großgefleckter Katzenhai, Haarbutt, Haarschwanz, Hecht, Heringshai, Jeffreys Grundel, Kaulbarsch, Kleiner Rotbarsch, Kleiner Sandaal, Kragenhai, Krøyers Laternenfisch, Kuckucksrochen, Kurzer Lachsspierling, Kurzflossen-Makohai, Kurzschnauziges Seepferdchen, Lachshering, Langer Mondfisch, Leierknurrhahn, Leopardengrundel, Lozanos Grundel, Marokko-Meerbrasse, Mittelmeermakrele, Mittelmeer-Seequappe, Murrays Groppe, Nacktsandaal, Nagelrochen, Nordische Seequappe, Nordischer Lachsspierling, Norwegergrundel, Ornament-Leierfisch, Ostseeschnäpel, Panzergrenadier, Polarquappengroppe, Portugieserhai, Quappe, Rissos Lachsspierling, Rote Fleckbrasse, Rote Meerbarbe, Roter Knurrhahn, Sandgrundel, Sandrochen, Sandzunge, Sardelle, Sars' Wolfsfisch, Schiffshalter, Schlammgrundel, Schlankschwänziger Laternenfisch, Schnabeldornhai, Schnepfenaal, Schnepfenfisch, Schokoladenhai, Schwarzbäuchiger Glattrochen, Schwarzer Degenfisch, Schwarzer Hechtkopf, Schwarzer Medusenfresser, Schwarzfisch, Schwarzfleckgrenadier, Seebull, Seeskorpion, Segelflossen-Brachsenmakrele, Silberbrassen, Silberner Degenfisch, Skorpiongrundel, Spitzschwänzige Grundel, Spitzschwänziger Scheibenbauch, Stechrochen, Sternrochen, Streifenbarbe, Streifenzunge, Tiefenrotbarsch, Tobiasfisch, Unechter Bonito, Ungefleckter Großer Sandaal, Ungestreifter Pelamide, Weißgefleckter Glatthai, Wrackbarsch, Zander, Ziege, Zweifleckengrundel, Zweistachlige Groppe, Zwergdorsch, Zwerggrundel.

Die Lachsfliege auf S. 99 stammt von Columbus Leth.

Alle übrigen Illustrationen sind von Preben Dahlstrøm.